工程物资管理
系/列/丛/书

中铁四局集团物资工贸有限公司　组编

建设工程概论

Introduction to Construction Engineering

沈韫　胡继红 ◎ 主编

北京师范大学出版集团
BEIJING NORMAL UNIVERSITY PUBLISHING GROUP
安徽大学出版社

图书在版编目(CIP)数据

建设工程概论/沈韫,胡继红主编. —合肥:安徽大学出版社,2019.11
(工程物资管理系列丛书)
ISBN 978-7-5664-1899-9

Ⅰ.①建… Ⅱ.①沈… ②胡… Ⅲ.①建设工程－高等学校－教材 Ⅳ.①TU

中国版本图书馆 CIP 数据核字(2019)第 133645 号

建设工程概论

沈 韫 胡继红 主编

出版发行:	北京师范大学出版集团 安 徽 大 学 出 版 社 (安徽省合肥市肥西路 3 号 邮编 230039) www.bnupg.com.cn www.ahupress.com.cn
印　　刷:	合肥远东印务有限责任公司
经　　销:	全国新华书店
开　　本:	184mm×260mm
印　　张:	32.75
字　　数:	624 千字
版　　次:	2019 年 11 月第 1 版
印　　次:	2019 年 11 月第 1 次印刷
定　　价:	98.00 元

ISBN 978-7-5664-1899-9

策划编辑:陈 来　刘中飞	装帧设计:李伯骥
责任编辑:武溪溪	美术编辑:李 军
责任印制:赵明炎	

版权所有　侵权必究

反盗版、侵权举报电话:0551—65106311
外埠邮购电话:0551—65107716
本书如有印装质量问题,请与印制管理部联系调换。
印制管理部电话:0551—65106311

工程物资管理系列丛书

编委会

主　　任　　刘　勃　　汪海旺

执行主任　　余守存　　王　琨　　晏荣龙　　杨高传

副 主 任　　吴建新　　张世军　　刘克保　　季文斌
　　　　　　金礼俊

委　　员（以姓氏拼音为序）
　　　　　　蔡长善　　陈春林　　陈根宝　　陈　武
　　　　　　陈　勇　　杜宗晟　　冯松林　　侯培赢
　　　　　　姜维亚　　经宏启　　黎小刚　　李继荣
　　　　　　刘英顺　　牟艳杰　　单学良　　沈　韫
　　　　　　田军刚　　王衡英　　吴　峰　　吴　剑
　　　　　　徐晓林　　杨维灵　　郁道华　　袁　毅
　　　　　　詹家敏　　赵　瑜　　周　黔　　周　勇
　　　　　　朱玉蜂

本书编委会

主　审　董燕囡　郭庆智　林　蹟　朱炎新

主　编　沈　韫　胡继红

副主编　李　勇　宣仲磊　王安会　刘　涛
　　　　　梅长安

编　者（以姓氏拼音为序）
　　　　　柏友富　陈小文　陈秀花　桂　广
　　　　　胡继红　李荣浩　李　勇　刘宏伟
　　　　　刘　敏　刘　涛　刘　钊　刘志军
　　　　　梅长安　秦　林　裘成鎚　沈　韫
　　　　　王安会　卫海津　吴　剑　谢广恕
　　　　　宣仲磊　杨玉龙　郁道华

总 序

　　工程物资管理是一个历史悠久、专业性强、实用性突出的重要专业，它和工程类其他专业一起，为高速列车疾驶在祖国大地上、为高楼大厦耸立在城市天际线、为水电天然气走进千家万户作了理论支撑和技术支持。但是，2008年以来，为了迎接来势凶猛、发展迅速的电商物流产业，原开设工程物资管理的院校纷纷将原有的工程物资管理专业调整为物流管理专业，一字之差，专业方向南辕北辙、专业内容天壤之别，工程物资管理的课程和教学课程已经被边缘化到了近似于无的不堪境地。2008年以后，分配到建筑施工企业的物流管理专业毕业生基本上专业不对口，全国近百万工程物资从业人员处于专业知识匮乏、技能培训不足、工作缺乏指导的蒙昧状态；与此同时，工程建设领域新理念日新月异、新技术层出不穷、新材料竞相登场；工程物资管理也出现了很多新挑战、新问题和新机遇，专业方向的偏差使得广大物资人很难在自己的事业中掌握实用的专业知识和积淀深厚的理论素养，活跃在天涯海角、大江南北的物资人亟须得到系统性的专业教育和实用性的知识更新。加强工程物资管理的专业培训，不仅是一个企业的刚性需求，更是一个企业对整个建筑行业的历史担当。

　　为了助推建筑施工企业持续健康发展，提高工程物资管理人员的综合素质，培养工程物资管理复合型人才，由中铁四局集团物资工贸有限公司牵头，在集团公司领导和相关部门大力支持下，在全局100多位资深物资人和其他专业人员精心编纂与苦心锤炼下，在安徽职业技术学院鼎力支持下，经过无数次会议的策划和切磋，无数个日夜的筚路蓝缕，无数个信函的时空穿梭，我们历时两年多的时间，终于将这套鲜活、精湛、全面的"工程物资管理系列丛书"呈现在读者面前。系列丛书共六册，即《建设工程概论》《建设工程物资》《工程物资管理实务》《工程经济管理》《国际贸易与海外项目物资管理》和《电子商务与现代物流》，共计260万字；丛书详细诠释了与工程物资管理相关的专业理论知识，并结合当前行业标准、技术规范、质量要求和前沿工程实践,为不同方向、不同层次、不同岗位的物资人员提供既有全面性又有差异性的知识供给,力求满足每位物资人个性化学习和发展的需要;概括地说,丛书内容涵盖了一位复合型物资人才需要掌握的全部知识。

《建设工程概论》主要针对建设施工涉及的专业领域,从专业分类、技术流程、施工组织、项目管理、法律法规等方面进行阐述,以便物资管理人员及时且准确地明晰建筑工程的特点、流程和规律,围绕工程施工的主线,确立自身工作职能和定位,找到具体工作的切入点和着力点。

《建设工程物资》对主要物资的性能、参数、检验与保管等进行全面系统的描述,是工程物资管理中最基础的具有工具书性质的专业书籍,方便物资管理人员随时学习和查阅。

《工程物资管理实务》主要梳理建筑施工企业物资采购管理、供应管理、现场管理等内容,并介绍了现代采购管理新理念以及信息化建设的发展前沿。在网络技术和信息化高度发达的今天,供应链管理成为重点研究方向,本书对上游(产品制造商或服务提供商)、中游(供应商或租赁商)、下游(终端用户)分别进行了详细阐述,并系统阐述相互关联与合作的路径,引导物资管理人员树立全新的采购和供应商管理理念。

《工程经济管理》主要介绍建设工程的投资估价、调概索赔、成本管控、财税管理等内容,使物资管理人员深入了解工程施工中相关费用的构成与管控,明晰物资管理在工程管理中的作用与价值,拓展了理论视野与知识边界,便于广大物资人跳出专业之外看问题与做事情。

《国际贸易与海外项目物资管理》重点介绍了国际贸易的理论、法规、术语、合同等内容,针对海外工程项目物资管理的特殊性,详细阐述了海外物资采购、商检报关、集港运输、出口退税等一系列业务流程,方便物资管理人员学习掌握与灵活应用。

《电子商务与现代物流》主要介绍电子商务和现代物流的发展趋势、主要特征和运作模式,让物资管理人员了解电商背景下的企业物流管理。高校物流管理专业也开设了这门课程,毕业生对电子商务和物流方面的知识相对熟悉,但本书难能可贵之处就是将其思想和理念有效地运用到建筑施工企业的物资管理中,深度聚焦工程实际,对物资人的工作实践大有裨益。

我们怀揣着"春风化雨"的美好夙愿,向广大物资人推广和普及本套系列丛书,让基础理论和相关知识滋养有志于工程物资管理工作的同仁们,并在具体的工作实践中开花结果。然而,由于本套系列丛书专业性强、内容庞杂、理论跨度较大,加上编写时间仓促,难免存在不足之处;因此,当这套系列丛书与大家见面时,希望广大专家和同仁们多提宝贵意见和建议,我们将进一步修订和完善。

己欲立而立人,己欲达而达人。时代的浪潮川流不息、滚滚向前,唯有不断地鞭策和学习才能使我们在这个日新月异的世界里保持从容和淡定。愿这套系列丛书成为我们丰富知识的法宝、增进友谊的桥梁、共同进步的见证。

余守存
2019 年 8 月

前　言

　　建设工程是个系统工程，历史悠久，内容广泛，作用重要，涉及方方面面的知识和技术，是运用多种工程技术进行勘测、设计、施工的成果，大部分属于基本建设和基础设施建设。随着科学技术和管理水平的发展，建设工程不断进行着专业分化、裂变发展，在建设工程系统内形成多个成熟专业，其社会性、系统性、实践性与综合性越来越强。

　　为满足建设工程施工企业物资管理人员和相关专业人员对建设施工技术及管理的基础知识掌握和专业知识拓展的需求，中铁四局集团物资工贸有限公司组织企业内部施工技术管理专家和大专院校的专业教师完成了本书的编写。编者在充分吸取国内外近年来建设工程各主要专业研究成果和实践经验的基础上，根据"理论结合实践、系统性与先进性并重、循序渐进"的原则，从行业分类、专项工程施工、项目管理、相关法规等方面着手，分四篇二十七章，较全面、系统、扼要地介绍了铁路、公路、市政、机电、民航机场、港口航道、水利水电、四电等工程的结构组成、等级分类、施工部署及组织管理等内容，突出实用性，接近生产实际，贴近职业岗位需求。

　　本书主要面向建设工程施工企业物资管理人员编写，也可供高职院校建设工程类相关专业学生使用，旨在帮助读者拓展工程建设施工相关知识，提升综合业务素质，更好地适应建设施工企业发展需求。

　　本书编写过程中，广泛学习参考国家标准、行业内著作、教材和相关文献资料，走访中铁四局在建工程施工现场，借鉴相关管理工作经验，在此向各位专家、作者和企业表示深切的感谢。由于编者水平有限，书中难免存在不当与错误之处，恳请读者给予批评指正。

编　者
2019 年 8 月

目 录

绪论 ··· 1

第一篇　建设工程行业分类

第一章　交通运输与水利工程 ·· 5

第一节　铁路工程 ·· 5
第二节　公路工程 ·· 10
第三节　民航机场工程 ·· 14
第四节　港口与航道工程 ··· 20
第五节　水利水电工程 ·· 26

第二章　建筑安装工程 ·· 33

第一节　建筑工程 ·· 33
第二节　市政公用工程 ·· 41
第三节　机电工程 ·· 48

第三章　与铁路相关的其他工程 ·· 54

第一节　铁路通信信息工程 ·· 54
第二节　铁路信号工程 ·· 58
第三节　电力工程 ·· 61
第四节　牵引供电工程 ·· 65

第二篇　专项工程施工

第四章　路基工程 ·· 77

第一节　地基处理 ·· 77
第二节　路基施工 ·· 87
第三节　特殊路基 ·· 113

第四节　主要材料、周转材料及施工机具 …………………………………… 114

第五章　桥涵工程 ……………………………………………………………… 127

　　第一节　桥涵工程概述 ………………………………………………………… 127
　　第二节　桥梁下部结构施工 …………………………………………………… 128
　　第三节　桥梁上部结构施工 …………………………………………………… 133
　　第四节　涵洞施工 ……………………………………………………………… 139
　　第五节　主要材料、周转材料及施工机具 …………………………………… 144

第六章　隧道工程 ……………………………………………………………… 156

　　第一节　隧道工程概述 ………………………………………………………… 156
　　第二节　隧道开挖 ……………………………………………………………… 158
　　第三节　隧道支护 ……………………………………………………………… 168
　　第四节　隧道防排水及衬砌 …………………………………………………… 175
　　第五节　隧道附属工程及施工辅助作业 ……………………………………… 178
　　第六节　主要材料、周转材料及施工机具 …………………………………… 179

第七章　路面工程 ……………………………………………………………… 185

　　第一节　路面基层(底基层)施工 ……………………………………………… 186
　　第二节　沥青路面施工 ………………………………………………………… 188
　　第三节　水泥混凝土路面施工 ………………………………………………… 191
　　第四节　中央分隔带及路肩施工 ……………………………………………… 193
　　第五节　主要材料、周转材料及施工机具 …………………………………… 195

第八章　城市轨道交通土建工程 ……………………………………………… 207

　　第一节　城市轨道交通工程概述 ……………………………………………… 207
　　第二节　明(盖)挖基坑施工 …………………………………………………… 208
　　第三节　盾构法施工 …………………………………………………………… 215
　　第四节　喷锚暗挖(新奥)法施工 ……………………………………………… 218
　　第五节　主要材料、周转材料及施工机具 …………………………………… 228

第九章　铁路轨道铺设工程 …………………………………………………… 230

　　第一节　铁路轨道工程概述 …………………………………………………… 230

第二节　铁路轨道铺设 ………………………………………… 232
　　第三节　城市轨道铺设 ………………………………………… 242
　　第四节　主要材料、周转材料及施工机具 …………………… 248

第十章　建筑工程 ………………………………………………… 256
　　第一节　建筑工程概述 ………………………………………… 256
　　第二节　基础工程 ……………………………………………… 261
　　第三节　防水工程 ……………………………………………… 262
　　第四节　主体工程 ……………………………………………… 263
　　第五节　砌体工程 ……………………………………………… 270
　　第六节　脚手架工程 …………………………………………… 272
　　第七节　装饰装修工程 ………………………………………… 272
　　第八节　主要材料、周转材料及施工机具 …………………… 279

第十一章　给排水厂站工程 ……………………………………… 288
　　第一节　给排水厂站工程概述 ………………………………… 288
　　第二节　给排水厂站施工 ……………………………………… 290
　　第三节　主要材料、周转材料及施工机具 …………………… 295

第十二章　钢结构工程 …………………………………………… 302
　　第一节　钢结构工程概述 ……………………………………… 302
　　第二节　钢结构工程施工 ……………………………………… 307
　　第三节　主要材料、周转材料及施工机具 …………………… 308

第十三章　机电安装工程 ………………………………………… 327
　　第一节　机电安装工程概述 …………………………………… 327
　　第二节　机电安装工程施工 …………………………………… 327

第十四章　通信信息工程 ………………………………………… 340
　　第一节　通信信息工程概述 …………………………………… 340
　　第二节　通信信息工程施工 …………………………………… 342
　　第三节　主要材料及施工机具 ………………………………… 348

第十五章　信号工程 ·· 353

　　第一节　信号工程概述 ·· 353
　　第二节　信号系统 ··· 353
　　第三节　信号工程施工 ·· 358
　　第四节　主要材料及施工机具 ······································· 367

第十六章　铁路电力工程 ·· 374

　　第一节　铁路电力工程概述 ··· 374
　　第二节　铁路电力工程施工 ··· 377
　　第三节　主要材料、设备及工器具 ······························ 381

第十七章　电力牵引供电工程 ·· 391

　　第一节　电气化铁路的组成 ··· 391
　　第二节　电气化铁路供电方式 ······································· 393
　　第三节　牵引供电工程施工 ··· 396
　　第四节　牵引供电工程材料 ··· 398
　　第五节　牵引供电设备 ·· 400
　　第六节　常用仪器仪表及工具 ······································· 406

第三篇　建设工程项目管理

第十八章　建设工程项目管理概述 ·· 411

　　第一节　工程项目 ··· 411
　　第二节　工程项目管理 ·· 415

第十九章　工程项目管理组织 ·· 420

　　第一节　工程项目管理的组织制度 ······························ 420
　　第二节　工程项目管理的组织机构 ······························ 422
　　第三节　工程项目实施的组织方式 ······························ 426

第二十章　施工项目招投标与合同管理 ·· 430

　　第一节　施工项目招标和投标 ······································· 430

第二节 建设工程合同管理 …………………………………………………… 434

第二十一章 施工项目过程管理 …………………………………………… 443

第一节 施工成本管理 ……………………………………………………… 443
第二节 工程项目进度管理 ………………………………………………… 445
第三节 施工质量控制 ……………………………………………………… 447
第四节 施工安全管理 ……………………………………………………… 451

第二十二章 建设工程项目信息管理 ……………………………………… 453

第一节 建设工程项目信息管理的目的和任务 …………………………… 453
第二节 工程项目文档管理 ………………………………………………… 454
第三节 计算机辅助管理 …………………………………………………… 456
第四节 工程项目管理信息化 ……………………………………………… 457

第四篇 建设工程相关法规

第二十三章 建设法规概述 ………………………………………………… 465

第一节 行政管理类 ………………………………………………………… 465
第二节 民事合同类 ………………………………………………………… 466
第三节 刑事类 ……………………………………………………………… 466

第二十四章 建设施工许可相关法律制度 ………………………………… 468

第一节 适用范围 …………………………………………………………… 468
第二节 申请主体和批准条件 ……………………………………………… 469
第三节 施工许可证申办程序 ……………………………………………… 469

第二十五章 建设工程发包与承包相关法规 ……………………………… 471

第一节 建设工程发包 ……………………………………………………… 471
第二节 建设工程承包 ……………………………………………………… 471

第二十六章 建设工程质量安全管理相关法规 …………………………… 474

第一节 工程技术标准 ……………………………………………………… 474
第二节 建设工程质量相关法规 …………………………………………… 477

目 录

　　第三节　建设工程安全生产管理相关法规 …………………………… 483

第二十七章　其他相关法律制度 ……………………………………… 491

　　第一节　劳动法律制度 …………………………………………… 491
　　第二节　环境保护法律制度 ……………………………………… 493

参考文献 ………………………………………………………………… 501

绪 论

一、建设工程的概念及发展

建设工程是建造各类工程设施的科学技术的统称。它既指所应用的材料、设备和所进行的勘测、设计、施工、保养、维修等技术活动,也指工程建设的对象。即建造在地上或地下、陆上或水中,直接或间接为人类生活、生产、军事、科研服务的各种工程设施,如房屋、道路、铁路、运输管道、隧道、桥梁、运河、堤坝、港口、电站、飞机场、海洋平台、给水排水以及防护工程等。

建设工程的起源几乎是和人类文明的发展同步产生的。远古人类利用树枝、岩石、泥土等材料构筑巢穴或者为掩埋死者而建造墓穴,这些都可以认为是建设工程的雏形。自然科学的发展大大提高了建设工程发展的速度,使其成为系统的、正式的科学。

建设工程是所有工程的起源。成语"墨守成规",就源自战国时期楚国攻宋,墨子将建设工程运用于军事战争中的典故。美国军事学院(又称"西点军校")作为美洲第一所工程学校于1802年在纽约州西点建立。1817—1833年,泰雅上校(Sylvanus Thayer)担任校长,他将土木建设工程设置为学校的主要课程,此期间的毕业生规划、设计和建造了这个国家大量的早期基础设施,包括公路、铁路、桥梁及港口,还为美国西部大部分地区绘制了地图。

发展到今天,建设工程既是一门工程学科,也是一门集成学科。建设工程是用石材、砖、砂浆、水泥、混凝土、钢材、木材、建筑塑料、合金等建筑材料修建房屋、铁路、道路、隧道、运河、堤坝、港口等工程的生产活动和工程技术,也是运用数学、物理、化学等基础科学知识,以及力学、材料等科学技术知识来研究、设计、修建各种建筑物和构筑物的一门学科。自然科学和社会经济的飞速发展为建设工程的发展提供了丰富的理论武器和专门设备,信息时代正迎面走来,其他新观点、新技术、新学科也必然会影响建设工程,并为这一传统学科注入新的活力。

工程建设的最终目的是建设出人类生产或生活所需要的、功能良好且舒适美观、合乎设计要求的工程构造物,它既是物质方面的需要,也有象征精神方面的需求。随着社会的发展,工程结构越来越大型化、复杂化,超高层建筑、特大型桥梁、巨型大坝、复杂的地铁系统不断涌现,工程建设在满足人们生活需求的同时,也演变为社会实力的象征。

二、建设工程的任务

建设工程从设计到成果需要一个很长的工程实现过程,这也是建设工程的一个重要组成部分,甚至可以说是最重要的方面。有了好的理论和设计,没有好的工程实践,一样不会产生一个优秀的作品。

建设工程内容广泛、作用重要,对国民经济来说,它们大部分属于基本建设;对城市来说,它们很多属于基础设施建设。本书主要从交通运输与水利工程(铁路工程、公路工程、民航机场工程、港口与航道工程和水利水电工程)、建筑安装工程(建筑工程、市政公用工程和机电工程)、与铁路相关的其他工程(铁路通信信息工程、铁路信号工程、电力工程和牵引供电工程)等方面进行相关概念、施工及管理的介绍,对工程管理相关专业的学生及在建设工程单位从业的员工了解、学习建设工程各专业内容大有益处。

建设工程是具有可持续的事业,它将人类的深奥问题与普通活动联系在一起。不能意识到这一点的工程师,只能反复执行书本上的内容;而意识到这一点,将会更好地适应时代的变化,应对未知的挑战和不熟悉的环境。在这可持续发展中工作的人可能最容易作出新的贡献。

第一篇

建设工程行业分类

建设工程概论
JIANSHE GONGCHENG GAILUN

第一章　交通运输与水利工程

本章着重介绍铁路工程、公路工程、民航机场工程、港口与航道工程、水利水电工程的概况及行业发展。

第一节　铁路工程

一、铁路的主要功能

铁路运输是综合交通运输体系的骨干和主要运输方式之一,在我国经济社会发展中的地位和作用至关重要。铁路运输是一种陆上运输方式,传统方式是钢轮行进,以机车牵引列车车辆在两条平行的铁轨上行驶。广义的铁路运输尚包括磁悬浮列车、缆车、索道等非钢轮行进的方式,或称轨道运输。

铁路工程建筑物是铁路运输最主要的基本技术设施,是机车车辆和列车运行的基础,它直接承受机车车辆轮对传来的压力,为列车的高速、安全、平稳和不间断运行提供最基本的条件。

二、铁路的组成结构与等级分类

(一)铁路的组成

铁路的线路呈线性布局,必须具备一定的几何状态,按照此几何状态建筑路基、铺设轨道;跨越河流沟谷,必须修建桥梁、涵洞;穿越山岭,必须开凿隧道。为了列车的会让、越行、旅客上下、货物装卸以及调车、机车摘挂等作业,必须修建车站。在地质不良、地形险峻的地区,为保证路基的稳定,还需修建挡墙及加固防护设施。

铁路线路主要是由路基、桥隧建筑物和轨道组成的一个整体工程结构。

1. 铁路路基

铁路路基是为了满足轨道铺设和运营条件,按照路线位置和一定技术要求修筑的作为铁路轨道基础的带状土工构筑物,如图1-1所示。路基工程主要由路基本体、路基防护和加固建筑物、路基排水设备三部分建筑物组成。

图1-1　铁路路基

2. 铁路桥隧建筑物

当铁路要通过江河、溪沟、谷地以及山岭等天然障碍，或要跨越公路、铁路时，需要桥隧建筑物，以使铁路线路得以继续向前延伸。

（1）铁路桥梁。铁路桥梁是铁路跨越河流、湖泊、海峡、山谷或其他障碍物，以及为实现铁路线路与铁路线路或道路的立体交叉而修建的构筑物，如图 1-2 所示。铁路桥梁按用途分为铁路桥和公路铁路两用桥；按结构分为梁桥、拱桥、刚构桥、悬索桥、斜拉桥和组合体系桥等。

图 1-2 铁路桥梁　　　　　　　　图 1-3 铁路隧道

（2）铁路隧道。铁路隧道是指修建在地下或水下并铺设轨道供机车车辆通行的建筑物，如图 1-3 所示。铁路穿越山岭地区时，由于牵引能力有限和最大限坡要求，需要克服高程障碍。开挖隧道穿越山岭是一种合理的选择，其作用是缩短线路、减小坡度、改善运营条件、提高牵引能力等。根据其所在位置可分为三大类：为缩短距离和避免大坡道而从山岭或丘陵下穿越的称为山岭隧道；为穿越河流或海峡而从河下或海底通过的称为水下隧道；为适应铁路通过大城市的需要而在城市地下穿越的称为城市隧道。

3. 轨道

在路基、桥隧建筑物修成以后，就可以在上面铺设轨道。轨道是指处于路基面以上、车辆车轮以下部分的铁路线路建筑物，由钢轨、轨枕、联结零件、道床、防爬设备和道岔等主要部件组成，如图 1-4 所示。轨道的功能是引导机车车辆的运行，直接承受由车轮传来的巨大压力，并把它传递给路基或桥隧建筑物。

图 1-4 轨　道

(二)铁路等级分类

铁路等级是根据铁路线在铁路网中的作用、性质和客货运量,以及最大轴重和列车速度等条件,对铁路划定的级别。铁路等级是铁路的基本标准。设计铁路时,首先要确定铁路等级;铁路的技术标准和装备类型都要根据铁路等级去选定。

设计线铁路等级的确定对铁路工程投资、输送能力、经济效益有直接影响。等级定高了,造成建筑物标准过高,能力过剩,投资过早,积压资金;等级定低了,满足不了运量增长的要求,造成过早改建,故设计线的铁路等级应慎重确定。铁路的等级可以全线一致,也可以按区段确定。线路较长,经行地区的自然、经济条件及运量差别很大时,也可按区段确定等级。但应避免同一条线上等级过多或同一等级的区段长度过短,使线路技术标准频繁变更。

1. 传统等级分类

我国《铁路线路设计规范》(TB 10098—2017)规定:新建和改建铁路(或区段)的等级,应根据它们在铁路网中的作用、性质和远期的客货运量确定。我国铁路建设标准共划分为 4 个等级,即Ⅰ级、Ⅱ级、Ⅲ级和Ⅳ级。具体的条件见表 1-1。

表 1-1 铁路等级

等级	铁路在路网中的意义	近期年客货运量(百万吨)
Ⅰ	在铁路网中起骨干作用的铁路	≥20
Ⅱ	在铁路网中起联络、辅助作用的铁路	10(含10)~20
Ⅲ	为某一地区或企业服务的铁路	5(含5)~10
Ⅳ	为某一地区或企业服务的铁路	<5

2. 设计速度

高速铁路、城际铁路、客货共线Ⅰ级和Ⅱ级铁路、重载铁路的设计速度应根据运输需求、工程条件等因素综合技术经济比选确定,宜按表 1-2 规定的数值选用。当沿线运输需求或地形差异较大,并有充分的技术经济依据时,可分路段选定设计速度,路段长度不宜过短。改建既有线和增建第二线的路线设计速度,应根据运输需要并结合既有线特征等因素经技术经济比选确定。

表 1-2 设计速度(km/h)

铁路等级	高速铁路	城际铁路	客货共线Ⅰ级	客货共线Ⅱ级	重载铁路
设计速度	350、300、250	200、160、120	200、160、120	120、100、80	100、80

3. 高速铁路

高铁在不同国家、不同时代以及不同的科研学术领域有不同的规定。中国国家铁路局将中国高铁定义为设计开行时速 250 公里以上(含预留)、初期运营时速 250 公里以上的客运列车专线铁路,并颁布了相应的《高速铁路设计规范》文件。中国国家发展和改革委员会将中国高铁定义为时速 250 公里及以上标准的新线或既有线铁路,并颁布了相应的《中长期铁路网规划》文件,将部分时速 200 公里的轨道线路纳入中国高速铁路网范畴。

新版《高速铁路设计规范》于 2015 年起正式实施,不符合相关规定的按其他类型铁路设计规范施工建设。此文件中的高铁是针对中国铁路施工建设技术等级新设置的级别,简称高铁级,其综合地位高于原有的国铁Ⅰ级(类似于高速公路与一级公路的关系),铁路基础设施设计速度只是其中一个方面。

(1)客运。高铁级线路只承担客运功能,客货铁路和货运铁路不属于技术型高速铁路。

(2)干线。城际铁路带有支线性质,另按《城际铁路设计规范》内容标准施工建设,不采用高铁级标准建设。

(3)速度。高铁级铁路的基础设施设计速度范围是 250 km/h 至 350 km/h,列车初期运营速度不低于 200 km/h。

(4)车辆。构造速度达 200 km/h 级别之上的动车组。非动车组列车和中低速动车组列车不在高铁级线运行。中国高铁线路统一运营构造速度达 250 km/h 以上的电力动车组列车,车次分 G、D、C 三种字母开头,车辆分 CRH 和 CR 系列车型。

(5)系统。CTCS-2 及以上级别的铁路调度控制系统。

(6)轨道。高铁级线路采用标准重轨铺设,一般采用无砟轨道,也有少部分采用有砟轨道。轻轨、宽轨、窄轨和磁悬浮轨道等不属于高铁级线路的范围。

4. 重载铁路

重载铁路是指行驶列车总重大、行驶大轴重货车或行车密度和运量特大的铁路,主要用于输送大宗原材料货物。

2005 年,国际重载协会理事会提出新的重载铁路标准,要求至少应满足下列 3 个条件中的 2 个:①列车牵引质量不少于 8000 t;②车列中车辆轴重达到或超过 27 t;③线路长度不少于 150 km 的区段,年计费货运量不低于 4000 万 t。

我国铁路从 20 世纪 80 年代开始发展重载运输,起步较晚,但发展迅速。在"2014(第三届)国际桥梁与隧道技术大会"上,有关方面透露,继"客运高速"后,"货运重载"将成为中国铁路建设新重点,相关产业面临新一轮发展机遇。主要方向是:一是专用货运重载铁路改造和新建;二是"四纵四横"客运专线逐步建成后,既有的客货混运铁路将逐步改造为重载铁路,以货运为主。

5. 城市轻轨与地下铁道

城市轻轨是城市轨道建设的一种重要形式,也是当今世界上发展最为迅猛的轨道交通形式。轻轨的机车重量和载客量要比一般列车小，所使用的铁轨质量轻，每米只有 50 kg，因此叫作"轻轨"。城市轻轨具有运量大、速度快、污染小、能耗少、准点运行、安全性高等优点。

地下铁道简称"地铁"，亦简称"地下铁"，狭义上专指以地下运行为主的城市铁路系统或捷运系统；但广义上，由于许多此类系统为了配合修筑的环境，可能会有地面化的路段存在，因此通常涵盖了各种地下与地面上的高密度交通运输系统。

从专业角度讲，轻轨和地铁的区别并非是在天上和地下，而在于其轨重和最大断面客流。轨重每米 60 kg 以下、每小时客流量 1.5 万至 3 万人次的叫轻轨；轨重每米 60 kg 以上、每小时客流量 3 万至 6 万人次的叫地铁。

绝大多数的城市轨道交通系统都是用来运载市内通勤的乘客的，而在很多场合下，城市轨道交通系统都会被当成城市交通的骨干。通常城市轨道交通系统是许多城市用以解决交通堵塞问题的方法。

6. 磁悬浮轨道

磁悬浮列车采用电力驱动，是一种靠磁悬浮力（即磁的吸力和排斥力）来推动的列车。磁悬浮列车在路轨上运行，列车运行的动力来自固定在路轨两侧的电磁流，它的车厢下端像伸出了两排弯曲的胳膊，将路轨紧紧搂住，由于其轨道的磁力使之悬浮在空中，行走时不同于其他列车需要接触地面，因此只受来自空气的阻力。磁悬浮列车的速度可超过 400 km/h，比轮轨高速列车的 380 km/h 还要大。

磁悬浮列车具有快速、低耗、环保、安全等优点，因此前景十分广阔。常导磁悬浮列车的速度为 400～500 km/h，超导磁悬浮列车的速度为 500～600 km/h。它的高速度使其在 1000～1500 km 的旅行距离中比乘坐飞机更优越。但其造价高昂，无法对接传统轮轨式轨道，短区间运行速度优势不明显，且稳定性和可靠性还需很长时间的运行考验。

三、行业规划及发展趋势

铁路是国民经济大动脉、关键基础设施和重大民生工程，加强现代化铁路建设，对扩大铁路运输有效供给，构建现代综合交通运输体系，建设交通强国，实现"两个一百年"奋斗目标和中华民族伟大复兴的中国梦，具有十分重要的意义。

《铁路"十三五"发展规划》（下称《规划》）提出，在路网建设方面，到 2020 年全国铁路营业里程达 15 万公里，其中高速铁路 3 万公里，复线率和电气化率分别达 60% 和 70% 左右，逐步实现高速铁路扩展成网，干线路网优化完善，城际、市域（郊）铁路有序推进，综合枢纽配套衔接，基本形成布局合理、覆盖广泛、层次分明、安全高效的铁路网络。

铁路客运发展的趋势是高速、大密度、扩编或采用双层客车。采用动车组和电力机车牵引旅客列车是实现客运高速化的重要条件。轻轨交通是改善城市交通的一种重要工具。市郊铁路与地下铁道、轻轨紧密合作，共线、共站，共同组成大城市的快速运输系统。在未来的铁路发展中，大城市快速运输系统将同全国铁路网连接，紧密配合形成客运统一运输网。在货运方面集中化、单元化和重载化是铁路发展的趋势。

第二节 公路工程

一、公路的主要功能

"公路"是以其公共交通之路而得名，是连接城市之间、乡村之间、工矿基地之间线性分布的道路。公路按照国家技术标准修建，主要供汽车行驶并具备一定技术标准和设施，由公路主管部门验收认可。如图1-5所示。

公路是为国民经济、社会发展和人民生活服务的公共基础设施，公路运输机动灵活、批量不限、货运速度快、覆盖广，在整个交通运输系统中处于基础地位。公路运输系统是社会经济和交通运输系统的重要组成部分，社会经济水平和交通运输需求决定着公路工程的发展进程，而公路工程也会影响并制约社会经济和交通运输的发展水平。

图1-5 公 路

二、公路的组成结构与等级分类

(一)公路的组成

公路是承受车辆等荷载和自然因素影响的结构物，一般包括路基、路面、桥涵、隧道、排水系统、防护工程、特殊构造物及交通服务设施等。

1. 路基

路基是路面和载重车辆的基础,是公路建设的主体,主要是土石方工程。任何地形条件下路基都需要排水工程,在地形险峻的山区修建公路,防护工程如挡土墙和护坡等工程尤为重要。

2. 路面

路面是用各种筑路材料铺筑在公路路基上的供车辆行驶的构筑物。路面有各种类型,其质量与造价往往是关注的焦点。

3. 桥涵

桥涵一般是指桥梁与涵洞的统称。桥梁是为公路、城市道路等跨越河流、山谷等天然或人工障碍物而建造的建筑物;涵洞是为宣泄地面水流而设置的横穿路堤的小型排水构筑物。

4. 隧道

隧道是为道路从山体、水域或城市地下等通过而修建的构筑物,一般还兼作管线和行人等通道。公路隧道有利于缩短公路里程,也有利于国防工程或设施的隐蔽。

5. 排水系统

排水系统是指为确保路基稳定,防止地面水冲刷路基或地下水侵蚀路基,所设置的排水构造物,如涵洞、截水沟、排水洞和急流槽、跌水、渡槽等。这些排水构造物组成综合排水系统。

6. 防护工程

为防止道路两侧陡峻山坡滑坡而修建的挡土墙、护脚、护坡墙等构造物,以及在公路沿河一侧为保证路基稳定而修建的填石边坡、砌边坡等构造物。

7. 交通服务设施

交通服务设施包括照明设备、交通标志、护栏、加油站、停车场、食宿站和绿化、美化设施等。

(二)公路的等级分类

根据适用交通量大小和功能,公路分为五个等级。

1. 高速公路

高速公路是专供汽车分向、分车道行驶,严格控制出入的多车道公路。它是等级最高的公路。高速公路四车道平均交通量折合成小客车的年平均日交通量为2.5万~5.5万辆,六车道为4.5万~8.0万辆,八车道为6.0万~10.0万辆。

2. 一级公路

一级公路是供汽车分向、分车道行驶,根据需要控制出入的多车道公路,如大城市的城乡结合部、开发区经济带的干线公路等。一级公路四车道平均交通量折合成小客车的年平均日交通量为 1.5 万～3.0 万辆,六车道为 2.5 万～5.5 万辆。

3. 二级公路

二级公路是供汽车行驶的双车道公路。它一般是中等以上城市的干线公路,或通行于工矿区、港口的公路。双车道二级公路平均交通量折合成小客车的年平均日交通量为 0.5 万～1.5 万辆。

4. 三级公路

三级公路为双车道公路,一般为沟通县、城镇之间的集散公路。三级公路平均交通量折合成小客车的年平均日交通量为 0.2 万～0.6 万辆。

5. 四级公路

四级公路一般为沟通乡、村等的地方公路。四级公路平均交通量折合成小客车的年平均日交通量为:双车道 2000 辆以下,单车道 400 辆以下。

(三)高速公路

高速公路是具有 4 个或 4 个以上车道,设有中央分隔带,全部立体交叉,全部控制出入,专供汽车分向、分车道高速行驶的公路。如图 1-6 所示。

高速公路属于高等级公路。中国交通部发布的《公路工程技术标准》规定,高速公路指"能适应年平均昼夜小客车交通量为 25000 辆以上、专供汽车分道高速行驶并全部控制出入的公路"。各国尽管对高速公路的命名不同,但都是专指有四车道以上、两向分隔行驶、完全控制出入口、全部采用立体交叉的公路。此外,有不少国家对部分控制出入口、非全部采用立体交叉的直达干线也称为高速公路。

图 1-6　高速公路

一般来说,高速公路能适应 120 km/h 或者更高的速度,路面有 4 个以上车道的宽度;中间设置分隔带,采用沥青混凝土或水泥混凝土高级路面,设有齐全的标志、标线、信号及照明装置;禁止行人和非机动车在路上行走,与其他线路采用立体交叉、行人跨线桥或地道通过。

从定义可以看出,一般来讲,高速公路应符合下列4个条件:①只供汽车高速行驶;②设有多车道、中央分隔带,将往返交通完全隔开;③全线封闭,控制出入口,设有立体交叉口,只准汽车在规定的一些立体交叉口进出公路;④采用较高的线路标准和设置完善的交通监控系统与沿线服务设施。

1. 优点

高速公路的优点包括:①车速高,通行能力大;②交通事故少,安全程度高;③运输成本降低;④促进汽车制造业发展;⑤带动沿线经济发展;⑥降低能源消耗。

2. 缺点

高速公路的主要缺点是占地多、投资大、造价高。一般高速公路用地宽为30~35 m,六车道为50~60 m,八车道为70~80 m,一座完整互通式立交桥占地为15万~150万 m^2,因此,高速公路的投资为一般公路的十几倍。高速公路总投资比例一般是:土方、路面、桥涵及设施费占80%;征地费占15%;规划设计和其他费用占5%。中国平原地区高速公路每公里造价相对较低。在山高谷深、江河纵横、地势险峻、地质复杂,高速公路建设施工条件差、建设难度大、技术质量和生态环保要求高的地区,桥隧比大,人、财、物的投入多,与平原地区相比普遍高出2~3倍。新沈大高速公路总投资为75亿元(含服务区),平均每公里造价为2150万元,正习高速公路桥隧比例达45%,匡算造价为120亿元,平均每公里造价为1.09亿元。

三、行业规划及发展趋势

(一)路网规划

国家公路网规划(2013—2030年)总规模为40.1万公里,由普通国道和国家高速公路两个路网层次构成。

1. 普通国道网

普通国道网由12条首都放射线、47条北南纵线、60条东西横线和81条联络线组成,总规模约为26.5万公里。按照"主体保留、局部优化、扩大覆盖、完善网络"的思路,调整拓展普通国道网:保留原国道网的主体,优化路线走向,恢复被高速公路占用的普通国道路段;补充连接地级行政中心和县级节点、重要的交通枢纽、物流节点城市和边境口岸;增加可有效提高路网运行效率和应急保障能力的部分路线;增设沿边沿海路线,维持普通国道网相对独立。

2. 国家高速公路网

国家高速公路网由7条首都放射线、11条北南纵线、18条东西横线,以及地区环线、并行线、联络线等组成,约11.8万公里,另规划远期展望线约1.8万公里。按照"实现有效连接、提升通道能力、强化区际联系、优化路网衔接"的思路,补充完善国家高速公路网:保持原国家高速公路网规划总体框架基本不变,补充连接新增20万以上城镇人口城市、地级行政中心、重要港口和重要国际运输通道;在运输繁忙的通道上布设平行路线;增设区际、省际通道和重要城际通道;适当增加有效提高路网运输效率的联络线。

(二)"一带一路"交通规划新政策

"一带一路"是"丝绸之路经济带"和"21世纪海上丝绸之路"的简称。2013年9月7日,习近平主席在哈萨克斯坦发表重要演讲,首次提出了加强政策沟通、道路联通、贸易畅通、货币流通、民心相通,共同建设"丝绸之路经济带"的战略倡议;2013年10月3日,习近平主席在印度尼西亚国会发表重要演讲时明确提出,中国致力于加强同东盟国家的互联互通建设,愿同东盟国家发展好海洋合作伙伴关系,共同建设"21世纪海上丝绸之路"。边境地区互联互通是"一带一路"建设的依托。边境口岸作为通道节点,在中国对外开放中的前沿窗口作用显现。中国开展亚洲公路网、泛亚铁路网规划和建设,与东北亚、中亚、南亚及东南亚国家开通公路13条、铁路8条。此外,油气管道、跨界桥梁、输电线路、光缆传输系统等基础设施建设取得了成果。这些设施建设为"一带一路"打下物质基础。其中最重要也是最现实可行的通道路线是:连接东北亚和欧盟这两个当今世界最发达经济体区域的以长吉图开发开放先导区为主体和中心的日本—韩国—扎鲁比诺港—珲春—吉林—长春—白城—蒙古国—俄罗斯—欧盟的高铁和高速公路规划。

(三)发展目标

根据我国国民经济和社会发展的长远规划,中国公路在未来几十年内,将通过"三个发展阶段"实现现代化的奋斗目标。

第一阶段:交通运输紧张状况有明显缓解,对国民经济的制约状况有明显改善。

第二阶段:公路交通基本适应国民经济和社会发展的需要。

第三阶段:将在21世纪中叶基本实现公路运输现代化,达到中等发达国家水平。

第三节 民航机场工程

一、民航机场的主要功能

机场是航空运输的基础设施,通常是指专供飞机起飞、降落、滑行、停放以及进行其他活动使用的划定区域。机场工程是规划、设计和建造飞机场等各项设施的统称,在国际上称航空港。机场内及其附近设置的跑道、滑行道、停机坪、旅客航站、塔台、飞机库等工程,以及无线电、雷达等多种设施都属于机场工程的范畴。

民航机场是航空运输的起点站和终点站,又是中转站和经停站。其功能如下:

(1)最根本的是供飞机安全、有序地起飞和着陆。

(2)在飞机起降前后,提供各种设施和设备,供飞机停靠指定机位。

(3)提供各种设施和方便,为旅客及行李、货物和邮件改变交通方式做好组织工作。

(4)提供各种设备和设施,安排旅客和货邮方便、安全、及时、快捷地上下飞机。

(5)提供包括飞机维修在内的各种技术服务,如通信导航监视、空中交通管制、航空气象、航行情报等(这些通常由所在机场的空管部门提供)。

(6)一旦飞机发生事故时,能提供消防和应急救援服务。

(7)为飞机补充燃油、食品、水及航材等,并清除、运走废弃物。

(8)为旅客和货邮的到达及离开机场提供方便的地面交通组织和设施(停车场和停车楼)。

(9)机场基本功能的扩大,即提供各种商业服务,如餐饮、购物、会展、休闲服务等。依托机场还可建立物流园区、临空经济区以及航空城等。

二、民航机场的组成及设施

民航机场一方面要面向天空,送走出港的飞机,迎来进港的飞机;另一方面要面向陆地,供旅客、货物和邮件进出,以便完成地面与空中两种运输方式的转变。机场包括地面和空中两部分。作为交通运输系统,机场按功能划分则主要由三部分组成:飞行区;航站区;进出机场的地面交通系统。如图1-7所示。

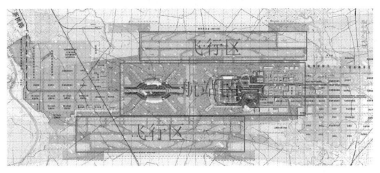

图1-7　沈阳桃仙国际机场远期(2040年)总平面规划图

进出机场的地面交通系统是指由城市通向机场的道路系统,通常为公路,有时也会有轨道交通(地铁、轻轨)和水上交通。进出机场的地面交通系统的距离远近以及是否畅通影响客货的运输时间和航站楼的功能区面积。飞行区和航站区由机场当局管辖。进出机场的地面交通系统一般不由机场当局管辖,但在制定机场规划时必须统一考虑。

通常将民航机场分为空侧和陆侧两部分。空侧(又称对空面或向空面)是受机场当局控制的区域,包括跑道、滑行道、停机坪等,以及相邻地区和建筑物(或其中的一部分),进入该区域是受管制的。陆侧则是为航空运输提供客运、货运及邮运服务的区域,非旅行的公众也能自由进出这部分区域的场所和建筑物。

除上述功能分区外,民航机场区域内的重要设施还有:

(1)机场空中交通管理设施,包括指挥塔台以及空中交通管制、通信导航监视、航行情报、航空气象等设施。

(2)应急消防救援设施,包括应急指挥中心、救援及医疗中心、消防站、消防供水系统等设施。

(3)机场安全检查设施,包括旅客、货邮及工作人员等安检设施。

(4)机场保安设施,包括飞行区的保安设施、航站楼的保安设施、货运区保安设施、监控与报警系统等。

(5)供油设施,包括卸油站、中转油库区、机场使用油库区、航空加油站、机坪管线加油系统以及地面汽车加油站等。卸油站和中转油库区一般位于机场边界之外。

(6)动力及电信系统,包括供电、供水、供气、供暖、供冷及电信等设施。

(7)货运区,包括货运仓库、货物集散地和办公设施以及货机坪。

(8)机场环境保障设施,包括防汛抗洪及雨水排放系统、污水处理与排放系统、污物垃圾处理设施、噪声监测及防治设施、鸟害及鼠害防治设施、绿化设施等。

(9)基地航空公司区,航空公司(或分公司)基地所在的机场,应为其安排停机坪、机库、维修车间和航材库等。

(10)属于机场的机务维护设施及地面服务设施等。

(11)旅客服务设施,如航空食品公司、宾馆、休息场所、商店及餐饮、娱乐、游览、会务等设施。

(12)驻场单位区,包括多功能联检单位(海关、边防、商检、卫生及动植物检疫等)、公安、银行、邮局、保险、旅行社等部门。

(13)机场办公及值班场所。

三、民航机场的分类

(一)按机场在航空运输网络中的地位划分

机场是航空运输系统网络的节点,按照其在该网络中的作用,通常可以分为枢纽机场、干线机场和支线机场。

1. 枢纽机场

枢纽机场是指国际、国内航线密集的机场。图 1-8 为芝加哥奥黑尔机场，旅客在此可以很方便地中转到其他机场。根据业务量的大小，可分为大、中、小型枢纽机场。美国大型枢纽机场的中转旅客百分比很大，如亚特兰大哈茨菲尔德机场的中转旅客超过 50%。目前，一般认为北京首都国际机场、上海浦东国际机场和广州新白云国际机场为枢纽机场。

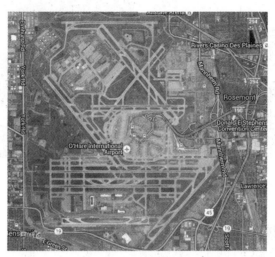

图 1-8　芝加哥奥黑尔机场卫星图

2. 干线机场

干线机场是指以国内航线为主，航线连接枢纽机场和重要城市（在我国指直辖市、各省会或自治区首府以及计划单列市和重要旅游城市），空运量较为集中，年旅客吞吐量达到某适当水平的机场，如图 1-9 所示。我国现有干线机场 30 多个。

图 1-9　重庆江北国际机场鸟瞰图

3. 支线机场

支线机场是指经济比较发达的中小城市和一般旅游城市，或经济欠发达但地面交通不便、空运量较少的城市的地方机场,如图1-10所示。这些机场的航线多为本省区航线或邻近省区支线。

图1-10　甘肃嘉峪关机场卫星图

(二)按进出机场的航线业务范围划分

1. 国际机场

国际机场是指有国际航线出入,设有海关、边防检查(护照检查)、卫生检疫、动植物检疫和商品检验等联检机构的机场。国际机场又分为国际定期航班机场、国际定期航班备降机场和国际不定期航班机场。图1-11为武汉天河国际机场平面图。

1. T1航站楼
2. T2航站楼
3. T3航站楼
4. 规划T4航站楼
5. 综合交通中心
6. 卫星岛

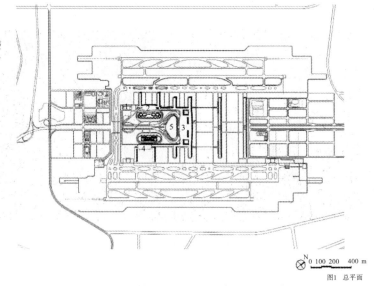

图1-11　武汉天河国际机场三期扩建工程(T3航站楼)平面图

2. 国内航线机场

国内航线机场是指专供国内航线使用的机场。如北京沙河机场、天津塘沽机场等。

3. 地区航线机场

地区航线机场在我国是指大陆民航运输企业与香港、澳门、台湾等地区之间定期或不定期航班飞行使用，并设有相应(类似国际机场的)联检机构的机场。我国的地区航线机场应属国内航线机场。

在国外，地区航线机场通常是指为适应个别地区空管需求，可提供短程国际航线起降的机场。

四、行业规划及发展趋势

中国航空交通体系由三大门户复合枢纽机场、八大区域性枢纽机场和十二大干线机场组成。

2017年，中国民航局发布《全国民用运输机场布局规划》，提出完善华北、东北、华东、中南、西南、西北六大机场群。到2025年，全国民用运输机场规划布局共370个，其中新增布局机场136个。

到2020年，我国民用运输机场数量将达260个左右，北京新机场、成都新机场等一批重大项目将建成投产，枢纽机场设施能力进一步提升，一批支线机场投入使用。到2025年，全国将建成覆盖广泛、分布合理、功能完善、集约环保的现代化机场体系，形成三大世界级机场群、10个国际枢纽和29个区域枢纽。

2018年，全国民用运输机场旅客吞吐量、货邮吞吐量和飞机起降量分别达12.65亿人次、1674万吨和1108.8万架次。预计到2020年，我国机场旅客吞吐量将达15亿人次，年均增长10.4%；2025年将达22亿人次。

虽然我国的机场建设已取得巨大成就，但同时也面临以下挑战：

(1)机场数量较少、地域服务范围不广，难以满足未来经济社会发展的要求。例如，在数量方面，美国密度为每10万平方公里6.3个，是我国的3.4倍，印度、巴西也高于我国；在地域服务范围方面，"东密西疏"的格局与带动中西部地区经济社会发展、维护社会稳定与增进民族团结、开发旅游资源等的矛盾比较突出。

(2)随着我国民用航空业务需求量的持续高速增长，大部分中型以上机场容量已饱和或接近饱和，综合功能不健全，与提高航空安全保障能力和运输服务质量水平的客观要求存在较大差距。机场现有运行资源的紧张局面将日益突出。

(3)建设资源节约型、环境友好型的机场已提升到重要议事日程，同时，航空市场区域化、枢纽机场主导化、运营低成本化、运输模式智能化等趋势日益明显。与过去相比，机场规模越来越大，生产运行系统越来越复杂，机场信息化程度越来越高,多跑道、多航站楼运行越来越复杂,对我国民航机场的管理工作也提出了更高的要求。

就以上我国民航行业发展情况,民航机场建设已步入快速发展阶段。

第四节　港口与航道工程

港口是水运、铁路、公路和管道等多种运输方式的交汇点,是实现一体化运输、发展"无缝"衔接的关键节点。随着"一带一路"倡议获得世界越来越多国家的认同,中国的港口建设将为"一带一路"建设、为扩大开放合作作出更大贡献,中国港口建设将迎来新的发展机遇期。港口正成为"一带一路"建设中的重要支点。

广义的航道是指河道或基本航槽,狭义的航道等同于"航槽",是为了组织水上运输所规定或设置的船舶航行的通道。除了运河、通航渠道和某些水网地区的航道以外,航道宽度总是小于河槽的宽度。在天然河流、湖泊、水库内,航道的设定范围总是只占水面宽度的一部分而不是全部。在某些特定的航段内,还受到过河建筑物如桥梁、过江管道、缆线等的限制。因此,狭义的航道是一个在三维空间尺度上既有要求、又有限制的通道。

一、港口

1. 港口功能

港口在一国的经济发展中历来都扮演着重要的角色。港口是具有水陆联运设备和条件,供船舶安全进出和停泊的运输枢纽,是联系内陆腹地和海洋运输(国际航空运输)的一个天然界面,因此,人们也把港口作为国际物流的一个特殊结点。港口工程是兴建港口所需工程设施的总称,是国民经济的基础设施。

世界上的发达国家一般都具有自己的海岸线和功能较为完善的港口。港口的功能可归纳为以下四个方面:物流服务功能、信息服务功能、商业服务功能和产业服务功能。

2. 港口组成

港口由水域和陆域组成,如图 1-12 所示。

(1)水域通常包括进港航道、锚泊地和港池。

①进港航道要保证船舶安全方便地进出港口,必须有足够的深度和宽度,适当的位置、方向和弯道曲率半径,避免强烈的横风、横流和严重淤积,尽量降低航道的开辟和维护费用。

②锚泊地是指有天然掩护或人工掩护条件,能抵御强风浪的水域,船舶可在此锚泊、等待靠泊码头或离开港口。

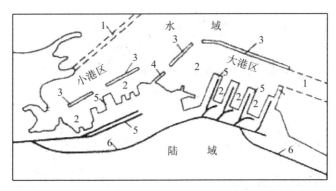

1.进港航道；2.港池；3.岛堤；4.突堤；5.码头；6.铁路

图1-12　港口总平面图

③港池是指直接和港口陆域毗连，供船舶靠离码头、临时停泊和调头的水域。港池按构造形式划分，有开敞式港池、封闭式港池和挖入式港池。

(2)陆域是指港口供货物装卸、堆存、转运和旅客集散之用的陆地面积。陆域上有进港陆上通道(铁路、道路、运输管道等)、码头前方装卸作业区和港口后方区。

3. 港口设备

陆上设备包括间歇作业的装卸机械设备(门座式、轮胎式、汽车式、桥式及集装箱起重机、卸车机等)、连续作业的装卸机械设备(带式输送机、斗式提升机、压缩空气和水力输送式装置及泵站等)、供电照明设备、通讯设备、给水排水设备、防火设备等。港内陆上运输机械设备包括火车、载重汽车、自行式搬运车及管道输送设备等。水上装卸运输机械设备包括起重船、拖轮、驳船及其他港口作业船、水下输送管道等。

4. 港口水工建筑物

港口水工建筑物一般包括防波堤、码头、修船和造船水工建筑物。进出港船舶的导航设施(航标、灯塔等)和港区护岸也属于港口水工建筑物的范围。

(1)防波堤。防波堤是指位于港口水域外围，用以抵御风浪、保证港内有平稳水面的水工建筑物。突出水面伸向水域与岸相连的称突堤；立于水中与岸不相连的称岛堤；堤头外或两堤头间的水面称为港口口门。防波堤内侧常兼作码头。

防波堤按其断面形状及对波浪的影响可分为斜坡式、直立式、混合式、透空式、浮式，以及配有喷气消波设备和喷水消波设备的等多种类型。一般多采用前三种类型，如图1-13所示。

(2)码头。码头是指供船舶停靠、装卸货物和上下旅客的水工建筑物。广泛采用的是直立式码头，便于船舶停靠和机械直接开到码头前沿，以提高装卸效率。

码头结构形式有重力式、高桩式和板桩式，主要根据使用要求、自然条件和施工条件综合考虑确定。如图1-14所示。

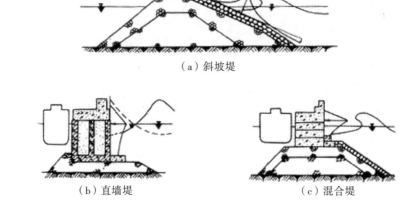

图 1-13 防波堤的类型

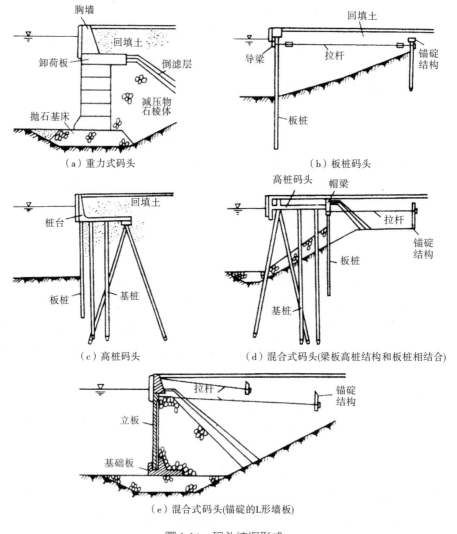

图 1-14 码头结构形式

①重力式码头。靠建筑物自重和结构范围的填料重量保持稳定,结构整体性好,坚固耐用,损坏后易于修复,有整体砌筑式和预制装配式。

②高桩码头。高桩码头由基桩和上部结构组成,桩的下部打入土中,上部高出水面,上部结构有梁板式、无梁大板式、框架式和承台式等。高桩码头属透空式结构,波浪和水流可在码头平面以下通过,对波浪不发生反射,不影响泄洪,并可减少淤积。

③板桩码头。板桩码头由板桩墙和锚碇设施组成,并借助板桩和锚碇设施承受地面使用荷载和墙后填土产生的侧压力。

(3)修船和造船水工建筑物,有船台滑道型和船坞型两种。待修船舶通过船台滑道被拉曳到船台上,修好船体水下部分以后,沿相反方向下水,在修船码头进行船体水上部分的修理和安装或更换船机设备。新建船舶在船台滑道上组装并油漆船体水下部分后下水,在舾装码头安装船机设备和油漆船体水上部分。

5. 船坞

(1)干船坞。干船坞为一低于地面、三面封闭一面设有坞门的水工建筑物,如图1-15所示。待修船舶进坞后,关闭坞门,把水抽干,修好船体水下部分后灌水,使船起浮,打开坞门,使船出坞。新建船舶在坞内组装船体结构,油漆船体水下部分和安装部分船机设备后出坞,然后进行下一步工作。如图1-16所示。

图1-15 干船坞

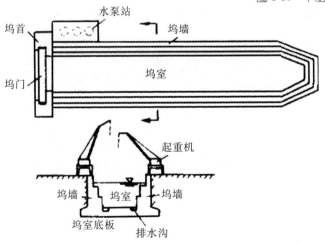

图1-16 干船坞构造

(2)浮船坞。浮船坞由侧墙和坞底组成,如图1-17所示。修船时先向坞舱灌水使坞下沉,拖入待修船舶后,排出坞舱水,使船舶坐落坞底进行修理。在浮船坞新建船舶的建造情况和干船坞相似。浮船坞可系泊在船厂附近水面上,也可用拖轮拖至他处使用。

图 1-17　浮船坞

6. 港口分类

(1)按自然条件分为天然港和人工港。

(2)按港口用途分为商港、工业港、渔港、军港和避风港。

(3)按港口的地理位置分为海港、河口港、内河港和运河港。

(4)按潮汐影响分为开敞港、闭合港和混合港。

(5)按照港口在国民经济及综合运输体系中的地位、作用以及所处的地理位置及功能,分为航运中心港、主枢纽港、地区性枢纽港、地区性重要港口和其他中小港口。

二、航 道

航道是指沿海、江河、湖泊、运河等水域内供船舶安全航行的通道,如图 1-18 所示。航道由可通航水域、助航设施和水域条件组成。

图 1-18　航　道

(一)航道分类

1. 按形成原因分类

(1)天然航道。天然航道是指自然形成的江、河、湖、海等水域中的航道,包括水网地区在原有较小通道上拓宽加深的那一部分航道,如广东的东平水道、小榄水道等。

(2)人工航道。人工航道是指在陆上人工开发的航道,包括人工开辟或开凿的运河和其他通航渠道,如平原地区开挖的运河,山区、丘陵地区开凿的沟通水系的越岭运河,可供船舶航行的排、灌渠道或其他输水渠道等。

2. 按使用性质分类

(1)专用航道。专用航道是指由军事、水利、电力、林业、水产等部门以及其他企业事业单位自行建设、使用的航道。

(2)公用航道。公用航道是指由国家各级政府部门建设和维护、供社会使用的航道。

3. 按所处地域分类

(1)内河航道。内河航道是河流、湖泊、水库内的航道以及运河和通航渠道的总称。其中天然的内河航道又可分为山区航道、平原航道、潮汐河口航道和湖区航道等;而湖区航道又可进一步分为湖泊航道、河湖两相航道和滨湖航道。

(2)沿海航道。沿海航道原则上是指位于海岸线附近、具有一定边界、可供海船航行的航道。

4. 按通航条件分类

(1)依通航时间长短可分为:①常年通航航道,即可供船舶全年通航的航道,又可称为常年航道;②季节通航航道,即只能在一定季节(如非封冻季节)或水位期(如中洪水期或中枯水期)内通航的航道,又可称为季节性航道。

(2)依通航限制条件可分为:①单行航道,即在同一时间内,只能供船舶沿一个方向行驶,不得追越或在行进中会让的航道,又可称为单线航道;②双行航道,即在同一时间内,允许船舶对驶、并行或追越的航道,又可称为双线航道或双向航道;③限制性航道,即由于水面狭窄、断面系数小等,对船舶航行有明显的限制作用的航道,包括运河、通航渠道、狭窄的设闸航道、水网地区的狭窄航道,以及具有上述特征的滩险航道等。

(3)依通航船舶类别可分为:①内河船航道,是指只能供内河船舶或船队通航的内河航道;②海船进江航道,是指内河航道中可供进江海船航行的航道,其航线一般通过增设专门的标志辅以必要的"海船进江航行指南"之类的文件加以明确;③内河航道主航道,是指供多数尺度较大的标准船舶或船队航行的航道;副航道,是指为分流部分尺度较小的船舶或船队而另行增辟的航道;④缓流航道,是指为使上行船舶能利用缓流航行而开辟的航道,这种航道一般都靠近凸岸边滩;⑤短捷航道,是指在分汊河道上开辟的较主航道航程短的航道,这种航道一般都位于可在中洪水期通航的支汊内。

除上述分类方法外,航道还可按所处特殊部位分别定名,如桥区航道、港区航道、坝区航道、内河进港航道、海港进港航道等。

(二)航道尺度

在设计通航期内,航道能保证设计船型(船队)安全航行的最小尺度称为航道尺度。例如,在设计最低通航水位下的航道标准水深、航道标准宽度和航道最小弯曲半径;在设计最高通航水位时跨河建筑物下的净空高度和净空宽度。

1. 航道标准水深

航道标准水深也称航道设计水深,是指设计最低通航水位下的航道范围内保证的最小水深。

2. 航道标准宽度

航道标准宽度是指在设计最低通航水位下具有航道标准水深的宽度。

3. 航道最小弯曲半径

航道最小弯曲半径是指保证标准船队安全通过弯曲航道的最小中心线的曲率半径。有些困难弯道因受河道地形限制,不能满足要求的最小弯曲半径,则应在直线段航道宽度的基础上采取航道加宽措施。

4. 水上跨河建筑物的通航净空

通航净空包括净空高度和净空宽度。净空高度是指设计最高通航水位往上至跨河建筑物底部的垂直距离,应满足标准船舶(队)空载的水上高度加富裕值。净空宽度是指航道底标高以上桥墩(桥柱)间的最小净空,包括标准船舶(队)航迹带宽度和富裕宽度。为减小净宽,上下行船舶在桥孔内不得会船,设置通航孔不少于2个。河宽不足两通航孔的,应一孔跨过,且桥墩顺水面与水流流向偏角不得超过5°。

第五节 水利水电工程

水利水电工程是以水力发电为主的水利事业。水利事业的根本任务是除水害和兴水利。除水害,主要是防止洪水泛滥和旱涝成灾;兴水利,则是从多方面利用水资源为人类服务,主要措施有兴建水库、加固堤防、整治河道、增设防洪道、利用洼地和湖泊蓄洪、修建提水泵站及配套的输水渠道和隧洞。

一、水利水电工程的效益

水利事业的效益主要有防洪、农田水利、水力发电、给水和排水、航运及水产养殖、旅游及其他等。

1. 防洪

洪水造成的危害,轻者会毁坏良田,重者造成工业停产、农业绝收,甚至使人员生命财产受到威胁。水害发生往往是大面积的。由于目前的水文预报还远未尽如人意,因此,防洪往往是水利事业的头等大事。

2. 农田水利

在全国的总用水量中,80%以上的用水量是农业用水,良好的排灌水利设施是保证农业丰收的主要措施。修建水库、堰塘、渠道、泵站等水利设施可以提高农业的生产保障,是水利事业中的重要内容。

3. 水力发电

水力发电就是利用蓄藏在江河、湖泊、海洋的水能发电。现阶段,主要利用大坝拦蓄水流,形成水库,抬高水位,依靠落差产生的位能发电。水力发电不消耗水量、没有污染、清洁、运行成本低,是优先考虑发展的能源。

4. 给水和排水

工业和民用供水需要供水质量好,供水保证率高。修建水库等储水、供水设施可提高供水保证率和供水质量。

生活和工业污水排放是城市市政建设和工业设施的一部分。当前,污水排放是江河污染的源头,采用一定的污水处理措施是必要的。

积水排渍工程是城市防洪的一部分。

5. 航运及水产养殖

一方面,水利水电工程修建了拦河大坝等建筑物后,阻隔了江河水流的天然通道,隔挡了船只的航行,需要在水利水电枢纽工程中修建船闸、升船机等通航建筑物,帮助船只克服上游水位抬升造成的落差,恢复全河段的河道通航问题。另一方面,某些河段在天然情况下,或是落差大、水流急,或是河滩多、水深浅,在这些河流中,有些只能作季节性通航,有些却根本无法通航。高坝大库可以彻底解决深山峡谷的船只通航问题。在平原地区,用滚水坝、水闸等壅水建筑物来抬高河道水深,改善河流通航条件,延伸通航里程。这时,同样需要用通航建筑物使船只逐渐通过这些建筑物。

修建水利工程为库区养鱼提供了广阔的水域条件。同时,水工建筑物阻碍了洄游鱼类的生存环境,需要用一定措施来帮助鱼类生存,如水利水电工程中的鱼道、鱼闸等。

6. 旅游及其他

大型水库宽阔的水域将库内一些山体包围成岛屿,形成有山有水的美丽风景,是旅游的理想去处。甚至工程自身也能成为旅游热点,如浙江新安江水库的千岛湖、湖北长江三峡水利枢纽等。大型水利枢纽的建设往往可以刺激当地经济的发展,成为当地经济的支柱产业。

二、总体规划

水利工程的水工建筑物向高水头、大容量、新材料、新结构等方向发展。随着施工技术的不断提高和施工机械的不断改进,高拱坝、高土石坝、碾压混凝土坝、深埋隧洞及大型地下建筑物等的设计和研究将会有较快的发展。预制构件装配化的中小型水工建筑物、水工建筑物检测和管理调度技术等也将随之会有较大发展。

三、水利水电工程等级划分

根据《水利水电工程等级划分及洪水标准》(SL 252—2017)的规定,水利水电工程根据其工程规模、效益以及在国民经济中的重要性,划分为Ⅰ、Ⅱ、Ⅲ、Ⅳ、Ⅴ五等,适用于不同地区、不同条件下建设的防洪、灌溉、发电、供水和治涝等水利水电工程,见表1-3。

表1-3 水利水电工程分等指标

工程等别	工程规模	水库总库容 (10^8 m³)	防洪			治涝	灌溉	供水		发电
			保护人口 (10^4 人)	保护农田面积 (10^4 亩)	保护区当量经济规模 (10^4 人)	治涝面积 (10^4 亩)	灌溉面积 (10^4 亩)	供水对象重要性	年引水量 (10^8 m³)	发电装机容量 (MW)
Ⅰ	大(1)型	≥10	≥150	≥500	≥300	≥200	≥150	特别重要	≥10	≥1200
Ⅱ	大(2)型	<10, ≥1.0	<150, ≥50	<500, ≥100	<300, ≥100	<200, ≥60	<150, ≥50	重要	<10, ≥3	<1200, ≥300
Ⅲ	中型	<1.0, ≥0.10	<50, ≥20	<100, ≥30	<100, ≥40	<60, ≥15	<50, ≥5	比较重要	<3, ≥1	<300, ≥50
Ⅳ	小(1)型	<0.1, ≥0.01	<20, ≥5	<30, ≥5	<40, ≥10	<15, ≥3	<5, ≥0.5	一般	<1, ≥0.3	<50, ≥10
Ⅴ	小(2)型	<0.01, ≥0.001	<5	<5	<10	<3	<0.5		<0.3	<10

注:1. 水库总库容指水库最高水位以下的静库容;治涝面积指设计治涝面积;灌溉面积指设计灌溉面积;年引水量指供水工程渠首设计年均引(取)水量。2. 保护区当量经济规模指标仅限于城市保护区;防洪、供水中的多项指标满足1项即可。3. 按供水对象的重要性确定工程等别时,该工程应为供水对象的主要水源。

四、水工建筑物的分类及构造

一般水利工程示意图如图1-19所示,水利工程的基本组成是各种水工建筑物,包括挡水建筑物、泄水建筑物、进水建筑物、输水建筑物、河道整治建筑物、水电站建筑物、渠系建筑物、过坝设施等。

水工建筑物一般按其作用、用途和使用时间等进行分类。

图1-19 水利工程示意图

图1-20 挡水建筑物

(一)按作用分类

水工建筑物按其作用可分为挡水建筑物、泄水建筑物、输水建筑物、取(进)水建筑物、整治建筑物以及专门水工建筑物。

1. 挡水建筑物

挡水建筑物是用来拦截水流、抬高水位及调蓄水量的建筑物,如各种坝和水闸以及沿江河海岸修建的堤防、海塘等,如图1-20所示。

挡水建筑物是指具有阻挡或拦束水流、壅高或调节上游水位的建筑物,一般横跨河道者称为坝,沿水流方向在河道两侧修筑者称为堤。坝是形成水库的关键性工程,是主要的挡水建筑物之一。

2. 泄水建筑物

泄水建筑物是用于宣泄水库、渠道及压力前池的多余洪水、排放泥沙和冰凌,以及为了人防、检修而放空水库、渠道等,以保证大坝和其他建筑物安全的建筑物。如各种溢流坝、坝身泄水孔、岸边溢洪道、泄水隧洞等。如图1-21所示。

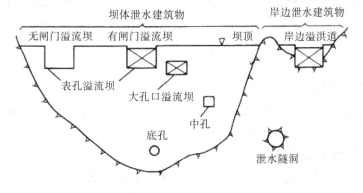

图1-21 泄水建筑物示意图

溢洪道是用于宣泄规划库容所不能容纳的洪水,保证坝体安全的开敞式或带有胸墙进水口的溢流泄水建筑物,如图1-22所示。溢洪道一般不经常工作,但却是水库枢纽中的重要建筑物。

图1-22 溢洪道

岸边溢洪道通常由进水渠、控制段、泄水段和消能段组成。进水渠起进水与调整水流的作用。控制段常用实用堰或宽顶堰,堰顶可设或不设闸门。泄水段有泄槽和隧洞两种形式。为了保护泄槽免遭冲刷和岩石不被风化,一般都用混凝土衬砌,并采用挑流消能或水跃消能。当下泄水水流不能直接归入原河道时,还需另设尾水渠,以便与下游河道妥善衔接。

溢流坝(又称滚水坝)一般由混凝土或浆砌石筑成。按坝型分为溢流重力坝、溢流拱坝、溢流支墩坝和溢流土石坝等。与厂房结合在一起作为泄洪建筑物的坝内式厂房溢流坝、厂房顶溢流和挑越厂房顶泄流的厂坝联合泄洪方式,可用在高山峡谷地区。溢流坝过流形式有坝顶溢流(跌流)、坝面溢流和大孔口坝面溢流。如图1-23所示。

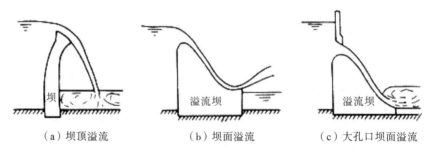

（a）坝顶溢流　　（b）坝面溢流　　（c）大孔口坝面溢流

图1-23 溢流坝溢流形式示意图

3. 输水建筑物

输水建筑物是为了发电、灌溉和供水的需要,从上游向下游输水用的建筑物,如引水隧洞、引水涵管、渠道、渡槽、倒虹吸等。

4. 取(进)水建筑物

取(进)水建筑物是输水建筑物的首部建筑物,如引水隧洞的进水口段、灌溉渠首和供水用的扬水站等。

5. 整治建筑物

整治建筑物是用以改善河流的水流条件、调整河势、稳定河槽、维护航道以及为防护河流、水库、湖泊中的波浪和水流对岸坡冲刷的建筑物,如顺坝、丁坝、导流堤、护底和护岸等。

6. 专门水工建筑物

专门水工建筑物是为灌溉、发电、过坝等需要而兴建的建筑物。专门水工建筑物的功能多样,难以严格区分其功能作用,这里指的是除通用性水工建筑物(挡水建筑物和泄水建筑物)以外的专门性水工建筑物,主要有水电站建筑物、渠系建筑物、港口水工建筑物、过坝设施等。

(1)水电站建筑物。水电站建筑物是指从水电站进水口起到水电站厂房、水电站升压开关站等专供水电站发电使用的建筑物。水电站工程建设中常用的分类方法按集中水头的手段和水电站的工程布置,可分为坝式水电站、引水式水电站和坝-引水混合式水电站三种基本类型。引水式水电站包括无压引水式水电站和有压引水式水电站。无压引水式水电站的引水道为明渠、无压隧洞、渡槽等,如图1-24所示;有压引水式水电站的饮水道多为压力隧洞、压力管道等,如图1-25所示。

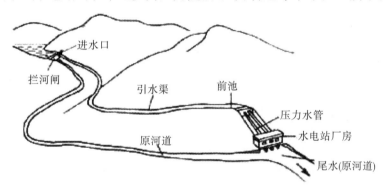

图1-24 无压引水式水电站示意图

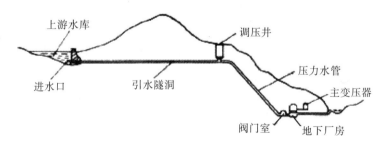

图1-25 有压引水式水电站示意图

(2)渠系建筑物。渠系建筑物是为安全输水、合理配水、精确量水,以达到灌溉、排水及其他用水目的而在渠道上修建的水工建筑物。当前我国渠系建筑物的发展趋势是向轻型化、定型化、装配化及机械化施工等方向发展。

(3)港口水工建筑物。港口水工建筑物的设计和施工与一般水工建筑物有许多共同之处。波浪、潮汐、水流、泥沙、冰凌等动力因素对港口水工建筑物的作用及环境水(主要是海水)、海洋生物等对建筑物的腐蚀作用,在确定建筑物荷载、平面布置和结构设计方案时应予以充分考虑,并采取相应的防冲、防淤、防冻、防腐蚀等措施。

(4)过坝设施。过坝设施是在水利枢纽中为船只、木材、鱼类过坝(闸)而建的设施的总称。按过坝的目的分为过船设施、过木设施和过鱼设施三类;按过坝方式又可分为水力过坝和机械过坝两类。其中过船设施又常称为通航设施,分为船闸与升船机两种基本类型。船闸(如图 1-26 所示)以水力浮运船只过坝,常见的有单、多级船闸和单、多线船闸;根据其闸室形式可分为广厢式、井式和省水式等。

图 1-26 船 闸

(二)按用途分类

水工建筑物按其用途可分为一般性建筑物和专门性建筑物。

(1)一般性水工建筑物具有通用性,如挡水坝、溢洪道、水闸等。

(2)专门性水工建筑物只实现其特定的用途。专门性水工建筑物又分为水电站建筑物、水运建筑物、农田水利建筑物、给水排水建筑物、过鱼建筑物等。

(三)按使用时间的长短分类

水工建筑物按其使用时间的长短分为永久性建筑物和临时性建筑物。

(1)永久性建筑物是指工程运行期间长期使用的水工建筑物。根据其重要性又分为主要建筑物和次要建筑物。

(2)临时性建筑物是指工程施工期间暂时使用的建筑物,如施工导流明渠、围堰等,其主要作用是为永久性建筑物的施工创造必要的条件。

第二章 建筑安装工程

建筑业是专门从事土木工程、房屋建设和设备安装以及工程勘察设计工作的生产部门。其产品是各种工厂、矿井、铁路、桥梁、港口、道路、管线、住宅以及公共设施的建筑物、构筑物和设施。本章着重介绍建筑工程、市政公用工程和机电工程。

第一节 建筑工程

建筑工程是为新建、改建或扩建房屋建筑物和附属构筑物设施所进行的规划、勘察、设计和施工、竣工等各项技术工作和完成的工程实体以及与其配套的线路、管道、设备的安装工程。其中"房屋建筑物"的建造工程包括厂房、剧院、旅馆、商店、学校、医院和住宅等,其新建、改建或扩建必须兴工动料,通过施工活动才能实现;"附属构筑物设施"指与房屋建筑配套的水塔、自行车棚、水池等;"线路、管道、设备的安装"指与房屋建筑及其附属设施相配套的电气、给排水、暖通、通信、智能化、电梯等线路、管道、设备的安装活动。

一、建筑物的分类

(一)按建筑的使用性质分类

(1)民用建筑,指非生产性建筑,有居住建筑和公共建筑。
(2)工业建筑,指生产性建筑。
(3)农业建筑,指农牧业所用建筑。

(二)按建筑层数分类

(1)住宅建筑按层数划分为:1~3层为低层;4~6层为多层;7~9层为中高层;10层以上为高层。如图2-1至图2-4所示。

图2-1 低层建筑

图 2-2　多层建筑

图 2-3　中高层建筑

图 2-4　高层建筑

(2)公共建筑及综合性建筑总高度超过 24 m 者为高层建筑(不包括总高度超过 24 m 的单层主体建筑)。

(3)建筑物高度超过 100 m 时,不论住宅或公共建筑,均为超高层建筑,如图 2-5 所示。

图 2-5　超高层建筑

(三)按使用材料分类

1. 木结构建筑

木结构建筑是指以木材作房屋承重骨架的建筑,如图 2-6 所示。

图 2-6　木结构建筑

2. 砖石结构建筑

砖石结构建筑是指以砖或石材为承重墙柱和楼板的建筑,如图 2-7 所示。这种结构便于就地取材,能节约钢材、水泥和降低造价,但抗害性能差,自重大。

图 2-7　砖石结构建筑

3. 砖混结构建筑

砖混结构建筑是指用砖墙(柱)、钢筋混凝土楼板及屋面板作为主要承重构件的建筑,如图 2-8 所示。

图 2-8　砖混结构建筑

4. 钢筋混凝土结构建筑

钢筋混凝土结构建筑是指用钢筋混凝土作为主要承重结构的建筑。该类建筑具有坚固耐久、防火和可塑性强等优点，应用较为广泛。

5. 钢结构建筑

钢结构建筑是指以型钢等钢材作为房屋承重骨架的建筑。钢结构力学性能好，便于制作和安装，工期短，结构自重轻，适宜超高层和大跨度建筑中采用，如图2-9所示。大跨度建筑中，采用钢结构的趋势正在增长。

图 2-9 钢结构建筑

二、建筑物的构造组成

(一)建筑物的组成

建筑物由基础、墙（或柱）、楼板层、地坪层、楼梯、屋顶、门与窗等组成。

(二)建筑物各组成的作用

1. 基础

基础是建筑物最下部的承重构件，其作用是承受建筑物的全部荷载，并将这些荷载传给地基。

2. 墙（或柱）

墙（或柱）是建筑物的承重构件和围护构件。作为承重构件的外墙，其作用是抵御自然界各种因素对室内的侵袭；内墙主要起分隔空间及保证舒适环境的作用。框架或排架结构的建筑物中，柱起承重作用，墙仅起围护作用。

3. 楼板层

楼板是水平方向的承重构件，按房间层高将整幢建筑物沿水平方向分为若干层；楼板层承受家具、设备和人体荷载以及本身的自重，并将这些荷载传给墙或柱，同时对墙体起着水平支撑的作用。

4. 地坪层

地坪层是底层房间与地基土层相接的构件,起承受底层房间荷载的作用。

5. 楼梯

楼梯是供人们上下楼层和紧急疏散的垂直交通设施,具有足够的通行能力,并且防滑、防火,能保证安全使用。

6. 屋顶

屋顶是建筑物顶部的围护构件和承重构件。屋顶能抵抗风、雨、雪、霜、冰雹等的侵袭和太阳辐射热的影响;承受风雪荷载及施工、检修等屋顶荷载,并将其传给墙或柱;具有足够的强度、刚度及防水、保温、隔热等性能。

7. 门与窗

门主要供人们出入内外交通和分隔房间用;窗主要起通风、采光、分隔、眺望等围护作用。外墙上的门窗又是围护构件的一部分,要满足热工及防水的要求。

三、建筑工程结构组成

1. 基础

基础是墙和柱子下面的放大部分,它直接与土层相接触,承受建筑物的全部荷载,并将这些荷载连同本身的重量一起传给地基。地基是基础下面的土层,不是房屋建筑的组成部分。基础按形式分为条形基础、独立基础和联合基础。

(1)条形基础也称带形基础,基础是连续的带形,有墙下条形基础和柱下条形基础,如图 2-10 所示。

(a)墙下条形基础　　(b)柱下条形基础

图 2-10　条形基础

(2)独立基础呈独立的块状,形式有台阶形、锥形、杯形等,如图 2-11 所示。独立基础主要用于柱下,将柱下扩大形成独立基础。

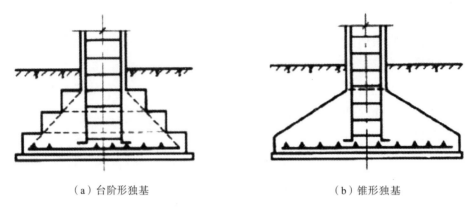

（a）台阶形独基　　　　　　　（b）锥形独基

图 2-11　独立基础

(3)联合基础的类型较多,常见的有柱下条形基础、柱下十字交叉基础、片筏基础和箱形基础,如图 2-12 所示。

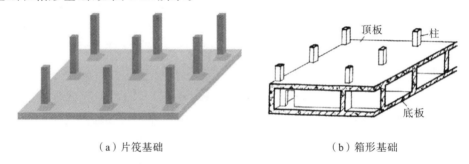

（a）片筏基础　　　　　　　（b）箱形基础

图 2-12　联合基础

(4)基础按材料不同又可分为砖基础、石基础、混凝土基础、毛石混凝土基础、钢筋混凝土基础等。

2. 墙体

墙体在建筑中主要起承重、围护和分隔作用,是房屋不可缺少的重要组成部分,它和楼板与屋顶被称为建筑的主体工程。根据墙体在建筑物中的位置、受力情况、材料选用、构造施工方法的不同,可将墙体分为不同类型。

(1)按墙体所处的位置及方向分类。墙体按所处位置不同分为外墙和内墙。内墙是位于建筑物内部的墙,外墙是位于建筑物四周与室外接触的墙。墙体按布置方向又可以分为纵墙和横墙。沿建筑物长轴方向布置的墙称为纵墙,沿建筑物短轴方向布置的墙称为横墙,外横墙又称山墙。另外,窗与窗、窗与门之间的墙称为窗间墙;窗洞下部的墙称为窗下墙;外墙从屋顶上高出屋面的部分称为女儿墙等。

(2)按受力情况分类。根据墙体的受力情况不同可分为承重墙和非承重墙。凡直接承受楼板、屋顶等传来荷载的墙称为承重墙;不承受这些外来荷载的墙称为非承重墙。在非承重墙中,不承受外来荷载,仅承受自身重量并将其传至基础的墙称为自承重墙;仅起分隔空间作用,自身重量由楼板或梁来承担的墙称为隔墙;在框架结构中,填充在柱子之间的墙称为填充墙,内填充墙是隔墙的一种;悬挂在建筑物外部的轻质墙称为幕墙,有金属幕、玻璃幕等。幕墙和外填充墙虽然不能承受楼板和屋顶的荷载,但承受着风荷载并把风荷载传给骨架结构。

(3)按材料分类。按墙体所用材料的不同,墙体有砖和砂浆砌筑的砖墙、利用工业废料制作的各种砌块砌筑的砌块墙、现浇或预制的钢筋混凝土墙、石块和砂浆砌筑的石墙等。

3. 楼板层

楼板层主要由面层、结构层、功能层和顶棚层组成。面层具有保护结构层、承受并传递荷载、装饰等作用。结构层承受荷载并将其传给柱或墙体,应具有足够的强度、刚度和耐久性。功能层包括保温层、隔热层、防潮层、防水层等。顶棚层具有保护结构层和装饰等作用,位于楼板最下面,俗称天花板。

楼板按照所使用的材料,可分为木楼板、砖拱楼板、钢筋混凝土楼板、钢衬板组合楼板等。木楼板构造简单、自重轻、保温性能好,防火及耐久性差,木材消耗量大。砖拱楼板自重大、结构占用空间大、顶棚不平整、抗震性能差且施工复杂、工期长,目前已基本不使用。钢筋混凝土楼板强度高、刚度大、耐久性好、防火及可塑性好,是目前应用极为广泛的楼板。钢筋混凝土楼板按照施工方法不同又可分为现浇整体式、预制装配式和装配整体式三种类型。钢衬板组合楼板强度高、刚度大、施工快,钢材用量较多,是目前正在推广的一种楼板形式。

4. 屋盖

屋盖有平屋盖、坡屋盖、其他类型的屋盖等。

平屋盖的特点为屋面排水坡度在5%以下,常用数值为2%,个别之处为1%。找坡方式包括结构找坡和材料找坡。常见类型有女儿墙方案、挑檐板方案、斜板挑檐方案和排水天沟。

坡屋盖的特点为坡度在50%左右,甚至更大。找坡方式包括屋架、墙体(硬山隔檩)和空间结构。常见类型包括洋式做法屋盖、中式做法屋盖和其他形式屋盖。

洋式做法屋盖包括单坡屋顶、双坡屋顶、四坡屋顶、多坡屋顶等,如图2-13所示。

(a)单坡屋顶　　　　　　　　　(b)双坡屋顶

（c）四坡屋顶

（d）多坡屋顶

图 2-13　洋式坡屋盖做法

中式做法屋盖包括单坡屋顶、双坡（硬山、悬山、出山）屋顶、庑殿顶、歇山顶、攒尖顶等，如图 2-14 所示。

（a）双坡屋顶

（b）庑殿顶

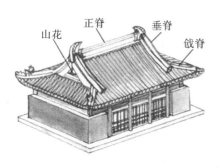

（c）歇山顶

（d）攒尖顶

图 2-14　中式坡屋盖做法

其他形式的屋盖有网架、壳体、折板、膜结构、悬索结构、索膜结构等类型，如图 2-15 所示。

（a）网架屋盖

（b）壳体屋盖

（c）折板屋盖

（d）膜结构屋盖

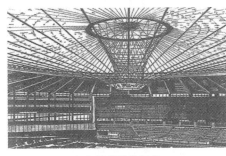
（e）悬索结构屋盖

（f）索膜结构屋盖

图 2-15　其他屋盖形式

第二节　市政公用工程

城市市政基础设施是建设城市物质文明和精神文明的重要保证，是城市发展的基础，是持续地保障城市可持续发展的一个关键性的设施。它主要由交通、给水、排水、燃气、环卫、供电、通信、防灾、园林绿化等各项工程系统构成。

一、城市道路工程

城市道路及其设施主要包括城市机动车道、非机动车道、人行道、公共停车场、广场、管线走廊和安全通道、路肩、护栏、街路标牌、道路建设及道路绿化控制的用地及道路的其他附属设施。

1. 城市道路分类

城镇道路的分类方法有多种形式，根据道路在城镇规划道路系统中所处的地位划分为快速路、主干路、次干路及支路;根据道路对交通运输所起的作用分为全市性道路、区域性道路、环路、放射路、过境道路等;根据道路承担的主要运输性质分为公交专用道路、货运道路、客货运道路等。

2. 城镇道路路面分类

(1)按结构强度分类,见表 2-1。

表 2-1 城市道路分类、路面等级和面层材料表

城市道路分类	路面等级	面层材料	使用年限(年)
快速路、主干路	高级路面	水泥混凝土	30
		沥青混凝土、沥青碎石、天然石材	15
次干路、支路	次高级路面	沥青贯入式碎(砾)石	10
		沥青表面处治	8

(2)按力学特性分类。

①柔性路面:柔性路面的主要代表是各种沥青类路面,包括沥青混凝土面层、沥青碎石面层、沥青贯入式碎(砾)石面层等。

②刚性路面:刚性路面的主要代表是水泥混凝土路面。

3. 城市道路施工

城市道路施工包括路基施工、基层施工和路面施工。但是由于城市中的大量管线均埋在道路下方,因此城市道路施工时通常与其下方的新建管线同时配套施工。

二、城市桥梁工程

桥梁是在道路沿线遇到江河湖泊、山谷深沟以及其他线路(铁路或公路)等障碍时,为了保持道路的连续性而专门建造的人工构造物。

1. 桥梁的基本组成

桥梁由"五大部件"与"五小部件"组成。五大部件是指桥梁承受车辆和其他荷载的桥跨上部结构与下部结构,分别为桥跨结构、支座系统、桥墩、桥台和墩台基础。前两个部件是桥跨上部结构,后三个部件是桥跨下部结构。

五小部件是指直接与桥梁服务功能有关的部件,过去总称为桥面构造,分别为桥面铺装(或称行车道铺装)、排水防水系统、栏杆(或防撞栏杆)、伸缩缝和灯光照明。

2. 桥梁的主要类型

桥梁分类的方式很多,通常从受力特点、建桥材料、适用跨度、施工条件等方面来划分。

根据结构工程上的受力构件,通常分为梁式桥、拱式桥、钢架桥、悬索桥、组合体系桥等。

按桥梁多孔跨径总长或单孔跨径的长度,可分为特大桥、大桥、中桥和小桥。具体分类见表2-2。

表2-2 桥梁按多孔跨径总长或单孔跨径分类

桥梁分类	多孔跨径总长L(m)	单孔跨径L_0(m)
特大桥	$L>1000$	$L_0>150$
大桥	$1000 \geqslant L \geqslant 100$	$150 \geqslant L_0 \geqslant 40$
中桥	$100 > L > 30$	$40 > L_0 \geqslant 20$
小桥	$30 \geqslant L \geqslant 8$	$20 > L_0 \geqslant 5$

按用途划分,有公路桥、铁路桥、公铁两用桥、农用桥、人行桥、运水桥(渡槽)及其他专用桥梁(如通过管路、电缆等)。

按主要承重结构所用的材料划分,有圬工桥、钢筋混凝土桥、预应力混凝土桥、钢桥、钢-混凝土结合梁桥和木桥等。

按跨越障碍的性质划分,有跨河桥、跨线桥(立体交叉桥)、高架桥和栈桥。

按上部结构的行车道位置,分为上承式(桥面结构布置在主要承重结构之上)桥、下承式桥和中承式桥。

3. 城市桥梁工程施工

(1)城市桥梁施工。城市桥梁施工主要分为下部结构施工和上部结构施工。下部结构施工通常包括涉水基础围堰施工、桩基施工、墩台盖梁施工等;上部结构施工通常包括梁体施工、桥面铺装及护栏施工等。其中梁体施工根据不同的结构形式又分为装配式梁(板)施工[包括预应力、(钢筋)混凝土简支梁(板)施工]、现浇预应力(钢筋)混凝土连续梁施工、钢梁制作与安装、钢-混凝土结合梁施工、钢筋(管)混凝土拱桥施工、斜拉桥施工等。

(2)管涵和箱涵施工。涵洞是城镇道路路基工程的重要组成部分,涵洞有管涵、拱形涵、盖板涵和箱涵。小型断面涵洞通常用作排水,一般采用管涵形式,统称为管涵。大断面涵洞分为拱形涵、盖板涵和箱涵,用作人行通道或车行道。

三、城市轨道交通工程

市政公用工程中所说的轨道交通工程,通常指的是轨道交通系统中的土建工程,主要包括车站工程和区间线路工程。

1. 地铁车站形式与结构组成

地铁车站形式根据其所处位置、埋深、运营性质、结构横断面、站台形式等进行不同分类,具体详见表2-3。

表2-3 地铁(轻轨交通)车站分类表

分类方式	分类情况	备注
车站与地面相对位置	高架车站	车站位于地面高架结构上,分为路中设置和路侧设置两种
	地面车站	车站位于地面,采用岛式或侧式均可,路堑式为其特殊形式
	地下车站	车站结构位于地面以下,分为浅埋、深埋车站
运营性质	中间站	仅供乘客上、下乘降用,是最常用、数量最多的车站形式
	区域站	在一条轨道交通线中,由于各区段客流的不均匀性,行车组织往往采取长、短交路(亦称大、小交路)的运营模式
	换乘站	位于两条及两条以上线路交叉点上的车站
	枢纽站	枢纽站是由此站分出另一条线路的车站。该站可接、送两条线路上的列车
	联运站	指车站内设有两种不同性质的列车线路进行联运及客流换乘。联运站具有中间站及换乘站的双重功能
	终点站	设在线路两端的车站。终点站设有可供列车全部折返的折返线和设备,也可供列车临时停留检修
结构横断面	矩形	矩形断面是车站常选用的形式
	拱形	拱形断面多用于深埋或浅埋暗挖车站,有单拱和多跨连拱等形式
	圆形	为盾构法施工时常见的形式
	其他	如马蹄形、椭圆形等
站台形式	岛式站台	站台位于上、下行线路之间。其派生形式有曲线式、双鱼腹式、单鱼腹式、梯形式和双岛式等
	侧式站台	站台位于上、下行线路的两侧。其派生形式有曲线式、单端喇叭式、双端喇叭式、平行错开式和上下错开式等形式
	岛、侧混合站台	将岛式站台及侧式站台同设在一个车站内。共线车站往往会出现此种形式

根据构造组成,地铁车站通常由车站主体(站台、站厅、设备用房和生活用房)、出入口及通道、通风道及地面通风亭等三大部分组成。

2. 地铁区间形式与结构组成

地铁区间根据其所处的位置通常分为地上区间和地下区间两种。地铁区间的构造组通常由区间主体、联络通道及排水泵房等三大部分组成。

3. 轨道交通工程施工

地铁工程通常是在城镇中修建的,其施工方法选择会受到地面建筑物、道路、城市交通、环境保护、施工机具以及资金条件等因素影响。

地铁车站常用的施工方法有明挖法、盖挖法(包括盖挖顺作法、盖挖逆作法和盖挖半逆作法)和喷锚暗挖法施工。

地铁区间常用的施工方法有明挖法、盾构法、高架法和喷锚暗挖法施工。

四、城市给排水工程

1. 场站构筑物组成

(1)水处理(含调蓄)构筑物,指按水处理工艺设计的构筑物。给水处理构筑物包括配水井、药剂间、混凝沉淀池、澄清池、过滤池、反应池、吸滤池、清水池、二级泵站等。污水处理构筑物包括进水闸井、进水泵房、格栅间、沉砂池、初次沉淀池、二次沉淀池、曝气池、氧化沟、生物塘、消化池、沼气储罐等。

(2)工艺辅助构筑物,指主体构筑物的走道平台、梯道、设备基础、导流墙(槽)、支架、盖板、栏杆等的细部结构工程,各类工艺井(如吸水井、泄空井和浮渣井)、管廊桥架、闸槽、水槽(廊)、堰口、穿孔、孔口等。

(3)辅助建筑物,分为生产辅助性建筑物和生活辅助性建筑物。生产辅助性建筑物指各项机电设备的建筑厂房,如鼓风机房、污泥脱水机房、发电机房、变配电设备房及化验室、控制室、仓库、料场等。生活辅助性建筑物包括综合办公楼、食堂、浴室、职工宿舍等。

(4)配套工程,指为水处理厂生产及管理服务的配套工程,包括厂内道路、厂区给排水、照明、绿化等工程。

(5)工艺管线,指水处理构筑物之间、水处理构筑物与机房之间的各种连接管线,包括进水管、出水管、污水管、给水管、回用水管、污泥管、出水压管、空气管、热力管、沼气管、投药管线等。

2. 构筑物结构形式与特点

(1)水处理(调蓄)构筑物和泵房多数采用地下或半地下钢筋混凝土结构,其特点是构件断面较薄,属于薄板成薄壳型结构,配筋率较高,具有较高的抗渗性和良好的整体性要求。少数构筑物采用土膜结构,如稳定塘等,面积大且有一定深度,抗渗性要求较高。

(2)工艺辅助构筑物多数采用钢筋混凝土结构,其特点是构件断面较薄,结构尺寸要求精确;少数采用钢结构预制、现场安装,如出水堰等。

(3)辅助性建筑物视具体需要采用钢筋混凝土结构或砖砌结构,符合房建工程结构要求。

(4)配套的市政公用工程结构符合相关专业结构与性能要求。

3. 构筑物与施工方法

(1)全现浇混凝土施工。水处理(调蓄)构筑物的钢筋混凝土池体大多采用现浇混凝土施工。污水处理构筑物中卵形消化池通常采用无黏结预应力筋、曲面异型大模板施工。

（2）单元组合现浇混凝土施工。沉砂池、生物反应池、清水池等大型池体根据断面形式可分为圆形水池和矩形水池，宜采用单元组合式现浇混凝土结构，池体由相类似底板及池壁板块单元组合而成。

（3）预制拼装施工。水处理构筑物中沉砂池、沉淀池、调节池等圆形混凝土水池宜采用装配式预应力钢筋混凝土结构，以便获得较好的抗裂性和不透水性。

（4）砌筑施工。进水渠道、出水渠道和水井等辅助构筑物，可采用砖石砌筑结构，砌体外需抹水泥砂浆层，且应压实赶光，以满足工艺要求。

（5）预制沉井施工。钢筋混凝土结构泵房、机房通常采用半地下式或完全地下式结构，在有地下水、流沙、软土地层的条件下，应选择预制沉井法施工。

（6）土膜结构水池施工。稳定塘等塘体构筑物，因其施工简便、造价低，近些年来在工程实践中应用较多，如 BIOLAKE 工艺中的稳定塘。

五、城市管道工程

1. 城市管道工程分类

市政管道工程是市政工程的重要组成部分，是城市重要的基础工程设施。市政管道工程包括给水管道、排水管道、燃气管道、热力管道、电力电缆等，其中热力管道和燃气管道根据其压力及介质不同而分为不同级别。

（1）供热管道的分类。

① 按热媒种类分类，见表 2-4。

表 2-4　供热管道按热媒种类分类

热媒种类	蒸汽热网	可分为高压、中压、低压蒸汽热
	热水热网	可分为高温热水热网（水温超过 100 ℃）和低温热水热网（水温≤95 ℃）

② 按所处位置分类，见表 2-5。

表 2-5　供热管道按所处位置分类

所处位置	一级管网	由热源至热力站的供热管道源头到中转站
	二级管网	由热力站至热用户的供热管道中转站到用户

③ 按敷设方式分类，见表 2-6。

表 2-6　供热管道按敷设方式分类

敷设方式	管沟敷设	可分为通行、半通行和不通行管沟（隧道）
	架空敷设	可分为高支架、中支架和低支架
	直埋敷设	管道直接埋设在地下，无管沟

④按系统形式分类,见表2-7。

表2-7 供热管道按系统形式分类

系统形式	闭式系统	一次热网与二次热网采用换热器连接,热网的循环水仅作为热媒,供给热用户热量而不从热网中取出使用,但中间设备多,实际使用较广泛
	开式系统	热网的循环水部分或全部从热网中取出,直接用于生产或热水供应热用户中。中间设备极少,但一次补充量大

⑤按供回分类,见表2-8。

表2-8 供热管道按供回分类

供回	供水管	向热力站或热用户供给热水的管道
	回水管	从热用户或热力站回送热水的管道

(2)燃气管道的分类。燃气管道根据用途分为长距离输气管道干管及支管、城市燃气管道(包括分配管道、用户引入管和室内燃气管道)和工业企业燃气管道。根据敷设方式分为地下燃气管道和架空燃气管道。燃气管道按压力分为不同的等级,其分类见表2-9。

表2-9 城镇燃气管道设计压力分类(MPa)

低压	中压		次高压		高压	
	B	A	B	A	B	A
<0.01	≥0.01,≤0.2	>0.2,≤0.4	>0.4,≤0.8	>0.8,≤1.6	>1.6,≤2.5	>2.5,≤4.0

2. 城市管道工程施工

城市管道工程施工主要分为开槽施工和不开槽施工两大类。开槽施工通常采用人工开挖或机械开挖方法。不开槽施工常用顶管法、盾构法、浅埋暗挖法、地表式水平定向钻法、夯管法等。

六、生活垃圾填埋处理工程

1. 生活垃圾卫生填埋场填埋区的结构要求

生活垃圾卫生填埋场是指用于处理、处置城市生活垃圾的,带有阻止垃圾渗沥液泄漏的人工防渗膜和渗沥液处理或预处理设施设备,且在运行、管理及维护直至最终封场关闭过程中符合卫生要求的垃圾处理场地。

填埋场总体设计中包含填埋区、场区道路、垃圾坝、渗沥液导流系统、渗沥液处理系统、填埋气体导排及处理系统、封场工程及监测设施等综合项目。填埋区的占地面积宜为总面积的70%~90%,不得小于60%。填埋场宜根据填埋场处理规模和建设条件作出分期和分区建设的安排和规划。填埋场必须进行防渗处理,防止对地下水和地表水的污染,同时还应防止地下水进入填埋区。

2. 生活垃圾卫生填埋场填埋区的结构形式

设置在垃圾卫生填埋场填埋区中的渗滤液防渗系统和收集导排系统,在垃圾卫生填埋场的使用期间和封场后的稳定期限内,起着将垃圾堆体产生的渗滤液屏蔽在防渗系统上部,并通过收集导排和导入处理系统实现达标排放的重要作用。

垃圾卫生填埋场填埋区工程的结构层次从上至下主要为渗沥液收集导排系统、防渗系统和基础层。系统结构形式如图 2-16 所示。

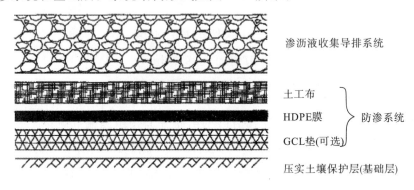

图 2-16 渗沥液防渗系统、收集导排系统断面示意图

第三节 机电工程

机电工程是指按照一定的工艺和方法,将不同规格、型号、性能、材质的设备、管路、线路等有机组合起来,满足使用功能要求的工程。设备是指各类机械设备、静置设备、电气设备、自动化控制仪表和智能化设备等。管路是指按等级使用要求,将各类不同压力、温度、材质、介质、型号、规格的管道与管件、附件组合形成的系统。线路是指按等级使用要求,将各类不同型号、规格、材质的电线电缆与组件、附件组合形成的系统。机电工程包括机械、电子、电力、冶金、矿山、石油、化工、农林、军工、建筑、公路、铁路、城市轨道交通、环保等各类工业和民用、公用建筑的机电工程,是这些主体工程的配套工程,其作用是完善主体工程的使用功能,提高主体工程运行的可靠性和舒适性。

机电工程涵盖的专业工程技术多,涉及的专业面广、学科跨度大,它的发展经历了由低级到高级、由简单粗糙到精密复杂的过程,最终发展为现代科学技术。它的标志是机电一体化技术,是自动化技术、通信技术、计算机技术与机械技术紧密结合的产物,也是机械设备向自动化方向发展的必然趋势。今后,机电工程的发展主要体现在以下方面。

(1)微型化。通过设备体积缩小及功能优化,使机械的元件和电子零件有效融合,从而实现机电工程的微型化发展目标。

(2)智能化、一体化。利用网络技术提升机电工程的性能,对机电工程的运作情况进行实时监控,从而提高机电工程的运行效率,降本增效。

一、机电工程分类

根据其服务的对象不同,机电工程分为工业机电工程和建筑机电工程。工业机电工程包括机械设备安装工程、电气工程、工业管道工程、静置设备及金属结构工程、发电设备安装工程、自动化仪表工程、防腐蚀工程、绝热工程、炉窑砌筑工程等,建筑机电工程包括建筑管道工程、建筑电气工程、通风与空调工程、建筑智能化工程、电梯工程、消防工程等。

1. 工业机电设备分类

下面主要介绍工程中常见的机械设备、电气设备和静置设备。

(1)机械设备。机械设备包括通用设备和专用设备,常规机械设备一般指通用设备。通用设备是指通用性强、用途较广泛的机械设备,主要有泵、风机、压缩机、输送设备等,如图2-17所示。

(a)卧式磁力泵单级单吸离心泵

(b)TVF风机

(c)轴流风机

(d)空气压缩机

(e)移动式小型压缩机

（f）螺旋输送器　　　　　　　（g）带式输送机

图 2-17　机械设备

(2)电气设备。电气工程中涉及的主要设备有电动机、变压器、电器及成套装置。

①电动机。电动机作为动力源，安装在如泵、风机、压缩机等设备本体上，构成设备的一部分，如图 2-18 所示。

（a）直流电动机　　　　（b）同步电动机　　　　（c）异步电动机

图 2-18　电动机

②变压器。因工程中常遇到选择用变压器，现详细说明变压器的分类。变压器是输送交流电时所使用的一种变换电压和变换电流的设备，如图 2-19 所示。

a. 按用途分类，可分为电力变压器、电炉变压器、整流变压器、工频试验变压器、矿用变压器、电抗器、调压变压器、互感器、其他特种变压器等。工程中常用电力变压器。

b. 按相数分类，可分为单相变压器和三相变压器。

c. 按绕组数量分类，可分为双绕组变压器、三绕组变压器和自耦电力变压器。

（a）油浸式变压器　　　　　　　（b）干式变压器

图 2-19　变压器

d. 按冷却方式分类,可分为自冷(含干式和油浸式)变压器和蒸发冷却(氟化物)变压器。

e. 按电源相数分类,可分为单相变压器、三相变压器和多相变压器。

f. 按容量分类,可分为中小型变压器(电压在 35 kV 以下,容量在 10～6300 kV·A)、大型变压器(电压在 63～110 kV,容量在 6300～63000 kV·A)和特大型变压器(电压在 220 kV 以上,容量在 31500～360000 kV·A)。

变压器的主要参数有工作频率、额定功率、额定电压、电压比、效率、空载电流、空载损耗和绝缘电阻。

③电器及成套装置。电器包括开关电器(如断路器、隔离开关、负荷开关、接地开关等)、保护电器(如熔断器、断路器、避雷器等)、控制电器(如主令电器、接触器、启动器、控制器等)、限流电器(如电抗器、电阻器等)和测量电器(如电压、电流和电容互感器等),如图 2-20 所示。

(a)户外高压真空断路器　　　　　(b)高压开关柜

图 2-20　断路器与高压开关柜

(3)静置设备。静置设备安装后固定不动,多数属于未列入国家设备产品目录的设备。许多类别的静置设备属于特种设备(压力容器)。静置设备的分类方法很多,可分为:

①按设备的设计压力分类。常压设备:$P<0.1$ MPa;低压设备:0.1 MPa$<P<1.6$ MPa;中压设备:1.6 MPa$<P<10$ MPa;高压设备:10 MPa$<P<100$ MPa;超高压设备:$P>100$ MPa;$P<0$ 时,为真空设备。

②按制造设备所需材料分类:金属和非金属两大类。

③按设备在生产工艺过程中的作用原理分类:如容器、反应器、塔、换热器、储罐等。

静置设备的主要作用有贮存、均压、热交换、反应、分离、过滤等,主要性能参数有容积、压力、温度、流量、液位、换热面积、效率及设备的强度、刚度和稳定性等。

图 2-21　乙炔钢瓶储气罐

2. 工业管道分类

工业管道的类别很多，按管道的材质、输送的介质及介质的参数（压力、温度）不同，可划分为以下几类。

（1）按管道材质可分为金属管道和非金属管道。

①工业金属管道依照《压力管道安全技术监察规程》（TSGD 0001—2009）的规定，按照设计压力、温度、介质毒性程度、腐蚀性和火灾危险性划分为GC1（如氰化物的气液介质管道和液氧充装站氧气管道）、GC2、GC3（如压缩空气管道和低压燃油管道）三个等级。

②非金属管道按材质可分为无机非金属管道和有机非金属管道。无机非金属管道有混凝土管道、石棉水泥管道、陶瓷管道等；有机非金属管道有塑料管道、玻璃钢管道、橡胶管道等。

（2）按管道设计压力可分为真空管道、低压管道、中压管道、高压管道和超高压管道。

（3）按管道输送介质温度可分为低温管道、常温管道、中温管道和高温管道。

（4）按管道输送介质的性质可分为给排水管道、压缩空气管道、氢气管道、氧气管道、乙炔管道、热力管道、燃气管道、燃油管道、有毒流体管道、制冷管道、净化纯气管道、纯水管道等。

3. 建筑机电工程分类

（1）建筑管道工程。包括建筑室内（外）给水、排水及供暖工程。按照实施部位又分为室内给水、排水、供暖工程，室外给水管网、排水管网、供热管网工程，建筑饮用水供应工程，建筑中水及雨水利用工程。

（2）建筑电气工程。包括变配电工程、供电干线及室内配线、电气动力、电气照明、防雷接地装置等。

（3）通风与空调工程。包括送风系统、排风系统、防排烟系统、舒适性空调风系统、恒温恒湿空调风系统、净化空调风系统、空调冷热水系统、冷却水和冷凝水系统、多联机空调系统等。

（4）建筑智能化工程。包括用户电话交换系统、信息网络系统、综合布线系统、有线电视及卫星电视接收系统、公共广播系统、建筑设备监控系统、火灾自动报警系统、安全技术防范系统、机房工程等。

(5)电梯工程。

①按用途分类,可分为乘客电梯、载货电梯、客货电梯、病床电梯、住宅电梯、船用电梯、消防电梯、观光电梯等。

②按机械驱动方式分类,可分为曳引驱动电梯、强制驱动电梯、液压驱动电梯、施工升降电梯等。

③按运行速度分类,可分为:低速电梯,$v \leqslant 1.0$ m/s 的电梯;中速电梯,1.0 m/s$<v \leqslant 2.5$ m/s 的电梯;高速电梯,2.5 m/s$<v \leqslant 6.0$ m/s 的电梯;超高速电梯,$v>6.0$ m/s的电梯。

④按控制方式分类,可分为按钮控制、信号控制、集选控制、并联控制和梯群控制等。

电梯一般由机房、井道、轿厢和层站四大部分组成,通常由曳引系统、导向系统、轿厢系统、门系统、重量平衡系统、驱动系统、控制系统、安全保护系统等八大系统组成。

(6)消防工程。消防系统分为火灾自动报警及消防联动控制系统、灭火系统、防排烟系统等。

①火灾自动报警及消防联动控制系统的组成。由火灾探测部分和联动部分组成。其中火灾探测部分包括火灾探测器(感烟探测器、感温探测器、感火焰探测器和可燃气体探测器)、输入模块、手动报警按钮、火灾自动报警控制器、火灾显示盘等;联动部分由报警、灭火、防排烟、广播、消防通信等控制系统组成,包括联动控制器、控制模块等。

②灭火系统分类。灭火系统分类较多,其组成可参考消防专业类相关书籍,在此不再叙述。

③防排烟系统组成。防排烟系统按排烟方式分为自然排烟和机械排烟。机械排烟由挡烟壁、排烟口、防火排烟阀、排烟道、排烟风机和排烟风口组成。

二、机电工程的组成

工业和建筑机电工程中,除电梯工程和消防工程外,其他类工程的基本组成包括设备、各类管线(水管、气管、风管、油管、电线管、导线和电缆)及配套部件、配电(控制)箱(柜)及阀件、末端小设备等。

第三章　与铁路相关的其他工程

与铁路相关的其他行业还有铁路通信信息工程、铁路信号工程、电力工程、牵引供电工程等,本章将一一介绍。

第一节　铁路通信信息工程

一、铁路通信信息的主要功能

铁路通信信息是为组织铁路运输、指挥列车运行和铁路业务联络,迅速、准确地传输各种信息的专用通信系统的总称。其作用是保证铁路列车安全、准点、高密度和高效率运营,形成铁路运输的集中统一指挥、列车调度自动化和列车运行自动化,是铁路运输生产和作业人员的信息沟通工具。

铁路通信信息具有点多线长、布局成网、多层次、多种类的特点。随着铁路运输发展和技术进步,通信技术迅速发展,光纤通信和无线通信应用、数字化和程控化已成为普遍趋势,铁路通信已从简单的报话通信发展到包含各种业务网的数据综合通信系统。

1. 列车调度电话

列车调度电话供列车调度员与其管辖区段内所有的分机进行有关列车运行通话使用。在列车调度电话回线上,只允许接入与列车运行直接有关的车站值班员、车站调度员、机车调度员等的电话。列车调度电话的显著特点是调度员可以对个别车站呼叫,称作单呼;也可以对成组车站呼叫,称作组呼;或者对全部车站集中呼叫,称作全呼。列车调度员可以与车站互相通话,任何车站也可以方便地对列车调度员呼叫并通话。

2. 无线调度电话

(1)列车无线调度电话。列车有线调度电话仅供列车调度员和车站值班员之间进行通信联系,而列车无线调度电话则可供列车调度员、机车调度员、车站值班员等调度控制人员和列车司机相互通话。

(2)站内无线调度电话。站内无线调度电话是为车站调度员、驼峰值班员等站内编组和解体作业的指挥人员、车站调车机车司机相互通话而设置的。行车室调度现场如图 3-1 所示。采用站内无线调度通信时,在车站调度员室和驼峰值班员室装有固定无线电台,在调车机车和驼峰机车司机室内装有机车电台,其组成如图 3-2 所示。

图 3-1　行车室调度现场

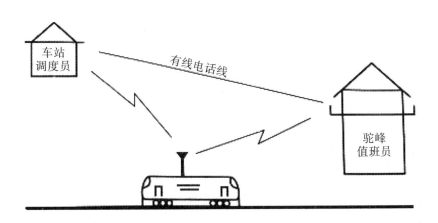

图 3-2　站内无线调度电话组成图

3. 专用电话系统

铁路专用电话系统是为铁路沿线各基层单位如车站、车间等相互间以及与基层系统的上级机构相互间联系使用。如车务专用电话、电务专用电话、工务专用电话、会议电话等。

4. 地区电话

地区电话是为同一城市中各铁路单位相互之间公务联系用的电话,即铁路部门的市内电话。

5. 铁路站场通信信息系统

铁路站场通信也是铁路专用通信的一部分,它主要是解决站场工作人员相互联系通信的设备。它包括站场电话系统、站场扩音对讲装置、站场无线电话系统和客运广播系统、旅客引导系统等。

6. 通信线路

通信线路分长途通信光电缆线路、地区(站场)通信光电缆线路、漏泄电缆线路等,地区站场通信电缆又包括全塑市话电缆、光缆、对称电缆和广播电缆等。

二、铁路通信信息的规划与发展方向

铁路通信信息应充分利用日新月异的网络资源和多种传输手段,为铁路运输调度指挥现代化和铁路信息化提供基础保障。

(1)构建综合数据通信网,建立以 IP 数据网为代表的信息化网络平台,同时扩大会议电视网,会议终端延伸到基层站段。

(2)建设高速宽带数字传送网络和接入网,全面实现调度通信数字化、业务综合化,不断拓展运输通信业务,提高铁路通信现代化水平。

(3)以 GSM-R 为龙头,全面推进铁路通信装备的技术进步,积极推进 GSM-R 建设,逐步建立覆盖全路的数字移动通信系统,满足调度指挥、公务通信、信息传输、列车运行控制的需要。

(4)为满足铁路客运服务和安全监控需要,建立现代化的综合监控技术平台,形成铁路综合视频监控网络的基本框架,建设一个铁路共享视频监控网络平台,为各类动态图像传送业务提供通信平台。

(5)建立应急通信指挥系统,实现紧急事件指挥的现场语音、图像、数据的接入和传输功能,并能与综合视频监控系统、防灾安全监控系统互联,实现平时监控与应急通信的结合,实现资源共享最大化。

铁路通信的发展方向是数字化、网络化、智能化、综合化,铁路通信技术必然与计算机技术、信息技术、网络技术相互交融,进一步推动铁路通信的技术进步,并向铁路通信信号一体化方向发展,实现铁路运输管理的现代化。

三、铁路通信信息系统的组成

铁路通信按传输方式可分为有线通信和无线通信两大类;按服务区域可分为长途通信、地区通信、区段通信和站内通信等;按业务性质不同可分为公用通信、专用通信、数据传输和多媒体通信等;按传输信号的类型可分为语音、数据和图像三种。目前,构成铁路通信信息系统的子系统主要分成以下种类:传输系统及接入系统;电话交换系统;数据通信系统;调度通信系统;无线列调系统;GSM-R 铁路专用移动通信系统;会议通信系统;站场通信及广播通信系统;应急通信系统;通信电源系统;动力和环境监控系统;综合视频监控系统;客运服务信息系统;通信传输线路。

根据运营的需要，铁路通信信息系统各个子系统有机地集成为一个综合的系统，同时为铁路相关专业提供传输通道，实现铁路运营管理的信息化和自动化。

四、铁路通信工程的分类

铁路通信工程的分类如图3-3所示。

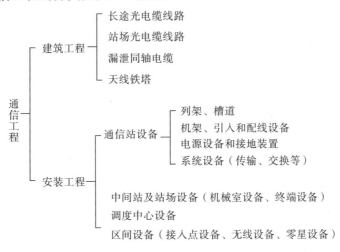

图3-3　铁路通信工程的分类

1. 长途光电缆线路

在桥梁、隧道地段，一般采用电缆槽道敷设，高速铁路客运专线采用全线贯通槽道敷设方式。主要施工内容包括径路复测、光电缆单盘检测及配盘、光电缆敷设、光缆接续及引入、电缆接续及引入、光缆检测、电缆检测等。

光缆接续是光缆线路施工的关键工序，体现了光缆施工的质量和技术水平。光缆接续采用光缆接头盒，光纤接续采用自动熔接机，用电弧熔接方式熔接。接续时，为控制接续质量，一般用OTDR进行双向监测，确保接续质量。

2. 通信站设备安装

通信站设备包括传输设备、交换设备、专用通信设备、数据通信设备、监控系统设备等主要系统的核心设备以及电源设备、引入配线设备、网管设备等，主要施工内容有列架槽道的安装、各种设备的安装配线、接地系统的施工等。

3. 站场(地区)光电缆线路

站场(地区)光电缆线路主要包括地区通信市话电缆、光缆、对称电缆、广播电缆、综合布线各种电缆、视频监控各种电缆等，施工区域相对集中，短段光电缆较多。

4. 车站通信机械室设备安装

车站通信机械室设备主要包括引入配线设备、电源设备、传输接入设备、数字调度车站分系统设备、无线设备、广播设备、数据网设备等,通信机械室一般采用防静电地板,设备机柜安装于底座上。

5. 无线通信工程

无线通信工程主要包括无线铁塔、漏泄电缆线路、光纤直放系统、无线设备(包括无线电台、移动交换中心、基站控制器和基站设备)的安装和系统调试等。

6. 客运信息服务系统工程

客运信息服务系统工程主要包括票务系统、安保平台系统、旅客服务系统(含广播、综合显示、视频监控、时钟等)、其他系统(含公安管理信息系统、办公自动化等)的安装和系统调试等。

第二节 铁路信号工程

铁路信号是铁路运输系统中,为保证行车安全、提高区间和车站通过能力及编解能力而设置的手动控制、自动控制及遥控、遥信技术的总称。简单地说,铁路信号是信号、联锁、闭塞设备等的总称。

铁路信号按应用场所不同可分为车站信号控制系统、编组站调车控制系统、区间信号控制系统、行车指挥控制系统及列车运行控制系统等,一般包括车站联锁、区间闭塞、机车信号、超速防护、调度监督/调度集中、调车场控制及道口信号等设备。铁路信号的重要作用是保证列车运行安全,提高铁路运输效率,改善作业人员的劳动条件。

图3-4 施工中的上海调度所调度中心大厅

铁路信号工程就是把铁路信号设备安装到现场,经过调试、试验以及建设单位的验收,在达到设计要求的技术性能后,投入运行的过程,如图3-4所示。

一、铁路信号的主要功能

1. 保证列车运行安全

这是铁路信号最主要的功能。当某一股道上有车占用,或者在通向这一股道上的道岔位置没有在规定的位置时,通向这一股道的列车信号就不能开放(显示红灯)。这些功能是通过车站联锁功能实现的。当前方一个区段(闭塞分区)有车占用时,后续列车就不能进入这一区段。这个功能是通过区间闭塞功能来实现的。而用来指挥列车前进或停止的就是信号机。

2. 提高铁路运输效率

过去的色灯电锁器联锁,一条进路办下来少说要 3~5 min。而现在使用的计算机联锁,值班员用鼠标点击进路(列车或调车车列由一点运行到另一点的全部途径)的始终端,只要进路空闲,不到 13 s 的时间(个别大站上的多动道岔有可能超过),一条进路就办好了。

图 3-5　进站信号机

在区间半自动闭塞,站与站之间的一个大区间上同时只能有一辆列车。而自动闭塞可以自动实现在每个闭塞分区(把一个大区间划分成每个 1 km 多一点的若干个小区间)上的自动追踪高速运行。也就是说,在一个大区间中可以同时运行 2 辆或更多的列车。

3. 改善作业人员的劳动条件

过去的扳道员为保证列车的顺利运行,要在室外冒着严寒酷暑,一组组地扳动道岔,而有些双动道岔,需要很大的力量才能扳动。现在因信号技术的进步,在国铁上已经没有扳道员这一工种了,扳动道岔的工作都由车站值班员坐在办公室里轻松完成了。

二、总体规划

铁路信号的总体规划与铁路的总体规划协调一致。

三、铁路信号的行业发展

根据 2012 年 10 月 22 日铁道部部长办公会议通过的《铁路主要技术政策》,铁路信号专业的主要发展方向如下。

(1)高速铁路全面采用调度集中系统(CTC),其他线路积极采用调度集中系统,建成行车调度指挥系统。以后将向综合调度系统发展。

(2)完善中国列车运行控制系统(CTCS),优化技术方案和技术标准。发展基于应答器提供基础数据的列车运行监控装置(LKJ)技术。

列车运行控制系统装备等级根据线路允许速度选用。160 km/h 客货共线铁路采用 CTCS 0 级或 CTCS 1 级列控系统,200 km/h 客货共线铁路采用 CTCS 2 级列控系统,250 km/h 高速铁路优先采用 CTCS 3 级列控系统,300 km/h 及以上高速铁路采用 CTCS 3 级列控系统。以后将向 CTCS 4 级列控系统,即完全基于无线传输信息的中国列车运行控制系统发展。

(3)统一自动闭塞制式,完善车站电码化。双线区段应采用自动闭塞,单线区段采用自动站间闭塞或半自动闭塞。

（4）采用计算机联锁系统，发展安全计算机平台技术，积极采用三相交流转辙机。研究发展联锁、闭塞、列车运行控制一体化技术。干线逐步推广采用分动外锁闭道岔转换设备。

（5）推进编组站控制系统的升级换代，积极发展编组站综合自动化系统。

（6）积极发展铁路信号动静态检测、监测和智能分析技术，完善远程诊断、预警预报和综合网管等系统及装备。

总体来说，铁路信号在元部件制造方面正向着小型化、固态化和高可靠性的方向发展；在设计方面向着故障自动检测、自动诊断、高可用度、与计算机或微处理机相结合的方向发展；在安装施工方面正向着模块化和工厂施工化的方向发展；在使用方面正向着无维修或少维修、高度自动化或智能化的方向发展。

四、铁路信号的组成

铁路信号按系统划分主要包括计算机联锁（CBI）系统、中国列车运行控制系统（CTCS）、闭塞、列车调度指挥系统/调度集中系统（TDCS/CTC）（这两个系统在同一条线或者车站只能选择其中的一个系统）、动车段（所）控制集中系统、信号监测、无线调车机车信号和监控系统（STP）、驼峰信号、道口信号等。行车室控制显示设备如图 3-6 所示。

图 3-6　控制显示设备

按工程位置划分，铁路信号工程分为室内和室外两大块。室外最主要的是信号光电缆线路、地面固定信号、轨道占用检查装置及道岔转辙装置，另外，还有道岔融雪装置、应答器及地面电子单元、车载信号的地面检测设备、驼峰信号设备及道口信号专用设备等。室内主要包括室内机柜（架）、电源设备、控制显示设备等，另外还有系统的防雷接地等。

车站室外设备的信号机、道岔转辙装置、轨道电路、电缆箱盒等主要由车站联锁控制；编组站的室外设备主要由驼峰信号和编尾信号控制；区间的轨道电路、信号机、应答器等自动闭塞设备主要由列控系统控制（在没有列控的非干线自动闭塞设备则由自动闭塞系统进行控制）。

有的信号系统如列车调度指挥系统，调度集中、无线闭塞系统、临时限速服务器等只有室内设备，或者只有少量的室外设备，对室外设备的状态获取和控制通过联锁、列控/闭塞系统的接口进行信息交换。

五、信号总体施工部署

1. 信号工程施工流程

首先进行全站电缆工程的施工，其次进行室外信号机、轨道电路、道岔转辙装置的安装施工。室内设备可根据房建进度独立安装、配线并进行室内模拟试验，然后连接室内外设备，对信号机、道岔转辙装置、轨道电路进行单试。最后，子系统试验和系统接口调试完毕，经建设单位组织综合联调联试结束，验收开通后交设备管理单位。

2. 信号工程特点

相对于其他专业，信号工程有以下几个突出的特点。

(1) 安全要求。因为信号专业设备的特殊性，对信号设备的安全性有着严苛的要求。

(2) 与其他专业的接口较多，配合协调工作繁重。由于信号工程是站后工程，因此受其他专业的制约较多。

(3) 施工周期短，点多线长，作业分散，专业性强，技术要求高。信号专业施工与土建专业相比，施工周期短。如果施工准备充分，施工环境许可，一个新建大站有3个月的施工时间就可以了；对于新建小站，有2个月就足够了。

与土建专业相比，信号工程的标段往往会比较长，经常一条一百多公里的新建铁路可能都在一个标段中，而沿线又都有电缆、信号机、轨道电路等室外设备需要施工，因此，点多线长是信号专业施工的另一特点。

还有，在信号施工中，对某一点的信号设备，工作量相对较少，如区间一个信号点的所有工作量（不包含电缆）加起来也只有十几个工天。

第三节　电力工程

电力系统是由发电、输电、变电、配电和用电等环节组成的电能生产与消费系统。它的功能是将自然界的一次能源通过发电动力装置转化成电能，再经输电、变电和配电将电能供应到各用户。图3-7为电力系统的基本结构。

图 3-7 电力系统的基本结构

电力系统主要包含以下几部分。

1. 发电厂

发电厂将其他形式的能源转换为电能。根据转换能量的不同,发电厂分为火电厂、水电厂、核电厂、风电厂、光伏电厂等。

2. 电力线路

电力线路用于完成电网连接和电能输送,可分为输电线路和配电线路。从发电厂或变电所升压后把电力输送到降压变电所的电力线路称输电线路,从降压变电所把电力送到配电变压器的电力线路称配电线路。目前,我国电力线路交流电压等级有 1000 kV、750 kV、500 kV、330 kV、220 kV、110 kV、66 kV、35 kV、10 kV、6 kV、0.4 kV 等,直流电压等级有 ±1100 kV、±800 kV、±500 kV 等。

3. 变电所

变电所是电力系统中对电能的电压进行变换、对电流集中和分配的场所。按变电所的地位不同,可分为枢纽变电所、中间变电所、地区变电所和终端变电所;按变电所的用途不同,可分为升压变电所和降压变电所;按变电所控制操作方式的不同,可分为有人值班变电所和无人值班变电所;按变电所的结构形式不同,可分为室外变电所、室内变电所和箱式变电所。

4. 电力用户及类别

根据用户对供电连续性的不同要求,一般分为三级。

(1)一级负荷:重要负荷,这类负荷的供电中断将给国计民生造成重大损失。故一级负荷要求有独立的双回路电源供电。铁路电力牵引就属于这类负荷。

(2)二级负荷:一般负荷,这类负荷供电中断将给国计民生造成较大损失。这类负荷是否设备用电源,视具体条件而定,一般情况下应保证供电。

(3)三级负荷:次要负荷,不属于一、二级负荷的用户,如附属性质的企业、车间等;非生产性用户等,一般只设一回电源供电。

一、铁路电力系统的功能

铁路电力系统是电力系统中一个具有特殊负荷特性的子系统,其功能是将来自电力系统的电能,经铁路输配电网络供应到铁路系统的各个用户,从而为铁路调度指挥、通信信号、旅客服务等业务提供可靠的电力保障。

铁路电力系统的特殊性主要体现在以下三个方面：

(1)负荷沿铁路线狭长分布,主要用电对象包括铁路沿线的车站负荷和区间负荷,其中车站负荷较大、区间负荷较小。

(2)供电可靠性要求极高,铁路变(配)电所一般采用双电源供电方式,沿线每一个供电区间双端供电,供电区间一般采用自闭线、贯通线双回路供电。

(3)供电区间线路长,一般为 40~60 km,特殊情况下超过 100 km,而且地形、气象条件复杂,因此故障查找和维修比较困难。

二、铁路电力系统的组成结构

铁路电力系统由外电源、变(配)电所、电力负荷和供电线路组成。

1. 外电源

外电源由电力系统引入,电源电压一般为 10 kV;当负荷较大或线路较长时,经技术经济比较,可采用 35 kV 或以上电源。

2. 变(配)电所

当外电源电压为 10 kV 时,设置 10 kV 配电所;当外电源电压为 35 kV 或以上时,设置 35 kV 或以上变电所。铁路沿线变(配)电所之间的距离根据外电源分布情况和方便检修的原则确定。

3. 电力负荷

电力负荷分为站场负荷和区间负荷两大类。站场负荷主要包括站场范围内的通信、信号、防灾报警、自动检售票、客服、电力监控、消防系统、水泵、风机、空调、自动扶梯、电梯、电热设备、室内外照明等;区间负荷主要包括区间通信、信号中继站、光纤直放站、牵引变电所用电、隧道照明等。

电力负荷按重要程度划分为三个负荷等级,具体参见铁路电力设计规范的有关规定。各级负荷的供电原则如下:

(1)一级负荷,由两路相对独立的电源供电至用电设备或低压双电源切换装置处,当一个电源发生故障时,另一个电源不应同时受到损坏。

(2)二级负荷,有条件时提供两路电源供电。

(3)三级负荷,由一路电源供电,当供电系统为非正常方式运行时,允许将其切除。

4. 供电线路

根据电力负荷分类,供电线路相应地分为站场供电线路和区间供电线路。站场供电线路从变(配)电所引出,至站场内设置的各 10/0.4 kV 变电所、箱式变电站或杆架式变电台,经降压后通过 0.4 kV 低压线路为站场负荷供电。

区间供电线路由沿铁路全线设置的自动闭塞电力线、电力贯通线(高速铁路为一级负荷贯通线、综合负荷贯通线)组成。线路电压等级通常为 10 kV,供电距离为 40~60 km；特殊情况下采用 35 kV 电压等级，供电距离超过 100 km（如青藏铁路）。线路两端分别接入相邻的两个变（配）电所。

区间与行车有关的通信、信号系统等由自动闭塞电力线（或一级负荷贯通线）主供、电力贯通线（或综合负荷贯通线）备供，其他用电负荷及沿线各牵引变电所所用负荷由电力贯通线（或综合负荷贯通线）提供电源，在区间各用电点设置 10/0.4 kV（或 35/0.4 kV）箱式变电站或杆架式变电台。

铁路电力系统示意图如图 3-8 所示。

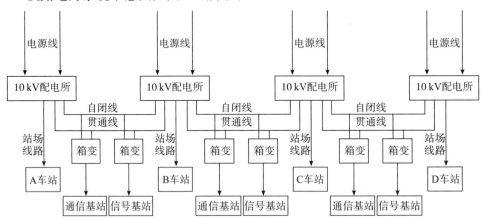

注：站场线路回路数根据负荷性质、位置等因素确定，本图仅示一路。

图 3-8　铁路电力系统示意图

5. 实际案例

京津城际铁路电力系统示意图如图 3-9 所示。

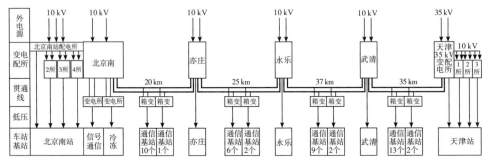

图 3-9　京津城际铁路电力系统示意图

三、铁路电力系统的等级分类

我国的铁路等级分为三级，用罗马数字Ⅰ、Ⅱ、Ⅲ表示，等级的划分是根据线路在路网中的作用和远期年客货运量来确定的。铁路电力工程的标准与铁路等级相匹配，主要根据与铁路密切相关的信号、通信等负荷进行设计，一般分为单线铁路、复线铁路和高速铁路。

1. 单线铁路

一般设一回 10 kV 电力贯通线,电力贯通线采用架空线路为主、困难地段采用电缆的方式。按照铁路电力设计规范的要求,线路长度一般为 40~60 km,当受电源条件限制时,允许延长至 70 km。根据此供电距离的要求设置变(配)电所,变(配)电所一般设在车站,便于运行和检修维护,同时缩短站场供电线路的长度。为自动闭塞电力线、电力贯通线供电的变(配)电所电源有一路宜为专盘专线,相邻两变(配)电所电源应相互独立,且其中一个变(配)电所的电源宜为两路电源。

2. 复线铁路

设一回 10 kV 自动闭塞电力线和一回 10 kV 电力贯通线,采用架空线路为主、困难地段采用电缆的方式。线路长度和变(配)电所的设置要求同上。

3. 高速铁路

设一回 10 kV 一级负荷贯通线和一回 10 kV 综合负荷贯通线,两回贯通线采用全电缆沿路基预留的电缆槽道敷设。变(配)电所的设置同上,但变(配)电所的电源一般均按两路 10 kV 电源设置。

四、铁路电力系统的总体规划

铁路电力系统的总体规划与铁路的总体规划协调一致。

五、铁路电力系统的行业发展

(1)铁路电力系统必须安全可靠、具备冗余能力,完善铁路独立的输配电网络。
(2)采用高质量、标准化设备,实现设备免维护、少维修,变(配)电所无人值班。
(3)建设完善先进的电力远动控制系统,提高铁路输配电网络的整体运行水平。

随着新技术、新设备、新材料、新工艺的大力推广,通信技术、自动化技术、计算机和网络技术的广泛应用,铁路电力系统正在不断提升现代化建设和管理水平,更好地为铁路运输服务。

第四节　牵引供电工程

电力机车的牵引动力是电能,但机车本身没有原动力,而是依靠外部供电系统供应电力,并通过机车顶部升起的受电弓从接触网获取电能并转换成机械能牵引列车运行的。

电力机车的优点是平均热效率比内燃机车高,牵引力大、速度快、爬坡能力强,无煤烟、废气、环境污染少,因此,它在提高铁路运行能力、合理利用资源、保护生态环境方面具有优势,是铁路最理想的牵引动力。如图 3-10 所示。

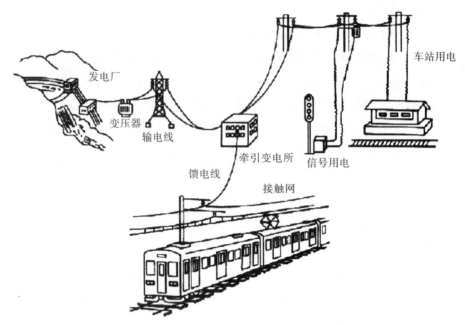

图 3-10 电力牵引系统组成

采用电力牵引的铁路称为电气化铁道。电气化铁道由牵引供电系统和电力机车两部分组成。以下主要介绍牵引供电系统。

将电能从电力系统传送到电力机车的电力设备称为牵引供电系统,如图 3-11 所示。牵引供电系统主要包括发电厂、牵引变电所和接触网等。发电厂发出的电流经升压变压器提高电压后,由高压输电线送到铁路沿线的牵引变电所。在牵引变电所里把高压的三相交流电变换成所要求的电流、电压后,再转送到邻近区间和站场线路的接触网上供电力机车使用。

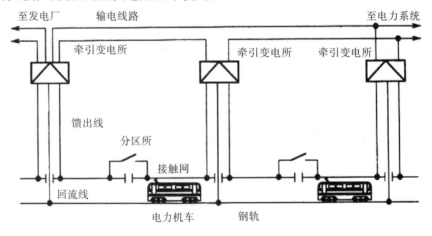

图 3-11 牵引供电系统示意图

电气化铁道按接触网供给机车的电流不同,分为直流制和交流制两种。电流制不同,所用的电力机车也不一样。现在世界上大多国家都采用工频(50 Hz)交流制,我国也采用工频(50 Hz)单相交流制电力机车。

一、牵引变电所

1. 牵引变电所的任务

牵引变电所的任务是将电力系统高压输电线输送来的 110 kV(或 220 kV)三相交流电,改变成不低于 25 kV 的单相工频交流电后,再送到邻近区间和所在站场线路的接触网上,作为电力机车的牵引电源,保证可靠而又不间断地向接触网供电。

2. 牵引变电所的设备

牵引变电所内的主要设备有主变压器、电压互感器、电流互感器、高压断路器、各种高压隔离开关、避雷器以及信号显示等。为使牵引变电所内各种电气设备正常运行,确保安全可靠供电,牵引变电所内还装有各种控制、测量、监视仪表和继电保护装置等。

3. 牵引变电所向接触网的供电方式

牵引变电所是沿着电气化铁道区段分布的,每一个牵引变电所有一定的供电范围。而牵引变电所向接触网的供电方式主要包括直接供电方式、BT 供电方式和 AT 供电方式等。

二、接触网

接触网分为架空式接触网和第三轨(接触轨,以下简称"三轨")式接触网。三轨式接触网仅用于地铁与封闭的城市铁路和轻轨,架空式接触网除用于上述方面外,还可用于铁路干线、城市地面和工矿电机车电力牵引线路。

(一)架空接触网

接触网是架设在电气化铁道的上空,向电力机车供电的一种特殊形式的输电线路。因此,接触网的质量和工作状态直接影响着电气化铁道的运输能力。

1. 接触网的组成

架空式接触网的悬挂类型大致分为简单悬挂、链形悬挂和刚体悬挂等三种。不同类型的电线粗细、条数、张力都是不一样的。架空线的悬挂方式要根据架线区的列车速度、电流容量等输送条件以及架设环境进行综合勘察来决定。

接触网主要由接触悬挂部分、支持装置和支柱与基础等部分组成,如图 3-12 所示。

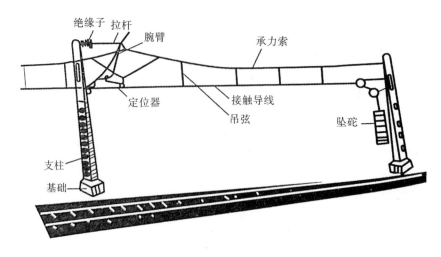

图 3-12 链形悬挂接触网

(1)支柱及基础。支柱按材质分为钢筋混凝土支柱和钢柱;按用途分为中间柱、转换柱、中心柱、锚柱、定位柱、道岔柱、软横跨支柱和硬横跨支柱等。

(2)腕臂结构。腕臂装置是应用最为广泛的支持装置。其结构形式较多,主要有中间柱、转换柱、中心柱、道岔柱、定位柱等装配类型。根据支柱所在的线路位置(直线、曲内和曲外)、侧面限界的大小等不同,其装配形式也有所不同。

腕臂一般采用平腕臂结构,由平腕臂、斜腕臂、套管双耳、承力索座、管帽、定位管等组成,如图 3-13 所示。

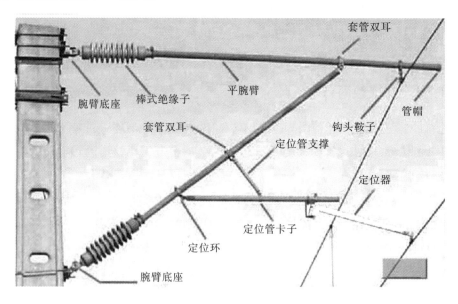

图 3-13 接触网腕臂组成示意图

(3)软横跨。软横跨是多股道站场接触悬挂的横向支持装置。它由横向承力索和上、下部固定绳及连接零件组成,如图 3-14、图 3-15 所示。

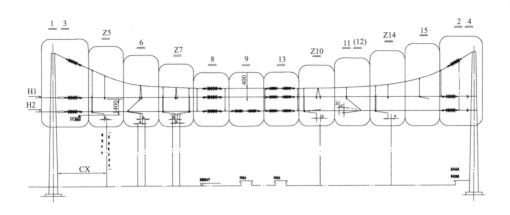

图 3-14　软横跨安装示意图

图 3-15　软横跨实景图

横向承力索承受接触悬挂的全部垂直负载;上部固定绳承受承力索的水平负载;下部固定绳承受接触线的水平负载。横向承力索一般用 GJ-70 钢绞线或 LXGJ-80、LXGJ-100 镀铝锌钢绞线;上、下部固定绳一般采用 GJ-70 或 LXGJ-70 钢绞线。当跨越股道数超过 5 股时,采用双横承力索。

两侧软横跨支柱,一般在跨越 3～4 股道时,采用钢筋混凝土软横跨柱;在跨越 5 股道及以上时,采用钢柱。跨越股道数不宜超过 8 股道。

软横跨绝缘子一般采用瓷质或复合材料绝缘子,复合绝缘子泄露距离≥1600 mm。

正线采用具有限位功能的组合定位器,侧线采用非限位普通定位器。组合定位器安装时,应严格按照要求调整限位间隙值,以满足定位器限位抬高的要求。

为了使结构复杂的软横跨简单化,将软横跨分成若干部分,每一部分称为软横跨的一个节点,并用阿拉伯数字按顺序编号。

(4)硬横跨。由支柱及横梁组成的多股道接触悬挂的横向支持装置称为硬横跨,如图 3-16 所示。

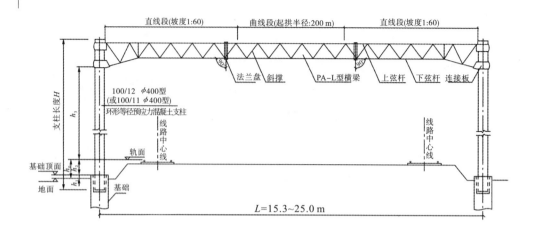

图 3-16　硬横跨组成示意图

由于硬横跨跨度不同,因此所采用的支柱和硬横梁也不同。硬横跨根据采用的支柱类型不同,其型号就会不同。当分别采用混凝土支柱、角钢支柱和钢管支柱时,其型号分别为 YHK-H 型、YHK-J 型和 YHK-G 型,或连续硬横跨 LYHK-H 型、LYHK-J 型和 LYHK-G 型。

(5)附加悬挂。接触网除具有承力索和接触线外,根据供电方式及特殊需要还架设其他导线,如供电线、回流线、架空地线、正馈线、保护线等,这些导线统称为附加导线或附加悬挂。附加悬挂是接触网的重要组成部分,一般与接触悬挂同杆架设。

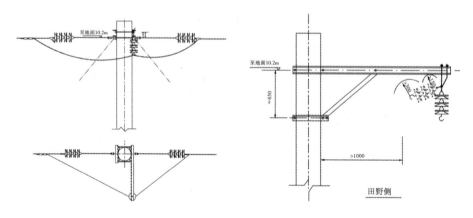

图 3-17　供电线肩架安装图　　图 3-18　供电线对向下锚安装图

(6)接触悬挂。接触悬挂主要包括承力索、接触线、中心锚结、定位装置、吊弦等,如图 3-19 所示。

(7)接触网设备及其他。接触网设备是接触网的重要组成部分,主要包括隔离开关、分段绝缘器、分相绝缘器、吸流变压器、避雷器及电连接等。

接触网设备应符合接触网电流制式、供电特点、工作环境的要求。随着电气化铁路技术的发展,接触网设备向着更加安全可靠、操作自动化、体积小、重量轻、安装方便等方向发展。

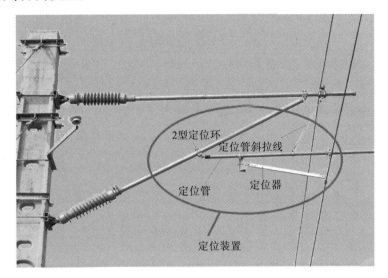

图 3-19 接触悬挂

2. 接触网的供电方式

铁路牵引供电系统主要的供电方式有 4 种:直接供电方式、带回流线的直接供电方式、AT(自耦变压器)供电方式和 BT(吸流变压器)供电方式。

(1)直接供电方式。直接供电方式对沿线的通信线路产生感应,有干扰影响,因此不适用于平原地区或城市附近的电气化铁路系统,这是直接供电的主要缺点。

(2)带回流线的直接供电方式。带回流线的直接供电方式是在接触网支柱上架设一条与钢轨并联的回流线,利用接触网与回流线之间的互感作用,使钢轨中的电流尽可能地由回流线流回牵引变电所,因而能部分抵消接触网对邻近通信线路的干扰,如图 3-20 所示。

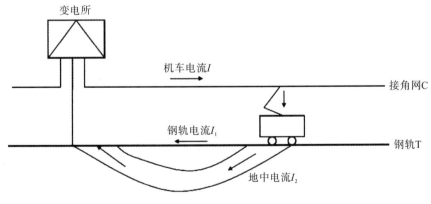

图 3-20 带回流线的直接供电方式

由于电气化铁道接触网的周围空间具有磁场,因此对邻近通信线路、广播设备等产生干扰和影响,使通信质量下降,甚至危及设备及人身安全。为了解决这一问题,接触网采用 AT 供电方式。

(3)自耦变压器供电方式。自耦变压器供电方式又称 AT 供电方式,它是在馈电线中设置自耦变压器,将其并联于接触网、钢轨和正馈线之中。其中点抽头与钢轨相接,形成两条牵引电流回路。因此,使接触网与钢轨、正馈线与钢轨间的自耦变压器两半线圈上电压相等。在理想情况下,接触网与正馈线中流过的电流大小相等,方向相反,因此,在通线中产生的感应影响相互抵消,有效地减弱对通信线的电磁影响。如图 3-21 所示。

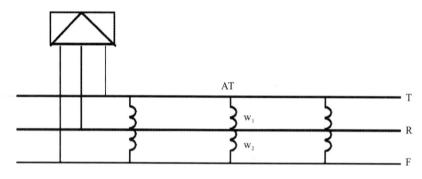

图 3-21　AT 供电方式工作原理

这种供电方式的牵引网阻抗很小,电压损失小,电能损耗低,供电能力大,牵引变电所间隔也可增大。自耦变压器并联于接触网上,不需增设电分段,能适应高速、大功率机车的运行。AT 牵引供电现已成为高速铁路牵引供电优先采用的供电方式。

(4)吸流变压器供电方式,又称 BT 供电方式。BT 供电方式的防护效果并不理想,接触网结构复杂,机车受流条件恶化,近年来已少采用。BT 供电方式工作原理如图 3-22 所示。

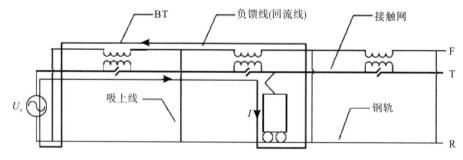

图 3-22　BT 供电方式工作原理

(二)三轨接触网

三轨接触网是沿轨道线路敷设的附加接触轨,从电动客车转向架伸出的受流器通过滑靴与第三轨接触而取得电能,如图 3-23 所示。三轨接触网的电压据 IEC 标准为 DC 600 V 和 DC 750 V,但也有国家采用较高电压,如西班牙巴塞罗那地铁就采用 DC 1500 V 和 DC 1200 V。接触轨可以有三种方式,即上接触式、下接触式和侧接触式。

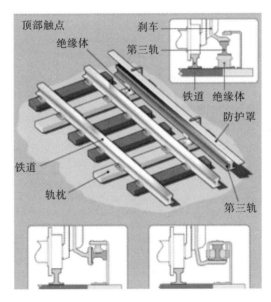

图 3-23　三轨构造

第二篇

专项工程施工

第四章 路基工程

路基是指按照路线位置和一定技术要求用土或石料修筑的作为路面基础的带状构造物,是铁路和公路的基础,如图4-1所示。从材料上分类,路基可分为土路基、石路基和土石路基三种。路基依其所处的地形条件不同,有路堤和路堑两种基本形式,俗称填方路基和挖方路基。

路基工程主要包括地基处理、路堑施工、路堤施工、路基防护与支挡、路基排水、特殊路基施工等部分。

图4-1 路 基

第一节 地基处理

路基地基处理的方式主要有原地面处理、换填、砂(碎石)垫层、土工合成材料加筋垫层、冲击(振动)碾压、强夯及强夯置换、袋装砂井、塑料排水板、真空预压、堆载预压、砂(碎石)桩、灰土(水泥土)挤密桩、柱锤冲扩桩、搅拌桩、旋喷桩、水泥粉煤灰碎石(CFG)桩及素混凝土桩、混凝土预制桩、钢筋混凝土灌注桩、岩溶及采空区注浆、洞穴处理等。

一、原地面处理

施工前对地基进行复查、核对,当发现地基范围内有局部松软、坑穴、泉眼时,需要按照图纸及施工规范进行处理。

路堤填筑前应清除基底松软表土及腐殖土,挖除树根,做好临时排水设施,并将原地面积水排干。地基范围内有地下水出露处时,应严格按设计要求处理。

二、换填

换填是将基础地面以下不太深的一定范围内的软弱土层挖去,然后以质地坚硬、强度较高、性能稳定、具有抗侵蚀性的砂、碎石、卵石、素土、灰土、煤渣、矿渣等材料分层充填,并同时以人工或机械方法分层压、夯、振动,使之达到要求的密实度,成为良好的人工地基。

按换填材料的不同,将垫层分为砂垫层、砂卵石垫层、碎石垫层、灰土或素土垫层、煤渣垫层、矿渣垫层以及用其他性能稳定、无侵蚀性的材料做的垫层等。换填的施工工艺如图 4-2 所示。

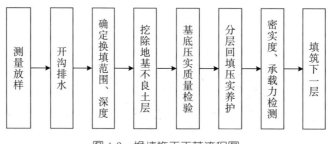

图 4-2 换填施工工艺流程图

三、砂(碎石)垫层

砂(碎石)垫层是采用级配良好、质地坚硬的中粗砂和碎石等,经分层夯实,作为基础的持力层。砂(碎石)垫层的主要作用是提高浅基础下的地基承载力。通常认为,地基的土体破坏是从基础底面开始的,因此,用强度比较大的砂石代替土就可以避免地基的破坏,减少沉降量。砂(碎石)垫层施工工艺如图 4-3 所示。

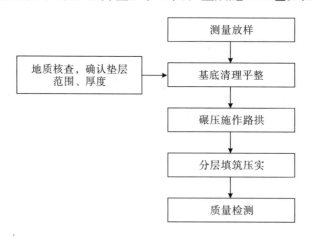

图 4-3 砂(碎石)垫层施工工艺流程图

四、土工合成材料加筋垫层

土工合成材料是土木工程应用的合成材料的总称。作为一种土木工程材料，它是以人工合成的聚合物（如塑料、化纤、合成橡胶等）为原料，制成各种类型的产品，置于土体内部、表面或各种土体之间，发挥加强或保护土体的作用。土工合成材料分为土工织物、土工膜、土工特种材料和土工复合材料、土工网、玻纤网、土工垫等类型。

加筋法是指在土中加入条带、纤维或网格等抗拉材料，依靠它改善土的力学性能，提高土的强度和稳定性的方法。加筋法在建筑工程中既是一项传统的施工工艺，又是一项新的土体加固技术。加筋法施工工艺流程如图4-4所示。

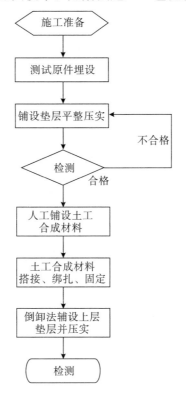

图4-4　加筋法施工工艺流程图

五、冲击（振动）碾压

冲击碾压是由牵引车带动非圆形轮滚动，多边形滚轮的大小半径产生位能落差，与行驶的动能相结合，沿地面对土石材料进行静压、搓揉、冲击的连续冲击碾压作业，形成高振幅、低频率的冲击压实。目前以25KJ三边形双轮冲击压路机使用最多。冲击（振动）碾压施工工艺流程如图4-5所示。

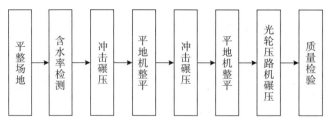

图 4-5　冲击(振动)碾压施工工艺流程图

六、强夯及强夯置换

强夯法即强力夯实法,又称动力固结法,是利用大型履带式强夯机将 8~30 t 的重锤从 6~30 m 高度自由落下,对土进行强力夯实,迅速提高地基的承载力及压缩模量,形成比较均匀、密实的地基,在地基一定深度内改变地基土的孔隙分布。

强夯置换是强夯用于加固饱和软黏土地基的方法。它是利用重锤高落差产生的高冲击能将碎石、片石、矿渣等性能较好的材料强力挤入地基中,在地基中形成一个一个的粒料墩,墩与墩间土形成复合地基,以提高地基承载力,减小沉降。强夯施工工艺流程如图 4-6 所示。

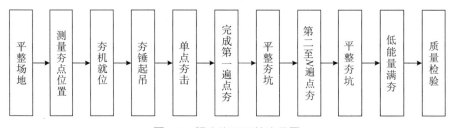

图 4-6　强夯施工工艺流程图

七、袋装砂井

袋装砂井是用透水型土工织物长袋装砂砾石,设置在软土地基中形成排水砂柱,以加速软土排水固结的地基处理方法。袋装砂井施工工艺流程如图 4-7 所示。

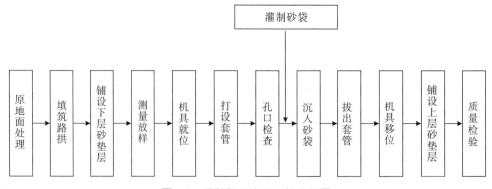

图 4-7　袋装砂井施工工艺流程图

八、塑料排水板

塑料排水板别名塑料排水带,有波浪型、口琴型等多种形状。中间是挤出成型的塑料芯板,是排水带的骨架和通道,其断面呈并联十字,两面以非织造土工织物包裹作滤层,芯带起支撑作用并将滤层渗进来的水向上排出,是淤泥、淤泥质土、冲填土等饱和黏性及杂填土运用排水固结法进行软基处理的良好垂直通道,可大大缩短软土固结时间。塑料排水板施工流程如图4-8所示。

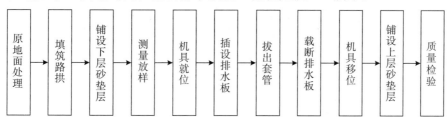

图4-8 塑料排水板施工流程图

九、真空预压

真空预压法是在需要加固的软土地基表面先铺设砂垫层,然后埋设垂直排水管道,再用不透气的封闭膜使其与大气隔绝,密封膜端部进行埋压处理,通过砂垫层内埋设的吸水管道,使用真空泵或其他真空手段抽真空,使其形成膜下负压,增加地基的有效应力。真空预压施工流程如图4-9所示。

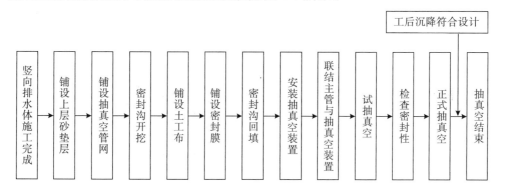

图4-9 真空预压施工流程图

十、堆载预压

堆载预压法是指在饱和软土地基上施加荷载后,孔隙水被缓慢排出,孔隙体积随之缩小,地基发生固结变形,同时随着超静水压力逐渐消散,有效应力逐渐提高,地基土强度逐渐增长,达到预定标准后再卸载,使地基土压实、沉降、固结的方法。堆载预压施工如图4-10所示。

图 4-10 堆载预压施工

十一、砂（碎石）桩

砂桩法也称为挤密砂桩法或砂桩挤密法。砂桩是用冲击或振动等方法将钢套管按一定间距沉入地基土中挤压成孔，然后边拔管边向管内灌砂并振捣密实而成的砂质柱体。砂桩的施工工艺有重复压拔管法和双管法，重复压拔管法砂桩施工流程如图 4-11 所示。

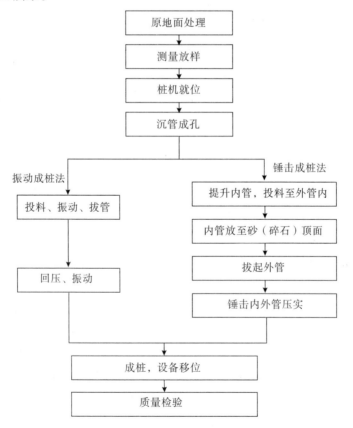

图 4-11 重复压拔管法砂桩施工流程图

十二、灰土(水泥土)挤密桩

灰土挤密桩是利用锤击将钢管打入土中,使之侧向挤密成孔,将管拔出后,在桩孔中分层回填2∶8或3∶7灰土夯实而成。灰土挤密桩与桩间土共同组成复合地基,以承受上部载荷。挤密桩施工流程如图4-12所示。

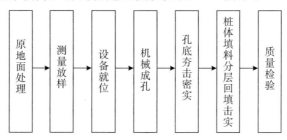

图4-12 挤密桩施工流程图

十三、柱锤冲扩桩

柱锤冲扩桩法是指反复将柱状重锤提到高处,使其自由落下冲击成孔,然后分层夯实填料形成扩大桩体,与桩间土组成复合地基的地基处理方法。柱锤冲扩桩施工工艺流程如图4-13所示。

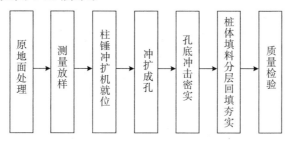

图4-13 柱锤冲扩桩施工工艺流程图

十四、搅拌桩

搅拌桩是用于加固饱和软黏土低路基的一种方法。它利用水泥作为固化剂,通过特制的搅拌机械,在地基深处将软土和固化剂强制搅拌,利用固化剂和软土之间所产生的一系列物理化学反应,使软土硬结成具有整体性、水稳定性和一定强度的优质地基。搅拌桩施工流程如图4-14所示。

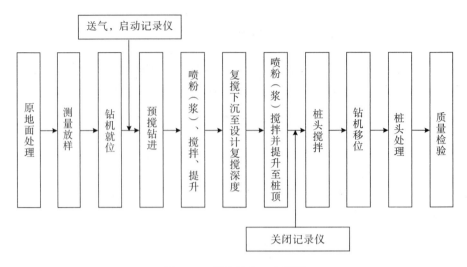

图 4-14 搅拌桩施工流程图

十五、旋喷桩

旋喷桩是利用钻机将旋喷注浆管及喷头钻置于桩底设计高程,将预先配制好的浆液通过高压发生装置使液流获得巨大能量后,从注浆管边的喷嘴中高速喷射出来,形成一股能量高度集中的液流,直接破坏土体。喷射过程中,钻杆边旋转边提升,使浆液与土体充分搅拌混合,在土中形成一定直径的柱状固结体,从而使地基得到加固。施工中一般分为两个工作流程,即先钻后喷,再下钻喷射,然后提升搅拌,保证每米桩浆土比例和质量。旋喷桩施工流程如图 4-15 所示。

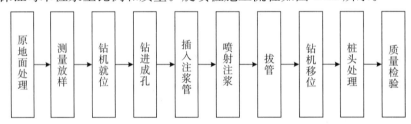

图 4-15 旋喷桩施工流程图

十六、水泥粉煤灰碎石(CFG)桩及素混凝土桩

CFG 是英文 Cement Fly-ash Gravel 的缩写,CFG 桩意为水泥粉煤灰碎石桩,是由碎石、石屑、砂、粉煤灰掺水泥加水拌和,用成桩机械制成的具有一定强度的可变强度桩。长螺旋钻管内泵压混合料灌注施工流程如图 4-16 所示。

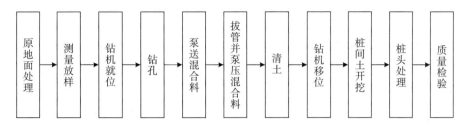

图 4-16 长螺旋钻管内泵压混合料灌注施工流程图

振动沉管灌注施工流程如图 4-17 所示。

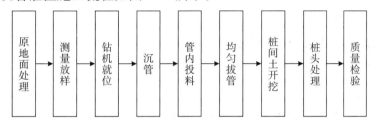

图 4-17 振动沉管灌注施工流程图

十七、混凝土预制桩

混凝土预制桩是指在预制构件加工厂预制，经过养护，达到设计强度后，运至施工现场，用打桩机打入土中，然后在桩的顶部浇筑承台梁（板）基础。混凝土预制桩施工流程如图 4-18 所示。

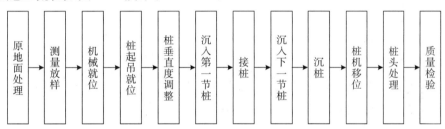

图 4-18 混凝土预制桩施工流程图

混凝土预制桩可根据地质条件、桩型和桩体承载能力等采用锤击法、振动法或静力压入法。

1. 锤击沉桩主要施工工艺

（1）测量放样，平整场地，清除障碍物。

（2）打桩机按放样桩位就位。锤击沉桩应采用与桩和锤相适应的弹性衬垫。

（3）打桩开始时应用较低落距，并在两个方向观察其垂直度；当入土达到一定深度，确认方向无误后，再按规定的落距锤击。锤击宜采用重锤低击，坠锤落距不宜大于 2 m，单打汽锤落距不宜大于 1 m；柴油锤应使锤芯冲程正常。

（4）混凝土预制桩在即将进入软层前应改用较低落距锤击。

（5）沉桩深度达到沉桩控制标准。锤击沉桩应连续进行，不应中途停顿。

(6)桩机移位,进行下一根桩施工。

2. 振动沉桩主要施工工艺

(1)测量放样,平整场地,清除障碍物。

(2)打桩机按放样桩位就位。

(3)插桩后宜先靠桩和锤的自重使桩沉入土中,待桩身入土达到一定深度并确认桩位和垂直度符合要求后再振动下沉。

(4)沉桩深度达到沉桩控制标准。每根桩的沉桩作业应连续完成。

(5)机械移位,进行下一根桩施工。

3. 静压沉桩主要施工工艺

(1)压桩机按设计桩位就位。

(2)插桩入土达到一定深度,并确认桩位和垂直度符合要求后静压下沉。

(3)开动桩机油泵使之上移,抱桩固定下压预制桩,循环作业。

(4)接桩连续下压,沉桩至设计深度。

十八、钢筋混凝土灌注桩

钢筋混凝土灌注桩是用钻孔机成孔或用钢管成孔,后者是先用打桩机将带有活瓣桩尖的钢管沉入土层,使管壁四周的土壤挤实,然后在钢管内灌入混凝土后,马上把钢管拔出,使灌入的混凝土形成一根混凝土桩。混凝土灌注桩施工流程如图 4-19 所示。

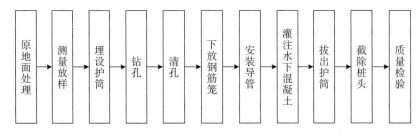

图 4-19　混凝土灌注桩施工流程图

十九、岩溶及采空区注浆

岩溶及采空区注浆是指用人工的方法向岩溶及采空区的垮落带和裂隙带里注入具有充填、胶结性能的浆液材料,以便硬化后增加其强度或降低其渗透性的注浆施工过程。注浆施工工艺流程如图 4-20 所示。

二十、洞穴处理

洞穴主要包括煤矿采空区、墓穴、地窖、枯井等人工洞穴,应按设计要求进行处理。

(1)揭露其表面覆盖层,清除洞内沉积物。

(2)土质洞穴采用水泥土或石灰土回填夯实,石质洞穴采用混凝土或片石混凝土回填,并可视具体情况采取压浆处理等措施。

(3)回填应分层夯实、塞紧,灌浆应做好记录。

(4)地下水不应任意引排。

洞穴处理所用材料应符合设计要求,进场时应进行现场验收。

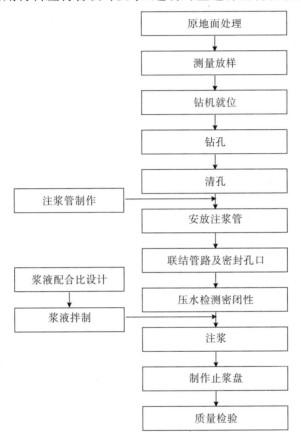

图 4-20　注浆施工工艺流程图

第二节　路基施工

路基工程主要由路基本体、路基防护和加固建筑物、路基排水设备三部分建筑物组成。

1. 路基的基本形式

在铁路线路工程中,依其所处的地形条件不同,路基常见的两种基本形式是路堤和路堑。

(1)路堤。当铺设轨道的路基面高于天然地面时,路基以填筑方式构成,这种路基称为路堤,如图 4-21(a)所示。路堤的组成包括路基面、边坡、护道、纵向排水沟等。

(2) 路堑。当铺设轨道的路基面低于天然地面时，路基以开挖方式构成，这种路基称为路堑，如图 4-21(b)所示。路堑的组成包括路基面、边坡、侧沟和截水沟等。

此外，还有半路堤、半路堑或不填不挖路基，如图 4-21 所示。

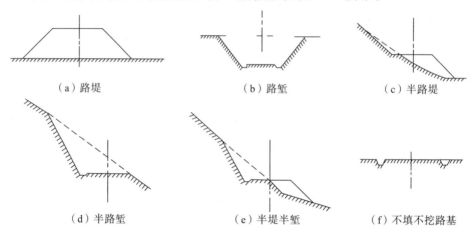

图 4-21　路基断面形式

2. 路基的排水和防护措施

为保持路基坚实和稳固，使路基经常处于干燥状态，路基上设有一套完整的排水设备。如纵向排水沟、侧沟和天沟都是为了排除地面水而设置的，如图 4-22 所示。

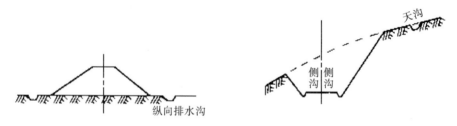

图 4-22　路基地表排水系统

除了地面水以外，地下水也是破坏路基坚实、稳固的一个重要因素，为了拦截地下水，降低地下水位，常采用渗沟和渗管等地下排水设备，如图 4-23 所示。地下水渗入渗沟以后，可通过渗管纵向排出路堑以外。

图 4-23　路基地下排水系统

对路基坡面地表水流的浸洗冲刷应及时进行坡面防护,并修筑排水设备,保证排水畅通。常用的坡面防护措施有种草、铺草皮、植树、抹面、灌浆和砌石护坡等。此外,还可以设置挡土墙或其他拦挡建筑物。如图4-24所示。

图4-24 路基坡面防护系统

一、路堑

低于原地面的挖方路基称为路堑,指从原地面向下开挖而成的路基形式。路堑工程施工主要有机械开挖、爆破开挖、静态破碎法等方法。路堑开挖如图4-25、图4-26所示,路堑开挖施工工艺流程如图4-27所示。

图4-25 路堑开挖(土方)

图4-26 路堑开挖(石方)

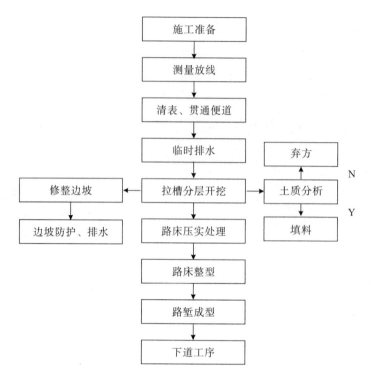

图 4-27 路堑开挖施工工艺流程图

二、路堤

路堤是指路基顶面高于原地面的填方路基。路堤填筑应按"三阶段、四区段、八流程"的施工工艺组织施工，每个区段的长度应根据使用机械的能力和数量进行确定，一般宜在 100 m 以上或以构筑物为界。各区段或流程内严禁几种作业交叉进行。路堤填筑施工工艺流程如图 4-28 所示。

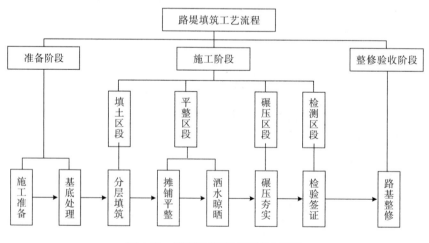

图 4-28 路堤填筑施工工艺流程图

三、路基防护与支挡

路基防护的主要形式有植物防护、客土植生防护、喷混植生防护、骨架防护、护墙及护坡防护、路堑边坡喷锚网防护、锚杆(锚索)框架梁防护、边坡柔性防护网防护、支撑渗沟防护、抛石垛及石笼防护、大型砌块及防浪设施等。

路基支挡结构主要有重力式挡土墙、短卸荷板式挡土墙、悬臂式和扶壁式挡土墙、锚杆挡土墙、加筋土挡土墙、土钉墙、抗滑桩(锚固桩)、桩板式挡土墙、桩基托梁挡土墙、预应力锚索等。

(一)路基防护主要形式

1. 植物防护

植物防护是一种经济、操作方便、环保、生态效益高的防护措施,采用植草、植藤本植物和种植灌木等方式,可监测、减弱或消除环境中有害因素的影响,具有净化水土、减弱噪音、阻滞烟尘、吸收有毒气体、杀菌、防灾保安等作用。

边坡种植草可采用撒播、喷播、铺草皮等方式,边坡种植灌木可采用栽植、插枝、点播、移植、穴植容器苗等方式。边坡植草和种植灌木施工流程分别如图4-29、图4-30所示,边坡绿化实景如图4-31所示。

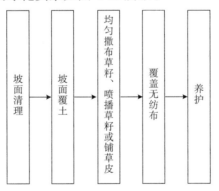

图4-29 边坡植草施工流程图

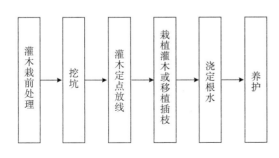

图4-30 边坡种植灌木施工流程图

图4-31 边坡绿化实景

2. 客土植生防护

客土植生防护是指将保水剂、黏合剂、抗蒸腾剂、团粒剂、植物纤维、泥炭土、腐殖土、缓释复合肥等材料制成客土,经过专用机械搅拌后吹附到坡面上,形成一定厚度的客土层,然后将选好的种子同木纤维、黏合剂、保水剂、复合肥、缓释营养液等经过喷播机搅拌后喷附到坡面客土层中。土工网垫、空心砖内客土植生防护施工流程如图 4-32、图 4-33 所示,图 4-34 为空心砖内客土植生防护。

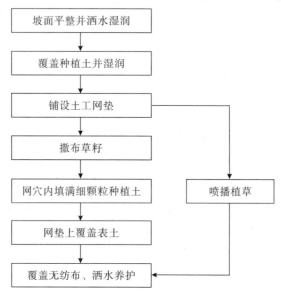

图 4-32　土工网垫客土植生防护施工流程图

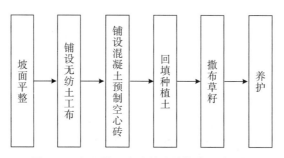

图 4-33　空心砖内客土植生防护施工流程图

图 4-34　空心砖内客土植生防护

3. 喷混植生防护

喷混植生防护是以工程力学和生物学理论为依据,利用客土掺混黏合剂和锚杆加固铁丝网技术,运用特制喷混机械将土壤、肥料、有机物质、保水材料、黏结材料、植物种子等混合干料加水后喷射到岩面上,形成近 10 cm 厚的具有连续空隙的硬化体。种子可以在空隙中生长,而一定程度的硬化又可防止雨水冲刷,从而达到改善景观、保护环境的目的。边坡喷混植生防护施工流程如图 4-35 所示。

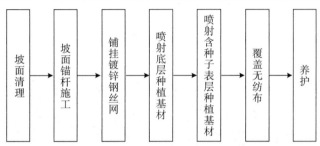

图 4-35　边坡喷混植生防护施工流程图

4. 骨架防护

骨架护坡是指公路、铁路路基边坡使用混凝土或浆砌片石形成的框架式构筑物,框架中间植草防护,以防止路基边坡溜坍。

人字型(拱型)截水骨架防护、方格型截水骨架防护施工流程分别如图 4-36、4-37 所示;人字型截水骨架如图 4-38 所示;拱型截水骨架如图 4-39 所示;方格型骨架防护如图 4-40 所示。

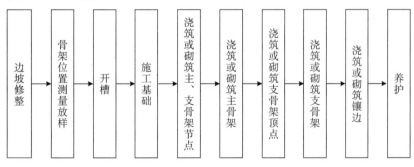

图 4-36　人字型(拱型)截水骨架防护施工流程图

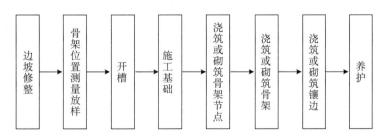

图 4-37　方格型截水骨架防护施工流程图

图 4-38　人字型截水骨架

图 4-39　拱型截水骨架　　　　图 4-40　方格型骨架防护

5. 护墙及护坡防护

护墙及护坡适用于较陡[(1∶0.3)～(1∶1)]的土质边坡及易风化剥落或节理发育较破碎的岩石边坡。护墙不承受土压力,所防护边坡应为稳定边坡。路堑边坡护墙、砌片石防护、浆砌片石(混凝土块)防护、模袋混凝土防护等的施工流程分别如图 4-41 至图 4-44 所示;孔窗式护墙如图 4-45 所示;实体浆砌片石护坡如图 4-46 所示;模袋混凝土防护如图 4-47 所示。

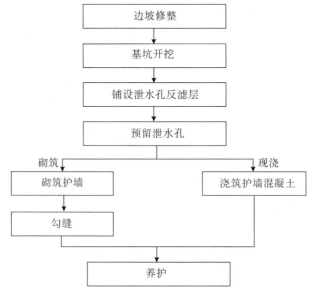

图 4-41　路堑边坡护墙施工流程图

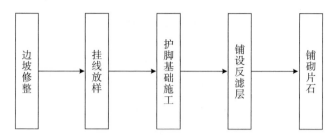

图 4-42 砌片石防护施工流程图

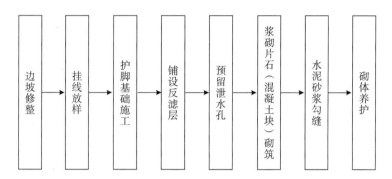

图 4-43 浆砌片石(混凝土块)防护施工流程图

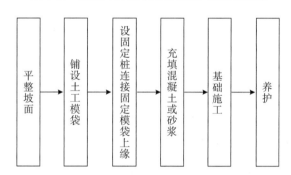

图 4-44 模袋混凝土防护施工流程图

图 4-45 孔窗式护墙

图 4-46 实体浆砌片石护坡

图 4-47　模袋混凝土防护

6. 路堑边坡喷锚网防护

喷锚挂网支护是目前高陡边坡防护工程中采用较多的一种支护方式,它是喷射混凝土、锚杆、钢筋网联合支护的简称,是一种先进的支护加固技术。喷锚挂网支护是通过在岩土体内施工一定长度和分布的锚杆,与岩土体共同作用形成复合体,弥补土体强度不足并发挥锚拉作用,使岩土体自身结构强度潜力得到充分发挥,保证边坡的稳定。路堑边坡喷锚网防护施工流程如图 4-48 所示。坡面设置钢筋网喷射混凝土,起到约束坡面变形的作用,使整个坡面形成一个整体。

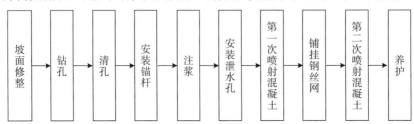

图 4-48　路堑边坡喷锚网防护施工流程图

7. 锚杆(锚索)框架梁防护

锚杆(锚索)框架梁防护工程应先施工锚杆(锚索),再施工框架梁,框架梁应自下而上布置。锚杆(锚索)框架梁防护主要的机械和材料有混凝土施工机械和锚杆(锚索)。锚杆(锚索)框架梁防护施工流程如图 4-49 所示;锚杆框架梁防护如图 4-50 所示;锚索框架梁防护如图 4-51 所示。

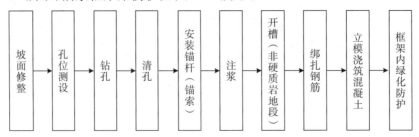

图 4-49　锚杆(锚索)框架梁防护施工流程图

图 4-50　锚杆框架梁防护

图 4-51　锚索框架梁防护

8. 边坡柔性防护网防护

边坡柔性防护网（SNS）是由菱性钢丝绳网、环形网、高强度钢丝格栅作为主要构成部分，防治各种斜坡坡面地质灾害和雪崩、岸坡冲刷、瀑布飞石、坠物等危害的柔性安全防护系统。SNS 是一种非常新颖的、彻底改变传统的边坡防护观念的新技术产物。边坡柔性防护系统可分为两大类：覆盖或包裹斜坡或岩石的主动防护系统和拦截斜坡上滚落石的被动防护系统。边坡主动柔性防护网、边坡被动柔性防护网的施工流程分别如图 4-52、图 4-53 所示；边坡主动柔性防护网防护、边坡被动柔性防护网防护分别如图 4-54、图 4-55 所示。

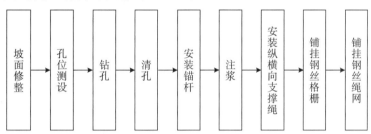
图 4-52　边坡主动柔性防护网施工流程图

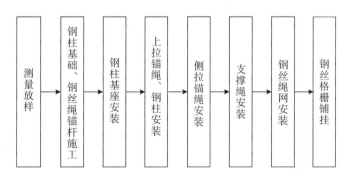
图 4-53　边坡被动柔性防护网施工流程图

图 4-54　边坡主动柔性防护网防护

图 4-55　边坡被动柔性防护网防护

9. 支撑渗沟防护

支撑渗沟防护是以支撑为主,兼顾疏排水作用的一种边坡防护措施,一般由干砌片石砌筑,铺底和封面采用浆砌片石,两侧及后缘端部设置反滤层,前缘设置干砌片石垛或抗滑挡墙。支撑渗沟防护施工流程如图 4-56 所示。

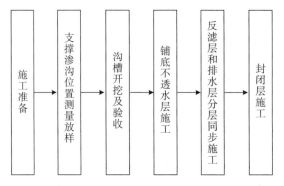

图 4-56　支撑渗沟防护施工流程图

10. 抛石垛及石笼防护

抛石垛是抛石防护的一种类型,它在坡脚处设置护脚。抛石不受气候条件限制,路基沉实以前均可施工,季节性浸水或长期浸水亦可使用。

石笼是指为防止河岸或构造物受水流冲刷而设置的装填石块的笼子。它作为新工艺、新技术、新材料的新型生态格网结构,成功地应用于水利工程、公路工程、铁路工程、堤防工程中,较好地实现了工程结构与生态环境的有机结合。同时,石笼与一些传统刚性结构比较起来有其自身的优点,因此在世界范围内已经成为保护河床、治理滑坡、防治泥石流、防止落石兼顾环境保护的首选结构形式。土工合成材料(金属)石笼防护施工流程如图 4-57 所示;抛石垛防护、石笼防护分别如图 4-58、图 4-59 所示。

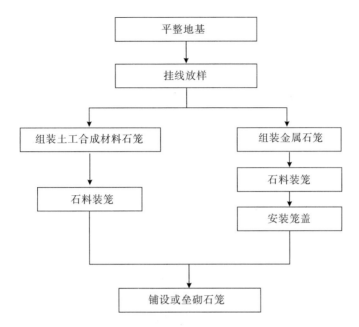

图 4-57　土工合成材料(金属)石笼防护施工流程图

图 4-58　抛石垛防护

图 4-59　石笼防护

11. 大型砌块及防浪设施

混凝土板块连锁防护施工流程如图 4-60 所示；护坦防护施工流程如图 4-61 所示；防浪栅栏板防护施工流程如图 4-62 所示；防浪块防护施工流程如图4-63 所示。

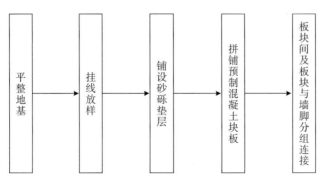

图 4-60　混凝土板块连锁防护施工流程图

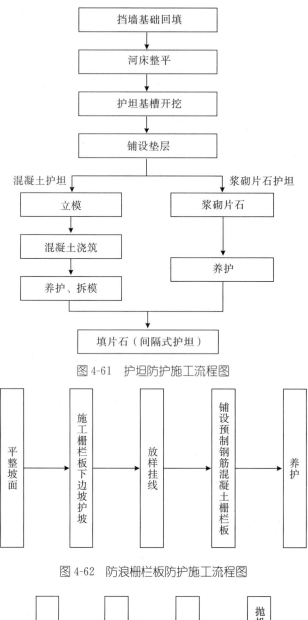

图 4-61　护坦防护施工流程图

图 4-62　防浪栅栏板防护施工流程图

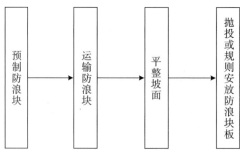

图 4-63　防浪块防护施工流程图

(二)路基支挡结构

1. 重力式挡土墙

重力式挡土墙是指依靠墙身自重抵抗土体侧压力的挡土墙。重力式挡土墙施工工艺流程如图 4-64 所示。重力式挡土墙可用块石、片石、混凝土预制块作为砌体,或采用片石混凝土、混凝土进行整体浇筑。半重力式挡土墙可采用混凝土或少筋混凝土浇筑。重力式挡土墙可用石砌或混凝土建成,一般都做成简单的梯形,如图 4-65 所示。

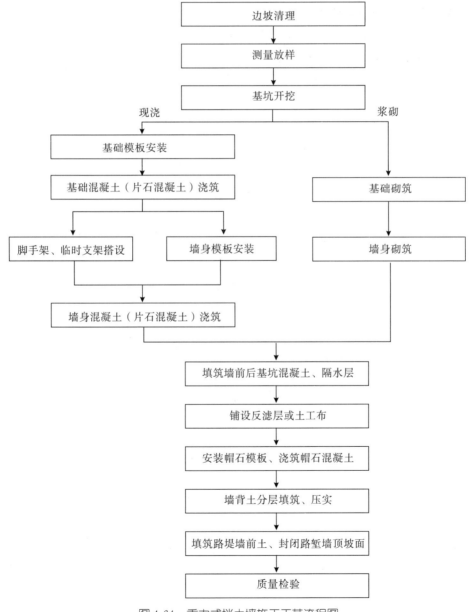

图 4-64 重力式挡土墙施工工艺流程图

图 4-65　重力式挡土墙

2. 短卸荷板式挡土墙

短卸荷板挡土墙施工工艺流程如图 4-66 所示。短卸荷板式挡土墙由上、下墙和短卸荷板组成,上下墙高度比例一般为 4∶6,墙身可采用石砌体,如图 4-67 所示。

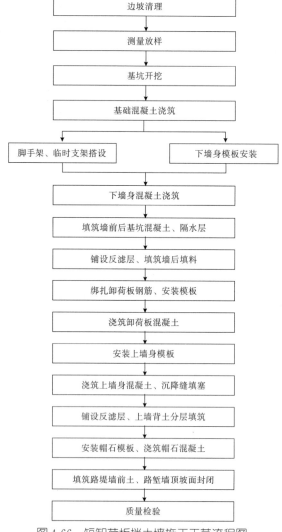

图 4-66　短卸荷板挡土墙施工工艺流程图

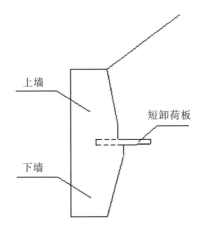

图 4-67　短卸荷板式挡土墙结构示意图

3. 悬臂式和扶壁式挡土墙

悬臂式挡土墙是指由底板和固定在底板上的直墙(立壁)构成,主要靠底板上的填土重量来维持稳定的挡土墙。悬臂式挡土墙主要由立壁、墙趾板及墙踵板三个钢筋混凝土构件组成,如图 4-68(a)所示。

扶壁式挡土墙是指沿悬臂式挡土墙的立壁,每隔一定距离加一道扶壁,将立壁与墙踵板连接起来的挡土墙,如图 4-68(b)所示。扶壁式挡土墙一般为钢筋混凝土结构。悬臂式和扶臂式挡土墙施工工艺流程如图 4-69 所示。

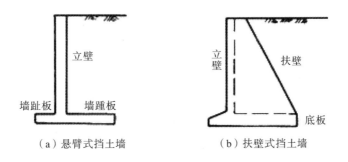

(a)悬臂式挡土墙　　　　(b)扶壁式挡土墙

图 4-68　悬臂式和扶壁式挡土墙

4. 锚杆挡土墙

锚杆挡土墙是由钢筋混凝土肋柱、墙面板和水平(或倾斜)锚杆联合组成的轻型支挡结构物,如图 4-70 所示。锚杆挡土墙可用于一般地区岩质路堑地段。设计锚杆挡土墙时,根据地质及工程具体情况,可选用肋柱式结构形式,肋柱式挡土墙根据地形可采用单级或多级。锚杆式挡土墙施工工艺流程如图 4-71 所示。

图 4-69 悬臂式和扶臂式挡土墙施工工艺流程图

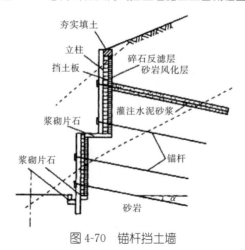

图 4-70 锚杆挡土墙

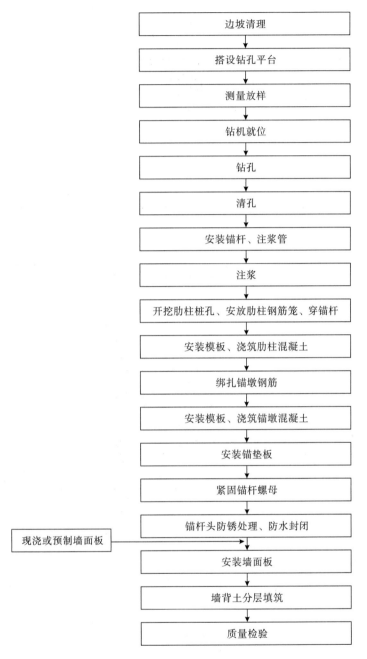

图 4-71 锚杆式挡土墙施工工艺流程图

5. 加筋土挡土墙

加筋土挡土墙是由墙面系、拉筋和填土共同组成的挡土结构,如图 4-72 所示。加筋土挡土墙是在土中加入拉筋,利用拉筋与土之间的摩擦作用,改善土体的变形条件和提高土体的工程特性,从而达到稳定土体的目的。组合式拉筋挡土墙施工工艺流程如图 4-73 所示。

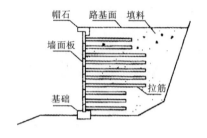

图 4-72 加筋土挡土墙

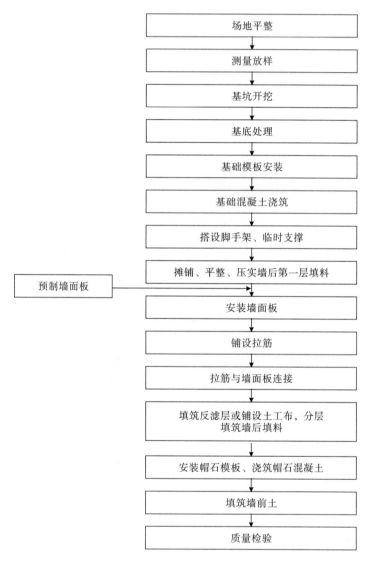

图 4-73 组合式拉筋挡土墙施工工艺流程图

6. 土钉墙

土钉墙是一种原位土体加筋技术,是将基坑边坡通过由钢筋制成的土钉进行加固,边坡表面铺设一道钢筋网再喷射一层砼面层和土方边坡相结合的边坡加固型支护施工方法。其构造为设置在坡体中的加筋杆件(即土钉或锚杆)与其周围土体牢固黏结形成的复合体,以及面层所构成的类似重力挡土墙的支护结构,如图 4-74 所示。土钉墙施工工艺流程如图 4-75 所示。

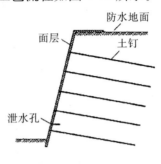

图 4-74 土钉墙

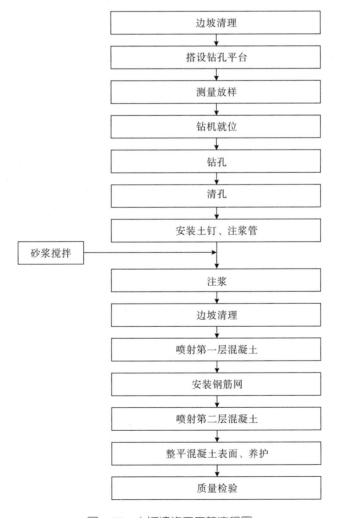

图 4-75 土钉墙施工工艺流程图

7. 抗滑桩（锚固桩）

抗滑桩是穿过滑坡体深入滑床的桩柱，用以支挡滑体的滑动力，起稳定边坡的作用，适用于浅层和中厚层的滑坡，是一种主要的抗滑处理措施。抗滑桩可用于稳定滑坡、加固山体及加固其他特殊路基。但对正在活动的滑坡打桩阻滑需要慎重，以免因震动而引起滑动。抗滑桩施工工艺流程如图 4-76 所示。

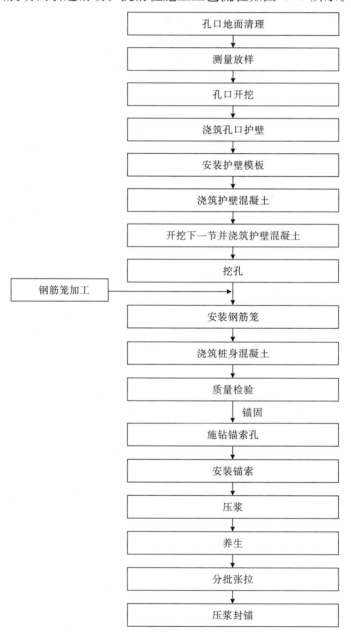

图 4-76 抗滑桩施工工艺流程图

8. 桩板式挡土墙

桩板式挡土墙是指由钢筋混凝土桩和挡土板组成的轻型挡土墙，在深埋的桩柱间用挡板挡住土体，适用于侧压力较大的加固地段，如图4-77所示。两桩间挡土板可逐层安设或浇筑。桩板式挡土墙施工工艺流程如图4-78所示。

图4-77 桩板式挡土墙

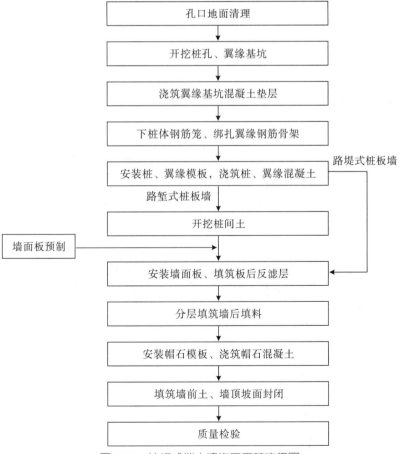

图4-78 桩板式挡土墙施工工艺流程图

9. 桩基托梁挡土墙

在公路或铁路设计中由于挡墙下地基土层覆盖层过厚且地基承载力不足，为避免将挡墙置于不稳定的土层上，或避免挡墙基础埋置太深，而需要采用桩基，在桩基上设置托梁（类似承台梁），并将挡土墙设在托梁之上，使挡墙获得足够的稳定性和承载力，这种挡土墙称为桩基托梁挡土墙，如图 4-79 所示。它是一种常见的路基支挡构造物，当基础埋置深度无法满足或挡土墙基底应力验算不满足时，可采用桩基托梁挡土墙。桩基托梁挡土墙桩基可采用挖孔桩或钻孔灌注桩。

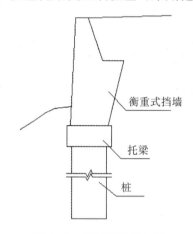

图 4-79　桩基托梁挡土墙

10. 预应力锚索

预应力锚索是指采取预应力方法把锚索锚固在岩体内部的索状支架上，用于加固边坡，如图 4-80 所示。锚索靠锚头通过岩体软弱结构面的孔锚入岩体内，把滑体与稳固岩层连在一起，从而改变边坡岩体的应力状态，提高边坡不稳定岩体的整体性和强度。预应力锚索施工时，需专门的拉紧装置和机具。预应力锚索施工工艺流程如图 4-81 所示。

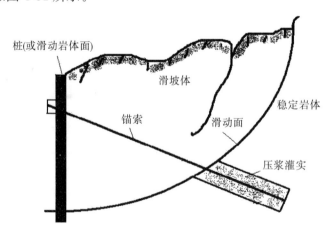

图 4-80　预应力锚索示意图

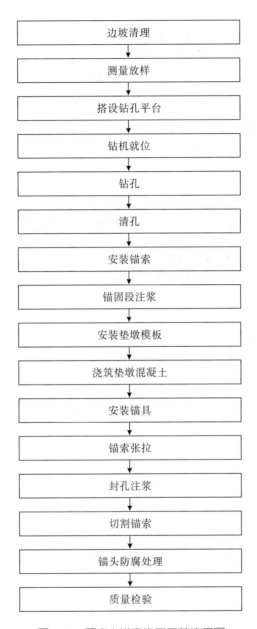

图 4-81　预应力锚索施工工艺流程图

四、路基排水

路基排水设施有地面防排水和地下防排水两种。地面防排水结构形式有天沟、侧沟、排水沟、边坡平台截水沟等；地下防排水结构形式有明沟、渗水盲沟、暗沟、排水斜孔、复合防排水板（复合土工膜）等。如图 4-82 所示。

图 4-82 路基排水工程

1. 地面防排水

沟槽开挖采用人工配合小型挖掘机开挖,不适合机械开挖的,采用人工开挖。土质地段沟底预留 10~20 cm 人工修整到位;石质地段开挖时,先爆破松动,再开挖成型。沟底设计有碎石或砂垫层时,基槽验收后,采用挂线控制标高,人工夯填铺设垫层。

砌块采用挤浆法分段砌筑。砌筑顺序为先沟底再沟帮,分段位置设在沉降缝处。砌缝应饱满、密实,勾缝平顺无脱落,缝宽大体一致,线型美观,直线顺直,曲线圆顺。

2. 地下防排水

明沟沟壁外侧应填充粗粒透水材料或铺设土工合成材料作为反滤层。明沟沿沟槽每隔 10~20 m 或当沟槽通过软硬岩层分界处时应设置伸缩缝(沉降缝),其填塞材料、填塞方式应符合设计要求。

渗水盲沟采用人工配合机械开挖,硬质岩石地段应采用预裂爆破或光面爆破,软质岩石或土质宜采用机械挖槽。铺底混凝土强度达到设计强度的 70% 后方可铺设透水性土工布,铺设应绷紧、押平,不应褶皱、损坏。渗水管材质及开孔率应符合设计要求。铺设钢筋混凝土花管时,连接接头应用水泥砂浆填抹接缝;铺设 PVC 花管时,采用专用胶水、专用接头进行连接。渗水盲沟沿沟槽每隔 10~20 m 或当沟槽通过软硬岩层分界处时应设置伸缩缝(沉降缝),其填塞材料、填塞方式应符合设计要求。

暗沟土质地段机械开挖至沟槽底时,应预留 10~20 cm 采用人工开挖,并做好沟槽防塌临时支护。石质地段开挖时,应先爆破或机械松动后再人工整型。

排水斜孔采用潜孔钻机或地质钻机钻孔。钻机安装时,钻杆与水平面向上成 $5°\sim15°$ 夹角。成孔后,用高压风清孔。透水管采用软式透水管或 PVC 花管。用于地层较软、易缩孔位置的透水管,安装前应在透水管内充填中粗砂并封口。

复合防排水板(复合土工膜)材料进场后,分批检查质量证明材料,抽样检验其主要物理力学性能指标,确保符合规范及图纸要求。

第三节 特殊路基

特殊路基的类型主要有软土地段路基,膨胀土(岩)路基,黄土路基,盐渍土路基,滑坡地段路基,危岩、落石和崩塌与岩堆地段路基,岩溶、洞穴地段路基,浸水(水库)地段路基,冻土地区路基,风沙地区路基和雪害路基等。

1. 软土地段路基

软土路基是一种常见的特殊地区路基,需要特殊设计处理,多分布于江、河、海洋沿岸、内陆湖泊、塘、盆地和多雨的山间洼地。软土地基常用的处理措施有换土、排水砂垫层、反压护道、抛石挤淤、水泥土搅拌、用土工织物等进行表层加固;深层用塑料排水板、粉喷桩、碎石桩、超载预压以及砂井加固等。

2. 膨胀土(岩)路基

膨胀土(岩)是一种高塑性黏土,一般承载力较大,具有吸水膨胀、失水收缩和反复胀缩变形、浸水承载力衰减、干缩裂隙发育等特性,性质极不稳定。当天然含水率较高时,浸水后的膨胀量与膨胀力均较小,而失水后的收缩量与收缩力则很大;天然孔隙比愈大时,膨胀量与膨胀力愈小,收缩量与收缩力则大些。

3. 黄土路基

黄土路基是指修筑在黄土地区的路基。黄土是无层理的黄色粉质土状沉积物,富含碳酸盐,疏松多孔,具有垂直节理。黄土具有疏松、湿陷及遇水崩解的特性,因此,黄土地区的路基应特别注意防冲、防渗和保持水土,尤其要排除路基附近的地面水和地下水,并对排水构造物做好必要的防护与加固。

4. 盐渍土路基

盐渍土是指在深 1 m 的地表土层内,易溶盐含量大于 0.3% 的土地。盐渍土对路基稳定性的影响与环境条件有关。氯盐渍土易遭溶蚀而产生湿陷、坍塌等病害,但在干燥条件下,氯盐却可起黏固作用。

5. 滑坡地段路基

滑坡地段路基宜在旱季集中力量组织施工,并应及时采取防止滑坡继续恶化的措施。

6. 危岩、落石和崩塌与岩堆地段路基

危岩、落石和崩塌地段路基施工应符合下列规定：落石台和落石槽的纵、横坡度应按设计要求修筑平顺；坡面防渗层应随即施工，及时完成。

岩堆地段路基施工应符合下列规定：施工中应遵循"先防护、后施工"的原则，并按照设计要求同步做好防排水、防冲刷措施。

7. 岩溶、洞穴地段路基

岩溶地段路基施工应先做引排岩溶水、地面水设施，防止地表水集中下渗。利用天然泄水洞排水时，不应使所在自然汇水区以外的地面水流入洞内。

8. 浸水（水库）地段路基

河滩、滨河路堤宜在枯水季节施工，并应在洪汛前完成水下防护工程；滨海路堤可利用潮汐间歇期或采用围堰拦潮施工；水库路堤宜在水库蓄水前或低水位时期施工，有条件时均宜采用围堰疏干施工。

9. 冻土地区路基

冻土路基施工前应通过现场复查、核对设计文件，了解路基所处位置的冻土分布、类型、多年冻土上限、冻层上限、地面水、地下水、冻胀、热融、冰丘、冰椎、冻土沼泽、气温变化等情况。

10. 风沙地区路基

风沙地区路基宜在风速较小或有雨季节分段集中施工，并在大风来临前配套完成。

11. 雪害路基

雪害防护林带施工应符合下列规定：防护林带的树种应通过调查、会同设计单位选定。林带应连续成林，带宽一致，密度均匀。施工中应做好养护管理。林带中植株未成活时，应进行补种。

栅栏、沟、堤、导风板、挡雪墙等防雪设施，应构筑稳固、体形整齐，并在雪害季节前按照设计要求完成。

可能发生雪崩地段施工时，应制订应急预案，并对雪体严密监视，保证施工安全。

第四节 主要材料、周转材料及施工机具

软基处理施工机械主要有羊角碾、冲击压路机、强夯施工机械、袋装砂井施工机械、塑料排水板施工机械、真空预压施工机械、砂桩（碎石桩）施工机械、灰土（水泥土）挤密桩施工机械、柱锤冲扩桩施工机械、水泥搅拌桩施工机械、旋喷桩施工机械、长螺旋钻CFG桩施工机械、振动沉管CFG桩施工机械、锤击沉桩机械、注浆机、钻孔灌注桩施工机械等。

路基土石方施工机械主要有挖掘机、装载机、平地机、推土机、压路机、运输

车、灰土拌和机等。

一、地基处理

1. 原地面处理

相关机械配置见表 4-1 至表 4-3；相关机械如图 4-83、图 4-84 所示。

表 4-1　原地面处理每作业面机械配置表

序号	机械名称		单位	数量	主要用途
1	主要设备	推土机	台	1	地表腐殖土推除
2		挖掘机	台	1	弃土外运装车
3		压路机	台	1	原地面压实
4		自卸汽车	辆	若干	弃土外运
5	选用设备	装载机	台	1	弃土外运装车
6		小型夯实设备	套	1	压路机无法使用时,小面积夯实

表 4-2　换填、砂(碎石)垫层每作业面机械配置表

序号	机械名称		单位	数量	主要用途
1	主要设备	推土机	台	1	砂(碎石)摊铺
2		挖掘机	台	1	换填开挖、弃土外运装车
3		压路机	台	1	较大面积换填分层压实
4		自卸汽车	辆	若干	砂(碎石)运输
5	选用设备	抽排水设备	套	1	换填遇到地下水时抽排水
6		装载机	台	1	弃土外运装车
7		小型夯实设备	套	1	压路机无法使用时,小面积换填分层压实

表 4-3　强夯及强夯置换每作业面机械配置表

序号	机械名称		单位	数量	主要用途
1	主要设备	强夯设备	套	1	夯实地基
2		推土机	台	1	场地平整
3	选用设备	自卸汽车	辆	若干	强夯置换填料运输
4		装载机	台	1	强夯置换填料回填

图 4-83 冲击压路机

图 4-84 强夯施工机械

2. 软基处理

相关机械配置见表 4-4 至表 4-17；相关机械、材料及施工如图 4-85 至图 4-102 所示。

表 4-4 袋装砂井每作业面施工机械配置表

序号	机械名称	单位	数量	主要用途
1	主要设备 袋装砂井机	台	1	袋装砂井成孔
2	选用设备 自卸汽车	辆	若干	原材料运输

图 4-85 袋装砂井施工机械

图 4-86 塑料排水板施工机械

表 4-5 塑料排水板每作业面施工机械配置表

序号	机械名称	单位	数量	主要用途
1	主要设备 插板机	台	1	塑料排水板插设
2	选用设备 自卸汽车	辆	若干	原材料运输

表 4-6 真空预压每作业面施工机械配置表

序号	机械名称		单位	数量	主要用途
1	主要设备（材料）	真空射流泵	台	1	抽真空
2		主管	m	70~90	出水
3		滤管	m	100~120	出水
4		出口装置	套	1	出水

图 4-87 真空预压施工

堆载预压施工机械主要有推土机、挖掘机、装载机、碾压设备、运输设备等。

表 4-7 砂(碎石)桩每作业面施工机械配置表

序号	机械名称		单位	数量	主要用途
1	主要设备（材料）	成孔机械	台	1	成孔
2		桩管	根	1	成孔
3		漏斗	个	1	加料
4	选用设备	自卸汽车	台	若干	材料运输

表 4-8 振冲碎石桩每作业面施工机械配置表

序号	机械名称		单位	数量	主要用途
1	主要设备	振冲器	台	1	成孔
2		水泵	台	1	成孔
3		起吊设备	台	1	起吊振冲器
4		电流表	个	1	电流监控
5		水压表	个	1	水压监控
6		泥浆泵	台	1	排浆
7	选用设备	装载机	台	1	向孔内填料
8		自卸汽车	台	若干	材料运输

成孔机械主要有柴油锤打桩机、电动落锤打桩机、振动沉桩机、冲击成孔机等。

图 4-88　振动沉桩机

表 4-9　灰土(水泥土)挤密桩每作业面施工机械配置表

序号		机械名称	单位	数量	主要用途
1	主要设备	成孔机械	台	1	成孔
2		装载机	台	1	填料回填
3		夯实机	台	3	灰土(水泥土)挤密桩填料夯实
4	选用设备	拌和机械	套	1	灰土(水泥土)挤密桩填料拌和
5		自卸汽车	台	若干	填料运输

图 4-89　灰土(水泥土)挤密桩施工机械

表 4-10 柱锤冲扩桩每作业面施工机械配置表

序号	机械名称		单位	数量	主要用途
1	主要设备	柱锤	个	1	成孔
2		起吊设备	台	1	起吊柱锤
3		料斗	个	1	加料
4	选用设备（材料）	偏平锤	个	1	封顶或拍底
5		套管	根	若干	成孔
6		螺旋钻机	台	1	桩深较大时成孔取土
7		电动洛阳铲	个	1	桩深较大时成孔取土
8		拌和机械	套	1	填料拌和
9		自卸汽车	台	若干	填料运输

(a) 柱锤卷扬起吊　　　　　(b) 加水润滑锤壁

图 4-90 柱锤冲扩桩施工机械

表 4-11 浆喷搅拌桩每作业面施工机械配置表

序号	机械名称		单位	数量	主要用途
1	主要设备	搅拌桩机	台	1	成桩
2		水泥浆(砂浆)搅拌机	台	2	水泥浆(砂浆)拌制
3		水泥浆(砂浆)输送泵	台	1	水泥浆(砂浆)输送
4		自动记录仪	套	1	参数记录
5		桩头切割设备	套	1	桩头切割

图 4-91　水泥搅拌桩施工机械　　　　图 4-92　旋喷桩施工机械

表 4-12　旋喷桩每作业面施工机械配置表

序号	机械名称		单位	数量			主要用途
				单管法	二重管法	三重管法	
1	主要设备	旋喷桩机	台	1	1	1	成桩
2		高压泥浆泵	台	1	1	—	供浆
3		高压水泵	台	—	—	1	供水
4		泥浆泵	台	—	—	1	供浆
5		空压机	台	—	1	1	供气
6		自动记录仪	套	1	1	1	参数记录
7		桩头切割设备	套	1	1	1	桩头切割

表 4-13　长螺旋法施工 CFG 桩每工作面施工机械配置表

序号	机械名称		单位	数量	主要用途
1	主要设备	长螺旋钻机	台	1	成孔
2		混凝土泵	台	1	泵送混凝土
3		混凝土搅拌运输车	台	若干	混凝土运输
4		挖掘机	台	1	桩间土清理
5		电流表	个	1	电流监控
6		桩头切割设备	套	1	截桩头

图 4-93 长螺旋钻管内泵压混合料灌注施工

图 4-94 振动沉管灌注施工

表 4-14 钢筋混凝土预制桩施工每作业面施工机械配置表

序号	机械名称		单位	数量	主要用途
1	主要设备	打桩机	台	1	沉桩
2		吊车	台	1	喂吊桩
3		电焊机	个	1	接桩
4		送桩器	根	1	送桩

图 4-95 混凝土预制桩

图 4-96 锤击沉桩施工

图 4-97 振动沉桩施工

图 4-98 静压打桩机

表 4-15　钻孔灌注桩施工每作业面机械配置表

序号	机械名称		单位	数量	主要用途
1	主要设备	钻机	台	1	成孔
2		泥浆泵	台	1	输送护壁泥浆
3		吊车	台	1	钢筋笼吊装
4		混凝土搅拌运输车	台	若干	混凝土运输

图 4-99　冲击钻机

图 4-100　回旋钻机

图 4-101　旋挖钻机

图 4-102　注浆机

表 4-16　注浆加固每作业面施工机械配置表

序号	机械名称		单位	数量	主要用途
1	主要设备	钻机	台	2	钻孔
2		搅拌机	台	4	浆液制备
3		注浆泵	台	2	注浆
4		止浆塞	套	若干	封闭堵孔
5		自动记录仪	套	2	记录施工参数

表 4-17　注浆加固施工现场主要检测仪器和设备表

序号	仪器名称	数量	规格、型号
1	流动度测定仪	1套	符合现行相关试验规程
2	注浆效果检验设备	1套	

二、路基施工

1. 路堑施工

相关机械配置见表 4-18；相关机械及施工如图 4-103 至图 4-105 所示。

表 4-18　路堑爆破每作业面施工机械配置表

序号	机械名称		单位	数量	主要用途
1	主要设备	凿岩机	台	若干	爆破钻孔
2		潜孔钻机	台	若干	爆破钻孔
3		挖掘机	台	1	开挖装车
4		自卸汽车	辆	若干	运输
5	选用设备	空压机	台	若干	提供动力
6		推土机	台	1	平整及堆土
7		装载机	台	1	装车

图 4-103　挖掘机机械开挖

图 4-104　潜孔钻机

图 4-105　履带式潜孔钻机

2. 路堤施工

相关机械配置见表 4-19；相关机械如图 4-106 至图 4-111 所示。

表 4-19 基床底层及以下路基填筑每作业面机械配置表

序号	机械名称		单位	数量	主要用途
1	主要设备	推土机	台	2	摊铺、初平
2		平地机	台	1	精平
3		压路机	台	2	压实
4		小型夯实设备	套	若干	压实
5		自卸汽车	辆	若干	填料运输
6		洒水车	辆	1	润湿或降尘
7	选用设备	连续压实控制系统	套	2	过程控制
8		挖掘机	台	3	填料装车
9		装载机	台	1	装车
10		翻晒设备	套	2	翻晒

图 4-106 挖掘机

图 4-107 装载机

图 4-108 运输车辆

图 4-109 推土机

图 4-110　平地机

图 4-111　压路机

3. 路基防护与支挡

相关机械配置见表 4-20 至表 4-23 所示；相关施工如图 4-112 至图 4-115 所示。

表 4-20　植物防护每作业面施工机械配置表

序号	机械名称		单位	数量	主要用途
1	主要设备	液压喷播机	台	1	喷播种子或混合料
2		搅拌机	台	1	种子、营养土及营养液搅拌
3		洒水车	辆	1	洒水养护
4		喷雾器	台	1	喷雾打药
5	选用设备	电钻	台	≥3	挂网打眼

图 4-112　客土植生防护施工

图 4-113　喷混植生防护施工

图 4-114　骨架混凝土浇筑

图 4-115　路堑边坡喷锚网防护

表 4-21 锚杆(锚索)框架梁防护施工机械配置表

序号		机械名称	单位	数量	主要用途
1	主要设备	钻机	台	≥2	钻孔
2		空压机	台	1	清孔(钻孔)
3		灌浆机	台	1	孔道压浆
4		双桶搅拌机	台	1	压浆料拌制
5		砂轮切割机	台	1	锚杆、钢绞线切割
6	选用设备	对焊机	台	1	锚杆焊接
7		千斤顶	台	2	张拉
8		高压油泵	台	1	张拉工作油泵

表 4-22 加筋土支挡填筑压实施工机械配置表

序号		机械名称	单位	数量	主要用途
1	主要设备	推土机	台	1	原材料摊铺
2		自卸汽车	辆	若干	原材料运输
3		压路机	台	1	填料碾压
4		小型夯实设备	套	1	填料夯实
5	选用设备	装载机	台	1	原材料摊铺

表 4-23 防排水浆砌预制件每作业面施工机械配置表

序号		机械名称	单位	数量	主要用途
1	主要设备	砂浆搅拌机	台	1	砂浆生产
2		磅秤	台	1	砂浆原材料计量
3		运输车	台	1	砌体运输
4	选用设备	水泵	台	1	疏排积水
5		小型夯实设备	台	1	槽底压实

第五章 桥涵工程

桥涵工程是交通基础设施建设中的重要组成部分,桥梁工程建设是公路、铁路和市政工程建设的重要组成部分。

本章主要介绍桥梁的组成和分类;重点介绍普通桥梁的基础、下部结构、上部结构及涵洞的施工技术和施工工艺流程,以及桥涵工程施工中涉及的主要材料、周转材料及施工机具。

第一节 桥涵工程概述

一、桥梁组成

桥梁由上部结构、下部结构、支座系统和附属设施四个基本部分组成。上部结构通常又称为桥跨结构,是在线路中断时跨越障碍的主要承重结构;下部结构包括桥墩、桥台和基础;桥梁附属设施包括桥面系、伸缩缝、桥头搭板和锥形护坡等,桥面系包括桥面铺装(或称行车道铺装)、排水防水系统、栏杆(或防撞栏杆)、灯光照明等。

二、桥梁分类

(1)按结构体系划分,有梁式桥、拱桥、刚架桥和悬索桥四种基本体系。其他还有几种由基本体系组合而成的组合体系,如连续刚构、梁拱组合体系、斜拉桥等。

(2)按用途划分,有公路桥、铁路桥、公路铁路两用桥、农桥、人行桥、运水桥(渡槽)及其他专用桥梁(如通过管路、电缆等)。

(3)按桥梁全长和跨径的不同划分,有特大桥、大桥、中桥和小桥。

(4)按主要承重结构所用的材料划分,有圬工桥(包括砖、石、混凝土桥)、钢筋混凝土桥、预应力混凝土桥、钢桥和木桥等。

(5)按跨越障碍的性质划分,可分为跨河桥、跨线桥(立体交叉)、高架桥和栈桥。

(6)按上部结构的行车道位置划分,分为上承式桥、下承式桥和中承式桥。

第二节 桥梁下部结构施工

一、明挖扩大基础施工

明挖的方法在扩大基础中运用比较广泛,明挖扩大基础施工流程如图 5-1 所示。

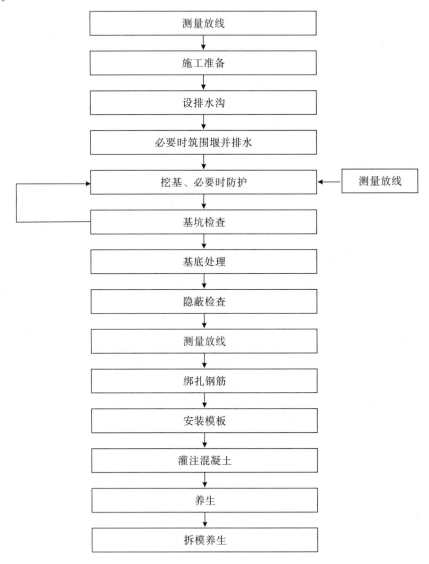

图 5-1 明挖扩大基础施工流程图

二、桩基础

1. 沉入桩

沉入桩所用的基桩主要为预制的钢筋混凝土桩和预应力混凝土桩。断面形式常用的有实心方桩和空心管桩两种。沉入桩施工流程如图 5-2 所示。

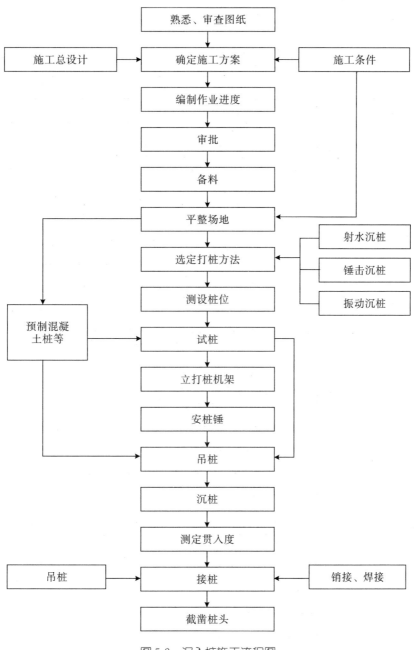

图 5-2 沉入桩施工流程图

2. 钻孔灌注桩施工

钻孔灌注桩是指在工程现场通过机械钻孔在地基中形成桩孔,并在其内放置钢筋笼、灌注混凝土而成桩。钻孔灌注桩施工流程如图 5-3 所示。

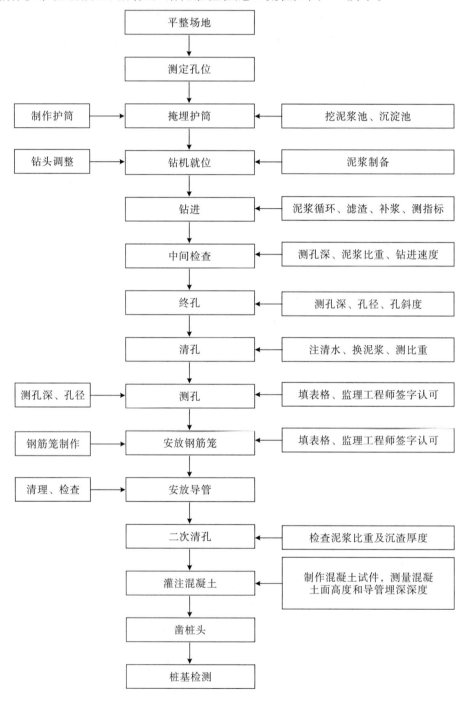

图 5-3 钻孔灌注桩施工流程图

3. 挖孔灌注桩施工

挖孔灌注桩施工流程如图 5-4 所示。与钻孔灌注桩相比,挖孔灌注桩的成孔方式为人工挖孔,再在孔内下放钢筋笼、灌注混凝土而成的桩。

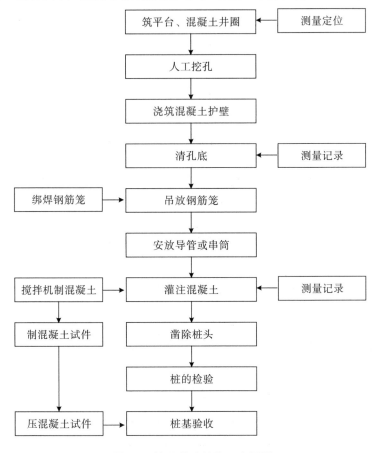

图 5-4 挖孔灌注桩施工流程图

三、承台施工

承台是指为承受、分布由墩身传递的荷载,在桩基顶部设置的联结各桩顶的钢筋混凝土平台。承台施工流程如图 5-5 所示。

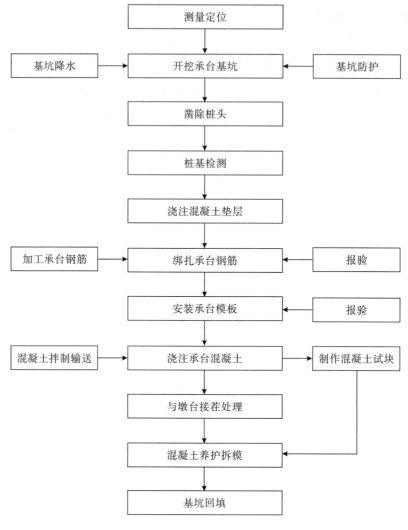

图 5-5　承台施工流程图

四、墩台施工

墩台是桥墩、桥台的合称,是支承桥梁上部结构的建筑物。桥台位于桥梁两端,并与路堤相连,兼有挡土作用;桥墩位于两桥台之间。墩台施工流程如图 5-6 所示。

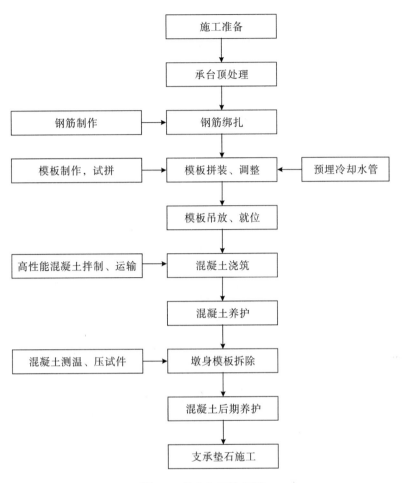

图 5-6 墩台施工流程图

第三节 桥梁上部结构施工

一、简支 T 梁预制

后张法预应力混凝土简支 T 梁预制施工工艺流程如图 5-7 所示。

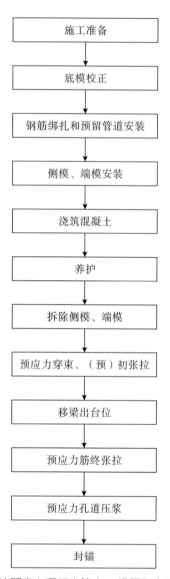

图 5-7　后张法预应力混凝土简支 T 梁预制施工工艺流程图

二、后张法预应力混凝土简支箱梁预制

后张法预应力混凝土简支箱梁预制施工工艺流程如图 5-8 所示。

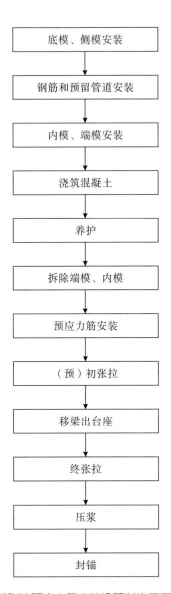

图 5-8 后张法预应力简支箱梁预制施工工艺流程图

三、连续梁、连续刚构施工（悬臂法）

悬臂浇筑预应力混凝土连续梁、连续刚构施工工艺流程如图 5-9 所示。

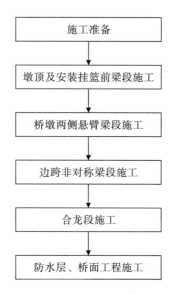

图 5-9　悬臂浇筑预应力混凝土连续梁、连续刚构施工工艺流程图

四、钢桁梁施工

钢桁梁施工方法有支架法、顶推法、拖拉法等。支架法钢桁梁施工工艺流程如图5-10所示。

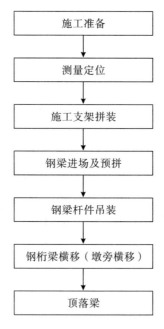

图 5-10　支架法钢桁梁施工工艺流程图

五、系杆拱施工

系杆拱招标选择有资质、技术实力强的厂家制造,在厂家试拼验收合格后运至现场。钢管砼系杆拱采用先梁后拱施工方法。

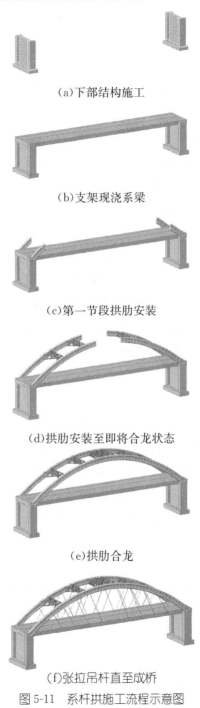

(a)下部结构施工

(b)支架现浇系梁

(c)第一节段拱肋安装

(d)拱肋安装至即将合龙状态

(e)拱肋合龙

(f)张拉吊杆直至成桥

图 5-11　系杆拱施工流程示意图

系杆拱孔跨主要施工步骤:下部建筑施工→支架法现浇系梁→支架法拼装拱肋→桥面系。

1. 系杆拱施工流程

系杆拱施工流程:支架分段现浇系梁→钢管拱在工厂生产、试拼→产品验收出厂、运输→在工地预拼场将各管节焊接成起吊单元长度,预拼装→现场焊接横撑成起吊单元→吊装底节钢管拱肋→安装钢管拱肋直至合龙→用压注法灌筑钢管内混凝土→张拉系梁预应力→吊杆安装并张拉→桥面工程施工→检测调整吊杆应力→竣工验收。系杆拱施工流程示意图如图5-11所示。

2. 现浇系梁施工流程

现浇系梁施工流程:布置满堂支架,并预压重以消除非弹性变形→立底模、外侧模→分段绑扎底板、腹板钢筋→分段安装内侧模及顶模→分段绑扎顶板钢筋、设预应力管道、安装预埋件、预留孔→检查签证,调整线形→分段浇混凝土→养护→分批预应力索张拉→压浆,完成系梁施工。

六、斜拉桥施工

斜拉桥由梁、塔、索三种基本构件组成桥梁结构体系。斜拉桥的桥面如同多孔的弹性支承连续梁,斜拉的每根钢索如同桥墩,众多的桥墩斜向集中到一根塔柱上,再集中传到地基上。斜拉桥的索承受巨大拉力,塔、梁承受巨大压力,但塔的左右水平力自我平衡。斜拉桥的施工主要包括主塔的施工、主梁的施工、拉索的施工等。

1. 索塔

斜拉桥的索塔形式有单柱式、双柱式、门架式、花瓶型(折线 H 型)以及钻石型等。索塔的构造材料主要有钢结构、混凝土结构、预应力混凝土结构等。

索塔现浇施工主要采用翻模、滑模、爬模施工方法。索塔施工主要机械设备一般安装一台塔吊、一台施工电梯。塔吊可安装在两柱中间。混凝土的垂直运输一般采用泵送,泵管一般设在施工电梯旁,便于接管、拆管和采取降温或保温措施,或处理堵管等。

2. 混凝土主梁

主梁施工方法与梁式桥基本相同,大体分为顶推法、平转法、支架法(临时支墩拼装、支架上现浇)、悬臂法(悬臂拼装、悬臂浇筑)等四种。

3. 拉索

拉索按材料和制作方式的不同可分为以下几种形式:平行钢筋索;平行(半平行)钢丝索;平行(半平行)钢绞线索;单股钢绞缆;封闭式钢缆。

(a) 钢筋索　　　(b) 钢丝索　　　(c) 钢绞线索　　　(d) 单股钢绞缆　　　(e) 封闭式钢缆

图 5-12　斜拉索截面形式

七、悬索桥施工

悬索桥下部工程包括锚碇基础、锚体和塔柱基础等施工，上部工程包括主塔、主缆和加劲梁的施工。施工架设主要工序为：基础施工→塔柱和锚碇施工→先导索渡海工程→牵引系统和猫道系统→猫道面层和抗风缆架设→索股架设→索夹和吊索安装→加劲梁架设和桥面铺装施工。

第四节　涵洞施工

涵洞是指在道路工程建设中，为了使道路顺利通过水渠等障碍，不妨碍交通，根据连通器的原理，设在路堤下部填土中的通道建筑物，通过这种结构可以让水从道路的下面流过。如图 5-13 所示。

图 5-13　涵　洞

涵洞主要由洞身（一般由若干管节组成）、基础、端墙和翼墙等组成，管节埋在路基之中，具有一定的纵向坡度，以便排水。端墙和翼墙的作用是便于水流进出涵洞，同时可以保护路堤边坡不受水流的冲刷。如图 5-14 所示。

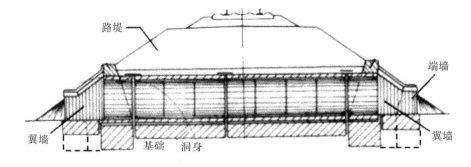

图 5-14　涵洞构造

涵洞常用砖、石、混凝土和钢筋混凝土等材料筑成。一般孔径较小,形状有管形、箱形及拱形等,桥与涵洞在技术上是以跨径为划分标准的。一般 5 m(不含)以上称桥,5 m 以下就称涵洞。但圆管涵和箱涵不论孔径、跨径多少都称涵洞。一般而言,涵洞上有填土,路基看似连续,从侧面看,涵洞就像在路基上挖的孔,而路基在桥梁处就断开了。

涵洞根据不同的标准,可以分为很多种。按照建筑材料可分为砖涵、石涵、混凝土涵、钢筋混凝土涵等;按照构造形式可分为圆管涵、拱涵、盖板涵、箱涵等。

一、框架涵施工

框架涵是箱涵的一种,是具有框架梁和柱结构的涵洞,如图 5-15 所示。框架涵一般可作为流水、行人、行车的通道,跨度根据实际需要,主要为 2～8 m,其结构为钢筋混凝土结构。

图 5-15　框架涵

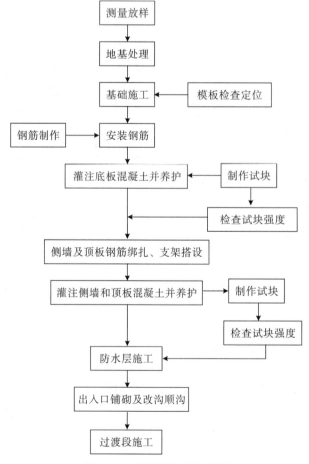

图 5-16　框架涵施工流程图

框架涵施工一般采用现浇,在开挖好的沟槽内设置底层,浇筑一层混凝土垫层,再将加工好的钢筋现场绑扎,支内模和外模。较大的箱涵一般先浇筑底板和侧壁的下半部分,再绑扎侧壁上部和顶板钢筋,支好内外模,浇筑侧壁上半部分和顶板。待混凝土达到设计要求的强度后拆模,在箱涵两侧同时回填土。框架涵施工流程如图 5-16 所示。

二、盖板涵施工

盖板涵是指洞身由盖板、台帽、涵台、基础和伸缩缝等组成的建筑。填土高度为 1~8 m,甚至可达 12 m。在孔径较大和路堤较高时,盖板涵比拱涵造价高,但施工技术较简单,排洪能力较大,盖板可以集中制造。盖板涵施工流程如图 5-17 所示,盖板涵施工如图 5-18 所示。

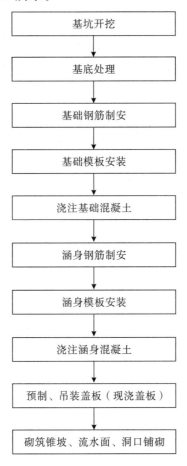

图 5-17 盖板涵施工流程图

图 5-18 盖板涵施工

三、圆管涵

圆管涵是路基排水中常用的涵洞结构类型，它不仅力学性能好，而且构造简单、施工方便、工期短、造价低。圆管涵中最常见的是钢筋混凝土圆管涵。圆管涵由洞身和洞口两部分组成。洞身是过水孔道的主体，主要由管身、基础和接缝组成。洞口是洞身、路基和水流三者的连接部位，主要有八字墙和一字墙两种洞口形式。圆管涵的管身通常由钢筋混凝土构成，管径一般有 0.5 m、0.75 m、1 m、1.25 m 和 1.5 m 等 5 种。管径的大小根据排水要求选择，多采用预制安装，预制长度通常为 2 m。圆管涵施工流程如图 5-19 所示，圆管涵如图 5-20 所示。

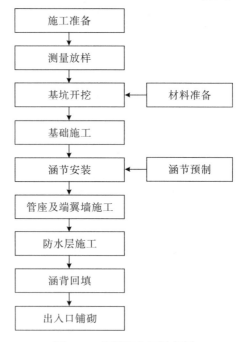

图 5-19 圆管涵施工流程图

图 5-20　圆管涵

四、倒虹吸涵

当路线通过平原区、填土不高或路堑处，渠道与道路或河沟高程接近，处于平面交叉时，需要修建建筑物，使水从路面或河沟下穿过，这是一种地下输水建筑物或结构物，此建筑物通常称为倒虹吸涵。倒虹吸涵主要有竖井式，这种形式施工简便，而且便于清除泥沙。倒虹吸涵有箱形和圆形两种。

倒虹吸涵施工时先进行基础开挖，而后建中间的管道或暗式渠道，再建渠道两端的进出水竖井。施工时注意管道间、管道与进出水竖井间的连接，要设止水，防止漏水，进口略比出口高，以形成压力使水流淌。倒虹吸涵施工流程如图 5-21 所示，倒虹吸涵如图 5-22 所示。

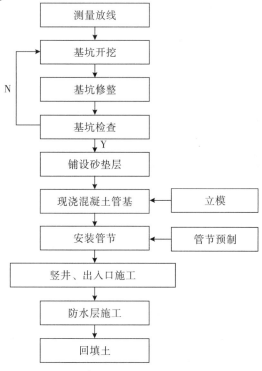

图 5-21　倒虹吸涵施工流程图

图 5-22　倒虹吸涵

第五节　主要材料、周转材料及施工机具

一、主要原材料

(1) 混凝土工程：水泥、砂子、碎石、矿物掺合料、外加剂等。
(2) 钢筋工程：带肋钢筋、光圆钢筋、线材等。
(3) 预应力工程：钢丝、钢绞线、螺纹钢筋、锚具、管道等。
(4) 支座系统：支座、自流平砂浆等。
(5) 附属设施：块石、片石、防水卷材、防水涂料、桥梁伸缩缝(伸缩缝、钢盖板、钢压板、橡胶止水带)、护栏(钢管、型钢)、声屏障(角钢、型钢、吸声板)、综合接地端子、方木、枕木等。

二、主要周转材料

(1) 模板：钢模板、木模板、胶合板、定型(墩、梁)钢模、滑升模板等。
(2) 支架：钢管、扣件、顶托、底托、角钢、型钢、方木、贝雷梁等。
(3) 围堰栈桥：钢板、钢板桩、工字钢、角钢、钢管、H型钢、贝雷梁等。
(4) 现浇梁：挂篮、现浇段支架(同上)。

主要周转材料具体介绍如下。

1. 钢板桩

常用钢板桩有 U 型、Z 型、L 型、S 型、直线型等。

2. 脚手架

脚手架是指施工现场为工人操作并解决垂直和水平运输而搭设的各种支架。主要包括扣件式脚手架、碗扣式脚手架、承插式脚手架、门式脚手架等。

(1) 扣件式脚手架。扣件式脚手架的主要构件如图 5-23、图 5-24 所示。

（a）对接扣件　　　（b）旋转扣件　　　（c）直角扣件

图 5-23　扣件式脚手架主要连接件

（a）双向可调顶托　（b）可调底座　（c）双向可调顶托　（d）高低调节螺杆　（e）双向调节螺杆

图 5-24　扣件式脚手架其他配件

(2)碗扣式脚手架。碗扣式脚手架构造及其搭设如图 5-25、图 5-26 所示。

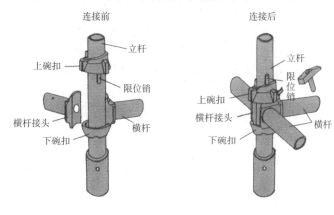

图 5-25　碗扣式脚手架构造

图 5-26　碗扣式脚手架搭设

(3)承插式脚手架。承插式脚手架结构及其搭设如图5-27、图5-28所示。

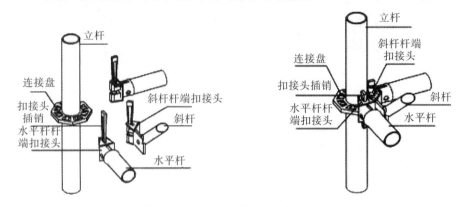

图5-27 承插式脚手架构造

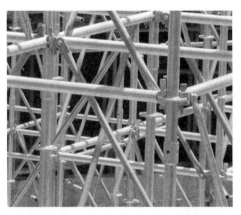

图5-28 承插式脚手架搭设

3. 贝雷架

贝雷梁是用贝雷架(图5-29)组装成的桁梁。贝雷梁架设迅速,机动性强,常用于施工平台、工程便道桥梁。主桁架单元如图5-30所示。

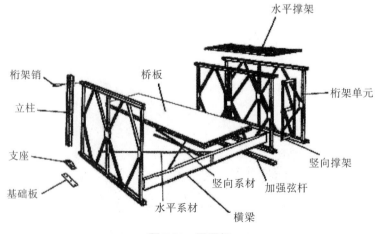

图5-29 贝雷架

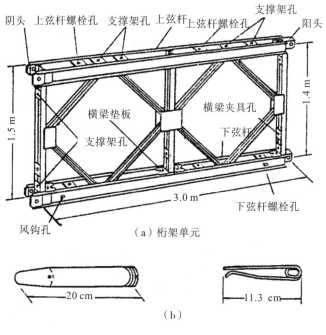

图 5-30 主桁架单元

4. 工字钢

工字钢是钢质型材的一种,也称钢梁,是截面为工字形的长条钢材,故由此得名"工字钢",如图 5-31 所示。工字钢规格及型号:其规格以腰高(h)×腿宽(b)×腰厚(d)的毫米数表示,如"工 160×88×6",即表示腰高为 160 mm,腿宽为 88 mm,腰厚为 6 mm 的工字钢。工字钢标称规格:工字钢的规格也可用型号表示,型号表示腰高的厘米数,如工 16#。

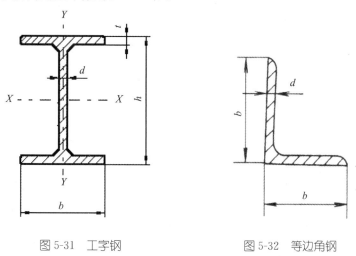

图 5-31 工字钢   图 5-32 等边角钢

5. 角钢

角钢属于建造用碳素结构钢,是简单断面的型钢钢材,主要用于金属构件及厂房的框架等。在使用中要求角钢有较好的可焊性、塑性变形性能及一定的机械强度。生产角钢的原料钢坯为低碳方钢坯,成品角钢为热轧成形、正火或热轧状态交货。

角钢主要分为等边角钢(图 5-32)和不等边角钢两类,其中不等边角钢又可分为不等边等厚及不等边不等厚两种。

角钢的规格用边长和边厚的尺寸表示。目前国产角钢规格为 2～20♯,以边长的厘米数为号数,同一号角钢常有 2～7 种不同的边厚。进口角钢标明两边的实际尺寸及边厚并注明相关标准。一般边长 12.5 cm 以上的为大型角钢,边长在 12.5～5 cm 之间的为中型角钢,边长 5 cm 以下的为小型角钢。

6. 槽钢

槽钢分为普通槽钢和轻型槽钢。热轧普通槽钢的规格为 5～40♯(图 5-33)。经供需双方协议供应的热轧变通槽钢规格为 6.5～30♯。槽钢主要用于建筑结构、车辆制造、其他工业结构和固定盘柜等,槽钢还常常和工字钢配合使用。

槽钢按形状又可分为 4 种:冷弯等边槽钢、冷弯不等边槽钢、冷弯内卷边槽钢和冷弯外卷边槽钢。依照钢结构的理论来说,应该是槽钢翼板受力,也就是说槽钢应该立着,而不是趴着。

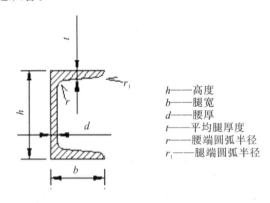

图 5-33　热轧普通槽钢

7. H 型钢

H 型钢是一种新型经济建筑用钢。H 型钢截面形状经济合理,力学性能好,轧制时截面上各点延伸较均匀、内应力小,与普通工字钢比较,具有截面模数大、重量轻、节省金属的优点,可使建筑结构减轻 30%～40%;又因其腿内外侧平行,腿端是直角,拼装组合成构件,可节约焊接、铆接工作量达 25%。H 型钢常用于要求承载能力大、截面稳定性好的大型建筑(如厂房、高层建筑等),以及桥梁、船舶、起重运输机械、设备基础、支架、基础桩等。

8. 钢轨

钢轨是轨道的主要部件,为车轮提供连续走行面,用于引导机车车辆行驶,或轨道吊、门吊等设备走行。钢轨的构造如图5-34所示。

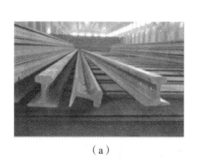
（a）

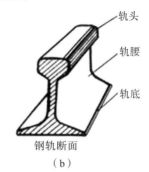
（b）

图5-34 钢 轨

三、施工机具

（1）土方机械：挖掘机、装载机、自卸汽车、打夯机、水泥土搅拌桩机、强夯机、抽水机等。

（2）混凝土机具：混凝土拌和站、砼运输车、砼（地、汽车）泵车、发电机、电焊机、附着式振动器、捣固棒、千斤顶、张拉油表、压浆设备（柱塞灰浆泵、砂浆搅拌机、水循环式真空泵）等。

（3）钢筋加工机具：调直机、切断机、弯曲机、焊接机、胎模具等。

（4）起重机具：汽车吊、履带吊、龙门吊、塔吊、卷扬机等。

（5）基础施工机械：打桩机、履带吊、振动锤、正循环钻、反循环钻、冲击钻、旋挖钻。

（6）架梁设备：汽车吊、运梁车、架桥机、运架一体机、发电机、电焊机、手拉葫芦等。

主要机械设备具体介绍如下。

1. 土方机械

见第一章路基工程机械设备。

2. 桩基施工常用机械

（1）旋挖钻机，如图5-35所示。常用旋挖钻机性能参数见表5-1。

图 5-35 旋挖钻机

表 5-1 常用旋挖钻机性能参数表

整机规格	150C	220C	280RC	360
整机高度	18432 mm	21107 mm	22700 mm	26970 mm
最大成孔直径	1500 mm	2300 mm	2200 mm	2500 mm
最大成孔深度	55 m	66 m	83 m/54 m	96 m/65 m
工作重量(含最大钻杆)	46 t	74 t	80 t/82 t	120 t
钻头性能				
动力头最大输出扭矩	150 kN·m	220 kN·m	280 kN·m	360 kN·m
动力头转速	6.5~40 r/min	7~26 r/min	9~24 r/min	5~20 r/min
加压性能				
加压系统加压力	150 kN	180 kN	220 kN	320 kN
加压系统起拔力	160 kN	240 kN	220 kN	320 kN
加压系统行程	4250 mm	5160 mm	7500 mm	8000 mm
主/副卷扬				
主卷扬提升力(第一层)	160 kN	240 kN	290 kN	390 kN
主卷扬钢丝绳直径	28 mm	28 mm	32 mm	36 mm
主卷扬最大速度	70 m/min	70 m/min	48 m/min	60 m/min
辅卷扬提升力(第一层)	60 kN	98 kN	110 kN	90 kN
辅卷扬钢丝绳直径	14 mm	20 mm	20 mm	20 mm
辅卷扬最大速度	60 m/min	70 m/min	70 m/min	70 m/min
桅杆倾角向前	5°		5°	90/15°
桅杆倾角左右	±5°		±3.5°	±3°

(2)冲击钻机。冲击钻机属于"软硬通吃"的一种成孔机械(图5-36),几乎适用于各种地质状况,从黏性土、砂性土到砾石层、卵石、漂石,再到软岩、硬岩。冲击钻机特别适用于山区丘陵嵌岩桩的成孔。表层为软弱土时,可以通过换填地表土,以求稳固住钻机。

图5-36 冲击钻机

(3)循环钻机。循环钻机分为正循环钻机和反循环钻机,如图5-37所示。泥浆或水从钻杆进入,从井口流出,为正循环;泥浆或水从钻杆吸出,从井口流入,为反循环。

图5-37 循环钻机

3. 起重设备

这里普通的起吊设备不再赘述,主要介绍桥梁施工过程中特有的一些起重设备。

(1)缆索起重机。缆索起重机用于跨距较大或跨越山谷、河流等障碍物的情况下吊运重物。缆索起重机由两个支架和支架间的钢缆组成,如图5-38所示。

图 5-38　缆索起重机　　　　图 5-39　卷扬机

(2) 卷扬机。卷扬机是用卷筒缠绕钢丝绳或链条提升或牵引重物的轻小型起重设备,又称绞车,如图 5-39 所示。卷扬机可以垂直提升、水平或倾斜拽引重物。卷扬机分为手动卷扬机和电动卷扬机两种,现在以电动卷扬机为主。卷扬机可单独使用,也可作起重、筑路和矿井提升等机械中的组成部件,因操作简单、绕绳量大、移置方便而广泛应用,主要运用于建筑、水利工程、林业、矿山、码头等的物料升降或平拖。卷扬机规格见表 5-2。

表 5-2　卷扬机规格表

基本参数 (型号)	钢丝绳额定拉力 (kN)	钢丝绳额定速度 (m/min)	钢丝绳最小直径 (mm)	卷筒容绳量 (m)	卷筒直径 (mm)	电动机型号	功率 (kW)	整机重量 (kg)	外形尺寸(mm)		
									长	宽	高
JJKD-1	10	33	9.3	100	170	YZR 160 M2-6	7.5	480	1020	930	550
JJKD-2	20	30	12.5	200	220	YZR 180L-6	15	1300	1200	1400	750
JJKD-3	30	30	17	200		YZR 200L-6	22	1850	1300	1530	850
JJZ-1	10	33.4	11	100		Y132 M-4	7.5	400	920	1176	630
JJM-0.5	5	17.5	7.7	100	170	Y112 M-6	2.2	250	770	720	430
JJM-1	10	17.5	11	110	170	Y132 M-8	3	460	1020	900	630
JJM-2	20	10.5	13	100	260	YZR 160L-8	5.5	700	1260	900	500
JJM-3	30	11.6	17	150	320	YZR 160L-8	7.5	908	1450	1250	880
JJMW-3	30	8	17	150	340	YZR 160L-8	7.5	1050	1590	1460	930

(3) 龙门起重机。龙门起重机的起升机构、小车运行机构和桥架结构,与桥式起重机基本相同,如图 5-40 所示。由于跨度大,起重机运行机构大多采用分别驱动方式,以防止起重机产生歪斜运行而增加阻力,甚至发生事故。龙门起重机的起重小车在桥架上运行,有的起重小车就是一台臂架型起重机。龙门起重机规格见表 5-3。

图 5-40 龙门起重机　　　　图 5-41 单梁式架桥机

表 5-3 龙门起重机规格表

起重量(t)	跨度(m)	起升高度(m)	起升速度(m/min)	小车运行速度(m/min)	大车运行速度(m/min)	控制方式
2	最大25	5～10	5/0.83 双速	0～20	0～32	有线地面手电门控制或无线遥控
3.2			5/0.83 双速			
4			5/0.83 双速			
5			5/0.83 双速			
6.3			5/0.83 双速			
8			5/0.83 双速			
10			5/0.83 双速			
12.5			4/0.67 双速			
15			4/0.67 双速			
16			4/0.67 双速			
20			4/0.67 双速			

4. 架桥机

中国常备的架桥机有单梁式架桥机、双悬臂式架桥机和双梁式架桥机三种。

(1)单梁式架桥机。单梁式架桥机的吊臂为一箱形梁,向前悬伸,在其前端有一能折叠的立柱(由左右两脚杆组成),如图 5-41 所示。

(2)双悬臂式架桥机。双悬臂式架桥机是桥梁施工机械之一,该型苏联使用较早。1948 年引进时,其前后臂都用钢板梁,吊重有 45 t 和 80 t 两种。20 世纪 50 年代,将双臂改为构架,吊重发展到 130 t。

这类架桥机不能自行,需用机车顶推。其前臂用来吊梁,后臂吊平衡重,前后臂都不能在水平面内摆动。架桥时,常需用特制 80 t 小平车将梁片运到架桥机前臂的吊钩之下(称为"喂梁")才能起吊;为使调车作业方便,需在桥头铺设岔线。架桥机将梁吊起后,轴重增大,而桥头的新建路堤比较松软,因此,对架桥机吊梁行车地段必须采取加固措施,如用重车压道、加插轨枕等。双悬臂式架桥机如图5-42所示。

图5-42 双悬臂式架桥机

图5-43 双梁式架桥机

(3)双梁式架桥机。吊臂由左右两条箱梁组成,两梁贯通机身并向前后端伸出。在两端都有各由两腿杆组成的折叠立柱。横跨两条箱梁有两台桁车,能沿吊臂纵向行驶。吊梁小车置于桁车上,能沿桁车横向行驶。待架的梁片(或整梁)可用铁路平板车直接送到架桥机的后臂之下,用吊梁小车起吊后,凭桁车前移,再以吊梁小车横移,然后落梁就位。这类架桥机的前后端都可吊梁及落梁;改变架梁方向时,不需要调头;为适应曲线架梁,前后臂都可在水平面内摆动;分片架设时不必移梁或拨道,梁即可就位;"喂梁"也不需要桥头岔线或特制运梁车。双梁式架桥机如图5-43所示。

架梁之后要立即铺轨,架桥机才能继续向前作业。后两种架桥机一般都能将预先组装好的轨排吊装就位,使架梁工作不致因铺轨而造成延误。

除上述常备架桥机外,施工单位有时根据需要制作各种临时性架桥机。如在九江桥南岸引桥施工中,曾制成一台可吊重300 t的专用架桥机,以整孔架设跨度40 m的无砟无枕预应力混凝土梁。有的施工单位还常用常备钢脚手杆件、拆装式梁或军用梁等组成简易架桥机,及时完成架桥任务。

(4)常用架桥机性能参数。新大方架桥机整机参数见表5-4,徐工架桥机整机参数见表5-5。

表5-4 新大方架桥机整机参数表

设备型号	DF900D	DF450	DF50/160Ⅲ	DF35/90Ⅲ	DF500/200
车辆自重(t)	525				
外形尺寸(长×宽×高)(m)	59.3×17.1×12.1				
额定起重能力(t)	900		160	90	200
架设跨度(m)			50	35	55
起升速度(满载/空载)(m/min)	0.5/0.75	0.5	0.8	1.27	0.8
横向微调速度(m/min)		0.38	2.45	2.45	2.45
横向微调距离(mm)	250				

续表

设备型号	DF900D	DF450	DF50/160Ⅲ	DF35/90Ⅲ	DF500/200
吊梁纵移速度（满载/空载）(m/min)		0.3	4.25	4.25	4.25
架设方式	单跨简支定点架设				
过孔速度（m/min）	3	1.5			
适应曲线半径（mm）		≥1500000			

表 5-5　徐工架桥机整机参数表

设备型号	TJ160G	TJ180	TJ200G	TJ900	TJ60GⅢ
设备类型	TJ系列公路架桥机		TJ系列公路架桥机		
车辆自重（t）	128	136	168	530	144
外形尺寸（长×宽×高）(m)	66.2×8.4×10	58.2×4.1×8	84×10×12	60.84×17.1×12.68	70×14×11
额定起重能力（t）	160	180	200	900	160
装机容量（kW）	65.2	100	105.6		98.6
架设跨度（m）	≤40	≤32	≤50	32、24、20	≤40
起升速度（满载/空载）(m/min)	0.56	重载0~0.7	1	重载0~0.5/空载0~1.0	1
横向微调速度（m/min）	3.2	重载0~1.6	2.1		2.1
横向微调距离（mm）		±750		±250	
吊梁纵移速度(满载/空载)(m/min)	3.2	0~5	4.1	重载0~3.0/空载0~5.0	4.1
过孔速度（m/min）	3.2	0~6	4.9	0~3.0	4.5
适应曲线半径（mm）	350000	600	400000	2500	≥350000
架梁作业效率（孔/h）		1.5			
适应最大纵坡（‰）		30	50	20	50
起升高度（m）	30		7	7	7
液压系统额定工作压力（MPa）		25		466	
架设梁片最大外形尺寸（长×宽×高）(mm)		32000×2600×3300		36000×1770×6360	

第六章 隧道工程

第一节 隧道工程概述

隧道是埋置于地面下的工程建筑物,是人类利用地下空间的一种形式。隧道的种类繁多,从不同的角度来区分就有不同的分类方法。隧道按其用途分为交通隧道,如铁路隧道、公路隧道、水底隧道、航运隧道、人行地道等;水工隧道,如供水力发电及农田水利用的引水隧洞、排灌隧洞等;市政隧道,如供城市地下管网及给水和排水隧道;军事或国防需要的特殊隧道。隧道按其所处的位置又分为山岭隧道、水底隧道及城市地下铁路隧道等。

一、隧道围岩分级

围岩分级是指根据岩体完整程度和岩石强度等指标将无限的岩体序列划分为具有不同稳定程度的有限个类别,即将稳定性相似的一些围岩划归为一类,将全部的围岩划分为若干类,见表6-1。在围岩分类的基础上,再依照每一类围岩的稳定程度给出最佳的施工方法和支护结构设计。

表6-1 隧道围岩分级表

围岩级别	围岩主要工程地质条件		围岩开挖后的稳定状态(单线)	围岩弹性纵波速度V_p(km/s)
	主要工程地质特征	结构特征和完整状态		
I	极硬岩(单轴饱和抗压强度$R_c>60$ MPa):受地质构造影响轻微,节理不发育,无软弱面(或夹层);层状岩层为巨厚层或厚层,层间结合良好,岩体完整	呈巨块状整体结构	围岩稳定,无坍塌,可能产生岩爆	>4.5
II	硬质岩($R_c>30$ MPa):受地质构造影响较重,节理较发育,有少量软弱面(或夹层)和贯通微张节理,但其产状及组合关系不致产生滑动;层状岩层为中厚层或厚层,层间结合一般,很少有分离现象,或为硬质岩石偶夹软质岩石	呈巨块或大块状结构	暴露时间长,可能会出现局部小坍塌;侧壁稳定;层间结合差的干缓岩层,顶板易塌落	3.5~4.5

续表

围岩级别	围岩主要工程地质条件		围岩开挖后的稳定状态(单线)	围岩弹性纵波速度V_p(km/s)
	主要工程地质特征	结构特征和完整状态		
Ⅲ	硬质岩($Rc>30$ MPa):受地构造影响严重,节理发育,有层状软弱面(或夹层),但其产状及组合关系尚不致产生滑动;层状岩层为薄层或中层,层间结合差,多有分离现象;硬、软质岩石互层	呈块(石)碎(石)状镶嵌结构	拱部无支护时可产生小坍塌,侧壁基本稳定,爆破震动过大易坍塌	2.5~4.0
	较软岩($Rc≈15~30$ MPa):受地质构造影响较重,节理较发育;层状岩层为薄层、中厚层或厚层,层间一般	呈大块状结构		
Ⅳ	硬质岩($Rc>30$ MPa):受地质构造影响极严重,节理很发育;层状软弱面(或夹层)已基本破坏	呈碎石状压碎结构	拱部无支护时,可产生较大的坍塌,侧壁有时失去稳定	1.5~3.0
	软质岩($Rc≈5~30$ MPa):受地质构造影响严重,节理发育	呈块(石)碎(石)状镶嵌结构		
	土体:1.具压密或成岩作用的黏性土、粉土及砂类土;2.黄土(Q1、Q2);3.一般钙质、铁质胶结的碎石土、卵石土、大块石土	1和2呈大块状压密结构,3呈巨块状整体结构		
Ⅴ	岩体:软岩,岩体破碎至极破碎;全部极软岩及全部极破碎岩(包括受构造影响严重的破碎带)	呈角砾碎石状松散结构	围岩易坍塌,处理不当会出现大坍塌,侧壁经常小坍塌;浅埋时易出现地表下沉(陷)或塌至地表	1.0~2.0
	土体:一般第四系坚硬、硬塑黏性土,稍密及以上、稍湿或潮湿的碎石土、卵石土、圆砾土、角砾土、粉土及黄土(Q3、Q4)	非黏性土呈松散结构,黏性土及黄土呈松软结构		
Ⅵ	岩体:受构造影响严重,呈碎石、角砾及粉末、泥土状的断层带	黏性土呈易蠕动的松软结构,砂性土呈潮湿松散结构	围岩极易坍塌变形,有水时土砂常与水一齐涌出;浅埋时易塌至地表	<1.0(饱和状态的±<1.5)
	土体:软塑状黏性土、饱和的粉土、砂类土等			

二、隧道构造

隧道结构构造如图 6-1 所示。

隧道结构
- 主体建筑物
  - 洞身结构
  - 洞门、明洞
- 附属建筑物
  - 为运营管理、维修养护、给水排水、供蓄发电、通风、照明、通信、安全等而修建的构造物

图 6-1 隧道结构构造图

洞身一般按隧道断面形状分为曲墙式、直墙式和连拱式等类型。洞身构造分为一次衬砌和二次衬砌、防排水构造、内装饰、顶棚及路面等。

为了保护岩(土)体的稳定和使车辆不受崩塌、落石等威胁,确保行车安全,应该根据实际情况,选择恰当合理的洞门形式,修筑洞门,并对边、仰坡进行适宜的护坡。洞门类型有端墙式洞门、翼墙式洞门、环框式洞门、柱式洞门、台阶式洞门、削竹式洞门、遮光式洞门等。

洞顶覆盖层较薄,难以用暗挖法建隧道时,隧道洞口或路堑地段受塌方、落石、泥石流、雪害等危害时,道路之间或道路与铁路之间形成立体交叉,但又不宜做立交桥时,通常应设置明洞。

明洞主要分为拱式明洞和棚式明洞两大类。按荷载分布分类,拱式明洞又可分为路堑对称型、路堑偏压型、半路堑偏压型和半路堑单压型。按构造分类,棚式明洞又可分为墙式、刚架式、柱式和悬臂式等。此外还有特殊结构明洞,如支撑锚杆明洞、抗滑明洞、柱式挑檐棚洞、全刚架式棚洞、空腹肋拱式棚洞、悬臂棚洞、斜交托梁式棚洞、双曲拱明洞等,以适应特殊场合。

第二节　隧道开挖

一、隧道开挖方法概况

从施工造价及施工速度考虑,隧道开挖施工方法的选择顺序为:全断面法→台阶法→环形开挖留核心土法→中隔壁法(简称 CD 法)→交叉中壁法(简称 CRD 法)→双侧壁导坑法;从施工安全角度考虑,其选择顺序应反过来。如何正确选择,应根据实际情况综合考虑,但必须符合安全、快速、质量和环保的要求,达到规避风险、加快进度和节约投资的目的。洞口横断面示意图如图 6-2 所示;洞口侧面示意图如图 6-3 所示。

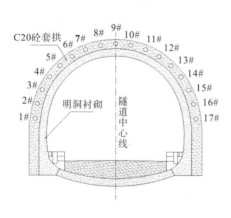
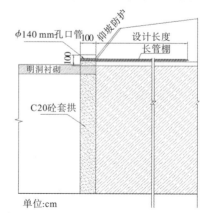

图 6-2　洞口横断面示意图　　　　图 6-3　洞口侧面示意图

1. 全断面开挖法

全断面开挖是一次开挖成形的施工工艺,采用风动凿岩机钻孔,光面爆破,然后根据围岩情况,初喷临时支护,如图 6-4 所示。开挖过程中,根据开挖揭露围岩情况,及时调整钻爆参数及施工进尺。根据围岩破碎情况调整施工程序,保证安全。全断面法施工工序如图 6-5、图 6-6 所示。

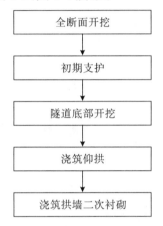

图 6-4　全断面法施工工序流程图

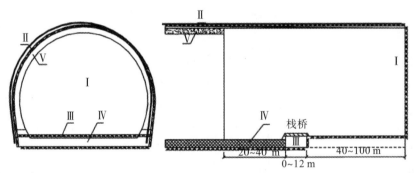

说明:
Ⅰ.全断面开挖;Ⅱ.初期支护;Ⅲ.隧道底部开挖(捡底);Ⅳ.底板(仰拱)浇筑;Ⅴ.拱墙二次衬砌

图 6-5　全断面法施工工序示意图

图 6-6　全断面法施工工序实景

2. 台阶开挖法

按台阶长短,有长台阶、短台阶和超短台阶三种。台阶法开挖施工流程如图 6-7 所示;台阶法开挖断面示意图如图 6-8 所示;台阶法施工工序横断面如图 6-9、图 6-10 所示;三台阶法施工工序断面如图 6-11、6-12 所示。

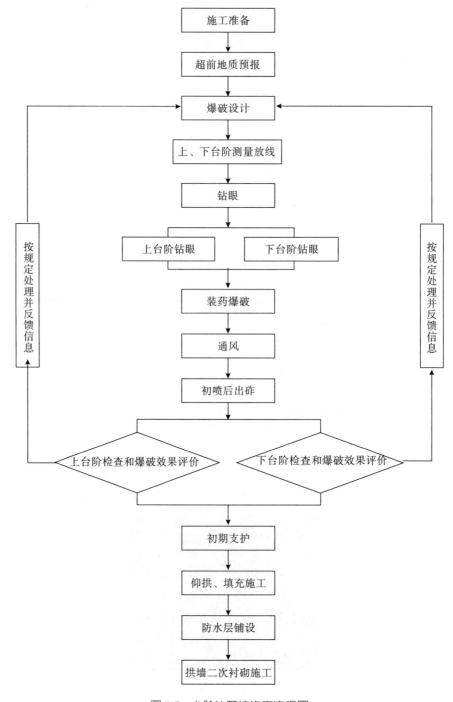

图 6-7 台阶法开挖施工流程图

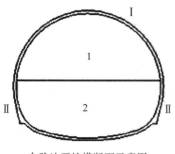 

台阶法开挖横断面示意图　　　　台阶法开挖纵断面示意图

图 6-8　台阶法开挖断面示意图

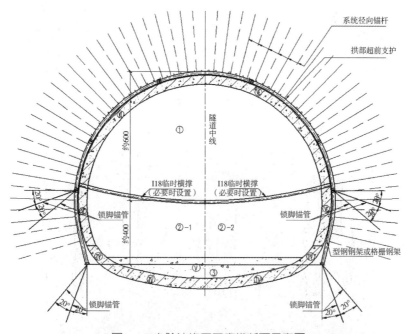

图 6-9　台阶法施工工序横断面示意图

图 6-10　台阶法施工工序横断面实景

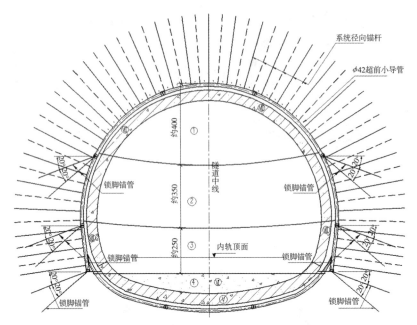

图 6-11 三台阶法施工工序横断面示意图

图 6-12 三台阶法施工工序断面实景

3. 环形开挖留核心土法

环形开挖留核心土法是在上部断面以弧形导坑领先,其次开挖下半部两侧,再开挖中部核心土的方法。环形开挖留核心土法横断面示意图如图 6-13 所示;环形开挖留核心土法施工流程如图 6-14 所示;环形开挖留核心土法施工工序示意图如图 6-15 所示。

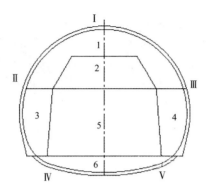

图 6-13　环形开挖留核心土法横断面示意图

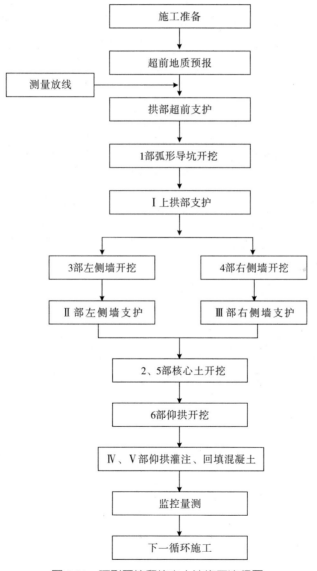

图 6-14　环形开挖留核心土法施工流程图

图 6-15　环形开挖留核心土法施工工序示意图

4. 中隔壁法（CD 法）

中隔壁法是将隧道分为左右两大部分进行开挖，先在隧道一侧采用台阶法自上而下分层开挖，待该侧初期支护完成，且喷射混凝土达到设计强度 70% 以上时，再分层开挖隧道的另一侧，其分部次数及支护形式与先开挖的一侧相同。中隔壁法施工流程如图 6-16 所示，中隔壁法开挖横断面示意图如图 6-17 所示。

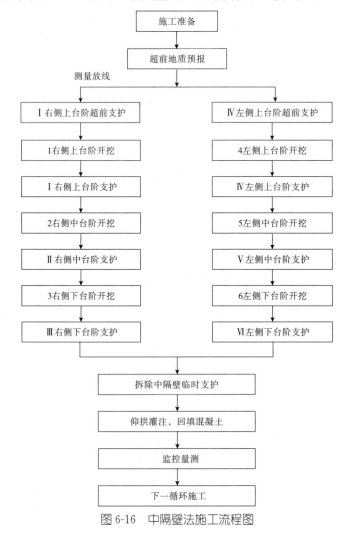

图 6-16　中隔壁法施工流程图

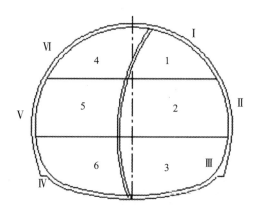

图 6-17　中隔壁法开挖横断面示意图

5. 交叉中隔壁法（CRD 法）

交叉中隔壁法仍是将隧道分侧分层进行开挖，分部封闭成环。每开挖一部分均及时施作锚喷支护、安设钢架、施作中隔壁、安装底部临时仰拱。交叉中隔壁法开挖横断面示意图如图 6-18 所示；交叉中隔壁法施工如图 6-19 所示；交叉中隔壁法施工工序横断面如图 6-20 所示；交叉中隔壁法施工流程如图 6-21 所示。

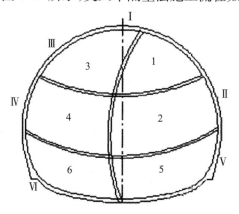

图 6-18　交叉中隔壁法开挖横断面示意图

图 6-19　交叉中隔壁法施工

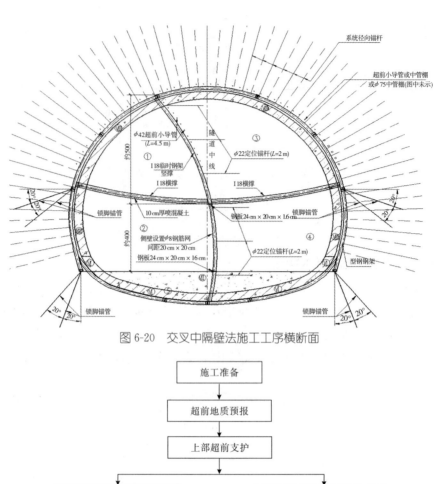

图 6-20 交叉中隔壁法施工工序横断面

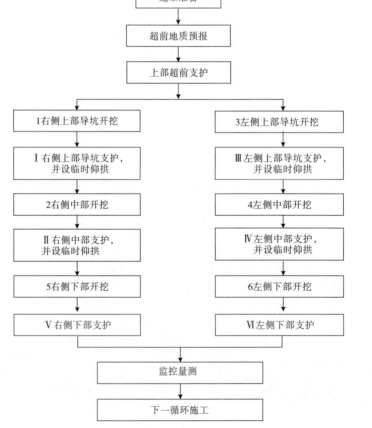

图 6-21 交叉中隔壁法施工流程图

6. 双侧壁导坑法

双侧壁导坑法是采用先开挖隧道两侧导坑,及时施作导坑四周初期支护及临时支护,然后再开挖中部剩余土体的隧道开挖施工方法。必要时施作边墙衬砌,然后再根据地质条件、断面大小,对剩余部分采用二台阶或三台阶开挖的方法。双侧壁导坑法示意图如图 6-22 所示;双侧壁导坑法施工工序横断面如图 6-23 所示。

图 6-22 双侧壁导坑法示意图

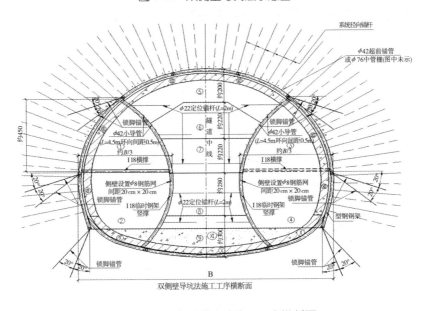

图 6-23 双侧壁导坑法施工工序横断面

二、隧道开挖进尺要求

软弱围岩隧道Ⅳ、Ⅴ、Ⅵ级地段采用台阶法施工时,应符合以下规定:
(1)上台阶每循环开挖支护进尺Ⅴ、Ⅵ级围岩不应大于1榀钢架间距,Ⅳ级围岩不得大于 2 榀钢架间距。

(2) 边墙每循环开挖支护不得大于 2 榀。

(3) 仰拱开挖前必须完成钢架锁脚锚杆,每循环开挖进尺不得大于 3 m。

(4) 隧道开挖后初期支护应及时施作并封闭成环,Ⅳ、Ⅴ、Ⅵ级围岩封闭位置距离掌子面不得大于 35 m。

第三节　隧道支护

地下隧道的支护有超前支护和初期支护。当遇到软弱破碎围岩时,其自支护能力是比较弱的,经常采用的超前支护措施有超前锚杆、插板或小钢管、管棚、超前小导管注浆等。根据围岩特点、断面大小和使用条件等选择喷射混凝土、锚杆、钢筋网和钢架等单一或组合的支护形式,比如围岩好的时候就用简单的锚杆挂网喷锚支护,围岩不好的时候就用钢拱架支护。

一、隧道超前支护

1. 管棚超前支护

管棚超前支护是指在隧道开挖前,沿隧道开挖轮廓线外利用钻机或夯管按一定角度打入直径大于 70 mm、长度大于 20 m 的钢管,通过钢管注浆预加固隧道拱部地层,并在钢管内充填密实砂浆以减少地层沉降的超前地层加固方法。管棚超前支护正面设计图如图 6-24 所示;管棚超前支护纵向布置图如图 6-25 所示;管棚超前支护施工工艺流程如图 6-26 所示;管棚超前设置示意图如图 6-27 所示。

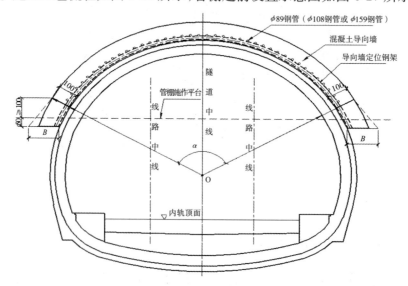

图 6-24　管棚超前支护正面设计图

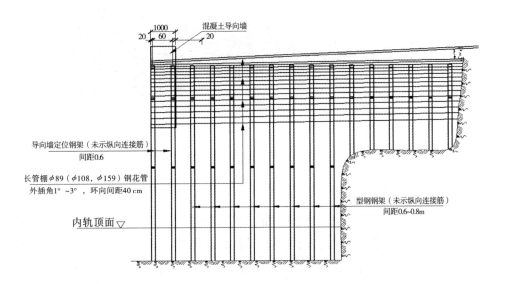

图 6-25 管棚超前支护纵向布置图

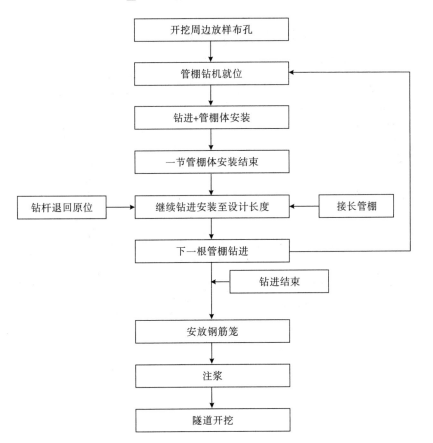

图 6-26 管棚超前支护施工工艺流程图

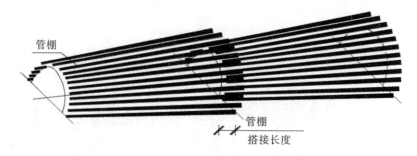

图 6-27 管棚超前设置示意图

2. 超前小导管支护

超前小导管是作为支护结构的一部分轴力构件而发挥作用的，用以改善拱顶斜上方的围岩。超前小导管支护多用在易崩塌的围岩中，作为支护拱顶的辅助方法。超前小导管正面设计图如图 6-28 所示；超前小导管侧面设计图如图 6-29 所示；超前小导管预注浆施工工艺流程如图 6-30 所示。

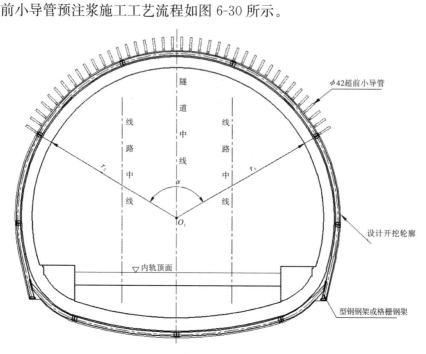

图 6-28 超前小导管正面设计图

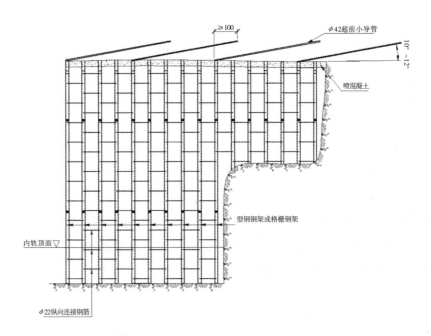

图 6-29　超前小导管侧面设计图

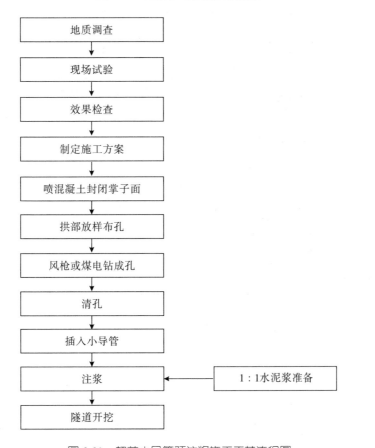

图 6-30　超前小导管预注浆施工工艺流程图

二、隧道初期支护

隧道初期支护应随开挖及时进行。隧道初期支护一般采用锚杆、喷射混凝土、钢筋网、钢架相结合的方法或其中某两项、某三项的组合。具体采用何种初期支护方法,一般按照设计图纸进行。

1. 钢架

钢架具有承载能力大的特点,常用于软弱破碎或土质隧道中,并与锚杆、喷射混凝土等共同使用。钢架按其材料的组成可分为钢拱架和格栅钢架。

钢拱架是由工字钢或钢轨制造而成的刚性拱架。这种钢架的刚度和强度大,可作临时支撑并单独承受较大的围岩压力,也可设于混凝土内作为永久衬砌的一部分。钢拱架的最大特点是架设后能够立即承载。钢架安装工艺流程如图6-31所示。

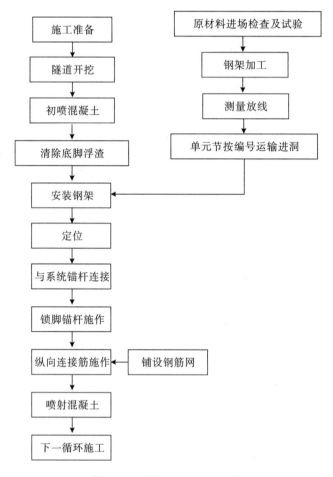

图 6-31　钢架安装工艺流程图

格栅是由钢筋经冷弯成形后焊接而成的,其断面形状有圆形、门形、三边形、四边形等。

2. 锚杆

锚杆是用钢筋或其他高抗拉性能的材料制作的一种杆状构件。按照锚固形式可划分为全长黏结型、端头锚固型、摩擦型和预应力型四种。普通砂浆锚杆施工工艺流程如图 6-32 所示;药卷锚杆施工工艺流程如图 6-33 所示;中空注浆锚杆施工工艺流程如图 6-34 所示;涨壳式预应力注浆锚杆施工工艺流程如图6-35所示。

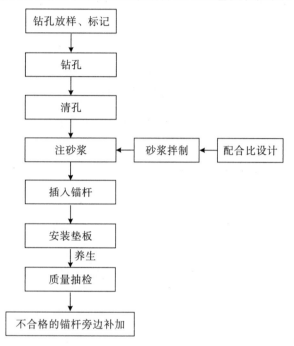

图 6-32 普通砂浆锚杆施工工艺流程图

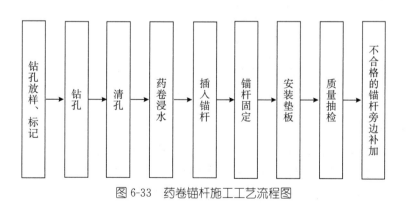

图 6-33 药卷锚杆施工工艺流程图

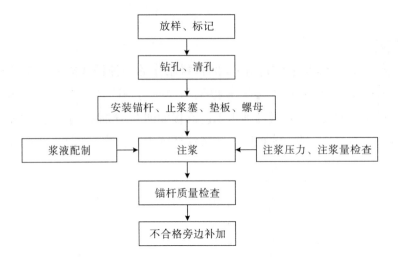

图 6-34 中空注浆锚杆施工工艺流程图

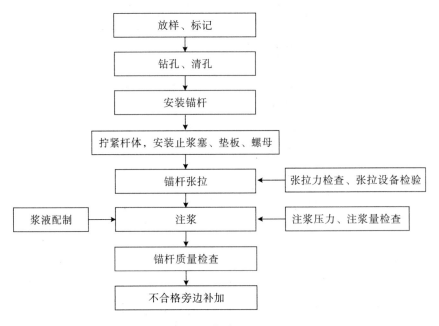

图 6-35 涨壳式预应力注浆锚杆施工工艺流程图

3. 钢筋网

采用 HPB 235 钢筋,使用前必须除锈,在洞外分片制作;人工铺设贴近岩面 3～4 cm,与锚杆和钢架绑扎连接(或点焊焊接)牢固。钢筋网和钢架绑扎时,应绑在靠近岩面一侧,确保整体结构受力平衡。钢筋网施工流程如图 6-36 所示。

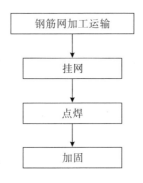

图 6-36 钢筋网施工流程图

4. 喷射混凝土

喷射混凝土是用压力喷枪喷射混凝土的施工方法,常用于灌筑隧道内衬、墙壁、顶棚等薄壁结构或其他结构的衬里以及钢结构的保护层。喷射混凝土的工艺流程有干喷、潮喷、湿喷和混合喷。

(1)干喷法是将水泥、砂、石在干燥状态下拌和均匀,用压缩空气送至喷嘴并与压力水混合后进行喷射的方法。

(2)潮喷法是将骨料预加少量水,使之呈潮湿状,再加水泥拌和,送至喷嘴处并与压力水混合后进行喷射的方法。

(3)湿喷法是将水泥、砂、石和水按比例拌和均匀,用湿喷机压送至喷嘴进行喷射的方法。

(4)混合喷射采用两台搅拌机,在第一套搅拌机内将一部分砂加第一次水拌湿,再投入全部水泥强制搅拌,然后加第二次水和减水剂拌和成 SEC 砂浆,用砂浆泵压送到混合管;在第二套搅拌机内将部分砂石和速凝剂强制搅拌均匀,用干喷机压送到混合管后经喷嘴喷出。

第四节 隧道防排水及衬砌

一、隧道防排水

隧道工程防排水应采取"防、排、截、堵相结合,因地制宜,综合治理"的原则,采取切实可靠的施工措施,达到防水可靠、排水通畅、经济合理的目的。对水资源保护有严格要求的隧道,防排水应采取"以堵为主、限量排放"的原则。对地表水和地下水应做妥善处理,使洞内外形成一个完整的防排水系统。

1. 洞口段排水

先处理隧道覆盖层的地表水。修筑洞口边、仰坡坡顶截水沟、排水沟等,截引地表水,防止地表水顺坡漫流,确保洞口附近无积水,并与路基排水系统或天然水沟相连接,组成永久排水系统。

2. 施工中的防排水

隧道两端洞口及辅助坑道洞(井)口应按设计要求及时做好排水系统;覆盖层较薄和渗透性强的地层,地表积水应及早处理。洞内顺坡排水时,其坡度应与线路坡度一致;洞内反坡排水时,必须采取水泵抽水。洞内有大面积渗漏水时,宜采用钻孔将水集中汇流引入排水沟。洞内涌水或地下水位较高时,可采用井点降水法和深井降水法处理。严寒地区隧道施工排水时,宜将水沟、管理设在冻结线以下或采取防寒保温措施。洞顶上方设有高位水池时,应有防渗和防溢水设施。当隧道覆盖层厚度较薄且地层中水渗透性较强时,水池位置应远离隧道轴线。

3. 防水层铺设施工工艺流程

防水层铺设施工工艺流程如图 6-37 所示。

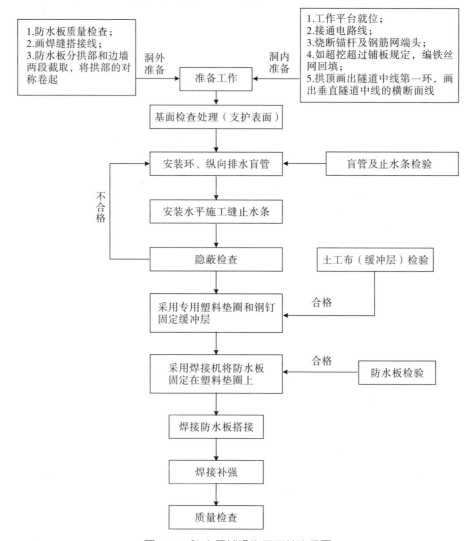

图 6-37 防水层铺设施工工艺流程图

二、隧道衬砌

1. 隧道二次衬砌施工工艺流程

隧道二次衬砌施工工艺流程如图 6-38 所示。

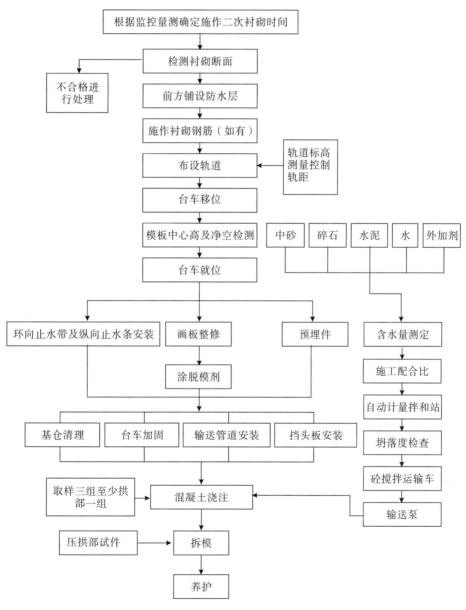

图 6-38 隧道二次衬砌施工工艺流程图

2. 隧道仰拱及填充(铺底)施工

仰拱及填充紧随开挖进行,仰拱作业面距离开挖面一般不超过 150 m。为减少其与出砟运输的干扰,采用设置过轨梁或仰拱栈桥的方法;采用利用平导超前施工仰拱和铺底的方法。对于仰拱施工,均采用全幅施工方式。

仰拱及填充混凝土由自动计量拌和站生产,电瓶车牵引轨行式搅拌输送车运输砼(有轨运输)或汽车式混凝土搅拌输送车运输混凝土(无轨运输),泵送砼入模,插入式振捣器捣固。

3. 隧道拱墙衬砌施工

隧道衬砌采用 9～12 m 全断面液压模板台车衬砌。混凝土由砼洞外自动计量拌和站拌制,汽车式混凝土搅拌输送车运输混凝土或电瓶车牵引轨行式搅拌输送车运至混凝土输送泵,泵送入模,插入式振捣器及附着式振捣器振捣。

4. 隧道衬砌步距要求

软弱围岩及不良地质铁路隧道的二次衬砌应及时施作,二次衬砌距掌子面的距离:Ⅳ级围岩不得大于 90 m,Ⅴ、Ⅵ级围岩不得大于 70 m。

第五节 隧道附属工程及施工辅助作业

一、隧道附属工程施工

1. 洞口施工

隧道洞口各项工程应通盘考虑、妥善安排、尽快完成,为隧道洞身施工创造条件。隧道引道范围内的桥梁墩台、涵管、下挡墙等工程的施工应与弃渣需要相协调,尽早完成。洞口支挡工程应结合土石方开挖一并完成。当洞口可能出现地层滑坡、崩塌、偏压时,应采取相应的预防措施。开挖进洞时,宜用钢支撑紧贴洞口开挖面进行支护,围岩差时可用管棚支护,支撑作业应紧跟开挖作业,稳妥前进。

洞门衬砌拱墙应与洞内相连的拱墙同时施工,连成整体。如系接长明洞,则应按设计要求采取加强连接措施,确保与已成的拱墙连接良好。洞门端墙的砌筑与墙背回填应两侧同时进行,防止对衬砌边墙产生偏压。洞门衬砌完成后,及时处治洞门上方仰坡脚受破坏处。当边(仰)坡地层松软、破碎时,应采取坡面防护措施。

2. 明洞工程

当边坡能暂时稳定时,可采用先墙后拱法;当边坡稳定性差,但拱脚承载力较好,能保证拱圈稳定时,可采用先拱后墙法;半路堑式明洞施工时,可采用墙拱交替法,且宜先做外侧边墙,继做拱圈,再做内侧边墙;当路堑式明洞拱脚地层松软,不能采用先拱后墙法施工时,可待起拱线以上挖成后,采用跳槽挖井法先灌筑两侧部分边墙,再做拱圈,最后做其余边墙;具备相应的机具条件时,可采用拱墙整体灌筑。

3. 浅埋段工程

浅埋段和洞口加强段的开挖施工,应根据地质条件、地表沉陷对地面建筑物的影响以及保障施工安全等因素选择开挖方法和支护方式。

二、通风

施工通风方式应根据隧道的长度、掘进坑道的断面大小、施工方法和设备条件等诸多因素来确定。在施工中,有自然通风和强制机械通风两类,其中自然通风是利用洞室内外的温差或风压差来实现通风的一种方式,一般仅限于短直隧道,且受洞外气候条件的影响极大,因而完全依赖于自然通风是较少的,绝大多数隧道均应采用强制机械通风。

强制机械通风方式可分为管道通风和巷道通风两大类。而管道通风根据隧道内空气流向的不同,又可分为压入式、吸出式和混合式三种。这些方式根据通风风机(以下简称"风机")的台数及其设置位置、风管的连接方法又分为集中供风和串联(或分散)供风;还可根据风管内的压力分为正压型和负压型。

三、供水

隧道施工期间生产用水和生活用水的主要用途包括凿岩机用水、喷雾洒水防尘用水、衬砌施工用水、混凝土养护施工用水、空压机冷却用水、施工人员的生活用水等,因此需要设计相应的供水设施。

四、供电

按照国家对建筑行业临时用电的要求,施工采用三相五线制供电系统,设专门保护线和三级漏电保护开关,在箱式变压器出口设总动力箱,工地施工处设分动力箱,从各分动力箱用电缆或移动式配电箱供给各负载。各工区施工范围内必须有足够照明。交通要道、工作面和设备集中处设置安全照明。

第六节 主要材料、周转材料及施工机具

一、主要材料

一般隧道所需的材料主要有水泥、粉煤灰、砂石料、速凝剂、减水剂、各种Ⅰ级和Ⅱ级钢筋及各型号型钢(主要是工字钢)、中空注浆锚杆、无缝钢管($\phi42$、$\phi108$ 两种)、防水板土工布、止水带、透水盲管等,其余的材料根据各工地不同而不同。

1. 喷射混凝土

(1)水泥:优先选用普通硅酸盐水泥,标号不低于 32.5 号。

(2)细骨料:采用中砂或粗砂,细度模数大于 2.5,含水率控制在 5%～7%。

(3)粗骨料:采用卵石或碎石,粒径不大于 15 mm。

(4)速凝剂:初凝时间不超过 5 min,终凝时间不超过 10 min。

2. 钢架(工字钢和格栅)

①采用的钢筋和型钢的种类、型号、规格等符合设计要求。

②钢筋和型钢要平直、无损伤,表面无裂纹、油污、颗粒状或片状老锈。

3. 超前小导管

前端做成尖锥形,尾部焊接 $\phi 6$ mm 钢筋加劲箍,管壁每隔 15 cm 做梅花型钻眼,眼孔直径为 10 mm,采用机械钻孔,尾部长度不小于 100 cm,作为不钻孔的止浆段。

4. 管棚

①洞口管棚采用 $\phi 89$ 热轧无缝钢管,壁厚为 5 mm;洞身采用 $\phi 76$ 无缝钢管,壁厚为 4.5 mm,节长为 3～6 m,丝扣连接。

②管壁四周钻 10～16 mm 注浆孔(孔口 2.5 m 内不钻孔),孔间距为 15～20 cm,梅花型布置。管头 15 cm 焊成圆锥形,便于入孔。

5. 应急救援逃生通道

应急救援逃生通道采用直径 80 cm 的钢管,逃生通道长度不短于 15 m,管节长度为 6 m,壁厚不小于 15 mm,管节采用法兰盘栓接。同时,应急通信必须做好。

二、周转材料

周转材料包括钢管、组合钢模板、定型钢模板、木材、型钢、围挡、钢支撑、脚手架、钢板柱等。

三、主要施工机具

隧道施工应优先组织机械化作业线,以缩短循环作业时间,提高施工速度,为此,必须选择合理的施工机械。

1. 凿岩设备

凿岩设备选择三臂液压凿岩台车、多功能作业台架及凿岩机。三臂凿岩台车外形尺寸如图 2-39 所示。

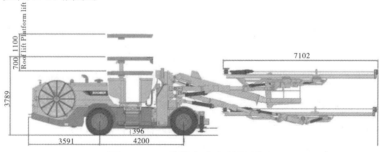

图 6-39 三臂凿岩台车外形尺寸

2. 装运设备

装运设备选择装载机、15 t 以上自卸汽车及挖装机、15 t 电瓶车等。

(1)装载机,如图 6-40 所示。

(2)自卸汽车,如图 6-41 所示。

图 6-40　装载机　　　　　　图 6-41　自卸汽车

(3)挖装机。隧道挖装机俗称"扒渣机",主要用于解决狭窄隧道 3～9 m 掘进时的渣石装车难题,如图 6-42 所示。

3. 支护设备

支护设备选择混凝土湿喷机、湿喷机械手、管棚钻机和高压注浆泵。

(1)湿喷机,又名泵式喷湿机,是目前国内外降低粉尘、减少回弹、节约材料等综合性能较好的锚喷支护及高炉喷注的首选设备,如图 6-43 所示。

图 6-42　挖装机　　　　　　图 6-43　湿喷机

(2)湿喷机械手。湿喷机械手具有改善作业环境、保证喷射砼质量稳定、增强喷砼作业安全性能、提高作业效率及减少材料浪费等优点,在隧道施工中逐步得到广泛应用。如图 6-44 所示。

图 6-44　湿喷机械手

(3)管棚钻机。管棚超前支护法是近年来发展起来的一种在软弱围岩中进行隧道掘进的新技术。管棚钻机是管棚法施工技术中最关键的设备,它的作用是沿着隧道断面外轮廓超前钻进并安设管棚。如图6-45所示。

图6-45 管棚钻机　　　　　　　图6-46 高压注浆泵

(4)高压注浆泵。微型电动高压注浆泵是一种用于结构高压化学灌浆,使用单液化学灌浆材料的专业机种,有超高压力,不需气压源,施工快速。如图6-46所示。

4. 混凝土施工设备

混凝土施工设备包括12 m衬砌模板台车、60 m³/h混凝土输送泵、6 m³混凝土搅拌运输车(有轨运输为轨行式,无轨运输为轮式)、带电脑打印的自动计量混凝土拌和站(生产能力不小于60 m³/h)、仰拱栈桥等。

(1)隧道衬砌台车。隧道衬砌台车是隧道施工过程二次衬砌中必须使用的专用设备,用于对隧道内壁的砼衬砌施工,如图6-47所示。砼衬砌台车是隧道施工过程中二次衬砌不可或缺的非标产品,主要有简易衬砌台车、全液压自动行走衬砌台车和网架式衬砌台车。全液压衬砌台车又可分为边顶拱式、全圆针梁式、底模针梁式、全圆穿行式等。

图6-47 隧道衬砌台车　　　　　　　图6-48 仰拱栈桥

(2)仰拱栈桥。隧道仰拱施工一直以来是影响施工进度、质量控制的一个重要因素,如图6-48所示。为减少仰拱施工对装渣扒渣机与出渣车辆电瓶运渣车以及隧道初支护混凝土喷锚台车喷浆支护的干扰,加快机械化平行作业施工进度,一般采用仰拱栈桥辅助施工。

（3）自动挂布台车。自动挂布台车安装防水板时可自动卷放，能有效提高防水板的铺设质量和施工工效。如图 6-49 所示。

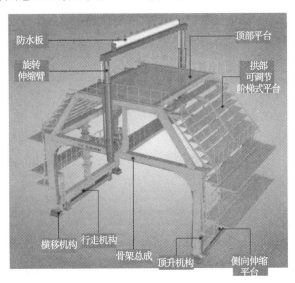

图 6-49　自动挂布台车

5. 超前地质预测预报设备

物探仪器采用国产地质预报系统及地质雷达相结合，红外探水辅助；超前钻孔采用高速地质钻孔。

各种类型的设备见表 6-2，具体数量根据本标段隧道数量、长度以及设计要求确定。

表 6-2　各种类型设备信息表

序号	工程项目	小型机具及设备名称	规格	单位
1	钢筋加工	电焊机\对焊机	各种规格	台\套
2		切割机\弯曲机\调直机	各种规格	台\套
3		机床	各种规格	台\套
4		各级电箱、电焊钳、电焊帽、管钳及其他工具	各种规格	台\套
5	混凝土搅拌站生产	250 L 以内强制式混凝土搅拌机	各种规格	台\套
6		60 m³/h 以内水泥混凝土搅拌站	各种规格	台\套
7		60 m³/h 以内混凝土输送泵	各种规格	台\套

续表

序号	工程项目	小型机具及设备名称	规格	单位
8	隧道施工：开挖、掘进、初撑、二撑、渣土运输	生产率4~6 m³/h混凝土喷射机\喷锚机	各种规格	台\套
9		电动灌浆机\混凝土振动器	各种规格	台\套
10		衬砌台车	各种规格	台\套
11		潜孔钻\挖掘机\装载机\自卸汽车	各种规格	台\套
12		开挖台车\气腿式风动凿岩机\打眼钻机	各种规格	台\套
13	隧道施工（竖井）：物料提升、人员运输	物料提升机（俗称"井字架"）	各种规格	台\套
14		卷扬机（斜井工艺应用比较多）	各种规格	台\套
15	隧道施工通风、用电、用排水及逃生	水泵（按照扬程、用途及工作方式等划分）	各种规格	台\套
16		发电机组\电箱\变压设备	各种规格	台\套
17		空压机（工程用主要分移动式和固定式）、隧道风机	各种规格	台\套
18		逃生管道（焊管）	各种规格	台\套
19	隧道防水施工	防水材料注浆机	各种规格	台\套
20		手动电钻	各种规格	台\套

第七章 路面工程

路面是道路的重要组成部分,是在路基的顶部用各种材料或混合料分层铺筑的供车辆行驶的一种层状结构物。路面结构层是指构成路面的各铺砌层,按其所处的层位和作用主要分为面层、基层和垫层。路面构造如图 7-1 所示。

图 7-1 路面构造

1. 路面等级

按面层材料的组成、结构强度、路面所能承担的交通任务和使用的品质划分,路面分为高级路面、次高级路面、中级路面和低级路面等四个等级。

2. 路面类型

(1)路面基层类型。按照现行规范,基层(包括底基层)可分为无机结合料稳定类和粒料类。无机结合料稳定类有水泥稳定土、石灰稳定土、石灰工业废渣稳定土及综合稳定土;粒料类分为级配型和嵌锁型,前者有级配碎石(砾石),后者有填隙碎石等。

(2)路面面层类型。根据路面的力学特性,分为沥青、水泥混凝土和其他路面。路面还可以按其面层材料分类,如水泥混凝土路面、黑色路面(指沥青与粒料构成的各种路面)、砂石路面、稳定土与工业废渣路面以及新材料路面。这种分类用于路面施工和养护工作以及定额管理等方面。

3. 坡度与路面排水

路拱是指路面的横向断面具有一定坡度的拱起形状,其作用是利于排水。路拱的基本形式有抛物线、屋顶线、折线或直线。为便于机械施工,一般采用直线形。

高速公路、一级公路的路面排水,一般由路肩排水与中央分隔带排水组成;二级及二级以下公路的路面排水,一般由路拱坡度、路肩横坡和边沟排水组成。路面坡度如图 7-2 所示,路面排水如图 7-3 所示。

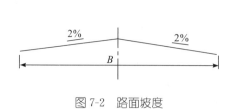
图 7-2 路面坡度

图 7-3 路面排水

第一节 路面基层(底基层)施工

一、基层(底基层)施工

路面底基层施工工艺流程如图 7-4 所示,路面基层施工工艺流程如图 7-5所示。

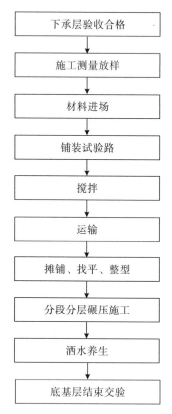

图 7-4 路面底基层施工工艺流程图

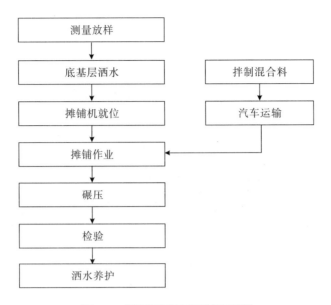

图 7-5 路面基层施工工艺流程图

二、常用材料基层(底基层)施工

路面基层(底基层)常用施工材料有石灰稳定土基层与水泥稳定土基层、石灰工业废渣(石灰粉煤灰)稳定砂砾(碎石)基层(也可称二灰混合料)、级配砂砾(碎石)、级配砾石(碎砾石)基层等。

(1)材料与拌和。对原材料应进行检验,符合要求后方可使用,并严格按照标准规定进行材料配比设计。

城区施工应采用厂拌(异地集中拌和)方式(图 7-6),不得使用路拌方式(图 7-7)。

图 7-6 厂拌法施工　　图 7-7 路拌法施工

(2)运输与摊铺。拌成的稳定土类混合料应及时运送到铺筑现场,如图 7-8 所示。水泥稳定土材料自搅拌至摊铺完成不应超过 3 h。

图 7-8 混合料运输及摊铺

第二节 沥青路面施工

一、沥青路面分类

1. 按技术品质和使用情况分类

可分为沥青混凝土路面、沥青碎石路面、沥青贯入式路面和沥青表面处治路面。

2. 按组成结构分类

(1) 密实-悬浮结构。工程中常用的 AC-Ⅰ型沥青混凝土就是这种结构的典型代表。

(2) 骨架-空隙结构。工程中使用的沥青碎石混合料(AN)和排水沥青混合料(OGFC)是典型的骨架-空隙结构。

(3) 密实-骨架结构。沥青玛蹄脂碎石混合料(SMA)是一种典型的密实-骨架结构。

3. 按矿料级配分类

(1) 密级配沥青混凝土混合料。代表类型有沥青混凝土和沥青稳定碎石。

(2) 半开级配沥青混合料。代表类型有改性沥青稳定碎石,用 AM 表示。

(3) 开级配沥青混合料。代表类型有排水式沥青磨耗层混合料,以 OGFC 表示;另有排水式沥青稳定碎石基层,以 ATPCZB 表示。

(4) 间断级配沥青混合料。代表类型有沥青玛蹄脂碎石混合料(SMA)。

二、沥青路面面层施工

热拌沥青混凝土路面施工工艺流程如图 7-9 所示;黏层、透层和封层施工如图 7-10 所示;沥青路面摊铺及碾压如图 7-11 所示;压路机碾压速度见表 7-1。

表 7-1 压路机碾压速度(km/h)

压路机类型	初压		复压		终压	
	适宜	最大	适宜	最大	适宜	最大
钢筒式压路机	1.5~2	3	2.5~3.5	5	2.5~3.5	5
轮胎压路机	—	—	3.5~4.5	6	4~6	8
振动压路机	1.5~2(静压)	5(静压)	1.5~2(振动)	1.5~2(振动)	2~3(静压)	5(静压)

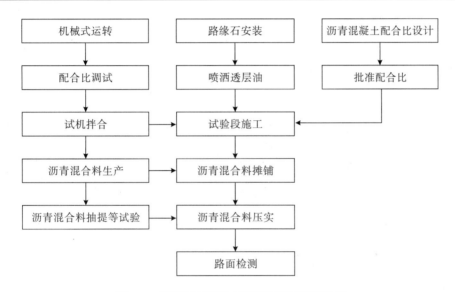

图 7-9 热拌沥青混凝土路面施工工艺流程图

透层:无机料基层顶面　　黏层:砼基层、沥青基层表面　　下封层:各类基层表面　　上封层:沥青面层顶面

图 7-10 黏层、透层和封层施工

图 7-11 沥青路面摊铺及碾压

三、沥青路面改建施工

1. 微表处理工艺

城镇道路进行维护时,原有路面结构应能满足使用要求,原路面的强度满足要求,路面基本无损坏,经微表处理后可恢复面层的使用功能。沥青路面局部处理如图 7-12 所示。

图 7-12 沥青路面局部处理

2. 旧路加铺沥青混合料面层工艺

(1) 旧沥青路面作为基层加铺沥青混合料面层。
(2) 旧水泥混凝土路作为基层加铺沥青混合料面层。
注意应对原有路面进行调查处理、整平或补强,使其符合设计要求。

四、旧沥青路面再生

1. 现场冷再生法

现场冷再生法是用大功率路面铣刨拌和机将路面混合料在原路面上就地铣刨、翻挖、破碎,再加入稳定剂、水泥、水(或加入乳化沥青)和骨料同时就地拌和,用路拌机原地拌和,最后碾压成型。沥青冷再生法施工如图 7-13 所示。

图 7-13　沥青冷再生法施工

现场冷再生中关键技术是添加的胶黏剂(如乳化沥青、泡沫沥青、水泥等)与旧混合料的均匀拌和技术,胶黏剂配比性能也很关键。

2. 现场热再生法

现场热再生是一种就地修复破损路面的过程,它通过加热软化路面,铲起路面废料,再和沥青黏合剂混合,有时可能还需要添加一些新的骨料,然后将再生料重新铺在原来的路面上。沥青热再生法施工如图 7-14 所示。

图 7-14　沥青热再生法施工

第三节　水泥混凝土路面施工

一、水泥混凝土路面的分类与特点

水泥混凝土路面包括普通混凝土(素混凝土)、钢筋混凝土、连续配筋混凝土、预应力混凝土、装配式混凝土、钢纤维混凝土和混凝土小块铺砌等面层板和基(垫)层所组成的路面。目前采用最广泛的是就地浇筑的普通混凝土路面,简称"混凝土路面"。所谓"普通混凝土路面",是指除接缝区和局部范围(边缘和角隅)外不配置钢筋的混凝土路面。水泥混凝土路面适用于高速公路、一级公路、二级公路、三级公路和四级公路。

二、水泥混凝土路面施工技术

1. 混凝土配合比设计、搅拌和运输

混凝土的配合比设计在兼顾技术经济性的同时应满足抗弯强度、工作性、耐久性等三项指标要求,符合《城镇道路施工与验收规范》(CJJ 1—2008)的有关规定。

混凝土运输应根据施工进度、运量、运距及路况,选配车型和车辆总数。不同摊铺工艺的混凝土拌和物从搅拌机出料到运输、铺筑完成的允许最长时间应符合规定要求。

2. 混凝土路面施工

混凝土路面施工工艺流程如图7-15所示;混凝土路面施工现场如图7-16所示。

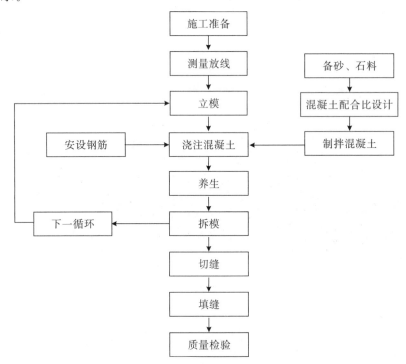

图 7-15 混凝土路面施工工艺流程图

图 7-16 混凝土路面施工现场

(1)模板。宜使用钢模板,钢模板应顺直、平整。如采用木模板,应质地坚实,变形小,无腐朽、扭曲、裂纹,且用前须浸泡,木模板直线部分板厚不宜小于 50 mm。

(2)摊铺与振动。常用混凝土路面施工方法需要有三辊轴机组、轨道摊铺机、滑模摊铺机等机械。混凝土路面机械摊铺施工如图 7-17 所示。

图 7-17　混凝土路面机械摊铺施工

(3)接缝。普通混凝土路面的胀缝应设置胀缝补强钢筋支架、胀缝板和传力杆。混凝土路面接缝施工如图 7-18 所示。

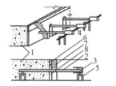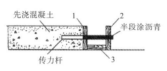

图 7-18　混凝土路面接缝施工

横向缩缝采用切缝机施工,切缝方式有全部硬切缝、软硬结合切缝和全部软切缝三种。混凝土路面切缝施工如图 7-19 所示。

图 7-19　混凝土路面切缝施工

(4)养护。混凝土浇筑完成后应及时进行养护,可采取喷洒养护剂或保湿覆盖等方式;在雨天或养护用水充足的情况下,可采用保温膜、土工毡、麻袋、草袋、草帘等覆盖物洒水湿养护方式。

第四节　中央分隔带及路肩施工

中央分隔带及路肩构造如图 7-20 所示。

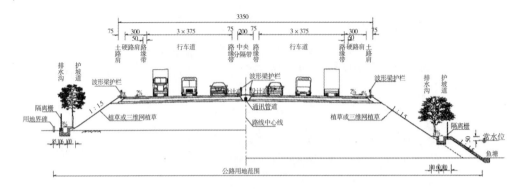

图 7-20　中央分隔带及路肩构造

一、中央分隔带施工

1. 防水层施工

沟槽开挖完毕并经验收符合设计要求后，即进行防水层施工，可喷涂双层防渗沥青，也可铺设 PVC 防水板等。

2. 纵向碎石盲沟的铺设

反滤层可用筛选过的中砂、粗砂、砾石等渗水性材料分层填筑，目前高等级公路多采用土工布作为反滤层。碎石盲沟上铺设土工布，使其与回填土隔离，较之砂石料作反滤层，施工方便，有利于排水并可保持盲沟长期利用。

3. 埋设横向塑料排水管

路基施工完毕后，即可进行埋设横向塑料排水管的施工。排水管垫层采用粒径小的石料，如石屑、瓜子片等，铺设厚度应保持均匀一致，保证垫层顶面具有规定的横坡。

4. 缘石安装

路缘石是设在路面与其他构造物之间的标石，如图 7-21 所示。在城市道路的分隔带与路面之间、人行道与路面之间一般都需设路缘石，在公路的中央分隔带边缘、行车道右侧边缘或路肩外侧边缘常需设缘石。

图 7-21　路缘石

路缘石施工主要流程为：路缘石沟槽开挖→砼基础浇筑→路缘石选用及安砌。应注意：①一般整体施工先安装路缘石后做沥青路面，路缘石安装应先安装平缘石，后安装立缘石。②路缘石背后设靠背，作为支撑，连同沟槽用水泥砼浇灌填实，路缘石外侧不安装平石的，还应将沟槽空隙用水泥砼嵌补。

二、路肩施工

1. 土路肩施工

施工流程：备料→推平→平整→静压→切边→平整→碾压。

2. 硬路肩施工

硬路肩的设计标高常见的有两种情况：一种是硬路肩与车行道连接处标高一致，横坡与沥青混合料的种类也相同时，可将硬路肩视为行车道的展宽，摊铺混合料时可与行车道一起铺筑，硬路肩的质量要求同相同的路面结构。另一种是硬路肩的顶面标高低于相连的行车道，这种情况应先摊铺硬路肩部分，宽度应比要求的宽 5 cm 左右，保证与行车道路面有一定的搭接，以免搭不上需人工找补。摊铺行车道表面层时，摊铺机靠硬路肩一侧的端部应使用 45°的斜挡板，以减少碾压时边缘坍塌或发生较大的侧移，并尽量使边缘顺直、平齐。

第五节　主要材料、周转材料及施工机具

一、主要材料

1. 基层施工的主要材料

（1）粒料基层原材料粗集料。相关技术要求见表 7-2、表 7-3。

表 7-2　用作被稳定材料的粗集料压碎值

指标	层位	高速公路和一级公路				二级及二级以下公路		试验方法
		极重、特重交通		重、中、轻交通				
		Ⅰ类	Ⅱ类	Ⅰ类	Ⅱ类	Ⅰ类	Ⅱ类	
压碎值(%)	基层	≤22	≤22	≤26	≤26	≤35	≤30	T 0316
	底基层	≤30	≤26	≤30	≤26	≤40	≤35	

注：对花岗岩石料，压碎值可放宽至 25%。

表 7-3 填隙碎石用骨料的颗粒组成(%)

项次	工程粒径(mm)	筛孔尺寸(mm)							
		63	53	37.5	31.5	26.5	19	16	9.5
1	30～60	100	25～60	—	0～15		0～5	—	—
2	25～50	—	100	—	25～50	0～15	—	0～5	—
3	20～40	—	—	100	35～37	—	0～15	—	0～5

(2)无机结合料稳定基层原材料的技术要求。

①水泥及添加剂。强度等级为 32.5 或 42.5,且满足规范要求的普通硅酸盐水泥等均可使用。所用水泥初凝时间应大于 3 h,终凝时间应大于 6 h 且小于10 h。

②石灰技术要求应符合表 7-4、表 7-5 的规定。

表 7-4 生石灰技术要求

指标	钙质生石灰			镁质生石灰			试验方法
	Ⅰ	Ⅱ	Ⅲ	Ⅰ	Ⅱ	Ⅲ	
有效氧化钙加氧化镁含量(%)	≥85	≥80	≥70	≥80	≥75	≥65	T 0813
未消化残渣含量(%)	≤7	≤11	≤17	≤10	≤14	≤20	T 0815
钙镁石灰分类界限,氧化镁含量(%)	≤5			>5			T 0812

表 7-5 消石灰技术要求

指标		钙质消石灰			镁质消石灰			试验方法
		Ⅰ	Ⅱ	Ⅲ	Ⅰ	Ⅱ	Ⅲ	
有效氧化钙加氧化镁含量(%)		≥65	≥60	≥55	≥60	≥55	≥50	T 0813
含水率(%)		≤4	≤4	≤4	≤4	≤4	≤4	T 0801
细度	0.60 mm 方孔筛的筛余(%)	0	≤1	≤1	0	≤1	≤1	T 0814
	0.15 mm 方孔筛的筛余(%)	≤13	≤20	—	≤13	≤20	—	T 0814
钙镁石灰分类界限,氧化镁含量(%)		≤4			>4			T 0812

③粉煤灰等工业废渣。干排或湿排的硅铝粉煤灰和高钙粉煤灰等均可用作基层或底基层的结合料。粉煤灰技术要求见表 7-6。

表 7-6 粉煤灰技术要求

检测项目	技术要求	试验方法
SiO_2、Al_2O_3 和 Fe_2O_3 总含量(%)	>70	T 0816
烧失量(%)	≤20	T 0817

续表

检测项目	技术要求	试验方法
比表面积(cm^2/g)	≥2500	T 0820
0.3 mm 筛孔通过率(%)	≥90	T 0818
0.075 mm 筛孔通过率(%)	≥70	T 0818
湿粉煤灰含水率(%)	≤35	T 0801

符合现行《生活饮用水卫生标准》(GB 5749—2006)的饮用水可直接作为基层、底基层材料拌和与养护用水。非饮用水技术要求见表 7-7。

表 7-7 非饮用水技术要求

项次	项目	技术要求	试验方法
1	pH	≥4.5	JGJ 63
2	Cl^- 含量(mg/L)	≤3500	
3	SO_4^{2-} 含量(mg/L)	≤2700	
4	碱含量(mg/L)	≤1500	
5	可溶物含量(mg/L)	≤10000	
6	不溶物含量(mg/L)	≤5000	
7	其他杂质	不应有其他漂浮的杂质和泡沫及明显的颜色和异味	

(3)粗集料。用作被稳定材料的粗集料宜采用各种硬质岩石或砾石加工成的碎石,也可直接采用天然砾石。粗集料技术要求见表 7-8。

表 7-8 粗集料技术要求

指标	层位	高速公路和一级公路				二级及二级以下公路		试验方法
		极重、特重交通		重、中、轻交通				
		Ⅰ类	Ⅱ类	Ⅰ类	Ⅱ类	Ⅰ类	Ⅱ类	
压碎值(%)	基层	≤22	≤22	≤26	≤26	≤35	≤30	T 0316
	底基层	≤30	≤26	≤30	≤26	≤40	≤35	
针片状含量(%)	基层	≤18	≤18	≤22	≤18	—	≤20	T 0312
	底基层	—	≤20	—	≤20	—	≤20	
0.075 mm 以下粉尘含量(%)	基层	≤1.2	≤1.2	≤2	≤2	—	—	T 0310
	底基层	—	—	—	—	—	—	
软石含量(%)	基层	≤3	≤3	≤5	≤5	—	—	T 0320
	底基层	—	—	—	—	—	—	

注:对花岗岩石料,压碎值可放宽至 25%。

基层、底基层的粗集料规格要求宜符合表 7-9 的规定。

表 7-9 粗集料规格要求

规格名称	工程粒径(mm)	通过下列筛孔(mm)的质量百分比(%)								公称粒径(mm)
		53	37.5	31.5	26.5	19.0	13.2	9.5	4.75	2.36	
G1	20~40	100	90~100	—	—	0~10	0~5	—	—	—	19~37.5
G2	20~30	—	100	90~100	—	0~10	0~5	—	—	—	19~31.5
G3	20~25	—	—	100	90~100	0~10	0~5	—	—	—	19~26.5
G4	15~25	—	—	100	90~100	—	0~10	0~5	—	—	13.2~26.5
G5	15~20	—	—	—	100	90~100	0~10	0~5	—	—	13.2~19
G6	10~30	—	100	90~100	—	—	—	0~10	0~5	—	9.5~31.5
G7	10~25	—	—	100	90~100	—	—	0~10	0~5	—	9.5~26.5
G8	10~20	—	—	—	100	90~100	—	0~10	0~5	—	9.5~19
G9	10~15	—	—	—	—	100	90~100	0~10	0~5	—	9.5~13.2
G10	5~15	—	—	—	—	100	90~100	40~70	0~10	0~5	4.75~13.2
G11	5~10	—	—	—	—	—	100	90~100	0~10	0~5	4.75~9.5

（4）细集料。高速公路和一级公路所用细集料技术和规格要求应符合表 7-10、表 7-11 的规定。

表 7-10 细集料技术要求

项目	水泥稳定	石灰稳定	石灰粉煤灰综合稳定	水泥粉煤灰综合稳定	试验方法
颗粒分析	满足级配要求				T 0302/0303/0327
塑性指数	≤17	适宜范围 15~20	适宜范围 12~20	—	T 0118
有机质含量(%)	<2	≤10	≤10	<2	T 0313/0336
硫酸盐含量(%)	≤0.25	≤0.8	—	≤0.25	T 0341

表 7-11 细集料规格要求

规格要求	工程粒径(mm)	通过下列筛孔(mm)的质量百分率(%)								公称粒径(mm)
		9.5	4.75	2.36	1.18	0.6	0.3	0.15	0.075	
XG1	3~5	100	90~100	0~15	0~5	—	—	—	—	2.36~4.75
XG2	0~3	—	100	90~100	—	—	—	—	0~15	0~2.36
XG3	0~5	100	90~100	—	—	—	—	—	0~20	0~4.75

2. 沥青路面施工的主要材料及相关要求

沥青路面使用的各种材料运至现场后必须取样进行质量检验，经评定合格后方可使用，不得以供应商提供的检测报告或商检报告代替现场检测。道路石油沥青各个沥青等级的适用范围应符合表7-12、表7-13的规定。

表 7-12 道路沥青的适用范围

沥青等级	适用范围
A 级沥青	各个等级的公路，适用于任何场合和层次
B 级沥青	1.高速公路、一级公路沥青下面层及以下层次，二级及二级公路以下公路的各个层次；2.用作改性沥青、乳化沥青、改性乳化沥青、稀释沥青的基质沥青
C 级沥青	三级及三级以下公路各个层次

表 7-13 道路石油沥青技术要求

指标	单位	等级	160号④	130号④	110号	90号			70号③			50号	30号④	试验方法①
针入度(25℃,5 m,100 g)	0.1 mm		140~200	120~140	100~120	80~100			60~80			40~60	20~40	T 0604
使用的气候分区⑥			注④	注④	2-1　2-2　3-2	1-1	1-2	1-3	2-2	2-3	1-3　1-4	2-2　2-3　2-4	1-4　注④	沥青路面使用性能气候分区
针入度指数PI②		A	\multicolumn{10}{c	}{−1.5~+1.0}	T 0604
针入度指数PI②		B	\multicolumn{10}{c	}{−1.8~+1.0}	T 0604
软化点(R & B)≥	℃	A	38	40	43	45			44		46	45	49	55	
软化点(R & B)≥	℃	B	36	39	42	43			42		44	43	46	53	T 0606
软化点(R & B)≥	℃	C	35	37	42				43			45	50	
60℃动力黏度②≥	Pa·s	A	—	60	120	160			140		180	160	200	260	T 0620
10℃延度②≥	cm	A	50	50	40	45　30　20	30	20	15	25	20	15	15	T 0605
10℃延度②≥	cm	B	30	30	30	30　20　15	20	5	15	10	15	10	8	T 0605
15℃延度≥	cm	A,B	\multicolumn{8}{c	}{100}	80	50	
15℃延度≥	cm	C	80	80	60	\multicolumn{3}{c	}{50}	\multicolumn{3}{c	}{40}	30	20	
蜡含量(蒸馏法)≥	%	A	\multicolumn{10}{c	}{2.2}	T 0615
蜡含量(蒸馏法)≥	%	B	\multicolumn{10}{c	}{3.0}	T 0615
蜡含量(蒸馏法)≥	%	C	\multicolumn{10}{c	}{4.5}	T 0615
闪点≥	℃		\multicolumn{3}{c	}{230}	\multicolumn{3}{c	}{245}	\multicolumn{4}{c	}{260}	T 0611
溶解度≥	%		\multicolumn{10}{c	}{99.5}	T 0607
密度(15℃)	g/cm³		\multicolumn{10}{c	}{实测记录}	T 0603
\multicolumn{13}{c	}{TFOT(或RTFOT)后⑤}	T 0604 或 T 0609
质量变化≤	%		\multicolumn{10}{c	}{±0.8}	

续表

指标	单位	等级	沥青标号						试验方法①
			160号④	130号④	110号	90号	70号③	50号	30号④	
残留针入度比≥	%	A	48	54	55	57	61	63	65	T 0604
		B	45	50	52	54	58	60	62	
		C	40	45	48	50	54	58	60	
残留延度(10 ℃)≥	cm	A	n	n	10	8	6	4	—	T 0605
		B	10	10	8	6	4	2	—	
残留延度(15 ℃)≥	cm	C	40	35	30	20	15	10	—	T 0605

注:①试验方法按照现行《公路工程沥青及沥青混合料试验规程》(JTG E20—2011)规定的方法执行。用于仲裁试验求取 PI 时的 5 个温度的针入度关系的相关系数不得小于 0.997。②经建设单位同意,表中 PI 值、60 ℃动力黏度、10 ℃延度可作为选择性指标,也可不作为施工质量检验指标。③70 号沥青可根据需要,要求供应商提供针入度范围为 60~70 或 70~80 的沥青,50 号沥青可要求提供针入度范围为 40~50 或 50~60 的沥青。④30 号沥青仅适用于沥青稳定基层。130 号和 160 号沥青除寒冷地区可直接在中低级公路上直接应用外,通常用作乳化沥青、稀释沥青、改性沥青的基质沥青。⑤老化试验以 TFOT 为准,也可以 RTFOT 代替。⑥气候分区见《公路沥青路面施工技术规范》(JTG F40—2004)附录 A。

(1)乳化沥青。乳化沥青适用于沥青表面处治、沥青贯入式路面、冷拌沥青混合料路面,修补裂缝,喷洒透层、黏层与封层等。乳化沥青的品种和适用范围宜符合表 7-14 的规定。

表 7-14 乳化沥青品种及适用范围

分类	品种及代号	使用范围
阳离子乳化沥青	PC-1	表处、贯入式路面及下封层
	PC-2	透层油及基层养护用
	PC-3	黏层油用
	BC-1	稀浆封层或冷拌沥青混合料用
阴离子乳化沥青	PA-1	表处、贯入式路面及下封层用
	PA-2	透层油及基层养护用
	PA-3	黏层油用
	BA-1	浆封层或冷拌沥青混合料用
非离子乳化沥青	PN-2	透层油用
	BN-1	与水泥稳定集料同时使用(基层路拌或再生)

(2)液体石油沥青。液体石油沥青适用于透层、黏层及拌制冷拌沥青混合料。根据使用目的与场所,可选用快凝、中凝、慢凝的液体石油沥青,其质量应符合"道路液体石油沥青技术要求"的规定。

第七章 路面工程

(3)改性沥青。改性沥青可单独或复合采用高分子聚合物、天然沥青及其他改性材料制作。

(4)改性乳化沥青。改性乳化沥青宜按表 7-15 选用。

表 7-15 改性乳化沥青品种及适用范围

品种		代号	适用范围
改性乳化沥青	喷洒型改性乳化沥青	PCR	黏层、封层、桥面防水黏结层用
	拌合用乳化沥青	BCR	改性稀浆封层和微表处用

(5)粗集料。沥青面层使用的粗集料包括碎石、破碎砾石、筛选砾石、钢渣、矿渣等,但高速公路和一级公路不得使用筛选砾石和矿渣。粗集料必须由具有生产许可证的采石场生产或施工单位自行加工。沥青混合料用粗集料质量技术要求见表 7-16。

表 7-16 沥青混合料用粗集料质量技术要求

指标	单位	高速公路及一级公路		其他等级公路	试验方法
		表面层	其他层次		
石料压碎值,≤	%	26	28	30	T 0316
洛杉矶磨耗损失,≤	%	28	30	35	T 0317
表观相对密度,≥	—	2.60	2.50	2.45	T 0304
吸水率,≤	%	2.0	3.0	3.0	T 0304
坚固性,≤	%	12	12	—	T 0314
针片状颗粒含量(混合料),≤	%	15	18	20	
其中粒径大于 9.5mm,≤	%	12	15	—	T 0312
其中粒径小于 9.5mm,≤	%	18	20	—	
水洗法<0.075mm 颗粒含量,≤	%	1	1	1	T 0310
软石含量,≤	%	3	5	5	T 0320

注:1.坚固性试验可根据需要进行。2.用于高速公路、一级公路时,多孔玄武岩的视密度可放宽至 2.45 t/m³,吸水率可放宽至 3%,但必须得到建设单位的批准,且不得用于 SMA 路面。3.对 S14 即 3~5 规格的粗集料,针片状颗粒含量可不予要求,<0.075 mm 含量可放宽到 3%。

(6)细集料。沥青面层的细集料可采用天然砂、机制砂和石屑。细集料必须由具有生产许可证的采石场、采砂场生产。沥青混合料用细集料质量要求见表 7-17。

表 7-17 沥青混合料用细集料质量要求

项目	单位	高速公路、一级公路	其他等级公路	试验方法
表观相对密度,≥	—	2.50	2.45	T 0328
坚固性(>0.3 mm 部分),≥	%	12	—	T 0340

续表

项目	单位	高速公路、一级公路	其他等级公路	试验方法
含泥量(小于0.075 mm的含量),≤	%	3	5	T 0333
砂当量,≥	%	60	50	T 0334
亚甲蓝值,≤	g/kg	25	—	T 0346
棱角性(流动时间),≥	s	30	—	T 0345

注:坚固性试验可根据需要进行。

(7)填料。沥青混合料的矿粉必须采用石灰岩或岩浆岩中的强基性岩石等憎水性石料经磨细得到的矿粉,原石料中的泥土杂质应除净。其质量应符合表7-18的要求。

表7-18 沥青混合料用矿粉质量要求

项目		单位	高速公路,一级公路	其他等级公路	试验方法
表观密度,≥		t/m³	2.50	2.45	T 0352
含水率,≤		%	1	1	T 0103 烘干法
粒度范围	<0.6 mm	%	100	100	T 0351
	<0.15 mm	%	90~100	90~100	
	<0.075 mm	%	75~100	70~100	
外观		—	无团粒结块		—
亲水系数		—	<1		T 0353
塑性指数		—	<4		T 0354
加热安定性		—	实测记录		T 0355

(8)纤维稳定剂。在沥青混合料中掺加的纤维稳定剂宜选用木质素纤维、矿物纤维等。木质纤维素的质量应符合表7-19的要求。

表7-19 木质纤维素质量要求

项目	单位	指标	试验方法
纤维长度,≤	mm	6	水溶液用显微镜观测
灰分含量	%	18±5	高温590~600 ℃燃烧后测定残留物
pH	—	7.5±1.0	水溶液用pH试纸或pH计测定
吸油率,≥	—	纤维质量的5倍	用煤油浸泡后放在筛上经振敲后称量
含水率(以质量计),≤	%	5	105 ℃烘箱烘2 h后冷却称盘

3.水泥混凝土路面施工的主要材料及相关要求

(1)水泥。极重、特重、重交通路面宜采用旋窑道路硅酸盐水泥,也可采用旋窑硅酸盐水泥或普通硅酸盐水泥;中、轻交通的路面可采用矿渣硅酸盐水泥;高温期施工宜采用普通型水泥,低温期宜采用早强型水泥。相关水泥的成分及物理性能见表 7-20。

表 7-20　各交通荷载等级公路面层水泥混凝土用水泥的成分及物理性能

水泥成分	特重、重交通路面	中、轻交通路面
铝酸三钙含量(%),≤	7.0	9.0
铁铝酸四钙含量(%)	15.0~20.0	12.0~20.0
游离氧化钙(%),≤	1.0	1.8
氧化镁(%),≤	5.0	6.0
三氧化硫(%),≤	3.5	4.0
碱含量(Na_2O+ 0.658 K_2O)(%),≤	0.6	怀疑有碱活性集料时,≤0.6% 无碱活性集料时,≤1.0%
氯离子含量(%),≤	0.06	0.06
混合材种类	不得掺窑灰、煤矸石、火山灰和黏土,有抗盐冻要求时不得掺石灰、石粉	不得掺窑灰、煤矸石、火山灰和黏土,有抗盐冻要求时不得掺石灰、石粉
水泥成分	极重、特重、重交通路面	中、轻交通路面
出模时安定性	雷氏夹和蒸煮法检验均必须合格	蒸煮法检验均必须合格
标准稠度需水量(%),≤	28.0	30.0
比表面积	300~450	300~450
细度(80 μm)	10	10
初凝时间	1.5	0.75
终凝时间	10	10
28 d 干缩性	0.09	0.10
耐磨性	2.5	3.0

(2)粉煤灰和其他掺和料。面层水泥混凝土可单独或复配掺用符合规定的粉状低钙粉煤灰、矿渣粉或硅灰等掺和料,不得掺用结块或潮湿的粉煤灰、矿渣粉或硅灰,粉煤灰质量不应低于表 7-21 规定的Ⅱ级粉煤灰的要求。不得使用高钙粉煤灰或Ⅲ级以下低钙粉煤灰,粉煤灰进货应有等级检验报告。

表 7-21 粉煤灰分级和质量指标

粉煤灰等级	细度①(μm 气流筛,筛余量)(%)	烧失量(%)	需水量比(%)	含水率(%)	游离氧化钙含量(%)	SO_3^{2-}(%)	混合砂浆活性指数②	
							7 d	28 d
Ⅰ	≤12	≤5	≤95	≤1.0	<1.0	≤3	≥75	≥85(75)
Ⅱ	≤20	≤8	≤105	≤1.0	<1.0	≤3	≥70	≥80(62)
Ⅲ	≤45	≤15	≤115	≤1.5	1.0	≤3	—	—

注:①45 μm 气流筛的筛余量换算为 80 μm 水泥筛的筛余量时,换算系数约为 2.4。②混合砂浆的活性指数为掺粉煤灰的砂浆与水泥砂浆的抗压强度比的百分数,适用于所配制混凝土强度等级大于等于 C40 的混凝土;当配制的混凝土强度等级小于 C40 时,混合砂浆的活性指数要求应满足 28 d 括号中的数值。

(3)粗集料。粗集料应使用质地坚硬、耐久、洁净的碎石、碎卵石和卵石,并应符合表 7-22 的规定。极重、特重、重交通荷载等级公路面层混凝土用的粗集料质量应不低于Ⅱ级的要求,中、轻交通荷载等级公路面层混凝土可使用Ⅲ级粗集料。

表 7-22 碎石、碎卵石和卵石技术指标

项目	技术要求		
	Ⅰ级	Ⅱ级	Ⅲ级
碎石压碎指标(%),≤	18	25	30
卵石压碎指标(%),≤	21	23	26
坚固性(按质量损失计%),≤	5	8	12
针片状颗粒含量(按质量计%),≤	8	15	20
含泥量(按质量计%),≤	0.5	1.0	2.0
泥块含量(按质量计%),≤	0.2	0.5	0.7
吸水率(按质量计%),≤	1.0	2.0	3.0
硫化物及硫酸盐(按 SO_3 按质量计%),≤	0.5	1.0	1.0
洛杉矶磨耗损失(%),≤	28	32	35
有机物含量(比色法),≤	合格	合格	合格
岩石抗压强度	岩浆岩≥100 MPa;变质岩≥80 MPa;沉积岩≥60 MPa		
表观密度(kg/m³),≥	2500		
松散堆积密度(kg/m³),≥	1350		
空隙率(%),≤	47		
磨光值(%),≥	35		
碱集料反应	不得有碱集料反应或疑似碱集料反应		

(4)细集料。细集料应采用质地坚硬、耐久、洁净的天然砂或机制砂,不宜使用再生细集料。使用天然砂或机制砂时,应符合各自对应的质量标准。极重、特重、重交通荷载等级公路面层混凝土用的细集料质量应不低于Ⅱ级的要求,中、轻交通载荷等级公路面层混凝土可使用Ⅲ级细集料。机制砂宜采用碎石为原料,并用专用设备生产,对机制砂母岩的抗压强度应满足相应的技术要求。

(5)水。饮用水可直接作为混凝土搅拌和养护用水。非饮用水应进行水质检验,并符合表7-23的规定。

表7-23 非饮用水质量标准

项目	钢筋混凝土及钢纤维混凝土	素混凝土
pH,$\geqslant$	5.0	4.5
Cl^-含量(mg/L),$\leqslant$	1000	3500
SO_4^{2-}(mg/L),$\leqslant$	2000	2700
碱含量(mg/L),$\leqslant$	1500	1500
可溶物含量(mg/L),$\leqslant$	5000	10000
不溶物含量(mg/L),$\leqslant$	2000	5000
其他杂质	不应有漂浮的油脂和泡沫,不应有明显的颜色和异味	

(6)外加剂。外加剂的品种主要有普通减水剂、高效减水剂、早强减水剂、缓凝高效减水剂、缓凝减水剂、引气减水剂、引气高效减水剂、引气缓凝高效减水剂、早强高效减水剂、引气早强高效减水剂、早强剂、缓凝剂、引气剂、阻锈剂等。其产品质量应符合相应技术指标。供应商应提供有相应资质外加剂检测机构出示的品质检测报告,检验报告应说明外加剂的主要化学成分,认定对人员无毒副作用。

(7)钢筋。各交通等级混凝土路面、桥面和搭板所用钢筋网、传力杆、拉杆等钢筋应符合国家有关标准的技术要求;各交通等级混凝土路面、桥面和搭板所用钢筋应顺直,不得有裂纹、断伤、刻痕、表面油污和锈蚀。传力杆钢筋加工应锯断,不得挤压切断;断口应垂直、光圆,用砂轮打磨掉毛刺,并加工成2~3 mm圆倒角。

(8)钢纤维。用于公路混凝土路面和桥面的钢纤维应满足《混凝土用钢纤维》(YB/T 151)的规定。

(9)接缝材料。应选用能适应混凝土面板膨胀和收缩、施工时不变形、弹性复原率高、耐久性好的胀缝板。高速公路、一级公路宜采用塑胶、橡胶泡沫板或沥青纤维板;其他公路可采用各种胀缝板。其技术要求应符合表7-24的规定。

表 7-24 胀缝板的技术要求

试验项目	胀缝板种类		
	木材类	塑料、橡胶泡沫类	纤维类
压缩应力(MPa)	5.0～20.0	0.2～0.6	2.0～10.0
弹性复原率(%)	≥55	≥90	≥65
挤出量(mm)	<5.5	<5.0	<3.0
弯曲荷载(N)	100～400	0～50	5～40

(10) 其他材料。其他材料包括：油毡、玻纤网和土工织物做防裂层及修补基层裂缝；传力杆套(管)帽、沥青及塑料薄膜；用于滑动封层的石油沥青、改性沥青和乳化沥青；用于滑动封层的软聚氯乙烯吹塑或压延塑料薄膜；水泥混凝土面层用养护剂应采用石蜡、适当高分子聚合物与适量稳定剂、增白剂经胶体磨制成的水乳液，见表 7-25。

表 7-25 养护剂的质量指标

检验项目		一级品	合格品
有效保水率(%),≥		90	75
抗压强度比或弯拉强度比(%),≥	7 d	95	90
	28 d	95	90
磨损量(%),≤		3.0	3.5
含固量(%),≥		20.4	
干燥时间(h),≥		4	
成膜后浸水溶解性		养护期内不应溶解	
成膜耐热性		合格	

二、周转材料及施工机具

1. 周转材料

周转材料是指在工程施工过程中能多次使用，反复周转的工具性材料、配件和用具等。公路路面工程周转材料主要有组合钢模板或槽钢、木模板、支撑钢筋、隔离锥、土工布、防尘网、苫布等。

2. 施工机具

公路路面工程中需要的机械设备主要有推土机、稳定土拌和机、光轮压路机、平地机、装载机、洒水车、振动压路机、自卸汽车、胶轮压路机、三辊轴摊铺机、铣刨机、切割机、小破碎机、水稳碎石摊铺机、石油沥青撒布车、超声波找平梁、宽幅轮胎压路机、强力清扫机、发电机组、混凝土搅拌运输车、钢筋调直机、钢筋切断机等。

第八章　城市轨道交通土建工程

第一节　城市轨道交通工程概述

城市轨道交通系统是一个多专业多工种配合作业、围绕安全行车而组成的有序联动、实效性极强的综合性系统。它包括线路与站场设备、车辆和牵引供电设备、信号与通信设备、其他设备等,这些设备是城市轨道交通正常运转的物质基础,是安全的技术保证。其中线路与站场属于土建工程。

和其他公共交通相比,城市轨道交通具有以下特点:用地少,运能大,轨道线路的输送能力约是公路交通输送能力的10倍;每一单位运输量的能源消耗量少,因而节约能源;采用电力牵引,对环境污染小;噪声属集中型,人均噪声小,易于治理;乘客乘坐安全、舒适、方便、快捷;运行速度高,地下轨道交通完全与其他线路隔离,运营速度为 40~50 km/h,一般高速可达 80 km/h,目前国内外地铁最高速度达 128 km/h;准点停靠,受天气、气候影响小,对运行时间的准点性高。

一、线路

线路是城市地下轨道交通车辆运行的基础,包括正线、联络线、停车线、出入库线、安全线等。线路主要由路基、道床、钢轨等构成。

二、车站

车站是城市轨道交通线的重要组成部分,又是集散客流、为旅客服务的基本设施。

1. 车站分类

(1)按运营特点分为中间站、区域站、换乘站、枢纽站、联运站和终点站。
(2)按规模分为一、二、三等站和特等站。
(3)按空间位置分为地面车站、地下车站和高架车站。

2. 地下车站组成

地下车站一般由地面出入口、中间站厅、地下站台三个主要部分组成。

三、车辆段

城市轨道交通车辆保有量较多,运行时间长,技术要求高,安全可靠性指标高,对车辆的运用、维护保养、检修均有很高的要求,需设置专门的机构,即车辆段。

一般每条城市轨道交通线路设一个车辆段,若线路较长,则增设一个停车场。车辆段与正线车站的联系线路布置可分为尽端式和通过式两种不同方式。某车辆段平面布置图如图8-1所示。

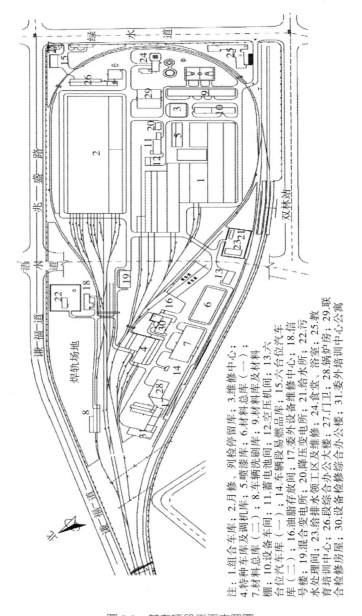

注:1.组合车库;2.月修、列检停留库;3.维修中心;4.特种车辆及调机库;5.喷漆库;6.材料总库;7.材料总库(二);8.车辆洗刷库;9.材料棚;10.设备车间(二);11.蓄电池间;12.空压机间;13.六合位汽车库(二);14.车辆段(一);15.六合位汽车库号楼;16.混脂存放间;17.委外变电所;18.信号楼;19.设备车库(一);20.降压变电所;21.给水所;22.污水处理中心;23.段排水领合办公大楼;24.门卫;25.教育培训中心;26.给合变电所;27.门卫;28.锅炉房;29.联合检修房屋;30.设备检修综合办公楼;31.委外培训中心公寓

图8-1 某车辆段平面布置图

第二节 明(盖)挖基坑施工

明挖法是指在地铁施工时挖开地面,由上向下开挖土石方至设计标高后,自

基底由下向上进行结构施工,当完成地下主体结构后,回填基坑及恢复地面的施工方法。盖挖法是指由地面向下开挖至一定深度后,将顶部封闭,其余的下部工程在封闭的顶盖下进行施工的一种方法。

一、施工工序

(一)明挖法

根据地质情况,明挖法施工一般可分为围护结构施工、内部土方开挖、工程结构施工、管线恢复及覆土等四个步骤,而围护结构施工是明挖法能否顺利实施的关键所在。

明挖法施工中围护结构可分为排桩围护结构(钢板桩、挖孔桩、钻孔桩、水泥土搅拌桩或劲性水泥土搅拌桩)、地下连续墙围护结构和土钉墙围护结构等。

明挖法施工工序如下:围护结构施工→井点降水(或基坑底土体加固)→第一层开挖→设置第一层支撑→第 n 层开挖→设置第 n 层支撑→最底层开挖→底板混凝土浇筑→最下层支撑拆除→混凝土结构浇筑→自下而上逐步拆支撑→顶板混凝土浇筑。明挖法施工工序如图 8-2 所示。

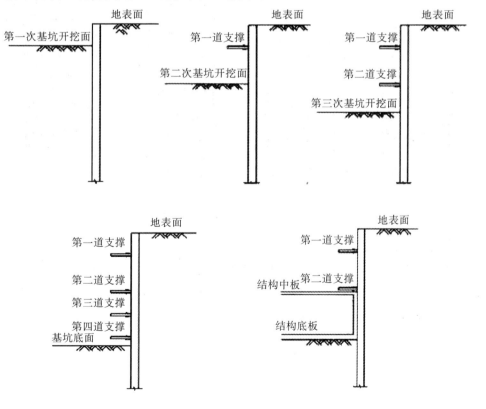

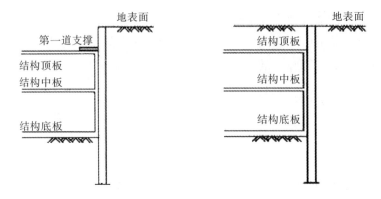

图 8-2 明挖法施工工序

(二)盖挖法

1. 盖挖顺作法

在路面交通不能长期中断的道路下修建地下建筑物时,则可采用盖挖顺作法施工,如图 8-3 所示。

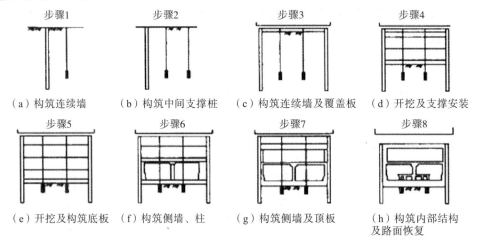

图 8-3 盖挖顺作法施工步骤

2. 盖挖逆作法

如果开挖面较大、覆土较浅、周围沿线建筑物过于靠近,为防止开挖基坑而引起邻近建筑物沉陷,或需尽早恢复路面交通,但又缺乏定型覆盖结构时,可采用盖挖逆作法施工。其施工步骤如图 8-4 所示。

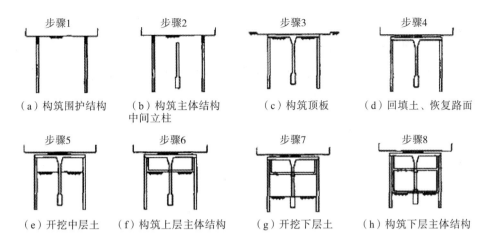

图 8-4 盖挖逆作法施工步骤

3. 盖挖半逆作法

盖挖半逆作法类似于逆作法，在半逆作法施工中，一般都必须设置横撑并施加预应力。其施工步骤如图 8-5 所示。

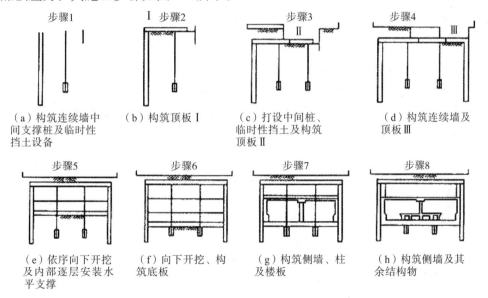

图 8-5 盖挖半逆作法施工步骤

二、基坑的种类

根据基坑边坡稳定的技术措施和围护结构的不同，可将明（盖）挖法施工中的基坑分为敞口放坡基坑和具有围护结构的基坑。

1. 敞口放坡基坑

通常情况下，在基坑所处地面空旷，周围无建筑物或建筑物间距很大，地面有足够的空地能满足施工要求,又不影响周围环境时,采用敞口放坡基坑施工。

2. 具有围护结构的基坑

地铁明挖法施工基坑所采用的围护结构种类很多,因其施工方法、工艺和所用的施工机械不同而不同,如排桩围护结构、地下连续墙等。

三、排桩围护结构

排桩围护结构又称帷幕桩围护结构,是地铁基坑开挖施工中经常采用的围护结构形式。

(一)排桩围护结构的类型

1. 按基坑土质分类

(1)柱列式排桩围护结构。当边坡土质较好、地下水位较低时,可采用柱列式排桩围护结构,如图 8-6(a)所示。

(2)连续式排桩围护结构。当土质较软,不足以形成土拱时,应采用连续式密排桩。密排的钻孔桩可以相互搭接,或在桩身混凝土强度尚未形成时,在相邻桩之间做一根素混凝土桩,把钻孔桩排连接起来。也可以采用 SMW 搅拌桩、钢板桩、钢筋混凝土板桩等,如图 8-6(b)所示。

(3)组合式排桩围护结构。当地下水位较高、开挖深度大,且对周围土体位移要求十分严格时,可采用钻孔灌注桩排桩与搅拌桩或 SMW 防渗墙组合的双排式,如图 8-6(c)所示。

图 8-6 排桩围护类型

2. 按基坑开挖深度分类

(1)无支撑(悬臂)围护结构。当基坑开挖深度不大时,可利用悬臂作用挡住墙后土体。

(2)单支撑结构。当基坑开挖深度较大时,不能采用无支撑围护结构,可以在围护结构顶部附近设置一单支撑(或锚杆)。

(3)多支撑结构。当基坑开挖深度较深时,可设置多道支撑,以减少挡墙的内力。

(二)排桩围护结构的施工

构成排桩的基本桩单元可以是工字钢桩、钢板桩、挖孔桩、钻孔桩、水泥土搅拌桩或劲性水泥土搅拌桩等。工字钢桩在地铁围护结构中应用较少。钢板桩主要用在开挖深度较浅、开挖宽度不大的基坑。水泥土搅拌桩一般不单独使用,多用在钻孔桩外侧,起防水加固作用。钻孔桩在围护结构中应用最广。

1. 钢板桩围护结构

钢板桩常用的断面形式为 U 形或 Z 形。由于地铁施工时基坑较深,为保证其垂直度且便于施工,并使其能封闭合龙,多采用帷幕式构造,如图 8-7 所示。

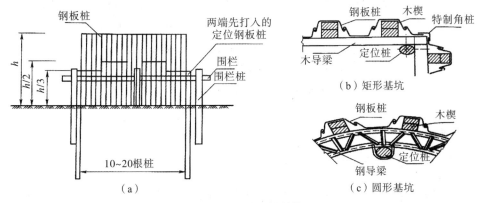

图 8-7 钢板桩围护结构

2. 水泥土搅拌桩围护结构

水泥土深层搅拌桩是利用水泥、石灰等材料作为固化剂,通过深层搅拌机械,将软土和固化剂(浆液或粉体)强制搅拌,利用固化剂和软土之间所产生的一系列"物理-化学"作用,使软土硬结成具有整体性、水稳定性和一定强度的桩体。

深层搅拌桩的施工流程为:桩架定位→预搅下沉→制备水泥浆→提升喷浆并搅拌→重复搅拌或重复喷浆→移位,如图 8-8 所示。

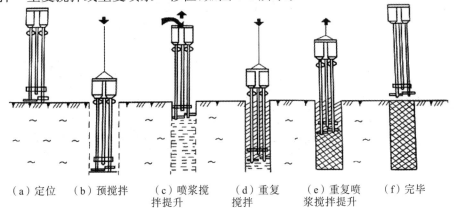

图 8-8 深层搅拌桩施工工艺示意图

3. 挖孔桩围护结构

挖孔桩在地铁围护结构中很少采用，多用在竖井、通风井等附属工程处或场地条件受限不能使用机械施工的围护结构处。挖孔桩施工工艺流程参见图 5-4。

4. 钻孔灌注桩围护结构

钻孔灌注桩围护结构施工流程参见图 5-3。

5. 劲性水泥土搅拌桩围护结构

劲性水泥土搅拌桩围护结构又称 SMW（soil mixing wall），它是在水泥土搅拌桩中插入型钢或其他芯材形成具有承载和防渗两种功能的围护结构。SMW 工法作为围护结构，具有地下连续墙或钻孔灌注桩加隔水帷幕的相同作用，是近年来推广的一项新技术。SMW 搅拌桩类型钢布置如图 8-9 所示。

（a）间隔布置　　（b）连续布置　　（c）间断布置

图 8-9　SMW 工法搅拌桩布置图

四、地下连续墙

利用各种挖槽机械，借助于泥浆的护壁作用，在地下挖出窄而深的沟槽，并在其内浇注适当的材料而形成一道具有防渗、防水、挡土和承重功能的连续的地下墙体。地下连续墙主要施工工艺为：导墙施工→泥浆制备→成槽→刷壁、清槽→钢筋笼制作和下笼→灌注混凝土等。地下连续墙施工如图 8-10 所示。

（a）导墙开挖　　（b）导墙钢筋绑扎　　（c）导墙混凝土浇筑　　（d）导墙结构支撑

（e）成槽开挖　　（f）钢筋笼起吊　　（g）钢筋笼入槽　　（h）混凝土浇筑

图 8-10　地下连续墙施工

五、明(盖)挖基坑施工物资设备的进场时间

围护结构施工中主要材料为钢筋、混凝土、钢板、型钢等。周转材料主要为钢支撑、脚手架、钢板桩等。设备主要有钻机、槽壁机、吊车、搅拌桩机、挖掘机等。

主要材料进场时间需考虑材料检验时间及加工时间,在围护结构施工前需有一批次经检验合格的材料进场,在施工过程中根据施工进度再分批次进场。钢支撑在基坑开始开挖时就需陆续进场,进场数量由工程进度及堆放场地条件决定。主要施工设备在围护结构施工前进场,特种设备需提前进场,由相关政府部门验收合格后方可投入使用。

六、物资部门在该项工程中应当关注的节点或事项

(1)关注大型机械进出场时间,尽量减少进出场次数,该项工程涉及机械租赁费用及大型机械进出场费用。

(2)关注钢支撑的总数量及分批次进场数量,尽量考虑周转。关注钢支撑拆除时间,分批次退场。

第三节 盾构法施工

盾构是用来开挖土砂类围岩的隧道机械,由切口环、支撑环及盾尾三部分组成,也称盾构机。盾构法是用盾构进行开挖,并进行衬砌作业从而修建隧道的方法。盾构机施工示意图如图8-11所示。

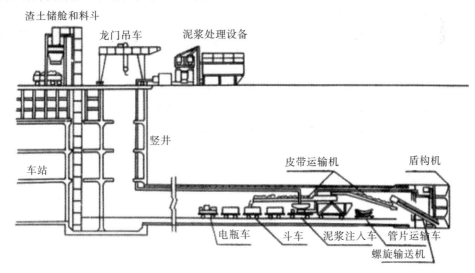

(a)

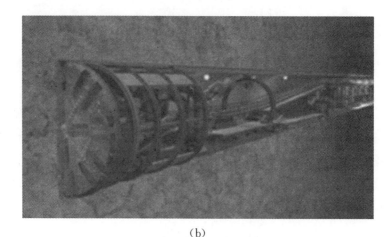

(b)

图 8-11 盾构机施工示意图

一、盾构机类型与构成

盾构机的基本工作原理就是一个圆柱体的钢组件,沿隧洞轴线一边向前推进,一边对土壤进行挖掘支撑。

1. 盾构机的类型

根据盾构机的工作原理、挖掘方式、横断面的形状和盾构机的功能、用途等,可将盾构机进行以下分类。

(1)根据工作原理划分,分为手掘式盾构机、挤压式盾构机、半机械式盾构机(局部气压、全局气压)和机械式盾构机(开胸式切削盾构、气压式盾构、泥水加压盾构、土压平衡盾构、混合型盾构和异型盾构)。

(2)根据开挖方式划分,分为敞开式、机械切削式、网格式和挤压式等。

(3)按盾构机横断面的形状划分,分为半圆形、圆形、椭圆形、马蹄形、双圆塔接形(竖双圆形、横双圆形)、三圆塔接形和矩形(矩形、凸字形和凹字形)盾构机。

(4)按盾构机的功能和用途划分,分为直角弯隧道盾构机、偏心急弯曲线盾构机、大坡度盾构机、地中对接盾构机(CID 工法、MSD 工法)、侧接盾构机、站盾构机、分岔盾构机、路线可变扭曲盾构机、竖向掘削盾构机(上、下掘盾构)、扩径盾构机、变径盾构机、大深度盾构机、长距离盾构机、高速掘进盾构机等。

2. 盾构机的构成

盾构机按整体结构从前往后依次为盾构机本体(刀盘、前盾、中盾和尾盾)、连接桥架、1 号~5 号车架,如图 8-12 所示。

图 8-12　盾构机结构图

盾构机主机主要由壳体、刀盘及驱动系统、拼装机、螺旋输送机、推进系统等部分组成,如图 8-13 所示。

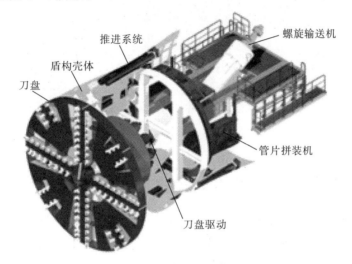

图 8-13　盾构机主机构造

二、盾构法施工

盾构施工方法由以下几个步骤组成:

(1)在盾构法隧道的起始端和终端各建一个工作井,亦称出发井和到达井。

(2)盾构机在起始端工作井内安装就位。

(3)依靠盾构千斤顶推力(作用在已拼装好的衬砌环和工作井后壁上)将盾构机从起始工井的墙壁开孔处推进。

(4)盾构机在地层中沿着设计轴线推进,在推进的同时不断出土和安装衬砌管片。

(5)及时向衬砌管片背后的空隙注浆,以防止地层移动,同时可以固定衬砌环的位置。

(6)施工过程中,适时施作衬砌防水。

(7)盾构机进入终端工作井后拆除。如施工需要,也可穿越工作井再向下一区间推进。

盾构法施工中,其隧道一般采用以预制管片拼装的圆形衬砌,也可采用挤压混凝土圆形衬砌,必要时可再浇筑一层内衬砌,形成防水功能较好的圆形双层衬砌。盾构施工成型后的隧道如图 8-14 所示。

图 8-14　盾构施工成型后的隧道

三、盾构法施工物资设备的进场时间

盾构法施工的主要材料有隧道管片、水泥、砂和胶凝材料(膨润土、粉煤灰、水玻璃等)。主要周转材料为钢轨。主要机械设备有盾构机、吊车、拌浆设备、注浆设备、通风设备等。

管片分自加工管片和购置成品管片两种。自加工管片需建设管片厂,注浆材料进场需考虑材料检验时间及配合比试验时间,在盾构开始施工前注浆材料必须进场。盾构机至少需提前 1 个月进场,进行安装调试。钢轨随盾构机进场。

四、物资部门在该项工程中应当关注的节点或事项

(1)盾构法施工除了关注盾构机外,物资部门主要关注的是管片供应,需保证现场施工需要。

(2)关注注浆材料的用量情况,超设计用量要及时预警,分析原因,及时纠偏。

第四节　喷锚暗挖(新奥)法施工

暗挖法是指不挖开地面,采用在地下挖洞的方式施工,又称新奥法。喷锚暗

挖法施工步骤是:先将钢管打入地层,然后注入水泥或化学浆液,使地层加固,再进行短进尺开挖,一般每循环为 0.5~1.0 m,施作初期支护,随后施作防水层,最后完成二次支护。

一、喷锚暗挖法施工

喷锚暗挖法的施工程序主要有开挖作业、初期支护、二次衬砌、动态观测等,如图 8-15 所示。

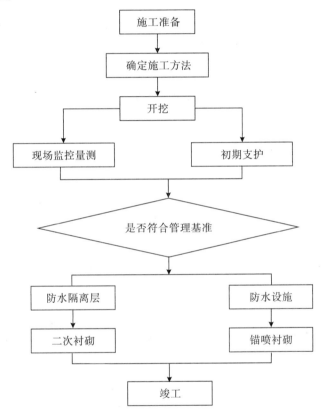

图 8-15 喷锚暗挖法施工流程

二、喷锚暗挖法常见施工方法

1. 全断面法

全断面开挖法是指按设计使开挖面一次开挖成形,如图 8-16 所示。全断面开挖有较大的工作空间,适用于围岩良好地段施工,施工速度较快。

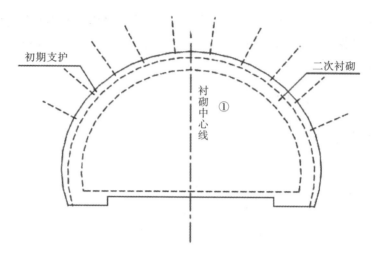

图 8-16　全断面法开挖示意图

2. 台阶法

台阶开挖法一般是指将设计断面分成上半断面和下半断面实施两次开挖成形,如图 8-17 所示。有时也采用台阶上部弧形导坑超前开挖。

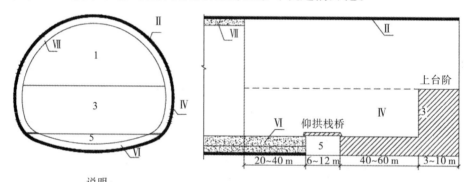

说明:
1.上部开挖;Ⅱ.上部初期支护;3.下部开挖;Ⅳ.下部初期支护;
5.底部开挖(捡底);Ⅵ.仰拱及混凝土填充;Ⅶ.二次衬砌

图 8-17　台阶开挖法施工图

3. 中隔壁法

中隔壁法也称 CD 工法(Center Diaphragm),它是指在软弱围岩大跨度隧道中,先开挖隧道的一侧,并在设计中间部位作中隔壁,然后再开挖另一侧的施工方法,如图 8-18 所示。中隔壁法主要应用于双线隧道Ⅳ级围岩深埋硬质岩地段以及老黄土隧道(Ⅳ级围岩)地段。

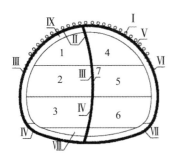 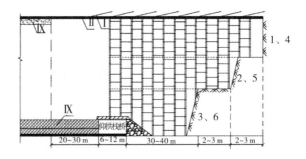

Ⅰ.超前支护;1.左侧上部开挖;Ⅱ.左侧上部初期支护;2.左侧中部开挖;Ⅲ.左侧中部初期支护;3.左侧下部开挖;Ⅳ.左侧下部初期支护;4.右侧上部开挖;Ⅴ.右侧上部初期支护;5.右侧中部开挖;Ⅵ.右侧中部初期支护;6.右侧下部开挖;Ⅶ.右侧下部初期支护;7.拆除中隔墙;Ⅷ.仰拱及填充混凝土;Ⅸ.拱墙二次衬砌

图 8-18 中隔壁法施工

4. 交叉中隔壁法

交叉中隔壁法,又称 CRD 工法(Cross Diaphragm)。该法是以中隔壁将洞室分为基本等面积的左右两部分,两侧均以 2~3 部台阶依次到底贯通,两侧上部与下部交叉施作(而不是中隔壁墙先单侧到底),且每部均采用初期支护与临时支护闭合的施工方法,因其上部交叉作业和中隔壁与临时仰拱形成交叉而得名。交叉中隔壁法施工如图 8-19 所示,交叉中隔壁法施工示意图如图 8-20 所示。

图 8-19 交叉中隔壁法施工

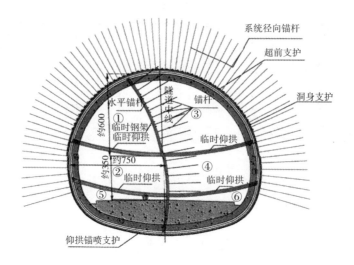

图 8-20 交叉中隔壁法施工示意图

5. 单侧壁导坑法

单侧壁导坑法是以隔壁将洞室分为不等面积、相对独立作业的左右两部分，先以全断面或台阶方式施作先行侧导坑，后以台阶方式施作滞后一定间距的另一侧。该法适宜在较差的Ⅳ～Ⅴ级地层中修建大跨、浅埋、地层沉降需控制的洞室施工。单侧壁导坑法开挖顺序示意图如图 8-21 所示。

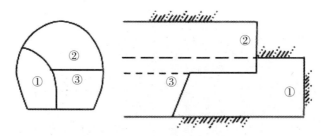

图 8-21 单侧壁导坑法开挖顺序示意图

6. 双侧壁导坑法

双侧壁导坑法是将洞室横向分为三块，两侧导坑以全断面或台阶方式错开或平行先行施工，其后再以台阶方式施工剩余的中间部分。双侧壁导坑法开挖顺序示意图如图 8-22 所示。

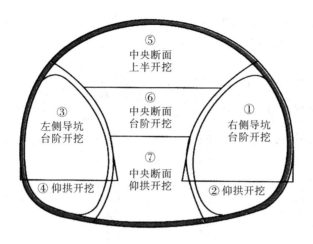

图 8-22 双侧壁导坑法开挖顺序示意图

7. 中柱法

中柱法又称双侧壁及梁柱导洞法,是将全断面横向分为五块——两个柱洞、一个中洞和两个侧洞,先自上而下施作柱洞初期支护,再自下而上施作结构柱底和顶处相对应的结构,形成梁柱支撑体系;其次施工中洞的上部初期支护及其相应部位的现浇混凝土结构,进行下部挖掘及其初期支护,进行中洞底对应部位的现浇混凝土结构,形成大中洞稳定体系;最后对称自上而下施作两侧洞初期支护,直至横向闭合。中柱法示意图如图 8-23 所示。

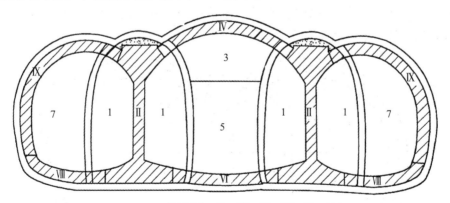

1、3、5、7—开挖断面;Ⅱ、Ⅳ、Ⅵ、Ⅷ、Ⅸ—衬砌

图 8-23 中柱法示意图

8. 洞桩法

洞桩法(PBA)又称洞柱法,也称双侧边桩导洞法。该法是在地下先行暗挖的导洞内施作围护边桩、桩顶纵梁,然后使围护桩、桩顶纵梁、顶拱共同构成桩、梁、拱框架支撑体系,共同承受施工过程的外部荷载。然后在顶拱和边桩的保护下,逐层向下挖掘(必要时设预加力横向支撑),进行内部结构施工,最终形成由外层

边桩及拱顶初期支护和内层现浇混凝土或钢筋混凝土结构组合而成的永久承载体系。双侧壁桩、梁柱导洞法示意图如图8-24所示。

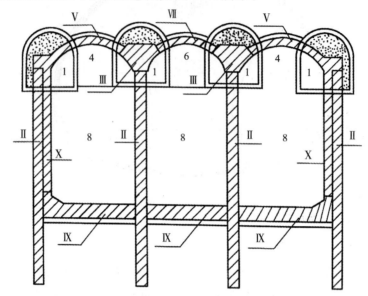

1、4、6、8—开挖断面；Ⅱ、Ⅲ、Ⅴ、Ⅶ、Ⅸ、Ⅹ—衬砌

图8-24 双侧壁桩、梁柱导洞法示意图

9. 中洞法

中洞法又称中导洞法，也称中洞-台阶法，是先行开挖中导洞，在导洞内完成中隔墙或梁柱体系施作，以中墙或梁柱体系作为两侧洞的侧墙，再以台阶法施作两侧洞的支护。中洞法示意图如图8-25所示。

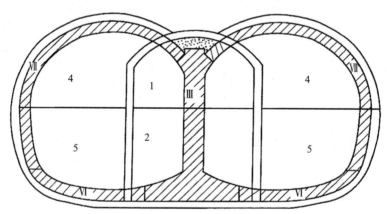

1、2、4、5—开挖断面；Ⅲ、Ⅵ、Ⅶ—衬砌

图8-25 中洞法示意图

三、初期支护

1. 锚杆支护

锚杆种类按其与支护体锚固形式可分为如下几种。

（1）端头锚固式锚杆。端头锚固式锚杆利用内、外锚头的锚固来限制围岩变形松动。

（2）全长黏结式锚杆。全长黏结式锚杆采用水泥砂浆(或树脂)作为填充黏结料。

（3）摩擦式锚杆。摩擦式锚杆是用一种沿纵向开缝(或预变形)的钢管，装入比钢管外径小的钻孔内，对孔壁施加摩擦力，从而约束孔周岩体变形。

（4）早强药包内锚头锚杆。早强药包内锚头锚杆是以快硬水泥卷或早强砂浆卷或树脂作为内锚固剂的内锚头锚杆，其构造如图 8-26 所示。

（5）混合式。混合式锚固是端头锚固方式与全黏结锚固方式的结合使用。

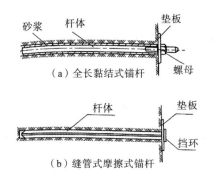
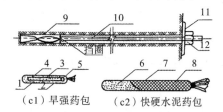

1.不饱和聚酯树脂+加速剂+填料；2.纤维纸或塑料袋；3.填料；4.玻璃管；5.堵头（树脂胶泥封口）；6.快硬水泥；7.湿强度较大的滤纸筒；8.玻璃纤维纱网；9.树脂锚固剂；10.带麻花头的杆体；11.垫板；12.螺母

(c) 早强药包内锚头锚杆

图 8-26　常见锚杆示意图

2. 喷射混凝土支护

喷射混凝土是使用混凝土喷射机，按一定的混合程序，将掺有速凝剂的细石混凝土喷射到岩壁表面上，并且迅速固结为一层支护结构，从而对围岩起到支护作用。喷射机和搅拌机配套喷射混凝土示意图如图 8-27 所示。

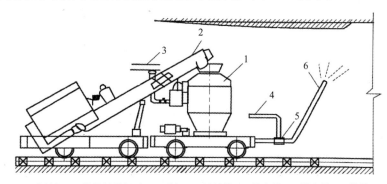

1.喷射机；2.搅拌转载机（C3Y型）；3.压风管；4.供水管；5.混合器；6.料管

图 8-27　喷射机和搅拌机配套喷射混凝土示意图

3. 钢拱架支护

钢拱架是对锚喷复合衬砌的再加强,钢拱架整体刚度大,能很好地与锚杆、钢筋网、喷射混凝土结合,形成可靠的初期复合衬砌。

钢拱架可以采用型钢、工字钢、钢管或钢筋制成。现场采用以钢筋制作的格栅钢架较多。

四、二次支护

二次支护多采用模筑混凝土作为内层衬砌。模筑混凝土衬砌施工常用的施工机械主要有整体移动式模板台车、穿越式(分体移动)模板台车和拼装式拱架模板。

五、超前支护

对软弱破碎围岩,需采取一些辅助稳定措施。例如,在开挖过程中留核心土稳定工作面,施作超前锚杆来锚固前方围岩,临时仰拱及时封闭,利用管棚超前支护前方围岩,注浆加固围岩和堵水等。

1. 超前锚杆

超前锚杆是沿开挖轮廓线,将锚杆以一定的外插角斜向插入前方,即在开挖的轮廓外周形成对前方围岩的预锚固,使得开挖面的开挖作业在提前形成的围岩锚固圈保护下进行。超前锚杆加固前方围岩如图 8-28 所示。

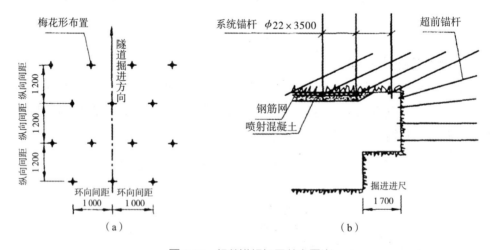

图 8-28 超前锚杆加固前方围岩

2. 管棚

管棚是利用钢管或钢插板作为纵向支撑、钢拱架作为横向环形支撑的一种复合衬砌形式。管棚超前支护示意图如图 8-29 所示。

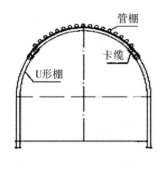
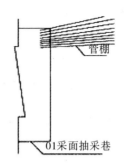

图 8-29 管棚超前支护示意图

3. 超前小导管

超前小导管注浆施工是在工作面开挖前,先对工作面及一定长度(通常为 5 m)范围内的坑道喷射厚为 5～10 cm 的混凝土,或采用模筑混凝土封闭,然后沿开挖外轮廓线(即坑道周边)向前以一定角度打入管壁带小孔的小导管,并以一定压力(注浆压力为 0.5～1.0 MPa)向管内压注起胶结作用的浆液,待浆液硬化后,坑道周围岩体便形成了具有一定厚度的加固圈。超前小导管注浆施工示意图如图 8-30 所示。

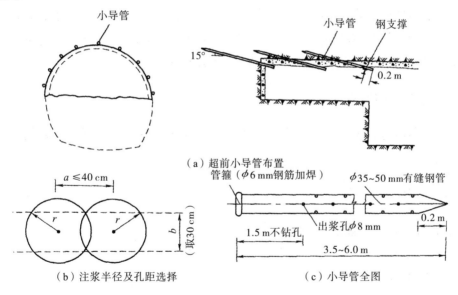

图 8-30 超前小导管注浆施工示意图

六、喷锚暗挖法施工物资设备的进场时间

喷锚暗挖法施工涉及的主要材料有钢筋、型钢、钢板、防水卷材、防水布、防水涂料、钢管($\phi 32 \sim 108$ mm)、锚杆、注浆材料、混凝土、炸药等。周转材料主要有组合钢模、定型钢模、二衬模板台车、木材、型钢等。主要机械设备有挖掘机、自卸卡车、锚杆钻机、水平钻机、风镐、气腿式风钻、凿岩台车、湿喷机、挂布台车、压浆泵、注浆泵、

注浆机、汽车吊、混凝土输送泵、混凝土运输罐车、装载机、空压机、通风设备等。

主要材料在隧道开始施工前就需进场,并应考虑试验检测及加工时间,根据施工进度分批次进场。周转材料根据工程需要进场,定型钢模、二衬模板台车要充分考虑加工制作时间及现场拼装调试时间。主要机械设备根据现场需要随时进场。

七、物资部门在该项工程中应当关注的节点或事项

(1)关注大型机械进出场时间,尽量减少进出场次数,该项工程涉及机械租赁费用及大型机械进出场费用。

(2)关注主要材料用料情况,特别是注浆材料、混凝土等,超设计用量后要及时与技术部门沟通反馈,找出原因,采取整改措施。

第五节 主要材料、周转材料及施工机具

一、主要材料

主要材料包括水泥、沥青、砂石料、汽柴油、钢筋、钢板、型钢、防水卷材、防水布、防水涂料、钢管($\phi 32 \sim 108$ mm)、锚杆、注浆材料、混凝土、炸药、沥青混凝土、隧道管片、胶凝材料(如膨润土、粉煤灰和水玻璃)等。

二、周转材料

周转材料包括钢管、组合钢模、定型钢模、木材、型钢、围挡、钢支撑、脚手架、钢板桩等。

三、施工机具

1. SMW桩主要施工设备

包括钻掘搅拌机、注浆泵、泥浆泵、空压机、吊车等。

2. 开挖设备

包括钻机、槽壁机、挖掘机、自卸卡车、锚杆钻机、水平钻机、破碎锤、风镐、气腿式风钻、凿岩台车、盾构机等。

3. 运输、起重设备

包括翻斗车、混凝土运输罐车、汽车吊、履带吊、塔吊、龙门吊、电动卷扬机、电动葫芦、千斤顶、自卸汽车、装载机、载重汽车、机动翻斗车等。

4. 混凝土设备

包括混凝土输送泵车、地泵、插入式振捣器、平板式振捣器等。

5. 降水设备

包括污水泵、潜水泵等。

6. 钢筋加工设备

包括钢筋调直机、钢筋切断机、钢筋弯曲机、对焊机、电焊机等。

7. 其他设备

包括喷射管、压浆泵、注浆泵、注浆机、湿喷机、挂布台车、发电机、变压器、车床等。

第九章 铁路轨道铺设工程

第一节 铁路轨道工程概述

一、轨道的定义

轨道是铁路路基面以上的线路部分。铁路轨道引导机车车辆运行,承受由车轮传来的荷载,并把它传布给路基或桥隧建筑物,是由钢轨、轨枕、道床、道岔、联结零件和防爬设备等主要部件组成的一个整体性的工程结构。轨道的结构如图9-1所示。

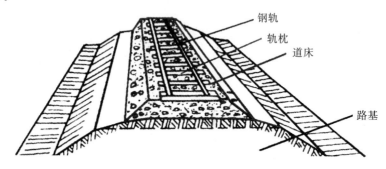

图 9-1 轨道的结构

二、轨道类型

(一)正线轨道类型

正线轨道根据运营条件分为特重型、重型、次重型、中型和轻型。根据路段旅客列车设计行车速度及近期预测运量等主要运营条件,正线轨道类型见表9-1。

表 9-1 正线轨道类型

项目				单位	特重型	重型		次重型	中型	轻型
运营条件	年通过总质量			Mt	>50	25～50		15～25	8～15	<8
	路段旅客列车设计行车速度			km/h	160～120	160～120	≤120	≤120	≤100	≤80
	钢轨			kg/m	70	60	60	50	50	50
轨道结构	轨枕	混凝土枕	型号	—	Ⅲ	Ⅲ	Ⅲ	Ⅱ	Ⅱ	Ⅱ
			铺枕根数	根/km	1667	1667	1667	1760	1667或1760	1600或1680	1520或1640
	碎石道床厚度	土质路基	双层 表面道砟	cm	30	30	30	25	20	20
			双层 底层道砟	cm	25	20	20	20	20	15
		土质路基	单层 道砟	cm	35	35	35	30	30	25
		硬质岩石路基	单层 道砟	cm	30	30	—	—	—	—
	无砟道床	板式轨道	混凝土底座厚度	cm	≥15					
		轨枕埋入式								
		弹性支承块式			≥17					

(二)站线轨道类型

站线轨道类型见表 9-2。

表 9-2 站线轨道类型

项目			单位	到发线	驼峰溜放部分线路	其他站线及次要线
钢轨			kg/m	60、50或43	50或43	50或43
轨枕	混凝土枕	型号	—	Ⅰ	Ⅰ	Ⅰ
		铺枕根数	根/km	1520～1667	1520	1440
	防腐木枕	型号	—	Ⅱ	Ⅱ	Ⅱ
		铺枕根数	根/km	1600	1600	1600

续表

项目					单位	到发线	驼峰溜放部分线路	其他站线及次要线
道砟道床厚度	土质路基	双层道砟	相应正线轨道类型	特重型	cm	表层道砟 20 底层道砟 20	表层道砟 25 底层道砟 20	—
				重型				
				次重型				
				中型		表层道砟 15 底层道砟 15		
				轻型				
		单层道砟		特重型		35	35	其他站线 25 次要站线 20
				重型				
				次重型				
				中型		25		
				轻型				
	硬质岩石路基、级配碎石或级配砂砾石基床	单层道砟		特重型		25	30	20
				重型				
				次重型				
				中型		20		
				轻型				

第二节 铁路轨道铺设

一、有砟轨道铺设组织

铺轨作业是指路基整修好以后,将钢轨、轨枕、道岔等轨料,采取一定方式,按照施工技术标准铺设在线路规定位置上的施工过程。铁路轨道铺设主要有三项任务:轨道铺设、铺砟整道和无缝线路施工。有缝线路轨道不包含无缝线路施工任务。

1. 轨道铺设

轨道铺设的主要任务是预铺道砟和轨道粗铺。

预铺道砟就是铺轨前铺砟。有砟轨道道床分为双层道床和单层道床。双层道床要求一次性完成底砟摊铺,单层道床要求预铺150～200 mm 厚道砟,如图9-2所示。

轨道粗铺方式主要有人工和机械两种。人工铺轨是先将钢轨、轨枕、扣配件等轨料运至铺轨现场,再由人力进行现场组装铺设。

图 9-2　预铺道砟

机械铺轨主要有两种，一种是短轨排机械铺设，即先在轨排基地将轨枕、扣配件、短钢轨（一般为 25 m）等组装钉联成轨排，然后用轨排列车将组装好的轨排运到铺轨前方，再用铺轨机将轨排铺设在路基上，并予以逐节连接。另一种是单枕法机械铺设，即采用长铺机直接将轨枕、长钢轨（一般为 500 m）一次性铺设至路基上。

2. 铺砟整道

有砟轨道道床道砟是保持轨道几何形状的唯一外部约束。有砟轨道铺砟整道是将卸在线路两侧的道砟上到轨道内，并将轨道分层次整修到设计规定的断面形状和要求的程度。

3. 无缝线路施工

无缝线路是将厂制的长钢轨（一般为 500 m）铺设到已经整修好的线路上后，再进行现场焊接和锁定作业，构成无缝线路。

无缝线路的长钢轨铺设，主要可采用换铺法和单枕法。换铺法是指先完成线路短轨排铺设，然后运输长钢轨至现场，取出线路铺设的短钢轨，替换铺设长钢轨至线路。

实际铺轨作业时，根据不同的轨道类型，可采取不同的轨道铺设方式，或采用各种方式组合作业。

二、有砟轨道人工铺轨

人工铺轨施工程序为：卸轨料→预铺底砟→轨枕锚固→上枕、上轨→方枕→紧扣件→检查验收。人工铺轨施工现场如图 9-3 所示。

人工铺轨的主要优点是：设备简单，操作灵活，准备周期短，受线下工程，尤其是重点长大桥梁、隧道工期限制小，可以间断地提前投入铺轨作业。其主要缺点是：工人劳动强度大，不安全因素多，质量不易控制，进度慢，工期长，费用高。由于存在以上缺点，使得人工铺轨在正线上已逐渐被淘汰，多适用于零星铺轨作业及既有线改造工程，具体来说有以下几个方面：①铺架基地内股道的铺设；②部分站线的铺设;③桥头岔线以及道岔后的一组轨排;④工期受控地段,一般为长大桥隧间短距离地段;⑤机械铺轨受限的部分隧道内铺轨及部分新型轨下基础地段的铺轨。

图 9-3　人工铺轨施工现场

三、有砟轨道换铺法铺轨

采用换铺法铺设无缝线路轨道,即用 25 m 周转轨先采用人工铺轨、机械架梁的方法或利用在铺架基地拼装的 25 m 轨排,进行机械铺架,随即对线路进行补砟、大机养道,换铺长钢轨,形成无缝线路的一种施工方法。

由于换铺法前期仍为普通 25 m 轨排的铺设,可以直接铺设到达桥头,因此,常常被用在需要同时进行 T 梁架设的线路上。

换铺长钢轨工作是在第一次大养后线路达到基本稳定后进行的,其工艺流程如图 9-4 所示。

（a）轨排运输　　　　　（b）倒装轨排　　　　　（c）轨排铺设

（d）长轨卸车　　　　　（e）拆除工具轨　　　　（f）更换长钢轨

图 9-4　换铺长钢轨施工

四、有砟轨道单枕法铺轨

单枕法施工即用枕轨运输车组将 500 m 长钢轨和轨枕运至铺轨现场,在铺轨现场利用 CPG500 型长轨铺轨机组,先将长钢轨拖卸在预铺的底层道床上,再将轨枕按设计间距逐根铺设在底层道床上,然后将长钢轨收入承轨槽并安装扣件形成轨道的一种施工方法。其工艺流程如图 9-5 所示。

(a) 长轨运输　　　　(b) 长轨拖卸　　　　(c) 轨枕倒运

(d) 轨枕布设　　　　(e) 钢轨入槽　　　　(f) 上扣件

图 9-5　单枕法铺轨施工

五、无砟轨道长钢轨铺设

500 m 长轨条采用长轨运输车运输至施工现场,利用 WZ500 型铺设机组铺设。WZ500 型铺轨机组由牵引车、分轨推送车(推送车)、滚轮、钢轨运输车等四部分组成。钢轨运输车主要采用 N17 平板车组成长钢轨双层运输车,长钢轨长度为 500 m 时需要 40 辆平板车。无砟轨道长钢轨铺设工艺流程如图 9-6 所示。

(a) 推送钢轨　　(b) 钢轨入槽　　(c) 放置滚筒　　(d) 安装扣件

图 9-6　无砟轨道长钢轨铺设

六、分层上砟整道

铺砟整道工作是有砟轨道新线施工中一项较繁重的任务,每千米正线平均需铺砟 2500 m³ 左右,涉及道砟的采、装、运、卸,还要多次整道。因此,该项作业不仅道砟运输量大,而且备砟、铺砟、整道所需的劳动力、机械设备也多。铺砟整道工作工艺流程如图 9-7 所示。

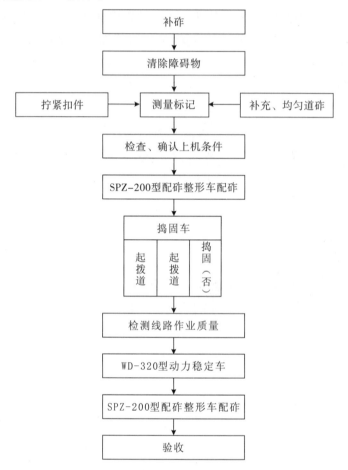

图 9-7 铺砟整道工作工艺流程图

图 9-8 配砟整形

图 9-9 拨道捣固

七、无缝线路施工

有砟无缝线路的形成过程主要有如下两种:

(1)换铺法:线下工程形成连续铺轨作业面→预铺部分面砟→铺轨、架梁→上砟整道→长钢轨换铺→无缝线路施工(焊轨、放散、精调)。

(2)单枕法:形成连续作业面→预铺部分面砟→采用长轨铺设机组一次铺设长轨线路→上砟整道→无缝线路施工(焊轨、放散、精调)。

无砟无缝线路的形成过程主要为:线下工程形成连续铺轨作业面→道床铺设→道岔铺设→铺设长钢轨→无缝线路施工。

无缝线路施工是铁路无缝线路形成的关键施工步骤。

1. 长钢轨的现场焊接(闪光焊)

焊机采用移动式闪光焊接,即将待焊钢轨平顺对直,然后将对好的钢轨端部固定在焊机夹具上,利用电流通过待焊钢轨端部产生的热量,不断形成液态金属过梁,随着过梁爆破产生闪光飞溅,使被焊端面得以清洁,并使之加热至表面融化状态,然后立即加压,在压力下相互结晶,使两节钢轨焊接在一起。长钢轨的现场焊接工艺及流程如图 9-10、图 9-11 所示。

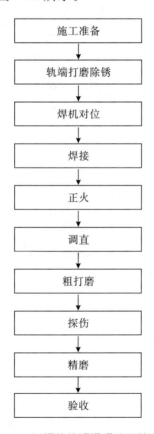

图 9-10　长钢轨的现场焊接工艺流程

图 9-11 长钢轨的现场焊接工艺

2. 长钢轨应力放散及线路锁定

长钢轨应力放散与线路锁定是铺设无缝线路施工中继铺底砟、铺设长轨、现场焊接、上砟整道之后的一道工序,是铺设无缝线路成功与否的关键。

无缝线路应力放散及锁定施工是将已经到达初期稳定状态的线路重新松开扣件,支起钢轨,垫上滚筒,使钢轨自由伸缩或自由伸缩后再强制拉伸,放散掉钢轨内附加应力和温度力,使钢轨处于设计锁定轨温时的"零"应力状态下,将线路锁定完成无缝线路的过程。进行应力放散作业是为了使在冬季气温很低时钢轨内部产生的拉应力不会把钢轨拉伤拉断和夏季气温很高时钢轨内部产生的压应力不会导致胀轨跑道现象。其工艺流程及施工如图 9-12、图 9-13 所示。

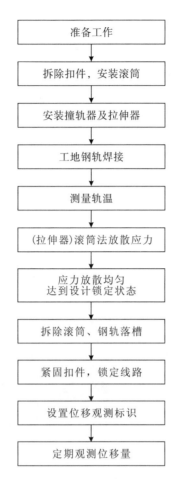

图 9-12　长钢轨应力放散及线路锁定流程

（a）支垫滚筒　　　　　　（b）拉伸钢轨　　　　　（c）撞轨

图 9-13　长钢轨应力放散施工

八、有砟高速道岔铺设

道岔是机车车辆从一股轨道转入或越过另一股轨道时必不可少的线路设备，是铁路轨道的一个重要组成部分。它的基本形式有三种，即线路的连接、交叉、连接与交叉的组合。常用的线路连接有各种类型的单式道岔和复式道岔；交叉有直交叉和菱形交叉；连接与交叉的组合有交分道岔和交叉渡线等。我国最常见的道岔类型是普通单开道岔(图 9-14),简称单开道岔,其主线为直线,侧线由主线向左侧(称左开道岔)或右侧(称右开道岔)岔出,其数量占各类道岔总数的 90% 以上。高速道岔是高速铁路正线铺设的道岔,种类较为单一,仍以单开为主。

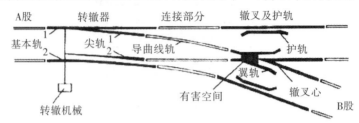

图 9-14　普通单开道岔

图 9-15　道　岔

依据轨道施工和道岔施工干扰影响的程度,高速道岔铺设的方案主要采用现场原位组拼铺设法和侧位拼装插铺法,下面重点介绍原位组拼铺设法。

原位组拼铺设法是指在道岔区先用临时轨道过渡,并进行初步的上砟整道,待道床稳定及前后长轨锁定后,在岔位处及其附近立轮胎式龙门吊或轨道吊到位,道岔组件由厂家在工厂组装调试合格后,再解体运送到铺设现场,在设计岔位处进行现场组装铺设。

道岔现场拼装完成后,检查道岔各部分几何尺寸满足要求后,然后进行道岔内部焊接,利用整体液压起升设备将道岔顶起,撤除组装平台,补充道砟进行整道,缓缓落下道岔,再检查并精调道岔,使道岔各部分几何尺寸均达到要求后,最后进行道岔与两端长钢轨之间的锁定焊接,从而完成有砟道岔的铺设。原位组拼铺设法的工艺流程及施工如图 9-16、图 9-17 所示。

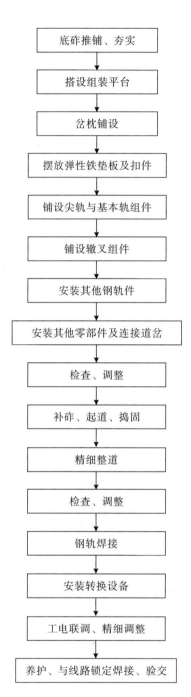

图 9-16 原位组拼铺设法工艺流程

(a) 搭设组装平台　　　　(b) 布岔枕　　　　(c) 摆放弹性铁垫板及扣件

(d) 铺设基本轨组件、辙叉组件　(e) 道岔起道、拨道　　(f) 道岔捣固

图 9-17　原位组拼铺设法施工

九、枕式无砟道岔铺设

目前,高速铁路基本以无砟整体道床为主,在无砟轨道中,枕式无砟道岔(图 9-18)为常用的整体道床道岔。无砟道岔铺设施工如图 9-19 所示。

图 9-18　枕式无砟道岔

(a) 底层钢筋绑扎　　　　(b) 摆放岔枕　　　　(c) 安装支撑调节装置

(d) 中上层钢筋绑扎　　　(e) 模板安装　　　　(f) 混凝土浇筑

图 9-19　无砟道岔铺设施工

第三节　城市轨道铺设

城市轨道主要为无砟整体道床轨道,针对不同地段要求,有多种形式道床。

一、普通整体道床机铺

普通整体道床机铺主要施工工序包括轨排组装、基底凿毛、走行轨及铺轨龙门吊安装、轨排运输及铺设、道床钢筋网安装、轨道状态调整、整体道床模板安装及混凝土浇筑等。普通整体道床机铺工艺流程如图 9-20 所示,圆形隧道普通道床如图 9-21 所示,矩形隧道普通道床如图 9-22 所示。

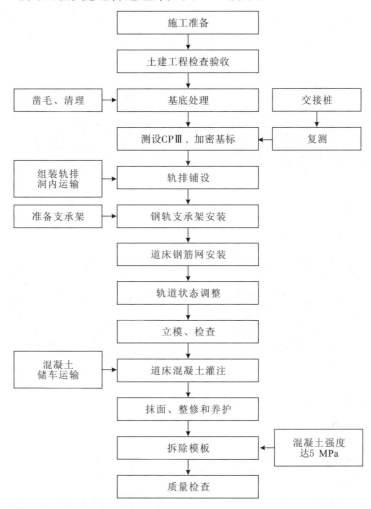

图 9-20　普通整体道床机铺工艺流程

图 9-21　圆形隧道普通道床

图 9-22　矩形隧道普通道床

1. 轨排组装

轨排组装如图 9-23 所示。

（a）轨枕摆放　　　　　　　　（b）钢轨摆放

（c）扣件安装　　　　　　　　（d）轨距检查

图 9-23　轨排组装

2. 基底凿毛

基底凿毛如图 9-24 所示。

（a）基底凿毛　　　　　　　　（b）凿毛冲洗

图 9-24　基底凿毛

3. 走行轨及铺轨龙门吊安装

走行轨及铺轨龙门吊安装如图 9-25 所示。

（a）走行轨安装　　　　　　　（b）铺轨龙门吊安装

图 9-25　走行轨及铺轨龙门吊安装

4. 轨排运输及铺设

轨排运输及铺设如图 9-26 所示。

（a）轨排装运　　　　　　　　（b）轨排铺设

图 9-26　轨排运输及铺设

5. 道床钢筋网安装

道床钢筋网安装如图 9-27 所示。

（a）道床钢筋焊接　　　　　　　（b）钢筋绑扎成型

图 9-27　道床钢筋网安装

6. 轨道状态调整

轨道状态调整如图 9-28 所示。

图 9-28　轨道状态调整

7. 整体模板安装及混凝土浇筑

整体模板安装及混凝土浇筑如图 9-29 所示。

（a）模板安装　　　（b）构件防污染塑料膜保护　　　（c）道床成品

图 9-29　整体模板安装及混凝土浇筑

二、钢弹簧浮置板道床

钢弹簧浮置板道床施工流程如图 9-30 所示，钢弹簧浮置板道床施工如图 9-31 所示。

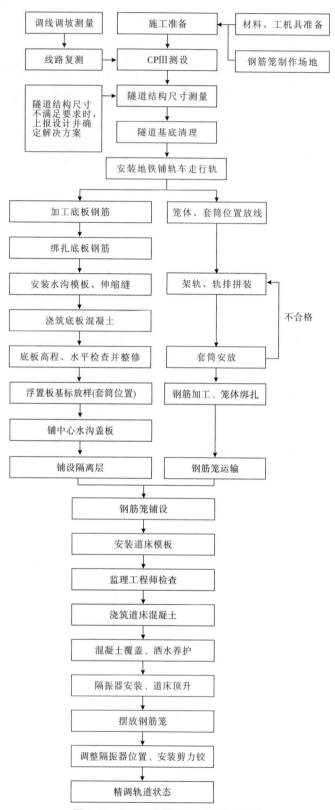

图 9-30 钢弹簧浮置板道床施工流程

（a）底板钢筋绑扎　　　（b）底基础盖板铺设　　　（c）底板成品

（d）铺设隔离膜　　（e）钢筋笼绑扎　　（f）铺设钢筋笼　　（g）浮置板道床成品

图 9-31　钢弹簧浮置板道床施工

三、橡胶减振垫整体道床

橡胶减振垫整体道床施工流程如图 9-32 所示，橡胶减振垫整体道床施工如图 9-33 所示。

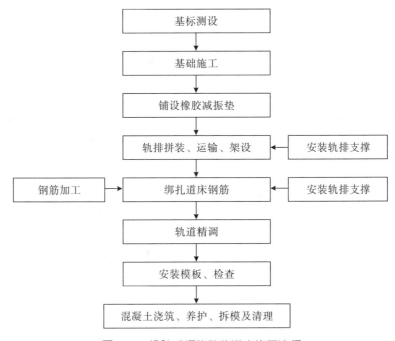

图 9-32　橡胶减振垫整体道床施工流程

(a)基础施工　　　　　(b)铺设橡胶减振垫　　　　(c)轨排铺设

(d)钢筋绑扎　　　　　(e)轨道精调　　　　　　(f)混凝土浇筑

图 9-33　橡胶减振垫整体道床施工

第四节　主要材料、周转材料及施工机具

一、主要材料及周转材料

1. 钢轨与配件

（1）钢轨是轨道的主要部件，为车轮提供连续走行面，用于引导机车车辆行驶。

（2）钢轨联结件包括中间联结件和接头联结件。中间联结件指钢轨与轨枕之间的联结件，也称扣件。接头联结件指钢轨与钢轨之间的联结件（接头夹板、夹板螺栓等），如图 9-34 所示。

图 9-34　接头联结件

（3）钢轨分类。钢轨的类型以每米大致质量"kg/m"来表示。目前，我国铁路的钢轨类型主要有 75 kg/m、60 kg/m、50 kg/m 和 43 kg/m。钢轨的长度是指在钢铁厂轧制出厂的标准长度，又称为定尺长度。我国的钢轨定尺长度按钢轨类型而定，见表 9-3。

表 9-3　钢轨定尺长度与钢轨类型的关系

钢轨类型(kg/m)	钢轨定尺长度(m)	钢轨类型(kg/m)	钢轨定尺长度(m)
43	12.5,25	60	12.5,25,100
50	12.5,25,100	75	12.5,25,100

为使钢轨接头对接，曲线内股应使用厂制缩短轨。12.5 m 标准轨的缩短量为

40 mm、80 mm 和 120 mm 三种；25 m 标准轨的缩短量为 40 mm、80 mm 和 160 mm 三种。

(4) 钢轨断面。钢轨采用工字形断面，由轨头、轨腰和轨底组成，如图 9-35 所示。为使钢轨更好地承受来自各方面的力，轨腰应具有一定高度；轨头为适应轮轨接触，应大而厚，并具有足够的面积；为保证稳定性，轨底应有足够的宽度和一定的厚度。

图 9-35　钢轨断面

(5) 长度大于等于 1000 m 的隧道内，宜采用耐腐蚀钢轨。

(6) 正线轨道的不同类型钢轨必须采用异型钢轨连接。

2. 轨枕及扣件

轨枕一般横向铺设在钢轨下的道床上，承受来自钢轨的压力，使之传布于道床。同时，利用扣件有效地保持两股钢轨的相对位置。轨枕主要有木枕和混凝土枕两类。扣件是联结钢轨和轨枕的部件。

(1) 新建及改建铁路设计应按规定选用不同类型的混凝土枕。

(2) 曲线半径小于 300 m 的地段，正线应铺设小半径曲线混凝土枕，站线宜铺设小半径曲线用混凝土枕。

(3) 设有护轨的有砟桥面，应铺设与线路轨枕同类型的混凝土桥枕。钢桥明桥面可铺设木桥枕。

(4) 道岔区应根据道岔的类型优先选用配套的混凝土岔枕。

(5) 在路基（或基底）坚实、稳定、排水良好的大型客运站内宜铺设混凝土宽枕，混凝土宽枕铺设根数应为 1760 根/km。

(6) 站线混凝土枕轨道宜采用弹性扣件，木枕轨道宜采用分开式扣件，次要站线可采用普通道钉。正线轨道使用的扣件应符合表 9-4 的规定。

表 9-4　扣件类型

轨道类型	特重型、重型	重型、次重型及中型	轻型
轨枕类型	Ⅲ型混凝土枕	Ⅱ型混凝土枕	Ⅱ型混凝土枕
扣件类型	有挡肩轨枕用弹条Ⅱ型，无挡肩轨枕用弹条Ⅲ型	弹条Ⅱ型或Ⅰ型	弹条Ⅰ型

3. 道床

道床是轨道框架的基础,在其上以规定的间隔布置一定数量的轨枕,用以增加轨道的弹性和纵、横向移动的阻力,并便于排水和校正轨道的平面和纵断面。

(1)有砟道床(图 9-36)。用作道砟的材料有碎石、天然级配卵石、筛选卵石、粗砂、中砂等。碎石道床材料应符合国家现行标准《铁路碎石道砟》(TB/T 2140)和《铁路碎石道床底砟》(TB/T 2897)的规定,Ⅰ、Ⅱ级铁路轨道的碎石道床材料应采用一级道砟。站线轨道可采用二级碎石道砟。

图 9-36　有砟道床

(2)无砟道床。无砟轨道是用整体混凝土结构代替传统有砟轨道中的轨枕和散粒体碎石道床的轨道结构,如图 9-37 所示。无砟道床宜采用轨道板式、双块式轨枕等结构形式。正线轨道有条件时,特大桥、大桥及长度大于 1000 m 的隧道内,宜采用无砟道床,根据运营需要和环境要求,经技术比选可采用减振无砟道床。

高速铁路宜采取无砟轨道结构形式。目前,高速铁路正线无砟轨道道床结构形式主要有 CRTSⅠ型双块式无砟轨道、CRISⅡ型双块式无砟轨道、CRTSⅠ型板式无砟轨道、CRISⅡ型板式无砟轨道和 CRISⅢ板式无砟轨道;高速铁路正线与站线、道岔区联结处无砟道床采用轨枕埋入式无砟轨道。

(a)板式无砟道床　　　　　　　(b)双块式无砟道床

图 9-37　无砟道床

4. 道岔

(1)道岔。把两条或两条以上的轨道在平面上进行相互连接或交叉的设备,在我国铁路和城市轨道交通上统称为道岔,如图9-38所示。

(2)道岔种类。

①普通单开道岔,最简单、最常用,如图9-39所示。

图 9-38 道岔

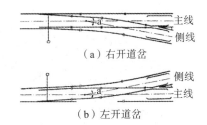

图 9-39 普通单开道岔

②对称道岔(双开道岔),无直向及侧向之分,如图 9-40 所示。

图 9-40 对称道岔

③三开道岔,将一个道岔纳入另一个道岔内构成(两顺向道岔),如图9-41所示。

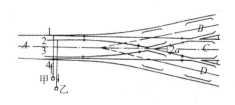

图 9-41 三开道岔

④交分道岔,将一个道岔纳入另一个道岔内构成(两对向道岔),可开通四个方向,如图 9-42 所示。

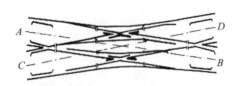 

图 9-42 交分道岔

⑤交叉渡线（四组道岔），如图 9-43 所示。

图 9-43 交叉渡线

(3)单开道岔的组成部分。单开道岔由转辙器、辙叉及护轨和连接部分以及岔枕等组成，如图 9-44 所示。

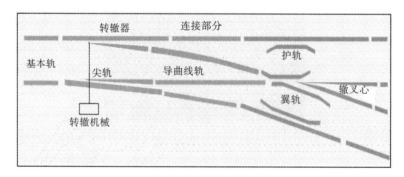

图 9-44 单开道岔的组成

①转辙器，是引导车辆进入道岔不同方向的设备，如图 9-45 所示。其作用是将尖轨扳动到不同的位置，使车辆沿直线或侧线运行。

图 9-45 转辙器

②辙叉及护轨,用于正确地引导机车车辆轮对的走向,顺利实现列车的方向转换,控制一侧车轮轮缘不致进入异股,如图 9-46 所示。辙叉由翼轨和心轨(岔心)组成。

图 9-46　辙叉及护轨

(4)单开道岔以钢轨类型及辙叉号数区分类型。道岔号码 N 为所用辙叉角 α 的余切计,$N=\mathrm{ctg}(\alpha)=EF/AE$。辙叉号码 N 越大,辙叉角越小,侧向过岔允许速度越高。但 N 越大,则道岔全长越长,工程费用相应增加。道岔号码与辙叉角如图 9-47 所示。

道岔号	辙叉角
7	8°07′48″
8	7°03′30″
9	6°20′25″
10	5°42′38″
11	5°11′40″
12	4°45′49″
18	3°10′12.5″
24	2°23′09″

图 9-47　道岔号码与辙叉角

二、主要机具

1. PG28 铺轨机

目前我国采用换铺法进行长钢轨铺设或新建普通铁路的轨排铺设作业,采用悬臂式铺轨机进行施工。铺轨机在自己铺设的线路上作业和行走。随着轨排质量不断提高、长度不断增加,铺轨机的性能也不断提高,由简易铺轨机发展到目前的 PG28 型、PGX15 型(东风Ⅰ)、PGX30 型三种铺轨机。

图 9-48　铺轨机

铺轨机一般由车体、转向架、柴油发电机组、机臂、立柱、吊轨小车、扁担、起升与运行机构、轨排拖拉机构及司机室等组成,如图 9-48 所示。

2. CPG500 长轨条铺轨机组

CPG500 型长轨条铺轨机组共由五部分组成:履带式钢轨拖拉机、作业车、辅助动力车、车载龙门吊以及一列(37 辆)枕轨运输车组。作业车主要完成布枕、拖拉长钢轨、收拢长钢轨(将长钢轨从轨枕外收到承轨槽内)、布放橡胶垫板等作业;辅助动力车主要完成长钢轨分轨和推送、安装部分扣件的工作;轨枕运输车组为 CPG500 型长轨条铺轨机组提供轨枕和长钢轨。此外,CPG500 型长轨条铺轨机组还专门配备两台车载龙门吊,运送轨枕,这两台车载龙门吊我们称之为 1 号车载龙门吊(离 CPG500 较近)和 2 号车载龙门吊(离 CPG500 较远),如图 9-49 所示。

图 9-49 长轨条铺轨机组

3. WZ500 型铺轨机组

WZ500 型铺轨机组的组成包括牵引车(图 9-50)、分轨推送车(推送车)(图 9-51)、滚轮和钢轨运输车。钢轨运输车主要采用 N17 平板车组成长钢轨双层运输车,长钢轨长度为 500 m 时需要 40 辆平板车。

图 9-50 铺轨机牵引车

图 9-51 推送车

4. K922 移动式闪光焊机

移动式闪光焊机如图 9-52 所示。

图 9-52　移动式闪光焊机

5. 机械化整道机组

使用机械化整道（MDZ）机组进行作业的特点是应用了最新的机械化配砟技术和动力稳定技术，即在捣固和夯实枕端后，使用轨道动力稳定车（GDS）对线路进行动力稳定，从而使道床获得整体的密实。图 9-53 为配砟整形车，图 9-54 为捣固机。根据对轨道动力稳定车作业效果的测试结果表明，轨道动力稳定车一次满荷载稳定作业所引起的碎石道床初期沉降量，相当于 8 万～10 万 t 行车荷载通过线路的作用效果。

图 9-53　配砟整形车　　　　　图 9-54　捣固机

第十章　建筑工程

第一节　建筑工程概述

建筑工程是指通过对各类房屋建筑及其附属设施的建造和与其配套的线路、管道、设备的安装活动所形成的工程实体。其中"房屋建筑"指有顶盖、梁柱、墙壁、基础以及能够形成内部空间，满足人们生产、居住、学习、公共活动需要的工程。

一、功能分类

建筑物按使用功能分类分为民用建筑和工业建筑两大类。

1. 民用建筑

民用建筑是指供人们生活、居住、从事各种文化福利活动的房屋，按其用途不同，有以下两类：

(1) 居住建筑，指供人们生活起居用的建筑物，如住宅、宿舍、宾馆、招待所等，如图10-1所示。

(2) 公共建筑，指供人们从事社会性公共活动的建筑和各种福利设施的建筑物，如各类学校、图书馆、影剧院、机场等，如图10-2所示。

图10-1　居住建筑

图10-2　公共建筑

2. 工业建筑

工业建筑是供人们从事各类工业生产活动的各种建筑物和构筑物的总称，通常将这些生产用的建筑物称为工业厂房，包括车间、变电站、锅炉房、仓库等。

二、结构分类

1. 砖混结构体系

砖混结构房屋一般是指楼盖和屋盖采用钢筋混凝土或钢木结构,而墙和柱采用砌体结构建造的房屋,大多用在住宅、办公楼、教学楼建筑中,如图 10-3 所示。

2 框架结构体系

框架结构体系是指利用梁、柱组成的纵、横两个方向的框架形成的结构体系,如图 10-4 所示。它同时承受竖向荷载和水平荷载。其主要优点是建筑平面布置灵活,可形成较大的建筑空间,建筑立面处理也比较方便;主要缺点是侧向刚度较小,当层数较多时,会产生过大的侧移,易引起非结构性构件(如隔墙、装饰等)破坏而影响使用。在非地震区,框架结构一般不超过 15 层。

图 10-3　砖混结构

图 10-4　框架结构

3 剪力墙体系

剪力墙体系是指利用建筑物的墙体(内墙和外墙)做成剪力墙来抵抗水平力,如图 10-5 所示。剪力墙一般为钢筋混凝土墙,厚度大于等于 160 mm。剪力墙的墙段长度不宜大于 8 m,适用于小开间的住宅和旅馆等,在 180 m 高度范围内都适用。

4 框架-剪力墙结构

框架-剪力墙结构是在框架结构中设置适当剪力墙的结构,如图 10-6 所示。它具有框架结构平面布置灵活,有较大空间的优点,又具有侧向刚度较大的优点。框架-剪力墙结构中,剪力墙主要承受水平荷载,竖向荷载主要由框架承担(平剪竖框)。框架-剪力墙结构适用于不超过 170 m 高的建筑。

图 10-5　剪力墙体系

图 10-6　框架-剪力墙结构

5. 筒体结构

在高层建筑中,特别是超高层建筑中,水平荷载愈来愈大,筒体结构便是抵抗水平荷载最有效的结构体系,如图 10-7 所示。它的受力特点是整个建筑犹如一个固定于基础上的空心封闭筒式悬臂梁来抵抗水平力。

图 10-7　筒体结构

6. 桁架结构

桁架是由杆件组成的结构体系。在进行内力分析时,节点一般假定为铰节点,当荷载作用在节点上时,杆件只有轴向力,其材料的强度可得到充分发挥。桁架结构的优点是可利用截面较小的杆件组成截面较大的构件。单层厂房的屋架常选用桁架结构,如图 10-8 所示。

图 10-8　桁架结构

7. 网架结构

网架是由许多杆件按照一定规律组成的网状结构。网架结构(图 10-9)可分为平板网架和曲面网架。

图 10-9　网架结构

8. 悬索结构

悬索结构是比较理想的大跨度结构形式之一,在桥梁中被广泛应用,如图 10-10 所示。目前,悬索屋盖结构的跨度已达 160 m,主要用于体育馆、展览馆中。索是中心受拉构件,既无弯矩也无剪力。悬索结构的主要承重构件是受拉的钢索,钢索是用高强度钢绞线或钢丝绳制成的。

图 10-10 悬索结构

9. 薄壁空间结构

薄壁空间结构,也称壳体结构,如图 10-11 所示。它的厚度比其他尺寸(如跨度)小得多,所以称薄壁。它属于空间受力结构,主要承受曲面内的轴向压力,弯矩很小。它的受力比较合理,材料强度能得到充分利用。薄壳常用于大跨度的屋盖结构,如展览馆、俱乐部、飞机库等。

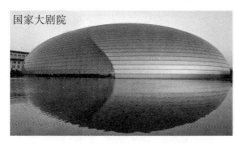

图 10-11 薄壁空间结构

三、装配式建筑

由预制部品部件在工地装配而成的建筑,称为装配式建筑。按预制构件的形式和施工方法分类,装配式建筑分为砌块建筑、板材建筑、盒式建筑、骨架板材建筑和升板升层建筑等五种类型。装配式混凝土建筑在国内应用较多,是指以工厂化生产的钢筋混凝土预制构件为主,通过现场装配的方式设计建造的混凝土结构类房屋建筑。这类建筑一般分为全装配建筑和部分装配建筑两大类。全装配建筑一般为低层或抗震设防要求较低的多层建筑;部分装配建筑的主要构件一般采

用预制构件,在现场通过现浇混凝土连接,形成装配整体式结构的建筑物。该建筑物的特点如下:

①大量的建筑部品由车间生产加工完成,构件种类主要有外墙板、内墙板、叠合板、阳台、空调板、楼梯、预制梁、预制柱等。

②现场有大量的装配作业,大量减少现场施工强度。

③采用建筑、装修一体化设计、施工,理想状态是装修可随主体施工同步进行。

④设计的标准化和管理的信息化。构件越标准,生产效率越高,相应的构件成本就会越低,配合工厂的数字化管理,整个装配式建筑的性价比会越来越高。

⑤符合绿色建筑的要求。

⑥节能环保。

装配式建筑施工工艺如图 10-12 所示。

(a)预制厂房内墙板构件存放

(b)预制楼板运输

(c)预制框架柱出厂运输

(d)预制框架梁运输出厂

(e)预制框架柱吊装

(f)预制框架梁吊装

(g)预制剪力墙吊装　　　　　　(h)预制墙板吊装就位调整

图 10-12　装配式建筑施工工艺

第二节　基础工程

一、混凝土灌注桩

泥浆护壁钻孔混凝土桩施工流程参见图 5-3。下放钢筋笼如图 10-13 所示，环切法桩头效果如图 10-14 所示。

图 10-13　下放钢筋笼　　　　　图 10-14　环切法桩头效果

二、水泥搅拌桩

水泥搅拌桩施工工艺流程参见图 4-14。水泥搅拌桩地基处理如图 10-15 所示，水泥搅拌桩桩头切除后效果如图 10-16 所示。

图 10-15　水泥搅拌桩地基处理　　图 10-16　水泥搅拌桩桩头切除后效果

第三节 防水工程

一、聚氨酯防水

聚氨酯防水施工工艺流程如图 10-17 所示。

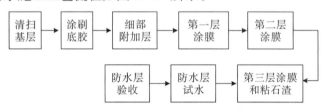

图 10-17 聚氨酯防水施工工艺流程图

聚氨酯底板防水施工如图 10-18 所示。

图 10-18 聚氨酯底板防水施工

二、水泥基防水

水泥基防水施工工艺流程如图 10-19 所示。

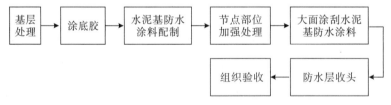

图 10-19 水泥基防水施工工艺流程图

水泥基防水涂刷如图 10-20 所示，基础底板水泥基防水施工如图 10-21 所示。

图 10-20　水泥基防水涂刷　　　图 10-21　基础底板水泥基防水施工

三、SBS 卷材防水

SBS 卷材防水施工工艺流程如图 10-22 所示。

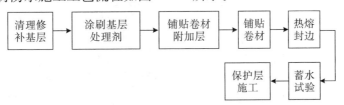

图 10-22　SBS 卷材防水施工工艺流程图

2. 施工样板

SBS 卷材防水附加层如图 10-23 所示,卷材沿基底长方向铺贴施工如图 10-24 所示。

图 10-23　SBS 卷材防水附加层　　　图 10-24　卷材沿基底长方向铺贴施工

第四节　主体工程

一、柱钢筋安装

柱钢筋安装施工工艺流程如图 10-25 所示。

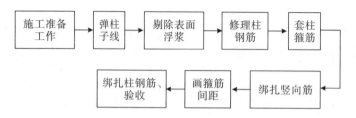

图 10-25 柱钢筋安装施工工艺流程图

框架柱主筋定位如图 10-26 所示。

图 10-26 框架柱主筋定位

二、剪力墙钢筋安装

剪力墙钢筋绑扎施工工艺流程如图 10-27 所示。

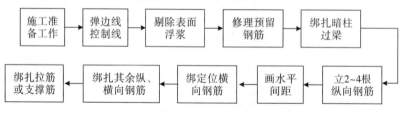

图 10-27 剪力墙钢筋绑扎施工工艺流程图

剪力墙竖向钢筋定位如图 10-28 所示，剪力墙钢筋根部料凿毛如图 10-29 所示。

图 10-28 剪力墙竖向钢筋定位　　图 10-29 剪力墙钢筋根部料凿毛

三、梁钢筋安装

梁钢筋绑扎施工工艺流程如图 10-30 所示。

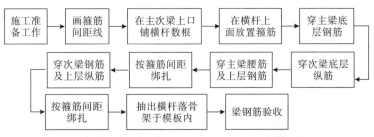

图 10-30　梁钢筋绑扎施工工艺流程图

梁柱核心区钢筋布置如图 10-31 所示，梁钢筋绑扎效果如图 10-32 所示。

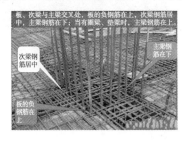 

图 10-31　梁柱核心区钢筋布置　　　　图 10-32　梁钢筋绑扎效果

四、板钢筋安装

板钢筋绑扎施工工艺流程如图 10-33 所示。

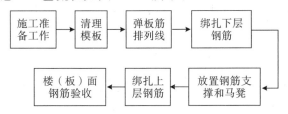

图 10-33　板钢筋绑扎施工工艺流程图

皮数杆检查楼板钢筋间距如图 10-34 所示，楼板钢筋绑扎如图 10-35 所示。

 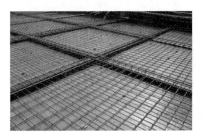

图 10-34　皮数杆检查楼板钢筋间距　　　图 10-35　楼板钢筋绑扎

五、钢筋直螺纹连接

钢筋直螺纹连接施工工艺流程如图 10-36 所示。

图 10-36　钢筋直螺纹连接施工工艺流程图

直螺纹连接钢筋端头如图 10-37 所示，直螺纹接头如图 10-38 所示。

图 10-37　直螺纹连接钢筋端头　　　　图 10-38　直螺纹接头

六、电渣压力焊连接

电渣压力焊施工工艺流程如图 10-39 所示。

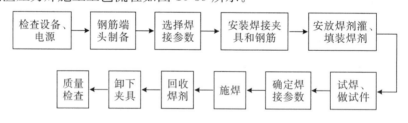

图 10-39　电渣压力焊施工工艺流程图

电渣压力焊施工实景如图 10-40 所示，电渣压力焊施工及原理如图 10-41 所示。

图 10-40　电渣压力焊施工实景　　　　图 10-41　电渣压力焊施工及原理

七、木模板安装

（1）梁模板安装工艺流程如图 10-42 所示。

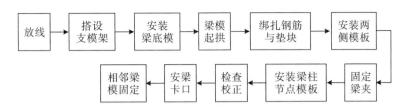

图 10-42　梁模板安装工艺流程图

(2) 板模板安装工艺流程如图 10-43 所示。

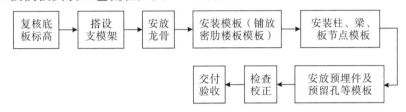

图 10-43　板模板安装工艺流程图

梁、板模板支设过程如图 10-44 所示。

图 10-44　梁、板模板支设过程

八、铝合金模板安装

铝合金模板安装施工工艺流程如图 10-45 所示。

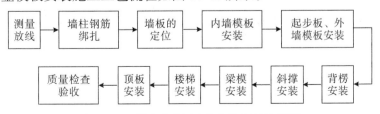

图 10-45　铝合金模板安装施工工艺流程图

铝合金墙模板如图 10-46 所示，铝合金板模板如图 10-47 所示。

图 10-46　铝合金墙模板

图 10-47　铝合金板模板

九、大体积混凝土

大体积混凝土施工工艺流程如图 10-48 所示。

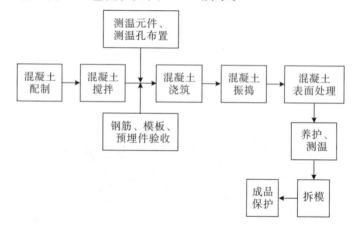

图 10-48　大体积混凝土施工工艺流程图

大体积混凝土施工实景如图 10-49 所示。

图 10-49　大体积混凝土施工实景

十、梁柱节点混凝土

梁柱节点混凝土浇筑施工工艺流程如图 10-50 所示。

图 10-50　梁柱节点混凝土浇筑施工工艺流程图

梁柱核心区混凝土浇筑准备如图 10-51 所示，梁柱核心区混凝土浇筑实景如图 10-52 所示。

图 10-51　梁柱核心区混凝土浇筑准备　　　图 10-52　梁柱核心区混凝土浇筑实景

十一、柱墙混凝土

柱墙混凝土浇筑施工工艺流程如图 10-53 所示。

图 10-53　柱墙混凝土浇筑施工工艺流程图

柱根凿毛如图 10-54 所示，框架柱成品保护如图 10-55 所示，楼梯混凝土成型效果如图 10-56 所示。

图 10-54　柱根凿毛　　　图 10-55　框架柱成品保护

图 10-56　楼梯混凝土成型效果

第五节　砌体工程

一、加气块砌体

加气块砌体施工工艺流程如图 10-57 所示。

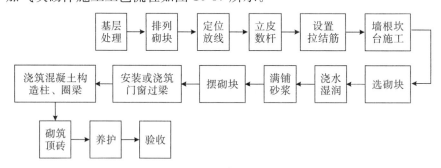

图 10-57　加气块砌体施工工艺流程图

加气块砌体砌筑如图 10-58 所示。

图 10-58　加气块砌体砌筑

二、多孔砖砌体

烧结多孔砖砌体施工工艺流程如图 10-59 所示。

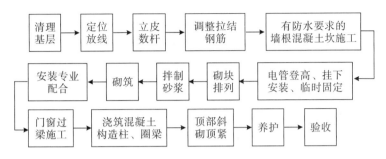

图 10-59　烧结多孔砖砌体施工工艺流程图

烧结多孔砖砌体如图 10-60 所示。

图 10-60　烧结多孔砖砌体

三、灰砂砖砌体

灰砂砖砌体施工工艺流程如图 10-61 所示。

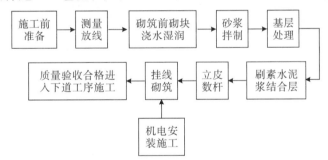

图 10-61　灰砂砖砌体施工工艺流程图

灰砂砖砌体施工如图 10-62 所示，灰砂砖砌体排版及砌筑实景如图10-63所示。

图 10-62　灰砂砖砌体施工　　　图 10-63　灰砂砖砌体排版及砌筑实景

第六节　脚手架工程

落地式脚手架搭设工艺流程如图 10-64 所示。

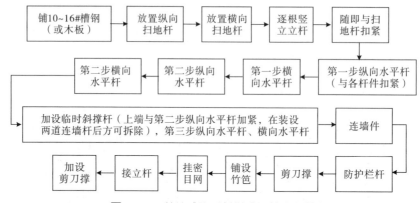

图 10-64　落地式脚手架搭设工艺流程图

落地式脚手架底层立杆如图 10-65 所示，脚手架外观要求如图 10-66 所示。

图 10-65　落地式脚手架底层立杆

图 10-66　脚手架外观要求

第七节　装饰装修工程

一、内墙抹灰

内墙抹灰施工工艺流程如图 10-67 所示。

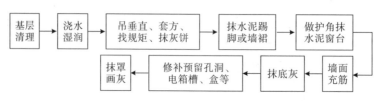

图 10-67　内墙抹灰施工工艺流程图

抹灰工序样板如图 10-68 所示,内墙面阳角顺直如图 10-69 所示。

 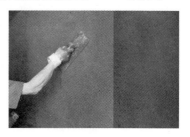

图 10-68　抹灰工序样板　　　　图 10-69　内墙面阳角顺直

二、干挂石材幕墙

干挂石材幕墙施工工艺流程如图 10-70 所示。

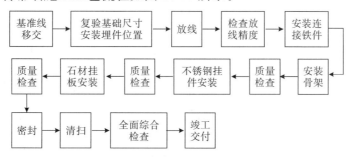

图 10-70　干挂石材幕墙施工工艺流程图

相关施工及实景如图 10-71 至图 10-75 所示。

图 10-71　干挂石材幕墙安装节点　　　　图 10-72　石材幕墙阳角整砖

图 10-73　石材幕墙滴水线　　　　图 10-74　石材幕墙打胶

图 10-75　石材幕墙打胶效果

三、铝板幕墙

铝板幕墙施工工艺流程如图 10-76 所示。

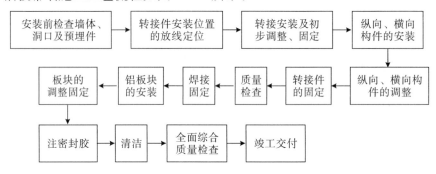

图 10-76　铝板幕墙施工工艺流程图

铝板幕墙龙骨如图 10-77 所示，铝板幕墙立面效果如图 10-78 所示。

图 10-77　铝板幕墙龙骨

图 10-78　铝板幕墙立面效果

四、玻璃幕墙

隐框玻璃幕墙施工工艺流程如图 10-79 所示。

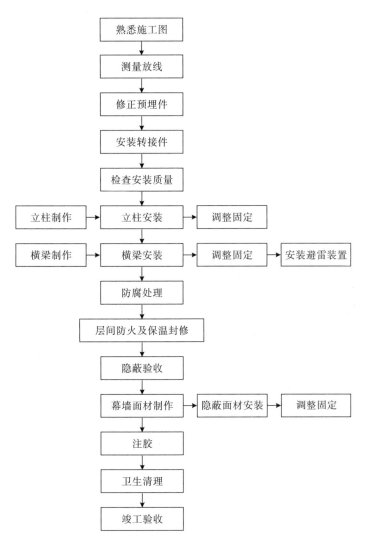

图 10-79　隐框玻璃幕墙施工工艺流程图

点驳式玻璃幕墙如图 10-80 所示,隐框式玻璃幕墙如图 10-81 所示。

图 10-80　点驳式玻璃幕墙

图 10-81　隐框式玻璃幕墙

五、乳胶漆饰面

乳胶漆施工工艺流程如图 10-82 所示。

图 10-82　乳胶漆施工工艺流程图

相关施工及实景如图 10-83 至图 10-86 所示。

图 10-83　室内乳胶漆墙面基层处理

图 10-84　室内腻子

图 10-85　墙面腻子打磨

图 10-86　室内乳胶漆效果

六、真石漆饰面

真石漆施工工艺流程如图 10-87 所示。

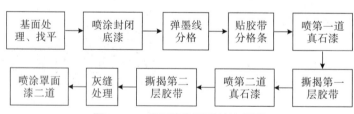

图 10-87　真石漆施工工艺流程图

相关施工实景如图 10-88 至图 10-91 所示。

图 10-88　真石漆外窗遮阳板

图 10-89　真石漆外墙滴水线

图 10-90　真石漆外墙效果

图 10-91　真石漆外墙分隔缝

七、墙砖饰面

墙面砖施工工艺流程如图 10-92 所示。

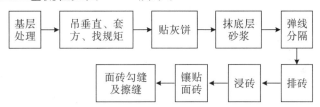

图 10-92　墙面砖施工工艺流程图

内墙面砖铺贴如图 10-93 所示，外墙面砖铺贴过程如图 10-94 所示。

图 10-93　内墙面砖铺贴

图 10-94 外墙面砖铺贴过程

八、细石混凝土面层

细石混凝土面层施工工艺流程如图 10-95 所示。

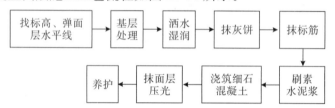

图 10-95 细石混凝土面层施工工艺流程图

细石混凝土地面施工效果如图 10-96 所示,屋面细石混凝土面层施工效果如图 10-97 所示。

图 10-96 细石混凝土地面施工效果　　图 10-97 屋面细石混凝土面层施工效果

九、地砖

地砖施工工艺流程如图 10-98 所示。

图 10-98 地砖施工工艺流程图

走道地砖排版效果如图 10-99 所示,装饰线、踢脚线与地砖对缝如图10-100所示。

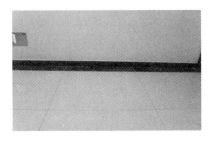

图 10-99　走道地砖排版效果　　　图 10-100　装饰线、踢脚线与地砖对缝

第八节　主要材料、周转材料及施工机具

一、常用建筑材料

1. 水泥

(1)通用型水泥的主要性能。

①凝结时间。水泥凝结时间分为初凝时间和始凝时间。

②强度等级。根据 3 天和 28 天龄期的抗压强度和抗折强度划分。

③体积安定性。水泥体积安定性是指水泥在凝结硬化过程中体积变化的均匀性。

④密度。密度是指水泥在自然状态下单体积的质量。

⑤细度。细度是指水泥颗粒的粗细程度,它对水泥的凝结时间、强度、需水量和安定性有较大的影响,是鉴定水泥质量的主要项目之一。

(2)通用硅酸盐水泥的特征见表 10-1。

表 10-1　通用硅酸盐水泥的特征

品种	性　能	
	优　点	缺　点
硅酸盐水泥	①早期强度高 ②凝结硬化快 ③抗冻性好	①水化热较高 ②耐热性差 ③耐酸碱和硫酸盐类的化学侵蚀性差
普通硅酸盐水泥	①早期强度高 ②凝结硬化快 ③抗冻性好	①水化热较高 ②耐热性较高 ③抗水性差 ④耐酸碱和硫酸盐类的化学侵蚀性差

续表

品种	性能	
	优点	缺点
矿渣硅酸盐水泥	①对硫酸盐类侵蚀性的抵抗能力及抗水性好 ②耐热性好 ③水化热低 ④在蒸气养护中强度发展快 ⑤在潮湿环境中后期强度增长率大	①早期强度较低,凝结慢,在低沉环境中尤甚 ②抗冻性较差 ③干缩性大,有泌水现象
火山灰质硅酸盐水泥	①对硫酸盐类侵蚀性的抵抗能力及抗水性较好 ②水化热较低 ③在潮湿环境中后期强度增长率大 ④在蒸气养护中强度发展较快	①早期强度较低,凝结慢,在低沉环境中尤甚 ②抗冻性能差 ③干缩性大,有泌水现象

(3)常用水泥凝结时间见表10-2。

表10-2 常用水泥凝结时间

水泥品种	初凝时间 不早于(min)	始终时间 不迟于(h)	代号
硅酸盐水泥	45	6.5	P.Ⅰ
普通硅酸盐水泥	45	10	P.O
砂渣硅酸盐水泥	45	10	P.S
火山灰硅酸盐水泥	45	10	P.P
粉煤灰硅酸盐水泥	45	10	P.F
复合硅酸盐水泥	45	10	P.C

2. 钢筋

(1)定义。

①普通热轧钢筋:按热轧状态交货的钢筋。

②细晶粒热轧钢筋:在热轧过程中,通过控轧和控冷工艺形成的细晶粒钢筋。

③带肋钢筋:横截面通常为圆形,且表面带肋的混凝土结构用钢材。

④纵肋:平行于钢筋轴线的均为连续肋。

⑤横肋:与钢筋轴线不平行的其他肋。

⑥月牙肋钢筋:横肋的纵截面呈月牙形,且与纵肋不相交的钢筋。

⑦公称直径:与钢筋的公称横截面积相等的圆的直径。

⑧相对肋面积:横肋与钢筋轴线相垂直,投影面积与钢筋公称周长和横肋间距的乘积之比。

⑨肋高:测量从肋的最高点到芯部表面垂直于钢筋轴线的距离。

⑩肋间距:平行钢筋轴线测量两相邻横肋中心间的距离。

⑪特征值:在无限多次检验中,与某一规定概率所对应的分位值。

(2)分类。

①钢筋按屈服强度特征值分为300、335、400、500级。

②钢筋牌号的构成及其含义见表10-3。

表10-3 钢筋牌号的构成及其含义

类别	牌号	牌号构成	英文字母含义
普通热轧钢筋	HPB300	HPB+屈服强度特征值	HPB:热轧光圆钢筋
	HRB335	HRB+屈服强度特征值	HRB:热轧带肋钢筋(英文缩写)
	HRB400		
	HRB500		
细晶粒热轧钢筋	HRBF335	HRBF+屈服强度特征值	HRBF:在热轧带肋钢筋缩写后加"细"的英文缩写
	HRBF400		
	HRBF500		

另外还有:RRB:余热处理钢筋;CRB:冷轧带肋钢筋(不常用)。

③钢筋的公称截面积与理论重量见表10-4。

表10-4 钢筋的公称截面积与理论重量表

公称直径(mm)	公称横截面积(mm^2)	理论重量(kg/m)
6	28.27	0.222
8	50.27	0.395
10	78.54	0.617
12	113.1	0.888
14	153.9	1.21
16	201.1	1.58
18	254.5	2.00
20	314.2	2.47
22	380.1	2.98
25	490.9	3.85
28	615.8	4.83
32	804.2	6.31

续表

公称直径(mm)	公称横截面积(mm²)	理论重量(kg/m)
36	1018	7.99
40	1257	9.87
50	1964	15.42

注:表中理论重量按密度为 7.85 g/cm³ 计算。

④钢筋直径允许偏差见表10-5。

表10-5　钢筋直径允许偏差(单位:mm)

公称直径	公称尺寸(内径)	允许偏差
6	5.8	±0.3
8	7.7	±0.4
10	9.6	±0.4
12	11.5	±0.4
14	13.4	±0.4
16	15.4	±0.4
18	17.3	±0.4
20	19.3	±0.5
22	21.3	±0.5
25	24.2	±0.5
28	27.2	±0.6
32	31.0	±0.6
36	35.0	±0.6
40	38.7	±0.7
50	48.5	±0.8

注:测量工具为千分尺或米尺。

3. 砌体材料

(1)常用材料种类及主要用途。

①烧结普通砖,用于砖混结构墙体材料,目前已列入淘汰目录。

②蒸压灰砂空心砖,用于市政道路路面工程。

③烧结多孔砖,用于市政道路路面工程。

④粉煤灰砖,用于地下工程墙体材料。

⑤烧结空心砖,用于框架工程隔墙、围护墙材料。

⑥普通混凝土小型空心砌块,用于框架结构隔墙、围护墙材料。

⑦轻骨料小型空心砌块,用于框架结构隔墙、围护墙材料。

⑧粉煤灰小型砌块,用于框架结构隔墙、围护墙材料。

⑨蒸压加气混凝土砌块,用于框架结构隔墙、围护墙材料。

(2)常用材料技术要求。

①蒸压灰砂砖的技术要求见表10-6所示。

表10-6 蒸压灰砂砖的尺寸允许偏差、外观质量及孔洞率

序号	项目		指标		
			优等品	一等品	合格品
1	尺寸允许偏差	长度(mm),≤	±2	±2	±3
		宽度(mm),≤	±1		
		高度(mm),≤	±1		
2	对应高度差(mm),≥		±1	±2	±3
3	孔洞率(mm),≥		15		
4	外壁厚度(mm),≥		10		
5	肋厚度(mm),≥		7		
6	尺寸缺棱掉角最小尺寸,≤		15	20	25
7	完整面,不少于		1条面和1顶面	1条面或1顶面	1条面或1顶面
8	裂纹长度(mm),≤ ①条面上高度方向及其延伸到大面的长度		30	50	70
	②条面上长度方向及其延伸到顶面上的水平裂纹长度		50	70	100

注:凡有以下缺陷者,均为不完整面:1.缺棱掉角最小尺寸大于8 mm。2.灰球、黏土团、草根杂物造成破坏面尺寸大于10 mm×20 mm。3.有气泡、麻面、龟裂等缺陷造成的凹凸,分别超过2 mm。

②加气混凝土砌块技术要求见表10-7。

表10-7 加气混凝土砌块的尺寸偏差和外观质量要求

项目			指标		
			优等品(A)	一等品(B)	合格品(C)
尺寸允许偏差(mm)	长度	L1	±3	±4	±5
	宽度	B1	±2	±3	±3、4
	高度	H1	±2	±3	±3、4

续表

项目		指标		
		优等品(A)	一等品(B)	合格品(C)
缺棱墙角	个数不多于(个)	0	1	2
	最大尺寸不大于(mm)	0	70	70
	最小尺寸不大于(mm)	0	30	30
平面弯曲不得大于(mm)		0	3	5
裂纹	条数不多于(条)	0	1	2
	任一面的裂纹长度不得大于裂纹方向尺寸的	0	1/3	1/2
	贯穿一棱两面的裂纹长度不大于裂纹所在面的裂纹方向尺寸总和的	0	1/3	1/3
爆裂、粘接和损坏深度不得大于(mm)		10	20	30
表面酥松、层裂		不允许		
表面油污		不允许		

注:1.出厂时以 500 m³ 为一批,不足 500 m³ 亦为一批。随机抽取 50 块进行外观质量及尺寸偏差的检验。该批砌块中尺寸允许偏差不符合表中优等品规定的块数不超过 5 块时,判定该批为优等品;不符合一等品规定的块数不超过 5 块时,判定该批为一等品;不符合合格品规定的砌块数不超过 5 块时,判定该批为合格品。2.加气混凝土砌块生产后在厂存放 7 天后才能出厂。3.加气混凝土砌块龄期超过 28 天才能上墙砌筑。4.按规范要求,加气混凝土砌块含水率小于 15% 才能使用,根据经验数据正常气候 5~6 个月才能达到。

(3)其他砖砌块技术要求略。

4. 防水材料

(1)定义。

①改性氧化沥青防水卷材:用添加改性剂的沥青氧化后制成的防水卷材。

②丁苯橡胶改性氧化沥青防水卷材:用苯乙烯橡胶和树脂将氧化沥青改性后制成的防水卷材。

③高聚物改性沥青防水卷材:用苯乙烯、一丁二烯、一苯乙烯(SBS)等高聚物沥青改性后制成的防水卷材。

④自粘防水卷材:以高密度聚乙烯膜为胎基,上下表面覆以聚合物改性沥青,表面覆盖防粘材料制成的防水卷材。

⑤耐根穿刺防水卷材:以高密度聚乙烯膜为胎基,上下表面覆以高聚物改性

沥青,并以聚乙烯膜为隔离材料制成的具有耐根穿刺功能的防水材料。

(2)分类与标记。

①按产品的施工工艺分为热熔型和自粘型两种。

②热熔型产品按改性剂的成分分为改性氧化沥青防水卷材、丁苯橡胶改性沥青防水卷材、高聚物改性沥青防水卷材和高聚物改性沥青耐根穿刺防水卷材四类。

(3)标记。

①热熔型:T。

②自粘型:S。

③改性氧化沥青防水卷材:O。

④丁苯橡胶改性氧化沥青防水材料:M。

⑤高聚物改性沥青防水卷材:P。

⑥高聚物改性沥青耐根穿刺防水卷材:R。

⑦高密度聚乙烯膜胎体:E。

⑧聚乙烯膜覆面材料:E。

标记方法:卷材按照工艺、产品类型、胎体、表面上覆盖材料、厚度和本标准号顺序标记。

示例:3.0 mm 厚热熔型聚乙烯胎聚乙烯膜覆盖面高聚物改性沥青防水卷材的标记如下:TPEE3 GB 18967—2009。

(4)用途。改性沥青聚乙烯胎防水卷材适用于非外露的建筑与基础设施的防水工程。

(5)单位面积质量及规格尺寸见表10-8。

表10-8 单位面积质量及规格尺寸

项目		指标		
公称厚度(mm)		2	3	4
单位面积质量(kg/m²)		2.1	3.1	4.2
每卷面积偏差(m²)		±0.2		
厚度(mm)	平均值,≥	2.0	3.0	4.0
	最小单值,≥	1.8	2.7	3.7

5. 外观

(1)成卷卷材应卷紧卷齐,端面里进外出不得超过 20 mm。

(2)成卷卷材在 4~45 ℃任一产品温度下展开,在距卷芯 1000 mm 长度外不应有裂纹或长度 10 mm 以上的黏结。

(3)卷材表面应平整,不允许有孔洞、缺边和裂口、疙瘩或其他能观察到的缺陷存在。

(4)每卷卷材的接头处不超过一个,较短的一段长度不能少于 1000 mm,接头应剪切整齐并加长 150 mm。

二、施工机具

1. 塔式起重机

塔式起重机具有提升、回转、水平输送(通过滑轮车移动和臂杆仰俯)等功能,不但是重要的吊装设备,而且是重要的垂直运输设备,用其垂直和水平吊运长、大、重的物料仍为其他垂直运输设备(施)所不及。塔式起重机的分类见表 10-9;固定式塔吊如图 10-101 所示;内爬式塔吊如图 10-102 所示。

表 10-9　塔式起重机的分类

分类方式	类别
按固定方式划分	固定式;轨道式;附墙式;内爬式
按架设方式划分	自升;分段架设;整体架设;快速拆装
按塔身构造划分	非伸缩式;伸缩式
按臂构造划分	整体式;伸缩式;折叠式
按回转方式划分	上回转式;下回转式
按变幅方式划分	小车移动;臂杆仰俯;臂杆伸缩
按控速方式划分	分级变速;无级变速
按操作控制方式划分	手动操作;电脑自动监控

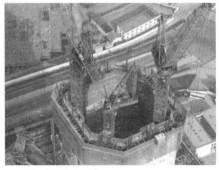

图 10-101　固定式塔吊　　　　图 10-102　内爬式塔吊

2. 施工电梯

多数施工电梯可供人货两用,少数仅供货用,如图 10-103 所示。电梯按其驱动方式可分为齿条驱动和绳轮驱动两种。齿条驱动电梯又有单吊箱(笼)式和双吊箱(笼)式两种,并装有可靠的限速装置,适于20层以上建筑工程使用;绳轮驱动电梯为单吊箱(笼),无限速装置,轻巧便宜,适于20层以下建筑工程使用。

图 10-103　施工电梯

3. 物料提升架

物料提升架包括井式提升架(简称"井架",图 10-104)、龙门式提升架(简称"龙门架",图 10-105)、塔式提升架(简称"塔架")和独杆升降台等。

图 10-104　井　架　　　　　图 10-105　龙门架

4. 混凝土泵

混凝土泵是水平和垂直输送混凝土的专用设备,用于超高层建筑工程时则更显示出它的优越性。混凝土泵按工作方式分为固定式和移动式两种;按泵的工作原理则分为挤压式和柱塞式两种。图 10-106 为地泵,图 10-107 为汽车泵。目前我国已使用混凝土泵施工高度超过 300 m 的电视塔。

图 10-106　地　泵　　　　　图 10-107　汽车泵

第十一章 给排水厂站工程

第一节 给排水厂站工程概述

一、场站构筑物组成

1. 水处理（含调蓄）构筑物

水处理（含调蓄）构筑物是给水排水系统中对原水（污水）进行水质处理、污泥处理而设置的各种构筑物的总称。给水处理构筑物包括调节池、调流阀井、格栅间及药剂间、集水池、取水泵房、混凝沉淀池、澄清池、配水井、混合井、预臭氧接触池、主臭氧接触池、滤池及反冲洗设备间、紫外消毒间、膜处理车间、清水池、调蓄清水池、配水泵站等。污水处理构筑物包括污水进水阀井、进水泵房、格栅间、沉砂池、初次沉淀池、二次沉淀池、曝气池、配水井、调节池、生物反应池、氧化沟、消化池、计量槽、闸井等。

2. 工艺辅助构筑物

工艺辅助构筑物是指主体构筑物的走道平台、梯道、设备基础、导流墙（槽）、支架、盖板、栏杆等的细部结构工程，各类工艺井（如吸水井、泄空井和浮渣井）、管廊桥架、闸槽、水槽（廊）、堰口、穿孔、孔口等。

3. 辅助建筑物

辅助建筑物分为生产辅助性建筑物和生活辅助性建筑物。生产辅助性建筑物是指各项机电设备的建筑厂房，如鼓风机房、污泥脱水机房、发电机房、机修间、变配电设备房及化验室、控制室、仓库、料场等。生活辅助性建筑物包括综合办公楼、食堂、浴室、职工宿舍等。

4. 配套工程

配套工程是指为水处理厂生产及管理服务的配套工程，包括厂内道路、厂区给排水、照明、绿化、门卫室及围墙等工程。

5. 工艺管线

工艺管线是指水处理构筑物之间、水处理构筑物与机房之间的各种连接管线，包括进水管、出水管、污水管、给水管、回用水管、污泥管、出水压管、空气管、热力管、沼气管、投药管线等。污水处理构筑物现场如图11-1所示。

图 11-1　污水处理构筑物现场

二、构筑物结构形式与特点

（1）水处理（调蓄）构筑物和泵房多数采用地下或半地下钢筋混凝土结构，特点是构件断面较薄，属于薄板或薄壳型结构，配筋率较高，具有较高的抗渗性和良好的整体性要求。水厂池体如图 11-2 所示。少数构筑物采用土膜结构，如稳定塘等，面积大且有一定深度，抗渗性要求较高。

（2）工艺辅助构筑物多数采用钢筋混凝土结构，特点是构件断面较薄，结构尺寸要求精确；少数采用钢结构预制、现场安装，如出水堰等。

（3）辅助性建筑物视具体需要采用钢筋混凝土结构或砖砌结构，符合房建工程结构要求。

（4）配套的市政公用工程结构符合相关专业结构与性能要求。

（5）工艺管线中给排水管道越来越多地采用水流性能好、抗腐蚀性高、抗地层变位性好的 PE 管、球墨铸铁管等新型管材。

图 11-2　水厂池体

第二节　给排水厂站施工

一、全现浇混凝土施工

(1)水处理(调蓄)构筑物的钢筋混凝土池体大多采用现浇混凝土施工。浇筑混凝土时应依据结构形式分段、分层连续进行,浇筑层高度应根据结构特点、钢筋疏密决定。注意现浇混凝土的配合比、强度和抗渗、抗冻性能必须符合设计要求。

(2)水处理构筑物中圆柱形混凝土池体结构,当池壁高度大(12～18 m)时宜采用整体现浇施工,支模方法有满堂支模法和滑升模板法。前者模板与支架用量大,后者宜在池壁高度不小于 15 m 时采用。

(3)污水处理构筑物中卵形消化池,通常采用无黏结预应力筋、曲面异型大模板施工。消化池钢筋混凝土主体外表面需要做保温和外饰面保护;保温层、饰面层施工应符合设计要求。

整体式现浇钢筋混凝土池体结构施工流程:测量定位→土方开挖及地基处理→垫层施工→防水层施工→底板浇筑→池壁及柱浇筑→顶板浇筑→功能性试验。池体现场施工如图 11-3 所示。

无黏结预应力施工工艺流程:钢筋施工→安装内模板→铺设非预应力筋→安装托架筋、承压板、螺旋筋→铺设无黏结预应力筋→外模板→混凝土浇筑→混凝土养护→拆模及锚固肋混凝土凿毛→割断外露塑料套管并清理油脂→安装锚具→安装千斤顶→同步加压→量测→回油撤泵→锁定→切断无黏结筋(留 100 mm)→锚具及钢绞线防腐→封锚混凝土。

图 11-3　池体现场施工

二、单元组合现浇混凝土施工

1. 池体现浇混凝土施工

沉砂池、生物反应池、清水池等大型池体的断面形式可分为圆形水池和矩形水池,宜采用单元组合现浇混凝土结构,池体由相类似底板及池壁板块单元组合而成。

以圆形储水池为例,池体通常由若干块厚扇形底板单元和若干块倒 T 形壁板单元组成,一般不设顶板。单元一次性浇筑而成,底板单元间用聚氯乙烯胶泥嵌缝,壁板单元间用橡胶止水带接缝,如图 11-4 所示。这种单元组合结构可有效防止池体出现裂缝渗漏。

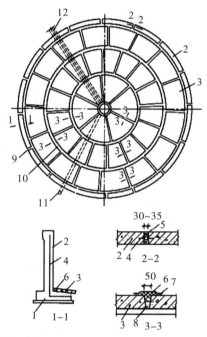

1、2、3 为单元组合混凝土结构;4 为钢筋;5 为池壁内缝填充处理;6、7、8 为池底板内缝填充处理;9 为水池壁单元立缝;10 为水池底板水平缝;11、12 为工艺管线

图 11-4 圆形水池单元组合结构

大型矩形水池为避免裂缝渗漏,设计时通常采用单元组合结构将水池分块(单元)浇筑。各块(单元)间留设后浇缝带,池体钢筋按设计要求一次绑扎好,缝带处不切断,待块(单元)养护 42 d 后,再采用比块(单元)强度高一个等级的混凝土或掺加 UEA 的补偿收缩混凝土灌注后浇缝带且养护时间不应低于 14 d,使其连成整体,如图 11-5 所示。

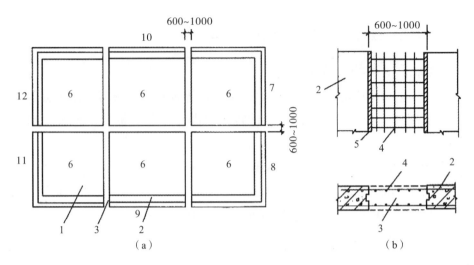

1、2、3、4、5、6、7、8、9、10、11、12 均为混凝土施工单元,其中,1、2 为块(单元);3 为后浇带;4 为钢筋(缝带处不切断);5 为端面凹形槽

图 11-5　矩形水池单元组合结构

单元组合式现浇钢筋混凝土水池工艺流程:土方开挖及地基处理→中心支柱浇筑→池底防渗层施工→浇筑池底混凝土垫层→池内防水层施工→池壁分块浇筑→底板分块浇筑→座板嵌缝→池壁防水层施工→功能性试验。

2. 池体防水施工

(1)施工缝防水处理。施工缝是工程中不可避免的,对于污水处理厂来说,几乎所有施工缝都需要进行防水处理,目前施工缝防水处理常用钢板止水带,如图 11-6 所示。

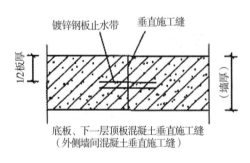

图 11-6　钢板止水带安装示意图

(2)沉降缝防水处理。沉降缝的防水处理主要步骤是:安装橡胶止水带→浇筑混凝土→粘贴止水条→涂料保护层→SBS 卷材防水层。橡胶止水带实物如图 11-7 所示。

（a）中埋式止水　　　　　　　　（b）背贴式止水

图 11-7　橡胶止水带实物图

三、预制拼装施工

(1)水处理构筑物中沉砂池、沉淀池、调节池等圆形混凝土水池宜采用装配式预应力钢筋混凝土结构，以便获得较好的抗裂性和不透水性。

(2)预制拼装施工的圆形水池可采用缠绕预应力钢丝法、电热张拉法进行壁板环向预应力施工。无黏结预应力张拉施工如图 11-8 所示。

(3)预制拼装施工的圆形水池在满水试验合格后，应及时进行喷射水泥砂浆保护层施工。

图 11-8　无黏结预应力张拉施工

四、砌筑施工

(1)进水渠道、出水渠道和水井等辅助构筑物，可采用砖石砌筑结构，砌体外需抹水泥砂浆层，且应压实赶光，以满足工艺要求。砌筑井如图 11-9 所示。

(2)量水槽(标准巴歇尔量水槽和大型巴歇尔量水槽)、出水堰等工艺辅助构筑物宜用耐腐蚀、耐水流冲刷、不变形的材料预制，现场安装而成。

图 11-9 砌筑井

五、预制沉井施工

(1)钢筋混凝土结构泵房、机房通常采用半地下式或完全地下式结构,在有地下水、流沙、软土地层且地下无重要建(构)筑物及地下管线影响的条件下,应选择预制沉井法施工,具体构造如图 11-10 所示。

(2)预制沉井法施工通常采取排水下沉干式沉井方法和不排水下沉湿式沉井方法。前者适用于渗水量不大、稳定的黏性土;后者适用于比较深的沉井或有严重流砂的情况。排水下沉分为人工挖土下沉、机具挖土下沉和水力机具下沉。不排水下沉分为水下抓土下沉、水下水力吸泥下沉和空气吸泥下沉。预制沉井施工如图 11-11 所示。

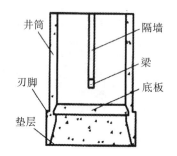 

图 11-10 沉井构造示意图

图 11-11 预制沉井施工

六、土膜结构水池施工

(1)稳定塘等塘体构筑物,因其施工简便、造价低,近些年来在工程实践中应用较多,如 BIOLAKE 工艺中的稳定塘。

(2)基槽施工是塘体构筑物施工关键的分项工程,必须做好基础处理和边坡修整,以保证构筑物的整体结构稳定。

(3)塘体结构防渗施工是塘体结构施工的关键环节,应按设计要求控制防渗材料类型、规格、性能和质量,严格控制连接、焊接部位的施工质量,以保证防渗性能要求。

(4)塘体的衬里有多种类型(如 PE、PVC、沥青、水泥混凝土、CPE 等),应根据处理污水的水质类别和现场条件进行选择,按设计要求和相关规范要求施工。土膜结构水池如图 11-12 所示。

图 11-12　土膜结构水池

七、构筑物满水试验

满水试验是给水排水构筑物的主要功能性试验之一,试验主要流程为:试验准备→水池注水→水池内水位观测→蒸发量测定→整理试验结论。

第三节　主要材料、周转材料及施工机具

一、主要材料

1. 水泥

水厂施工中常用的水泥为普通硅酸盐水泥,其性能要满足国家标准《通用硅酸盐水泥》GB 175—2007/XG2—2015 的规定。

2. 钢材

(1) 钢结构用钢。钢结构用钢主要是热轧成型的钢板和型钢等。薄壁轻型钢结构中主要采用薄壁型钢、圆钢和小角钢。钢材所用的母材主要是普通碳素结构钢及低合金高强度结构钢。

钢结构常用的热轧型钢有工字钢、H型钢、T型钢、槽钢、等边角钢、不等边角钢等。型钢是钢结构中采用的主要钢材。钢板材包括钢板、花纹钢板、建筑用压型钢板和彩色涂层钢板等。

(2) 钢筋混凝土结构用钢。钢筋混凝土结构用钢主要品种有热轧钢筋、预应力混凝土用热处理钢筋、预应力混凝土用钢丝和钢绞线等。热轧钢筋是建筑工程中用量最大的钢材品种之一,主要用于钢筋混凝土结构和预应力混凝土结构的配筋。

(3) 建筑装饰用钢材制品。

①不锈钢及其制品。不锈钢是指含铬量在12%以上的铁基合金钢。

②轻钢龙骨。轻钢龙骨以镀锌钢带或薄钢板为原料由特制轧机经多道工艺轧制而成,断面有U形、C形、T形和L形,主要用于装配各种类型的石膏板、钙塑板、吸声板等,用作室内隔墙和吊顶的龙骨支架。轻钢龙骨主要分为吊顶龙骨(代号D)和墙体龙骨(代号Q)两大类。吊顶龙骨又分为主龙骨(承载龙骨)和次龙骨(覆面龙骨);墙体龙骨分为竖龙骨、横龙骨和通贯龙骨等。

3. 混凝土

混凝土,简称"砼(tóng)",是指由胶凝材料将集料胶结成整体的工程复合材料的统称。通常讲的混凝土是指用水泥作胶凝材料,砂、石作集料,与水(可含外加剂和掺和料)按一定比例配合,经搅拌而得的水泥混凝土,也称普通混凝土,它广泛应用于土木工程。

4. 石灰

将主要成分为碳酸钙($CaCO_3$)的石灰石在适当的温度下煅烧,所得的以氧化钙(CaO)为主要成分的产品即为石灰,又称生石灰。

5. 石膏

石膏胶凝材料是一种以硫酸钙($CaSO_4$)为主要成分的气硬性无机胶凝材料。由于石膏制品具有质轻、强度较高、隔热、耐火、吸声、美观及易于加工等优良性质,且原料来源丰富,生产能耗较低,因而在建筑工程中得到广泛的应用。

6. 防水材料

建筑防水主要是指建筑物防水,一般分为构造防水和材料防水。构造防水是依靠材料(混凝土)的自身密实性及某些构造措施来达到建筑物防水的目的;材料防水是依靠不同的防水材料,经过施工形成整体的防水层,附着在建筑物的迎水面或背水面而达到建筑物防水的目的。材料防水依据不同的材料,又分为刚性防水和柔性防水。刚性防水主要采用的是砂浆、混凝土或掺有外加剂的砂浆或混凝土类的刚性防水材料，不属于化学建材范畴；柔性防水采用的是柔性防水材料，主要包括各种防水卷材、防水涂料、密封材料和堵漏灌浆材料等。

防水卷材主要包括沥青防水材料、高聚物改性沥青防水卷材和高聚物防水卷材三大类。

防水涂料是指常温下为液体，涂覆后经干燥或固化形成连续的能达到防水目的的弹性涂膜的柔性材料。防水涂料按照使用部位可分为屋面防水涂料、地下防水涂料和道桥防水涂料，也可按照成型类别分为挥发型涂料、反应型涂料和反应挥发型涂料。一般按照主要成膜物质种类进行分类，防水涂料分为丙烯酸类、聚氨酯类、有机硅类、高聚物改性沥青类和其他防水涂料。

密封材料是指能适应接缝位移达到气密性、水密性目的而嵌入建筑接缝中的定形和非定形的材料。建筑密封材料分为定型和非定型密封材料两大类型。定型密封材料是具有一定形状和尺寸的密封材料，包括各种止水带、止水条、密封条等，非定型密封材料是指密封膏、密封胶、密封剂等黏稠状的密封材料。

建筑密封材料按照应用部位可分为玻璃幕墙密封胶、结构密封胶、中空玻璃密封胶、窗用密封胶、石材接缝密封胶等。一般按照主要成分进行分类，建筑密封材料分为丙烯酸类、硅酮类、改性硅酮类、聚硫类、聚氨酯类、改性沥青类、丁基类等。

堵漏灌浆材料是由一种或多种材料组成的浆液，用压送设备灌入缝隙或孔洞中，经扩散、胶凝或固化后能达到防渗堵漏目的的材料。堵漏灌浆材料主要分为颗粒灌浆材料（水泥）和无颗粒化学灌浆材料。颗粒灌浆材料是无机材料，不属于化学建材。堵漏灌浆材料按主要成分不同可分为丙烯酸胺类、甲基丙烯酸酯类、环氧树脂类和聚氨酯类等。

7. 原材料管理注意事项

（1）水泥。水泥为粉状水硬性无机胶凝材料，应在地势较高、排水良好、地面硬化的库房储存，应遵循"防水防潮、及时使用、先进先用"的原则，尽量缩短储存期，避免不必要的浪费，保存超过3个月需重新取样检测。

（2）钢材制品。现场使用的钢材以及钢材制品构件应下垫上盖，防止地面潮气、雨、雪、露水的侵蚀和阳光直晒。

（3）混凝土。提前对搅拌站供应能力、运输距离、产品质量等进行调查确认，确保满足施工生产需求。

（4）生石灰。生石灰的吸水性、吸湿性极强，应注意防潮，必须在干燥环境中储存，注意防火、防爆。生石灰遇水熟化，放出大量的热，应防止引起火灾。

（5）防水材料。防水卷材一般都是易燃物，因此，存放区禁止烟火。要储存在阴凉透风的室内，室温不得高于50℃，避免雨淋、暴晒，严禁接近火源，勿沾污染物或油渍。必须立着放,卷材存放时间不能太久,否则会产生变形。防水涂料一般储存在清洁、干净、密封的铁桶中,且要储存在通风、干燥、阴凉处,防止日光直接照射,储存温度不应高于 40 ℃。

(6)建筑密封材料主要包括止水带、止水条、密封条等,运输过程中不能长时间露天暴晒并防止雨淋;进场存放于通风、干燥、温度为 −10～+30 ℃、相对湿度为 40%～80% 的室内,避免阳光直射、与酸碱油类及有机溶剂等接触;成品应平放,不得重压,确保自生产日期起,半年内产品性能均符合国家标准规定。

(7)堵漏灌装材料在 30 ℃ 以下避光保存。

(8)原材料采购应采用招标的方式,对原材料生产厂家及供应商资质进行审核,对进场原材料提出明确要求;进场原材料需随车带有效的检验报告和产品质量合格证书;进场原材料需物资人员检查确认之后方可签收;建立健全不合格品退场机制,确保使用质量合格产品。

二、周转材料

给排水厂房工程周转材料主要有钢板桩、钢板、组合钢模板、木模板、方木、钢管、扣件、回形卡、脚手板、安全网、安全带、施工围挡等。

周转材料管理注意事项:

(1)周转原材料应集中堆放,统一进行登记、标识管理。

(2)反复使用的生产性拼装磨具应进行统一编号,避免部件缺失、混乱。

三、施工机具

结构施工机具包括挖掘机、翻斗车、打桩机(钢板桩)、钢筋弯曲机、钢筋调直机、钢筋切断机、电焊机、振捣棒、木工机械(平刨、压刨、圆锯)、张拉千斤顶、塔吊、混凝土泵车、混凝土搅拌运输车、平板车、发电机组、空压机等。

设备安装施工机具包括汽车吊、油压千斤顶、倒链、无齿锯、气割工具、压线钳、液压弯管器、单平咬口机、螺旋千斤顶、电动试压泵、升降平台等。

厂区道路施工机具根据规模参照道路施工设备。

水处理厂的主要设备介绍如下。

(1)泵类。主要有潜水泵、卧式离心泵、立式离心泵、轴流泵、污泥泵等,每种泵的固定安装方式不同,同种功率每个厂家的设备尺寸也不尽相同。

(2)刮吸泥机。按驱动方式分主要分为中心传动刮吸泥机、周边传动刮吸泥机和链条链板式刮泥机,如图 11-13 至图 11-15 所示。

图 11-13　中心传动刮吸泥机

图 11-14　周边传动刮吸泥机

图 11-15　链条链板式刮泥机

(3)曝气系统。主要有微孔曝气系统、表面转碟曝气、插入式曝气系统等,相关设备如图 11-16 至图 11-18 所示。主要通过分布在曝气管道上的盘式曝气头达到曝气的目的。

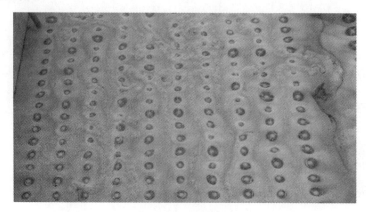

图 11-16　微孔曝气

图 11-17　表面转碟曝气机

图 11-18　插入式曝气机

（4）格栅除污机。按格栅的间距分为粗格栅机（图 11-19）和细格栅机。粗格栅是污水处理厂处理污水的第一道工序，它将污水中携带的大的杂物拦截并排出。细格栅机一般为第二道处理工序，它将粗格栅未能拦截的杂物进一步拦截并排出。

图 11-19　粗格栅机

细格栅机根据结构不同,又分为回转式细格栅机和转鼓式细格栅机(图 11-20)。其中回转式细格栅机的构造和粗格栅机基本相同,只是长度短了很多。

图 11-20　转鼓式细格栅机

(5)污泥浓缩脱水机。污泥浓缩脱水机的种类也很多,有带式脱水机、压榨式脱水机、离心式脱水机等,它们各有特点,根据占地空间、安装高度、输送及排泥管道的差异等,安装精度与难度各有不同。

另外,还有搅拌机械、推流机械、罗茨风机等,以上都是上规模的污水处理厂的一些通用机械。有些污水处理厂还有具有深度处理功能的构建筑物,如砂滤池、纤维转盘滤池、絮凝沉淀池等,其间的水处理机械不尽相同,管路系统的复杂程度各异,安装难易程度也不同。

第十二章 钢结构工程

第一节 钢结构工程概述

钢结构是指用钢板和型材(工字钢、H型钢、钢管、槽钢、压型钢板等)通过连接件(焊接、螺栓、铆接等)连接而成的能承受荷载、传递荷载的建筑结构形式,具有强度高、自重轻、工业化程度高、施工周期短、抗震性能好、节能环保等优点,主要缺点是易腐蚀、不耐火。

一、钢结构分类

对钢结构的分类目前尚无统一的规定,但一般来说,大致分为建筑钢结构、桥梁钢结构、设备钢结构、海洋钢结构等。

(一)建筑钢结构

建筑钢结构中的典型结构形式如下所述。

1. 门式刚架

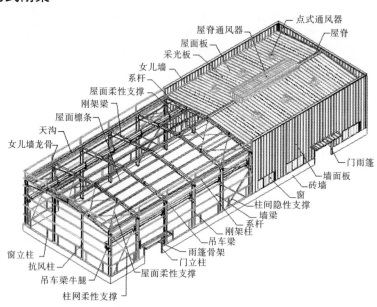

图 12-1 典型的门式刚架结构

这是一种较为传统的钢结构建筑结构体系,在我国约在20世纪90年代中后期开始普及。该类结构的上部主构架包括刚架斜梁、刚架柱、支撑、檩条、系杆、山墙骨架等(结构形式见图 12-1)。门式刚架轻型房屋钢结构具有受力简单、传力路径明确、构件制作快捷、便于工厂化加工、施工周期短等特点,因此得到广泛应用。目前大多数的单层工业厂房均为门式刚架结构。

2. 网架

网架是指按照一定规律布置的杆件通过节点连接而形成的平板型或曲面型空间杆体系结构。网架根据节点的连接方式又分为两种,一种是杆件和节点球采用焊接连接的网架,称之为焊接球网架(图 12-2);另一种是杆件和节点球采用高强螺栓连接的网架,称之为螺栓球网架(图 12-3)。

图 12-2　焊接球网架节点

图 12-3　螺栓球网架节点

3. 桁架

桁架是指由杆件在端部相互连接而组成的格子式结构(图 12-4),管桁架是指结构中的杆件均为圆管杆件。桁架中的杆件大部分情况下只受轴线拉力或压力,应力在截面上均匀分布,因而容易发挥材料的作用,这些特点使得桁架结构用料经济,结构自重小。钢桁架施工如图 12-5 所示。

图 12-4　桁架结构

图 12-5　钢桁架施工

4. 索膜结构

索膜结构是高强度薄膜材料和加强构件（钢架、钢柱、拉索等）通过一定方式使其内部产生一定的预张力以形成某种空间形状，作为覆盖结构并能承受一定的外荷载作用的一种空间结构形式，如图 12-6 所示。

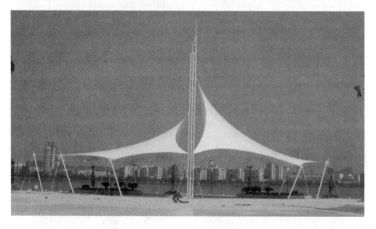

图 12-6　索膜结构

(二)桥梁钢结构

钢桥中的典型结构形式如下所述。

1. 桁架梁结构

由空腹或实腹杆件通过栓、焊、铆的方式连接成桁架，作为主要承载结构的桥梁。通常两侧为桁架，两桁架间用横联、平联、桥门架等进行连接，桥面采用正交异性钢桥面板或预制混凝土板。钢桁梁桥如图 12-7 所示，钢桁梁桥典型结构如图 12-8 所示。

第十二章 钢结构工程

(a)

(b)

图 12-7 钢桁梁桥

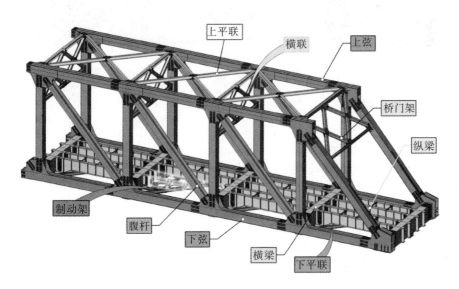

图 12-8 钢桁梁桥典型结构

2. 钢箱梁结构

钢箱梁又称钢板箱型梁,因其外形像一个箱子,故称钢箱梁,如图 12-9 所示。

(a)断面

(b)成品

图 12-9　钢箱梁

(三)设备钢结构

1. 支架

支架是指在石油、化工、电力等企业中用以支撑大型设备、罐体等的结构体系。

2. 管廊

管廊主要是在化工、石油等工业设备中用于支撑各类管道的结构,一般是用各类型钢制造、安装而成的。

(四)海洋钢结构

海洋钢结构是指海洋工程装置中涉及的钢结构,由于其特殊的环境,与陆上钢结构在结构设计、材料选用、防腐涂装等方面有着很大的区别,因此单独作为一个特殊的系列。

二、钢结构的组成

建筑钢结构典型结构一般由钢柱、钢梁、支撑体系等部分组成;桥梁钢结构则根据结构形式的不同而有所不同。

第二节　钢结构工程施工

钢结构工程由于其特殊性,一般分为工厂加工和现场组装及安装两个阶段。这两个阶段之间并无明确的界面,主要是针对结构的特点,结合运输条件、现场的起重能力、组装场地条件等情况进行划分。

一般来说,门式刚架的各部结构划分比较清晰,通常的构件以 H 形截面为主,长度一般在 15 m 以内,运输比较方便,因此,一般都是在工厂将构件加工完成,现场仅进行吊装、连接、调整的作业,而无须进行二次组装加工。

对桁架结构来说,往往结构的体积较大,如果工厂将其作为整体加工完成,则一般都难以运输。因此,桁架结构一般在工厂仅仅进行钢管的下料,形成需要的杆件,或根据现场的要求组拼成能满足运输和吊装要求的单元构件,完成防腐涂装等作业,杆件或单构件运至现场后,要根据构件的安装需求,设置总拼场地,将桁架梁逐一拼装完成,进行安装。这样工厂制造的内容有一部分就延伸到了现场。

工厂部分和现场部分的主要工作如下:

(1)工厂的主要工作包括审图、绘制施工图、备料、编制加工方案、材料采购、材料验收、加工制造、涂装、检验、运输等。

(2)现场的主要工作包括审图、编制施工组织设计、向加工厂提出加工技术要求和供货进度计划、配合土建预埋、构件进场、构件验收、构件组装、构件安装、调整、涂装(防腐、防火)、交验等。

钢结构工程施工主要流程如图 12-10 所示。

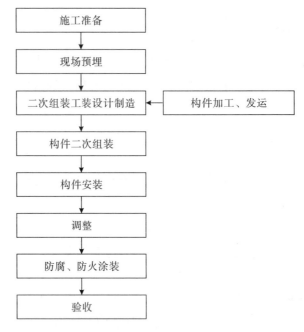

图 12-10　钢结构工程施工主要流程图

第三节　主要材料、周转材料及施工机具

一、常用钢材种类

钢材的牌号由以下几部分组成，如 Q-345-GJ-C-Z25，其中"Q"代表的是这种材质的屈服极限，后面的数字就是这种材质的屈服值（MPa），然后是钢材的类别，"GJ"标识高建钢，桥梁钢则用"q"表示，之后是质量等级（A、B、C、D、E），最后的字母加数字表示 Z 向性能。钢结构工程常用的钢材主要有以下四类。

1. 碳素结构钢 Q235

Q235 钢材强度较低，一般用于非主要结构。

2. 低合金结构钢 Q295 以上的钢材

该类钢材的性能较为优越，强度较高，焊接性能良好，常用于钢结构的主要结构中。目前该类钢材主要有 Q296、Q345、Q370、Q420 和 Q460 五个强度级别，每个级别根据需要又分为 Z 向和非 Z 向钢，Z 向钢有 Z15、Z25、Z35 三个等级，各牌号又按不同冲击试验要求分质量等级，各牌号均具有良好的焊接性能。目前钢结构建筑中最常用的主要是 Q345 和 Q370。

3. 高性能建筑结构用钢

高性能建筑结构用钢在牌号中有"GJ"标识。该钢种为近年来新开发的钢种，性能优越,主要用于重要的钢结构工程中。高建钢的牌号分为屈服点 235MPA、345MPA、390MPA、420MPA 和 460MPA 五个强度级别,各强度级别分为 Z 向和非 Z 向钢,Z 向钢有 Z15、Z25、Z35 三个等级,各牌号又按不同冲击试验要求分质量等级,各牌号均具有良好的焊接性能。按照冶金部门推荐标准及国家标准中的建筑结构用钢板标准,我国高建板的品种主要有 Q235GJB/C/D 和 Q345GJB/C/D,执行的国家标准为 GB/T 19879—2005《建筑结构用钢板》。上述高建板都是随着我国高层建筑建设的技术进步和发展要求而逐步开发出来的。

高性能建筑结构用钢要求具有一定的特殊性能,主要有以下几点:

(1)能够抵御一定地震力的破坏,要能防震和抗震。为此钢板不仅要具有足够的抗拉强度和屈服强度,还要具有较低的屈强比。低的屈强比能够使材料具有良好的冷变形能力和高的塑性变形功,吸收较多的地震能,提高建筑物的抗震能力。

(2)要具有良好的焊接性能,分别增加了碳当量和裂纹敏感性指数。做到焊前不需预热,焊后不需热处理,以便于现场施焊,从而减小劳动强度、提高劳动效率。

(3)要具有较高的塑性和韧性,以便使钢板具有良好的力学性能。

(4)要具有较小的屈服强度波动范围。屈服强度变动范围大时,建筑物各部分之间屈服强度的匹配可能与设计要求值不同,容易产生局部破坏,降低建筑物的抗震性。因此,日本标准中规定屈服强度波动范围不大于 120 MPa。

(5)采用焊接连接的梁与柱节点范围内,当节点约束较强并承受沿板厚方向的拉力作用时,要求钢板必须具有一定级别的抗层状撕裂能力。

4. 桥梁用钢

桥梁用钢是钢结构桥梁的专用钢材,在屈服值后面有"q"(桥)的标识。桥梁用钢主要有 Q345q、Q370q、Q420q 等三种,对杂质的含量要求更高,尤其是对冲击韧性有特别的要求,以满足钢桥的抗疲劳性能,其中 Q420q 增加了 −60 ℃ 的低温冲击功的要求。

二、各类钢材的主要性能

(一)碳素结构钢

碳素结构钢力学性能见表 12-1。

表 12-1 碳素结构钢力学性能

钢材品牌	力学性能		
	屈服强度(MPa)	抗拉强度(MPa)	伸长率(%)
Q235	235	375~460	26

(二)低合金高强钢

低合金高强度结构钢力学性能见表 12-2。

表 12-2　低合金高强度结构钢力学性能

牌号	质量等级	屈服强度(MPa) ≤16 mm	抗拉强度(MPa)	延伸率(%)	冲击功 A_{kv}(纵向) J	温度
Q296	A	295	390~570	23		不要求
	B			23	34	20 ℃
Q345	A	345	470~630	21		不要求
	B			21	34	20 ℃
	C			22	34	0 ℃
	D			22	34	−20 ℃
	E			22	34	−40 ℃
Q370	A	370	490~650	19		不要求
	B			19	34	20 ℃
	C			20	34	0 ℃
	D			20	34	−20 ℃
	E			20	27	−40 ℃
Q420	A	420	520~680	18		不要求
	B			18	34	20 ℃
	C			19	34	0 ℃
	D			19	34	−20 ℃
	E			19	27	−40 ℃
Q460	C	460	550~720	17	34	0 ℃
	D			17	34	−20 ℃
	E			17	27	−40 ℃

(三)高性能建筑结构用钢

各强度级别分为 Z 向和非 Z 向钢,Z 向钢有 Z15、Z25、Z35 三个等级。

1. 高性能建筑结构用钢性能

高性能建筑结构用钢焊接性能见表 12-3。

表 12-3 高性能建筑结构用钢焊接性能

牌号	交货状态	规定厚度下的碳当量		规定厚度下的焊接裂纹敏感性指数 Pcm(%)	
		≤50 mm	>50~100 mm	≤50 mm	>50~100 mm
Q235GJ	WAR、WCR、N	0.34	0.36	0.24	0.26
Q345GJ	WAR、WCR、N	0.42	0.44	0.26	0.29
	TMCP	0.38	0.40	0.24	0.26
Q390GJ	WAR、WCR、N	0.45	0.47	0.28	0.30
	TMCP、TMCP+T	0.40	0.43	0.26	0.27
Q420GJ	WCR、N、NT	0.48	0.50	0.30	0.33
	QT	0.44	0.47	0.28	0.30
	TMCP、TMCP+T	0.40	双方协商	0.26	双方协商
Q460GJ	WCR、N、NT	0.52	0.54	0.32	0.34
	QT	0.45	0.48	0.28	0.30
	TMCP、TMCP+T	0.42	双方协商	0.27	双方协商

注：交货状态中，WAR 为热轧；WCR 为控轧；N 为正火；NT 为正火+回火；TMCP 为热机械控制轧制；TMCP+T 为热机械控制轧制+回火。上表仅列出了 100 mm 以下板厚的指标。

高性能建筑结构用钢力学性能见表 12-4。

表 12-4 高性能建筑结构用钢力学性能

牌号	质量等级	屈服强度（MPa）≤16 mm	抗拉强度（MPa）	伸长率（%）	冲击功 A_{kv}（纵向）(J)		180°弯曲试验 ≤16 mm	屈强比
					温度(℃)	不小于		
Q235GJ	B	≥235	400~510	23	20	47	$d=2a$	0.80
	C				0			
	D				-20			
	E				-40			
Q345GJ	B	≥345	490~610	22	20	47	$d=2a$	0.80
	C				0			
	D				-20			
	E				-40			
Q390GJ	C	≥390	510~660	20	0	47	$d=2a$	0.83
	D				-20			
	E				-40			

续表

牌号	质量等级	屈服强度(MPa) ≤16 mm	抗拉强度(MPa)	伸长率(%)	冲击功 A_{kv}(纵向)(J) 温度(℃)	冲击功 A_{kv}(纵向)(J) 不小于	180°弯曲试验 ≤16 mm	屈强比
Q420GJ	C	≥420	530～680	20	0	47	$d=2a$	0.83
	D				−20			
	E				−40			
Q460GJ	C	≥460	550～720	17	0	47	$d=2a$	0.83
	D				−20			
	E				−40			

注:1.屈服强度随板厚的增加有所降低。2.＞16 mm板厚180°弯曲试验 $d=3a$。

高性能建筑结构用钢主要检验内容见表12-5。

表12-5 高性能建筑结构用钢主要检验内容

序号	检验项目	取样数量	取样方法	试验方法
1	化学分析	1个(每炉号)	GB/T 222	GB/T 223 GB/T 4336
2	拉伸	1个	GB/T 2975	GB/T 228
3	冲击	3个	GB/T 2975	GB/T 229
4	弯曲	1个	GB/T 2975	GB/T 232
5	厚度方向	3个	GB/T 5313	GB/T 5313
6	超声波探伤	逐张		GB/T 2970

注:每批钢板由同一牌号、同一炉号、同一厚度、同一交货状态的钢板组成,每批重量不大于60 t。

2. 桥梁用钢性能

桥梁用钢的力学性能检验中,低温冲击是一个相对比较关键的内容,一般钢材焊接后其性能比母材的冲击值均会降低,因此在采购中要关注此项指标。新的标准已将冲击吸收能量指标做了相应的提高(表12-6),也是为避免焊接后冲击吸收能量的降低。但需要注意的问题是,设计方对焊缝的要求是如何表述的,如果是笼统地要求与母材等强,则需要和设计方沟通,专门明确冲击吸收能量的具体指标。桥梁用钢主要检验内容见表12-7。

表 12-6　桥梁用钢力学性能

牌号	质量等级	拉伸试验			冲击试验	
		下屈服强度（MPa）	抗拉强度（MPa）	断后伸长率 A（%）	温度（℃）	冲击吸收能量 KV_2(J)
		不小于				不小于
Q345q	C	345	490	20	0	120
	D				−20	
	E				−40	
Q370q	C	370	510	20	0	120
	D				−20	
	E				−40	
Q420q	D	420	540	19	−20	120
	E				−40	
	F				−60	47

表 12-7　桥梁用钢主要检验内容

序号	检验项目	取样数量	取样方法	试验方法
1	化学分析	1 个/炉	GB/T 20066	
2	拉伸试验	1 个/批	GB/T 2975	GB/T 228.1
3	弯曲试验	1 个/批	GB/T 2975	GB/T 232
4	冲击试验	3 个/批	GB/T 2975	GB/T 229
5	Z 向厚度方向断面收缩率	3 个/批	GB/T 5313	GB/T 5313
6	无损检测	逐张或逐件		GB/T 2970 或协商
7	表面质量	逐张或逐件		目视及检测
8	尺寸、外形	逐张或逐件		合适的量具

注：每批由同一牌号、同一炉号、同一规格、同一轧制制度及同一热处理制度的钢材组成，每批不大于 60 t。

三、焊接材料

对于有焊接工艺评定要求的钢结构工程，如钢结构桥梁等，焊接材料应根据焊接工艺评定结果进行选择。焊接工艺评定合格后，必须选择焊接工艺评定时所使用厂家的焊接材料。

1. 焊条

常用的焊条主要有 E43 系列和 E50 系列两大类。

E43 系列，熔敷金属抗拉强度≥421 MPa（4300 kgf/cm²），用于屈服强度＜300 MPa 的钢材，主要是 Q235、Q275 等。

E50 系列，熔敷金属抗拉强度≥490 MPa（5000 kgf/cm²），用于 Q345 系列钢材（Q345、Q345GJ）。

2. 焊丝

焊接分为 CO_2 气体保护焊和埋弧自动焊两大类，相应焊丝介绍如下。

(1)埋弧自动焊。常用焊丝主要有：①H08MnA，用于屈服强度＜300 MPa 的钢材，主要有 Q235、Q275 等；②H10Mn2 和 H10Mn2A，用于 Q345 系列钢材（Q345、Q345GJ）。

(2)气体保护焊。有两大类焊丝：①实心焊丝。ER49-X 用于屈服强度＜300 MPa 的钢材，主要有 Q235、Q275 等；ER50-X 用于 Q345 系列钢材（Q345、Q345GJ）。②药芯焊丝。ER43XT-X 用于屈服强度＜300 MPa 的钢材，主要有 Q235、Q275 等；ER50XT-X 用于 Q345 系列钢材（Q345、Q345GJ）。

3. 焊剂

焊剂用于埋弧自动焊，按制造方法分为熔炼焊剂和非熔炼焊剂（烧结型）两大类，按照酸碱性又可分为酸性、中性和碱性三大类。钢结构工程中最常用、最经济的是酸性焊剂，如 HJ431 配合 H08A 或 H08MnA。焊接较重要的低合金高强度钢时，可采用碱性焊剂 SJ101、SJ301 等，来配合 H08MnA 焊丝使用，能显著地提高焊缝的力学性能和韧性指标。

4. 焊接材料的主要检验指标

焊接材料的检验主要是检测熔敷金属的相关性能，主要指标有：

化学成分：C、Si、Mn、P、S（碳、硅、锰、磷、硫）。

机械性能：屈服强度、抗拉强度和伸长率。

冲击韧性：根据质量等级，测定相应温度的冲击功，在实际使用中要结合焊接接头的相应指标来进一步判定。

在进行埋弧自动焊焊丝性能检测时，应当注意配套的焊剂。

5. 气体

一般情况下可采用纯 CO_2 气体，纯度不得低于 99.5％。焊接材料应当存放于干燥的场所，焊条、药芯焊丝、焊剂、陶质衬垫开封后不宜久存。焊条和焊剂应当根据包装上的说明进行烘干后使用。

四、衬垫

衬垫是衬在焊接接口背面，防止焊接时熔池中的液态金属泄漏的衬托物（图

12-11),分为钢衬垫和陶质衬垫两种。钢衬垫需要选择与母材相同材质的钢板,其厚度一般为6mm左右。陶质衬垫则是由专门工厂生产的,有标准的衬垫,也可根据需要进行定制。陶质衬垫应当存放于干燥的场所,开封后不宜久存。

图12-11 衬 垫

五、涂料

涂料从功能上划分可分为防腐涂料和防火涂料两大类。

1. 防腐涂料

一般设计文件中会明确防腐涂料的品种和涂覆厚度,需要根据设计要求进行备料采购。但面漆的颜色和品种往往要征求业主的意见,并经设计确认后进行采购。常用的防腐体系主要有常规体系(表12-8)和高性能体系(表12-9)两种。

表12-8 常规体系

方案	体系	类别	涂料品种	防腐年限	维修间隔
1	常规体系	底漆	醇酸铁红防锈底漆	2~3年	2年
		面漆	醇酸面漆		

表12-9 高性能体系

方案	体系	类别	涂料品种	防腐年限	维修间隔
2	高性能体系	底漆	环氧富锌底漆	10~15年	10年
		中涂漆	环氧云铁中涂漆		
		面漆	聚氨酯面漆(脂肪族)		

2. 防火涂料类型

一般设计文件中会明确防火涂料的品种和涂覆厚度,需要根据设计要求进行备料采购,主要指标就是耐火极限。防火涂料主要有以下4种。

(1)超薄型结构防火涂料。超薄型钢结构防火涂料是指涂层厚度在3mm(含3mm)以内,装饰效果较好,耐火极限一般在2h以内的钢结构防火涂料。

(2)薄型钢结构防火涂料。薄型钢结构防火涂料是指涂层厚度大于3mm,小于等于7mm,有一定装饰效果,高温时膨胀增厚,耐火极限在2h以内的钢结构防火涂料。

(3)厚型钢结构防火涂料。厚型钢结构防火涂料是指涂层厚度大于7mm,小于等于45 mm,呈粒状面,密度较小,热导率低,耐火极限在2 h以上的钢结构防火涂料。

(4)矿物棉类建筑防火隔热涂料。矿物棉类建筑防火隔热涂料是继厚型建筑防火涂料——珍珠岩系列、氯氧镁水泥系列防火涂料之后的又一重要防火涂料系列,其主要特点是作为隔热填料的矿物纤维对涂层强度起到增强作用,可应用于地震多发的地区或常受震动的建筑物,并能起到防火、隔热、吸音的作用。

3. 钢结构防火涂料技术性能

室内钢结构防火涂料技术性能见表12-10;室外钢结构防火涂料技术性能见表12-11。

表12-10 室内钢结构防火涂料技术性能

序号	检验项目		技术指标			缺陷分类
			NCB	NB	NH	
1	在容器中的状态		经搅拌后呈均匀细腻状态,无结块	经搅拌后呈均匀液态或稠厚液体状态,无结块	经搅拌后呈均匀稠厚液体状态,无结块	C
2	干燥时间(表干)(h)		≤8	≤12	≤24	C
3	外观与颜色		涂层干燥后,外观与颜色同样品相比应无明显差别	涂层干燥后,外观与颜色同样品相比应无明显差别		C
4	初期干燥抗裂性		不应出现裂纹	允许出现1~3条裂纹,其宽度≤0.5 mm	允许出现1~3条裂纹,其宽度≤1 mm	C
5	粘接强度(MPa)		≥0.2	≥0.15	≥0.04	B
6	抗压强度(MPa)				≥0.3	C
7	干密度(kg/m³)				≤500	C
8	耐水性(h)		≥24,涂层应无起层、发泡、脱落现象	≥24,涂层应无起层、发泡、脱落现象	≥24,涂层应无起层、发泡、脱落现象	B
9	耐冷热循环型(次)		≥15,涂层应无开裂、剥落、起泡现象	≥15,涂层应无开裂、剥落、起泡现象	≥15,涂层应无开裂、剥落、起泡现象	B
10	耐火性能	涂层厚度(不大于)(mm)	2.0±0.2	5.0±0.5	25±2	A
		耐火极限(不低于)(h)(以136b或140b标准工字钢梁做基材)	1.0	1.0	2.0	

注:NCB 为室内超薄型钢结构防火涂料;NB 为室内薄型钢结构防火涂料;NH 为室内厚型防火涂料。

表 12-11 室外钢结构防火涂料技术性能

序号	检验项目	技术指标			缺陷分类
		WCB	WB	WH	
1	在容器中的状态	经搅拌后呈均匀细腻状态,无结块	经搅拌后呈均匀液态或稠厚流体状态,无结块	经搅拌后呈均匀稠厚液体状态,无结块	C
2	干燥时间(表干)(h)	≤8	≤12	≤24	C
3	外观与颜色	涂层干燥后,外观与颜色同样品相比应无明显差别	涂层干燥后,外观与颜色同样品相比应无明显差别		C
4	初期干燥抗裂性	不应出现裂纹	允许出现 1~3 条裂纹,其宽度≤0.5 mm	允许出现 1~3 条裂纹,其宽度≤1 mm	C
5	粘接强度(MPa)	≥0.2	≥0.15	≥0.04	B
6	抗压强度(MPa)			≥0.5	C
7	干密度(kg/m³)			≤650	C
8	耐曝热性(h)	≥720,涂层应无起层、脱落、空鼓、开裂现象	≥720,涂层应无起层、脱落、空鼓、开裂现象	≥720,涂层应无起层、脱落、空鼓、开裂现象	B
9	耐湿热性(h)	≥504,涂层应无起层、脱落现象	≥504,涂层应无起层、脱落现象	≥504,涂层应无起层、脱落现象	B
10	耐冻融循环性(h)	≥15,涂层应无开裂、脱落、起泡现象	≥15,涂层应无开裂、脱落、起泡现象	≥15,涂层应无开裂、脱落、起泡现象	B
11	耐酸性(h)	≥360,涂层应无起层、开裂、脱落、起泡现象	≥360,涂层应无起层、开裂、脱落、起泡现象	≥360,涂层应无起层、开裂、脱落、起泡现象	B
12	耐碱性(h)	≥360,涂层应无起层、开裂、脱落、起泡现象	≥360,涂层应无起层、开裂、脱落、起泡现象	≥360,涂层应无起层、开裂、脱落、起泡现象	B
13	耐盐雾腐蚀性(次)	≥30,涂层应无起泡、明显的变质、软化现象	≥30,涂层应无起泡、明显的变质、软化现象	≥30,涂层应无起泡、明显的变质、软化现象	B

续表

序号	检验项目	技术指标			缺陷分类
		WCB	WB	WH	
14	耐火性能	涂层厚度(不大于)(mm)			A
		2.0±0.2	5.0±0.5	25±2	
		耐火极限(不低于)(h)(以136b或140b标准工字钢梁作基材)			
		1.0	1.0	2.0	

注：WCB 为室外超薄型钢结构防火涂料；WB 为室外薄型钢结构防火涂料；WH 为室外厚型防火涂料。

六、螺栓

1. 普通螺栓

普通螺栓主要用于一般性、非重要连接，其连接靠栓杆抗剪和孔壁承压来传递剪力，拧紧螺帽时产生的预拉力很小，其影响可以忽略不计。

2. 高强度螺栓

高强度螺栓根据强度级别分为 8.8、9.8、10.9 和 12.9 四个级别。强度级别指螺栓的抗剪切应力等级，单位是 GPa，钢结构工程中最常用的是 10.9 级。高强度螺栓常用 45 号钢、40 硼钢、20 锰钛硼钢、35CrMoA 等制造，制成后进行热处理，可提高强度。高强度螺栓施加预拉力和靠摩擦力传递外力。高强度螺栓又分为承压型和扭剪型两种，安装时承压型要控制扭矩，不得超拧，也不得欠拧，而扭剪型高强度螺栓则需要把尾部的梅花头扭掉。

高强度螺栓连接副应按包装箱配套供货，包装箱上应标明批号、规格、数量及生产日期。螺栓、螺母和垫圈的外观表面应涂油保护，不应出现生锈和沾染脏污，螺纹不应损伤。高强度螺栓进厂后需要进行复试。

(1)螺栓实物最小荷载检验：机械性能试验；拉力试验(见表 12-12)；芯部硬度试验；螺母硬度试验；垫圈硬度试验(见表 12-13)。

(2)高强度螺栓连接副(含一个螺栓、一个螺母和两个垫圈)施工扭矩检验。

(3)高强度大六角螺栓连接副(含一个螺栓、一个螺母和两个垫圈)扭矩系数复验：随机抽取，每批 8 套连接副。

(4)高强度螺栓连接摩擦面的抗滑移系数检验：每 2000 t 一批，每批三组试件，具体抗滑移系数由设计方明确，一般分为工厂和现场两个指标，出厂时所做的试验值代表出厂指标,在出厂时应按要求随构件提供一组试件运到现场,在主体结构安装前进行试验,所测得的数据作为现场指标。

进行螺栓楔负载试验时,拉力荷载应满足要求,且断裂应发生在螺纹部分或螺纹与螺杆交接处。

表 12-12　高强度螺栓拉力荷载

螺纹规格 d			M12	M16	M20	(M22)	M24	(M27)	M30
公称应力截面积 $A(\text{mm}^2)$			84.3	157	245	303	353	459	561
性能等级	10.9s	拉力荷载(N)	87700~104500	163000~195000	255000~304000	315000~376000	367000~438000	477000~569000	583000~696000
	8.8s		70000~86800	130000~162000	203000~252000	215000~312000	293000~364000	381000~473000	466000~578000

表 12-13　高强度螺栓硬度

性能等级	维氏硬度 HV30	洛式硬度 HRC
10.9s	312~367	33~39
8.8s	249~296	24~31

七、碳棒

碳棒是专门用于碳弧气刨的材料。碳弧气刨是利用电弧的高温将金属熔化,再用高压风将液态金属吹离母材的一种作业方法,主要在焊缝清根、返修等作业时使用,用以对焊缝部位进行清除。常用的碳棒主要是圆形镀铜碳棒,直径有 3.2 mm、5 mm、6 mm、6.5 mm 等多种,根据需要选用。

八、周转材料

钢结构工程的周转材料主要是用于胎具制作、支撑体系制作等的材料,一般以型钢为主,还有少量的钢管脚手架、门式脚手架等。对于胎具、支撑体系材料的规格,一般需要在工艺装备设计时加以明确,可以利用既有的材料,原则上可以以大代小、以强代弱,必要时可以调整设计,以使既有材料满足要求。

九、镀锌材料

一般在防腐难度大、要求高的部位或者构件采用镀锌材料。镀锌材料进场时需要根据设计要求对镀锌层的厚度进行检测,以满足设计要求。

十、物资部门应当关注的节点

对于物资人员来说,在钢结构的整个过程中需要在以下环节关注物资的招标采购及检验工作。

1. 开工前

开工前要及时关注钢材和焊材的招标采购工作。要及时与工程技术部门加强沟通,技术部门应提供钢材的材质、规格、牌号、尺寸要求、热处理状态等技术参数和供货时间。物机部门则根据相关的要求进行招标采购。材料进场时应检查随货提供的质量证明文件,并组织相关部门对钢材的规格、尺寸、标识、外观质量、钢板上的标识与质保书是否一致等进行验收和查验。合格后根据相关规范的要求进行复验。

焊接材料则应由技术部门提供规格、品种、牌号等参数,物机部门组织采购,一旦确定了厂家,原则上不得随意更改生产厂家。焊接材料进场时应核对材料的规格、品种、牌号、厂家以及焊材的包装是否完好,有无锈迹,是否有合格证等。符合要求后按规定进行复验。

焊接用气体一般均在施工现场当地采购,对生产厂家无具体要求,只要满足规范要求即可。

2. 出厂前

钢结构出厂前要对相应的构件尺寸、数量、质量和应用部位进行核实,以满足现场的施工需求。

3. 安装前

安装阶段开始前,应当关注连接螺栓的采购工作,连接螺栓分为普通螺栓和高强度螺栓,应当注意不要混淆。

螺栓进场时必须核对规格、型号和强度级别,一般强度级别在螺栓上有标识。随螺栓应提供合格证明及出厂扭矩系数,作为计算扭矩的依据,半年后如未安装使用,则要重新测定扭矩系数。

涂装工序在钢结构的加工过程中就已开始,因此,在加工前应当对涂装材料进行采购。基于钢结构施工的特点,物机部门应当掌握工厂和现场涂装作业的具体内容。一般钢结构工厂内可进行到中间漆或者第一道面漆,最后一道在结构安装完成后进行,以免因运输、安装过程中涂装表面损伤,现场局部补漆造成的色泽不一致的现象出现。也可以在工厂仅进行底漆的涂刷,后续的中间漆和面漆均在施工现场涂刷。

涂料的采购应当注意尽量采购同一厂家的涂料,包括底漆、中间漆、面漆和防火涂料,以保证其兼容性。若是采购自不同的厂家,则需要对其相容性进行必要的验证。

周转材料的选用自由度较大,在安装方案制定前,物资人员应及时向技术部门提供可利用的材料清单,供支撑体系、胎具设计时选用。安装方案确定后,物资部门根据方案所需的材料进行核查,并进行采购或者租赁。

4. 钢结构件进场时应提供的文件

(1)钢材质保书及复试报告。

(2)焊接无损检测报告。

(3)构件合格证(由制造厂家出具)。

(4)其他(根据监理要求)。

十一、主要机具

下面介绍施工现场的主要机具。

1. 焊接设备

(1)手工电弧焊设备。手工电弧焊接设备就是使用药皮焊条进行焊接作业的设备,通常有交流焊机和直流焊机两大类,主要包括焊机、焊钳、焊接电缆等,如图12-12、图12-13所示。

图 12-12 焊 机

图 12-13 焊 钳

(2)CO_2气体保护焊设备。CO_2气体保护焊由于其使用成本低,已经在钢结构工程中得到广泛的应用,但CO_2气体保护焊设备的组成较手工电弧焊设备要复杂一些。图12-14所示是一个典型的CO_2气体保护焊系统,其设备主要由四部分组成。焊机、送丝机和焊枪分别如图12-15、图12-16、图12-17所示。

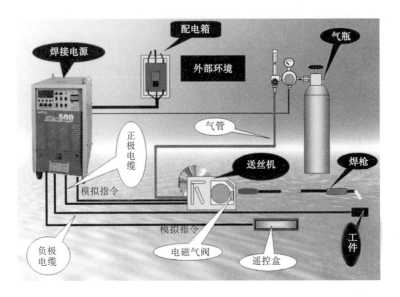

图 12-14　CO_2 气体保护焊系统

  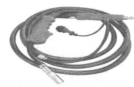

图 12-15　焊机(焊接电源)　　　图 12-16　送丝机　　　图 12-17　焊　枪

供气系统包括气瓶、流量计、加热器、电磁阀、气管等,如图 12-18 所示。焊接设备的选用要根据施工需求进行,但不论哪种焊接设备,其主要指标都是焊接电流的大小,要根据已制定的焊接工艺中对焊接电流大小的要求选择相应额定电流的焊机。

 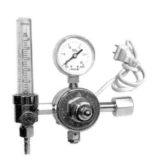

(a)气瓶　　　　　　　　　　(b)减压、流量、加热一体装置

图 12-18　供气系统

2. 切割设备

(1)气割设备。气割设备是钢材切割的主要设备,包括割枪(图 12-19)、气瓶(图 12-20)、管路(图 12-21)等。常用的有自动切割和手工切割。

(a)手工割枪

(b)自动切割机

图 12-19　手工割枪与自动切割机

(a)氧气瓶

(b)乙炔气瓶

图 12-20　气　瓶

(a)氧气减压器

(b)回火防止器

(c)氧气胶管

(d)氧气减压器

(e)乙炔胶管

图 12-21　管　路

需要注意,氧气胶管与乙炔胶管不能混用,氧气胶管为红色,容器工作压力为 1.5 MPa,胶管内径为 8 mm,外径为 18 mm;乙炔胶管为黑色,容器工作压力为 0.3 MPa,胶管内径为 8 mm,外径为 16 mm。

(2)碳弧气刨设备。碳弧气刨是使用碳棒或石墨棒作电极,与工件间产生电弧，将金属熔化，并用压缩空气将熔化金属吹除的一种表面加工沟槽的方法。在焊接生产中，主要用来刨槽、消除焊缝缺陷和背面清根。碳弧气刨设备包括：小型打气泵，用于吹走熔化的金属，使用供气压力不小于 0.5 MPa 的空压机即可；焊机，额定电流不小于 500 A；碳弧气刨枪和碳棒（图 12-22）。

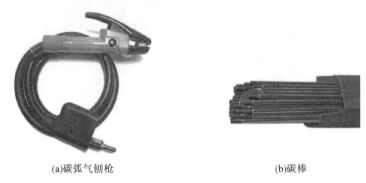

(a)碳弧气刨枪　　　　　　　　　(b)碳棒

图 12-22　碳弧气刨枪和碳棒

3. 辅助设备

（1）扭矩扳手。扭矩设备专门用于高强度螺栓的安装，根据使用频率对扭矩进行定期标定，以保证扭矩的准确。扭矩扳手要根据工程量的大小、螺栓的扭矩要求等进行合理选择。在使用中要按照说明书的相关要求做好相关的保养工作，以延长使用寿命和保证扭矩精度。扭矩扳手又分为手动和电动两种。

①手动扭矩扳手，主要有机械音响报警式、数显式、指针式（表盘式）和打滑式（自滑转式）（图 12-23）。

图 12-23　手动扭矩扳手

②电动扭矩扳手，主要有电流式和动态扭矩传感器式两种（图 12-24）。

图 12-24　电动扭矩扳手　　　　图 12-25　喷砂设备

(2)喷砂设备,用于钢材表面除锈。图 12-25 所示设备主要用于施工现场,考虑到环保要求,现场尽量避免进行喷砂作业。必要时根据环保要求建封闭式喷砂房,以防止现场扬尘超标。

4. 量具

(1)焊缝量规,用于焊缝各种尺寸的测量,如图 12-26 所示。

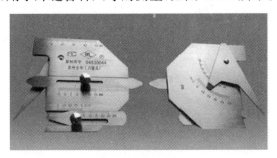

图 12-26　焊缝量规

(2)钢卷尺和钢板尺,用于构件的测量。

(3)涂层检测工具(图 12-27),用于干漆膜厚度测量、现场附着力检测等。

 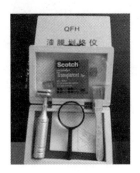

(a)涂层测厚仪　　　　　　　(b)附着力检测工具

图 12-27　涂层检测工具

十二、工程施工照片

钢结构工程相关施工照片如图 12-28 至图 12-33 所示。

图 12-28　螺栓球网架安装　　　图 12-29　CO_2 气体保护焊作业

图 12-30 桁架吊装作业

图 12-31 钢桥节点制造

图 12-32 钢构件工地总拼装场

图 12-33 钢塔安装

第十三章 机电安装工程

第一节 机电安装工程概述

机电安装工程分为工业机电安装工程和建筑机电安装工程。工业机电安装工程包括机械设备安装工程、电气安装工程、工业管道安装工程、静置设备及金属结构安装工程、发电设备安装工程、自动化仪表安装工程、防腐蚀工程、绝热工程、炉窑砌筑工程等,建筑机电安装工程包括建筑管道安装工程、建筑电气安装工程、通风与空调安装工程、建筑智能化安装工程、电梯安装工程、消防工程等。

第二节 机电安装工程施工

一、机械设备安装施工

机械设备安装一般分为整体式安装、解体式安装和模块化安装。

整体式安装是指针对体积和重量不大的设备(如泵、风机等),现场的运输条件可将其整体运输到安装现场,直接安装到设计指定的位置。其安装关键在于设备的定位精度和各设备间相互位置精度的保证。

解体式安装是指针对某些大型设备(如大型输送设备),由于运输条件的限制,无法将其整体运至施工现场,出厂时只能分解成零部件进行运输,在安装现场重新按设计、制造要求进行装配和安装。

模块化安装是指针对某些大型、复杂的设备(如冶炼生产线),重新按设备的设计、制造要求设计成模块,除保证组装精度外,还要保证其安装精度,同时达到制造厂的要求。

一般施工流程:开箱检查→基础测量放线→基础检查验收→垫铁设置→吊装就位→安装精度调整与检测→设备固定与灌浆→设备装配→润滑与设备加油→试运转。

涉及的主要材料包括水泥、砂、碎石、钢筋(设备基础用)、地脚螺栓、垫铁(平垫铁、斜垫铁)、润滑油等。

涉及的主要机具有吊车、倒链、桅杆、激光对中仪、水平仪、塞尺等。

物资人员重点关注地脚螺栓和垫铁的型号规格、材质,润滑油的种类,设备吊装所涉及的起重设备种类、适用范围、性能等。

二、电气工程安装施工

1. 配电装置安装

一般施工流程：开箱检查→基础测量放线→基础型钢安装→柜体就位→安装精度调整与检测→柜体、柜门接地→模拟试验→送电试运行。

涉及的主要材料包括型钢（如角钢和槽钢）、接地编织铜线、绝缘靴、绝缘手套、绝缘胶垫等。

涉及的主要机具有液压叉车、验电器、灭火器等。

2. 变压器安装

一般施工流程：开箱检查→二次搬运→吊芯检查→变压器就位→接线→送电前检查→送电试运行。

涉及的主要材料包括变压器油、具有耐油性能的绝缘导线等。

涉及的主要机具有滚杆、卷扬机、吊车、兆欧表、灭火器等。

3. 输配电线路施工

(1) 架空线路施工。

一般施工流程：线路测量→基础施工→杆塔组立→放线架线→导线连接→线路试验→竣工验收检查。

涉及的主要材料包括混凝土电杆、电杆底盘、电杆卡盘、铁塔、横担、绝缘子、螺栓、钢芯铝线、铝线、T形线夹、并沟线夹等。

涉及的主要机具有放线架、滑轮、吊车、抱杆、经纬仪、兆欧表、红外线测温仪等。

物资人员重点关注混凝土电杆的类型，绝缘子的种类及适用范围，电线的型号、规格等。

(2) 电缆线路敷设。室外电缆敷设一般采取直埋、穿排管或电缆沟支架敷设方式，进入建筑物一般采取穿管敷设。

①直埋电缆施工流程：测量放线→挖电缆沟→沟尺寸检查→敷设电缆→接地电阻测试→铺砂盖板或砖→埋标志桩→沟回填。

②电缆排管敷设施工流程：测量放线→管沟、电缆井室开挖→沟尺寸检查→敷设排管→管内穿电缆→电缆绝缘测试→挂标志牌→沟回填。

③电缆沟支架敷设施工流程：测量放线→支架安装→电缆敷设→电缆绝缘测试→挂标志牌。

涉及的主要材料包括电缆、标志桩（牌）、砂、砼板、砖、接线盒、电缆排管（钢管、塑料管、陶瓷管、石棉水泥管、混凝土管等）、型钢支架等。

涉及的主要机具有放线架、牵引车、滑轮组、吊车、经纬仪、兆欧表等。

物资人员重点关注电缆、接线盒、排管的型号和适用范围。

三、工业管道工程施工

一般施工流程：施工准备→测量定位→支架制作安装→管道预制安装→仪表阀门安装→试压清洗→防腐保温→调试及试运行→竣工验收。

涉及的主要材料包括型钢（角钢、槽钢、方钢、扁钢等）、各种材质的管道、阀门、温度计、压力表、防锈漆、各种面漆（如调和漆、树脂漆等）和绝热材料（如离心玻璃丝棉、超细玻璃棉、矿棉、岩棉板或管壳、复合硅酸镁板或管壳、聚氨酯泡沫板或泡沫玻璃管壳等）。

涉及的主要机具有切割机、电焊机、套丝机、试压泵等。

四、建筑管道工程施工

1. 室内给水工程施工

施工流程：施工准备→预留、预埋→测量放线→管道元件检验→支吊架制作安装→管道加工预制→给水设备安装→管道及配件安装→系统水压试验→防腐→系统清洗消毒。

2. 室内排水工程施工

施工流程：施工准备→预留、预埋→测量放线→管道元件检验→支吊架制作安装→管道预制→管道及配件安装→系统灌水试验→防腐→系统通球试验。

3. 室内供暖工程施工

施工流程：施工准备→预留、预埋→测量放线→管道元件检验→支吊架制作安装→管道预制→管道及配件安装→系统水压试验→系统冲洗→防腐绝热→试运行和调试。

4. 室外给水管网施工

施工流程：施工准备→测量放线→管沟、井池开挖→管道元件检验→支架制作安装→管道预制→管道安装→系统水压试验→防腐→系统消毒冲洗→管沟回填。

5. 室外排水管网施工

施工流程：施工准备→测量放线→管沟、井池开挖→支架制作安装→管道预制→管道安装→系统灌水试验→防腐→系统通水试验→管沟回填。

6. 室外供热管网施工

施工流程：施工准备→测量放线→管沟、井池开挖→支架制作安装→管道预制→管道安装→系统水压试验→系统冲洗→防腐绝热→试运行和调试→管沟回填。

7. 建筑饮用水供应工程施工

施工流程：施工准备→预留、预埋→测量放线→管道元件检验→支吊架制作安装→管道预制→水处理设备及控制设施安装→管道及配件安装→系统水压试验→防腐→系统清洗消毒。

8. 建筑中水及雨水利用工程施工

(1) 中水系统给水管道施工流程：施工准备→测量放线→管道元件检验→支吊架制作安装→管道预制→水处理设备及控制设施安装→管道及配件安装→系统水压试验→防腐→系统清洗。

(2) 雨水系统排水管道工程施工流程：施工准备→测量放线→管道元件检验→支吊架制作安装→管道预制→管道及配件安装→系统灌水试验→防腐→系统通球试验。

涉及的主要材料包括型钢(角钢、槽钢、方钢、扁钢等)、各种材质的管道(焊接钢管、无缝钢管、镀锌钢管、球墨铸铁管、PPR 管、衬塑钢管、不锈钢管、HDPE 管、PVC 管、UPVC 管、铝塑复合管和钢塑复合管)、管件(沟槽管件、不锈钢管件、热熔管件)、阀门(截止阀、球阀、闸阀、蝶阀、止回阀和 Y 型过滤器)、温度计(普通温度计和电接点温度计)、压力表(普通压力表和电接点压力表)、防锈漆、各种面漆(如调和漆和树脂漆)和绝热材料(如离心玻璃丝棉、超细玻璃棉、矿棉、岩棉板或管壳、复合硅酸镁板或管壳、聚氨酯泡沫板或管壳、泡沫玻璃管壳等)。

涉及的主要机具有切割机、电焊机、套丝机、热熔机、管子钳、试压泵、挖掘机、打夯机、水准仪、红外线放线仪等。

物资人员重点关注管道的压力等级及输送的介质。不同压力等级、输送不同介质的管道所需的管件、阀门种类和性能参数不一样，采购、发放时须高度重视。

五、建筑电气工程施工

1. 变配电工程施工

(1) 开关柜、配电柜施工流程：开箱检查→二次搬运→基础框架制作安装→柜体固定→母线连接→二次线路连接→试验调整→送电运行验收。

(2) 干式变压器施工流程：开箱检查→变压器二次搬运→变压器本体安装→附件安装→变压器交接试验→送电前检查→送电运行验收。

2. 供电干线及室内配线施工

(1) 母线槽施工流程：开箱检查→支架安装→单节母线槽绝缘测试→母线槽安装→通电前绝缘测试→送电验收。

(2) 室内梯架电缆施工流程：电缆检查→电缆搬运→电缆敷设→电缆绝缘测

试→挂标志→质量验收。

(3)线槽配线施工流程:测量定位→支架制作→支架安装→线槽安装→接地线连接→槽内配线→线路测试。

(4)金属导管施工流程:测量定位→支架制作、安装(明导管敷设时)→导管预制→导管连接→接地线跨接。

(5)管内穿线施工流程:选择导线→管内穿引线→导线与引线绑扎→放护圈(金属导管敷设时)→穿导线→导线并头绝缘→线路检查→绝缘测试。

3. 电气动力工程施工

(1)明装动力配电箱施工流程:基础框架制作安装→配电箱安装固定→导线连接→送电前检查→送电运行。

(2)动力设备施工流程:设备开箱检查→设备安装→电动机检查、接线→电机干燥(受潮时)→控制设备安装→送电前检查→送电运行。

4. 电气照明工程施工

(1)暗装照明配电箱施工流程:配电箱固定→配管→管内穿线→导线连接→送电前检查→送电运行。

(2)照明灯具施工流程:灯具开箱检查→灯具组装→灯具安装接线→送电前检查→送电运行。

5. 防雷接地装置施工

施工流程:接地体施工→接地干线施工→引下线敷设→均压环施工→接闪带(接闪杆、接闪网)施工。

涉及的主要材料包括型钢(角钢、槽钢、方钢、扁钢等)、电线管、各种电缆、电线、开关柜、配电柜、干式变压器、母线槽、电缆桥架、照明配电箱、动力配电箱、灯具等。

涉及的主要机具有切割机、电焊机、弯管器、电锤、手持熔锡炉、喷灯、手电钻、液压叉车、滑轮、断线钳、绝缘电阻表、万用表、相位测试仪、接地电阻测试仪、红外线放线仪等,如图13-1至图13-11所示。

图13-1 切割机　　图13-2 电焊机

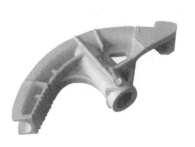

图 13-3　弯管器

图 13-4　电　锤

图 13-5　手持熔锡炉

图 13-6　液压叉车

图 13-7　喷　灯

图 13-8　绝缘电阻表

图 13-9　万用表

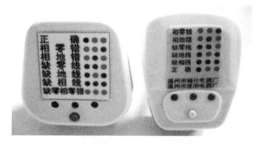

图 13-10　相位测试仪

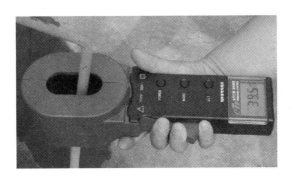

图 13-11　接地电阻测试仪

物资人员重点关注电缆、电线的规格型号及适用范围,电缆桥架的种类及材质、适用范围,灯具的种类及适用范围,配电箱内配置的元器件及厂家等。

六、通风与空调工程施工

1. 风管及配件制作与安装施工

(1)金属风管制作施工流程:板材、型材选用及复检→风管预制→角钢法兰预制→板材拼接及轧制、薄钢板法兰风管轧制→防腐→风管加固→风管组合→加固、成型→质量检查。

(2)金属风管安装施工流程:测量放线→支吊架制作→支吊架定位安装→风管检查→组合连接→风管调整→漏风量测试→质量检查。

(3)风管系统阀部件安装施工流程:风管及部件检查→支吊架安装→风阀及部件安装→质量检查。

(4)风管漏风量测试施工流程:风管漏风量抽样方案确定→风管检查→测试仪器仪表检查校准→现场测试→现场数据记录→质量检查。

涉及的主要材料包括碳素钢板、镀锌钢板、型材(角钢、槽钢、圆钢、扁钢等)、风阀、风口、防锈漆、各种面漆(如调和漆和树脂漆)和绝热材料(如离心玻璃丝棉、超细玻璃棉、矿棉、岩棉板或管壳、复合硅酸镁板或管壳、聚氨酯泡沫板或管壳、泡沫玻璃管壳等)。

涉及的主要机具有五线机、等离子切割机、咬口机、法兰机、电焊机、液压铆钉机、激光标线仪、切割机、电动液压冲孔机、手电钻、轧边机、卷圆机、风速及风量检测仪(数字式、机械式)等,如图 13-12 至图 13-23 所示。

 图13-12 五线机
 图13-13 等离子切割机
 图13-14 咬口机

 图13-15 法兰机
 图13-16 电焊机
 图13-17 液压铆钉机

 图13-18 激光标线仪
 图13-19 切割机
 图13-20 电动液压冲孔机

 图13-21 手电钻
 图13-22 轧边机
 图13-23 卷圆机

物资人员重点关注镀锌钢板的镀锌层厚度、风阀的性能参数(风阀的大小、方向、工作温度、执行器的位置等)、绝热材料的绝热系数、容重等。

2. 空调水系统管道安装施工

(1)空调冷热水管道安装施工流程：管道预制→管道支吊架制作与安装→管

道与附件安装→水压试验→管道防腐→管道冲洗→管道绝热→质量检查。

(2)水系统阀部件、仪表安装施工流程:阀门及部件检查→强度严密性试验→阀门及部件安装→仪器仪表安装→阀门及部件绝热→质量检查。

涉及的主要材料包括无缝钢管、焊接钢管、镀锌钢管、型材(角钢、槽钢、圆钢、扁钢)、阀门(蝶阀、截止阀和闸阀)、压力表、温度计和绝热材料(如离心玻璃丝棉、超细玻璃棉、矿棉、岩棉板或管壳、复合硅酸镁板或管壳、聚氨酯泡沫板或管壳、泡沫玻璃管壳等)。

涉及的主要机具有管道切管机、滚槽机、电动套丝机、切割机、电焊机、电锤、试压泵、压力表等,如图13-24至图13-29所示。

图13-24　管道切管机　　　图13-25　滚槽机　　　图13-26　电动套丝机

图13-27　电焊机　　　图13-28　试压泵　　　图13-29　压力表

物资人员重点关注阀门的性能参数,压力表和温度计的量程,绝热材料的绝热系数、容重等。

3. 设备安装施工

(1)制冷机组安装施工流程:基础验收→机组运输吊装→机组减振安装→机组就位安装→机组配管安装→质量检查。

(2)冷却塔安装施工流程:基础验收→冷却塔运输吊装→冷却塔减振安装→就位安装→冷却塔配管安装→质量检查。

(3)水泵安装施工流程:基础验收→减振装置安装→水泵就位→找正找平→配管及附件安装→质量检查。

(4)组合式空调机组、新风机组安装施工流程:设备检查试验→基础验收→底座安装→设备减振安装→设备安装→找正找平→质量检查。

(5)风机盘管安装施工流程:设备检查试验→支吊架安装→减振安装→设备安装及配管→质量检查。

(6)风机安装施工流程:风机检查试验→基础验收→底座安装→减振安装→设备就位→找正找平→质量检查。

(7)太阳能供暖空调系统安装施工流程:基础验收→设备运输吊装→设备安装→太阳能集热器安装→管道安装→管道试验及冲洗→管道保温→质量检查→系统运行。

(8)多联机系统安装施工流程:基础验收→室外机吊装→设备减振安装→室外机安装→室内机安装→管道连接→管道强度试验及真空试验→系统充制冷剂→调试运行→质量检查。

涉及的主要材料包括减振垫、底漆(如防锈漆)、面漆(如醇酸调和漆)、管材、阀门(截止阀、闸阀和放气阀)、压力表、温度计和绝热材料(如离心玻璃丝棉、超细玻璃棉、矿棉、岩棉板或管壳、复合硅酸镁板或管壳、聚氨酯泡沫板或管壳、橡塑保温管等)。

涉及的主要机具有吊车、倒链、卷扬机、切割机、电焊机、试压泵、压力表、轧边机、卷圆机、激光标线仪、电动液压冲孔机、手电钻等。

4. 管道防腐保温施工

(1)管道及支吊架防腐施工流程:除锈→去污→表面清洁→底层涂料→面层涂料→质量检查。

(2)风管保温施工流程:清理去污→保温钉固定(涂刷黏结剂)→绝热材料下料→绝热层施工→防潮层施工→保护层施工→质量检查。

(3)水管保温施工流程:清理去污→涂刷黏结剂→绝热层施工→接缝处胶粘→防潮层施工→保护层施工→质量检查。

涉及的主要材料包括绝热材料(如离心玻璃丝棉、超细玻璃棉、矿棉、岩棉板或管壳、复合硅酸镁板或管壳、聚氨酯泡沫板或管壳和泡沫玻璃管壳)等。

涉及的主要机具有轧边机、卷圆机等。

5. 系统调试施工

(1)风系统调试流程:风机检查→风管、风阀、风口检查→测试仪器仪表准备→风量测试→风量平衡调整→记录测试数据→质量检查。

(2)水系统调试流程:设备检查→阀部件检查→测试仪器仪表准备→水流量测试与调整→压力表、温度计数据记录→质量检查。

(3)设备单机试运转流程:设备检查→设备测试→试运转→参数测试→数据记录→质量检查。

(4)通风空调系统联合试运转流程：调试前系统检查→通风空调系统的风量、水量测定与调整→空调自动控制系统调试调整→数据记录→质量检查。

(5)防排烟系统联合试运转流程：系统检查→机械正压送风系统测试与调整→机械排烟系统测试与调整→联合运转参数的测试与调整→数据记录→质量检查。

涉及的主要机具有风速仪、流量计等。

七、电梯工程施工

施工流程：施工前准备→吊运机件到位→搭设顶部工作台→井道、机房放线、照明线路→机房设备安装→机房电气接线→井道导轨、缓冲器安装→轿厢框架安装→放钢丝绳、装配重→配临时动力电源、操作电路→层门上坎/地坎、导轨安装→层门安装→井道内外电气安装→拆工作台→轿厢安装→调试、交验。

涉及的主要材料有电气导管、导线、电缆、线槽等。

涉及的主要机具有激光标线仪、卷扬机、手拉葫芦、电锤、接地电阻测试仪、绝缘电阻表等。

八、消防工程施工

1. 火灾自动报警及联动控制系统施工

施工流程：施工准备→管线敷设→线缆敷设→线缆连接→绝缘测试→设备安装→单机调试→系统调试→验收。

涉及的主要材料有电气导管、导线、控制电缆、线槽、感温（感烟）火灾探测器、可燃气体探测器、火灾报警控制器、消防联动控制器等。

涉及的主要机具有激光标线仪、手电钻、接地电阻测试仪、绝缘电阻表等。

2. 水灭火系统施工

(1)消防水泵安装流程：施工准备→基础验收复核→泵体安装→吸水管安装→出水管安装→单机调试。

涉及的主要材料有镀锌钢管、异径管、橡胶软接头等。

涉及的主要机具有激光标线仪、手拉葫芦、框式水平仪等。

(2)消火栓系统施工流程：施工准备→干管安装→立管、支管安装→箱体稳固→附件安装，强度严密性试验→冲洗→系统调试。

涉及的主要材料有消火栓、镀锌钢管、型材（角钢、槽钢和圆钢）等。

涉及的主要机具有激光标线仪、套丝机、滚槽机、手电钻、试压泵、压力表等。

(3)自动喷水灭火系统施工流程：施工准备→干管安装→报警阀安装→立管安装→分层干、支管安装→喷洒头支管安装→管道冲洗→管道试压→减压装置安装→报警阀配件及其他组件安装→喷洒头安装→系统通水调试。

涉及的主要材料有消防气压罐、镀锌钢管、型材(角钢、槽钢和圆钢)、喷洒头、报警阀、减压装置、阀门(止回阀、截止阀和放气阀)等。

涉及的主要机具有激光标线仪、套丝机、滚槽机、手电钻、试压泵、压力表等。

(4)消防水炮灭火系统施工流程:施工准备→干管安装→立管安装→分层干、支管安装→管道试压→管道冲洗→消防水炮安装→动力源和控制装置安装→系统调试。

涉及的主要材料有消防水炮、镀锌钢管、型材(角钢、槽钢和圆钢)、阀门(截止阀和放气阀)等。

涉及的主要机具有激光标线仪、套丝机、滚槽机、手电钻、试压泵、压力表等。

(5)高压细水雾灭火系统施工流程:施工准备→支吊架制作、安装→管道安装→管道冲洗→管道试压→吹扫→喷头安装→控制阀组部件安装→系统调试。

涉及的主要材料有储水瓶、储气瓶、镀锌钢管、型材(角钢、槽钢和圆钢)、喷洒头、控制阀、阀门(截止阀和放气阀)等。

涉及的主要机具有激光标线仪、套丝机、手电钻、试压泵、压力表等。

3. 干粉灭火系统施工

施工流程:施工准备→设备和组件安装→管道安装→管道试压→吹扫→系统调试。

涉及的主要材料有镀锌钢管、型材(角钢、槽钢和圆钢)、喷嘴、阀门等。

涉及的主要机具有激光标线仪、套丝机、手电钻、试压泵、压力表等。

4. 泡沫灭火系统施工

施工流程:施工准备→设备和组件安装→管道安装→管道试压→吹扫→系统调试。

涉及的主要材料有泡沫液储罐、泡沫比例混合器、镀锌钢管、型材(角钢、槽钢和圆钢)、泡沫消火栓、阀门等。

涉及的主要机具有激光标线仪、套丝机、手电钻、试压泵、压力表等。

5. 气体灭火系统施工

施工流程:施工准备→设备和组件安装→管道安装→管道试压→吹扫→系统调试。

涉及的主要材料有镀锌钢管、型材(角钢、槽钢和圆钢)、喷嘴、阀门等。

涉及的主要机具有激光标线仪、套丝机、手电钻、试压泵、压力表等。

6. 防排烟系统施工

施工流程:施工准备→支吊架制作、安装→风管制作安装→风机及阀部件安装→系统调试。

涉及的主要材料包括碳素钢板、型材（角钢、槽钢、圆钢和扁钢）、防火阀、排烟阀、风口、防锈漆、各种面漆（如调和漆和树脂漆）、风管密封垫片、柔性短管等。

涉及的主要机具有等离子切割机、法兰机、电焊机、激光标线仪、切割机、电动液压冲孔机、手电钻、风速及风量检测仪（数字式、机械式）等。

物资人员重点关注风阀的性能参数（风阀的大小、方向、工作温度、执行器的位置等）、柔性短管及风管密封垫料的阻燃等级、耐火极限等。

第十四章 通信信息工程

第一节 通信信息工程概述

一、通信信息工程施工类型

铁路通信信息工程包括工程范围内的沿线各车站、通信站、无线基站、电力配电所、牵引变电所、生产生活房屋等处通信信息各子系统（光电缆线路、传输系统、电话交换及接入系统、数据网系统、综合视频监控系统、会议电视系统、GSM-R 系统、调度通信系统、客运服务信息系统、应急通信系统、时钟及时间同步系统、通信电源及防雷接地系统、电源及环境监控系统等）建筑工程、设备安装及室内综合布线等施工。通信工程施工类型主要为光电缆线路工程和设备安装工程。

二、通信信息工程的特点

通信信息工程长途光缆线路较长，受土建工程施工影响和总工期的限制，必须在有限的时间内完成光缆线路施工。子系统多，所采用的设备种类多，采购周期长，手续复杂，工作量大；需考虑无线通信与有线通信的接口，除完成本系统的调试外，还要完成各种庞大复杂的网络软、硬件的连通与联合调试，调试工作量大，调试周期长，对工期影响大。

三、铁路通信信息工程的组成

铁路通信信息系统由如下子系统组成，发挥各自的作用。

1. 传输子系统

传输子系统由光数字传输设备及光纤环路组成。传输系统采用传输网、接入层传输网两层网络结构，传输系统负责为本线各车站、GSM-R 基站等业务节点提供 E1 及以上各类业务接入条件，并为通信系统各子系统（GSM-R、调度通信、应急通信、数据网、电话交换、电源及环境监控等）以及信号、电力、供变电、货运系统、票务、车辆、公安等系统的业务提供传输通道。

2. 无线通信子系统

无线通信子系统为固定用户如调度员、车站值班员等与移动用户如列车司机、维修、公安等流动人员之间提供通信手段，它对行车安全、运营效率、服务质量、应付突发事件提供保证。

3. 程控电话子系统

程控电话子系统是供工作人员与内部及外部进行公务通信联系的通信子系统。该系统由数字程控交换机网络构成,全线自动电话用户统一通过接入网系统接入程控交换机。

4. 数字专用调度电话子系统

数字专用调度电话子系统是为列车运行调度指挥、电力调度、防灾救护及维修等部门提供作业指挥而设置的专用直达电话系统。调度通信系统由调度所调度交换机、车站调度交换机、调度台、值班台、其他各类固定终端(电话分机)、网管终端及录音仪等设备组成。通过调度所调度交换机与 GSM-R 系统互联,实现有线和无线调度业务互通(列车及相关作业人员配置移动终端)。

5. 数据网子系统

数据网子系统主要承载综合视频监控系统、会议电视系统、电源及环境监控系统、给水远控、旅服系统等业务,并为用户提供 10 M/100 M 方式等灵活的接入手段,在专网专用的结构下可提供面向连接的网络层专线服务和交换型数据业务互联服务。

数据网系统由核心节点、汇聚节点、接入节点、网管等设备组成。在铁路局网管中心设置数据网网元级网络管理设备,对全线数据网设备进行统一管理。

6. 会议电视系统

会议电视系统由会议电视中心设备、会议电视终端、图像显示设备、摄像机以及网管设备等组成。

7. 综合视频监控系统

综合视频监控系统为控制中心的调度员、各车站值班员、列车司机等提供有关列车运行、防灾救灾以及旅客疏导等方面的视觉信息。该系统由图像摄取、图像显示及录制、车站控制、中心控制、视频信号传输等部分组成,实现对车站站房、行车室内、通信信号机房内、牵引供电及电力机房内外、沿线公跨铁立交桥等重点设施的实时监控。综合视频监控系统由 IP 数据网承载,系统由基础网络平台和接入平台两部分组成。大站设置I类视频接入节点,一般站设置II类视频接入节点。I类视频接入节点设备由交换机、编码器、视频光端机、视频管理服务器、视频存储服务器、分发/转发服务器、SA服务器、防病毒服务器和存储设备组成,II类视频接入节点设备由交换机、编码器、视频光端机、分发/转发服务器、视频存储服务器和存储设备组成。

8. 广播子系统

广播子系统用于向旅客通告列车运行以及安全、向导等服务信息,向工作人员发布作业命令和通知。该系统由中心控制设备、车站广播设备和传输接口组成。

9. 通信电源

通信电源由交直流配电屏、UPS电源、高频开关电源和蓄电池组组成,为各种通信设备提供可靠的电源供应。

10. 动力环境监测系统

动力环境监测系统对通信机房的UPS、开关电源、蓄电池进行监测,对空调实现远程遥控、遥信,并对机房内的门磁、温湿度、水浸、烟雾等进行监测。

第二节　通信信息工程施工

一、总体施工安排及施工流程

根据工程量的分布和工程特点,安排技术、管理人员和部分技工先期进场,对通信工程的电缆路径走向进行定、复测,完成图纸审核。在完成施工准备后,本着"先建筑,后安装"的原则,由作业队展开平行作业,同步推进。

施工顺序:首先进行全线光电缆线路建筑工程的施工(图14-1);其次进行各通信站、通信机械室设备的安装,车站、区间铁塔的安装,设备的单机调试;最后进行全线设备的联网调试、试运行。

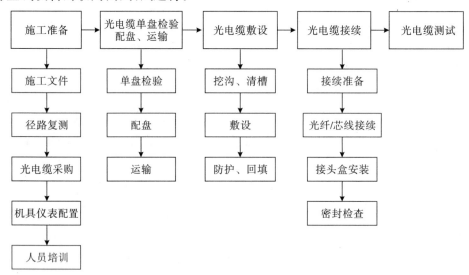

图14-1　光电缆线路施工流程图

通信信息工程施工程序如下:施工准备→无线铁塔施工→干线光缆线路施工→站内光缆线路施工→子系统设备安装→设备单机调试→子系统部分试验→通信系统试验→系统集成试验。

二、光电缆线路施工

光电缆及配套器材到货后,应及时收集说明书、合格证、质量检验报告,并检查是否符合设计和订货合同及相关技术标准规定。

1. 光缆单盘检测内容

(1)根据出厂记录对照实物检查光缆程式、光纤结构是否符合光缆订货技术特性要求。

(2)确定和标明光缆 A、B 端。

(3)用 OTDR 检测单盘光缆的长度及固有衰耗,结果应符合设计及订货要求,并做好检测记录。

2. 单盘电缆检测内容

(1)根据出厂记录和实物检查电缆程式、结构是否符合相关技术要求。

(2)确定和标明 A、B 端。

(3)对号检查有无断线、混线等。

(4)根据施工规程具体规定,检查各项电气性能指标,结果应符合要求。

三、无线通信铁塔施工

无线通信铁塔施工主要有施工准备、基础坑开挖、基础垫层浇筑、钢筋绑扎、地网制作、基础浇筑、拆模及回填土、铁塔架设等工序,如图 14-2 所示。

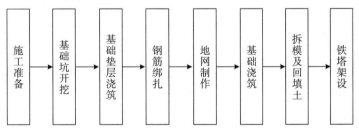

图 14-2　无线通信铁塔施工流程图

铁塔安装前应按下列要求对主要材料进行进场质量检验:

(1)钢材的品种、规格、性能等应符合设计要求和相关技术标准的规定,并具有质量证明文件。

(2)连接用高强度螺栓、普通螺栓、地脚螺栓等紧固标准件及螺母、垫圈等标准配件的品种、规格、性能等应符合设计要求和相关技术标准的规定,并具有质量证明文件。

(3)铁塔构件的镀锌层应均匀光滑、不见皮,不得出现返锈现象。

四、设备安装施工方法

设备安装工作包括传输系统、电话交换系统、数据网、专用移动通信系统、调度通信系统、会议电视系统、应急通信系统、同步及时钟分配系统、通信电源系统、通信电源及环境监控系统、综合视频监控系统的施工安装准备、设备安装、设备配线、天馈线安装和防雷接地。

1. 室内设备安装

(1)走线槽架安装。根据设计文件,确定走线槽架的规格和安装位置,如图14-3所示。

图14-3 室内走线槽架安装

(2)设备机架安装。机架安装按机房画线→底座固定→机架固定→机盘安插→安装清理的顺序进行。

2. 室外视频终端安装

(1)支撑杆安装。根据确定的位置,采用人工方式进行挖坑及立杆工作。需要有基础的地方,基础可采用混凝土灌筑。室外摄像机立杆,应做防雷接地。

(2)前端采集设备(摄像机)的安装。将摄像机逐个通电进行检测和粗调,在摄像机处于正常工作状态后,方可安装。

(3)室外机箱安装。按设计要求安装室外机箱,室外露天机箱应具有防雨功能,机箱体积需满足设计要求,箱体应达到 IP54 防护等级,机箱内应能安装电源、视频光端机等设备,配线需整齐规范。机箱应安装牢固,表面喷涂明显的警示标志,将机箱和立杆进行统一防雷接地。

3. 设备配线

(1)接地线的制作。根据设计要求选择相应截面积的铜线,进行接地装置到设备接地端子的连接,并且要尽可能地缩短距离,长度超过 50 m 时要适当加粗铜线截面积;连接引线两端应镀锡或热浸锡,并将涂料、清漆、油漆等从紧固点附近清除,以保证金属表面的良好接触,所有的接地件应采取防腐措施,接地螺栓必须用机械方法加以紧固。

(2)电源线的敷设。机房直流电源线的路由、路数及布放位置应符合施工设计规定,所采用材料的规格、器材的绝缘强度及熔丝的熔断容量均要符合设计要求。

(3)光纤敷设、连接、标识及防护。

①光纤敷设。光纤布放时,布放路径应符合设计规定。

②光纤连接。传送系统的光纤连接应符合设计要求,如果设计没有明确规定,则全线应采用统一的连接方法。

③光纤标识。ODF 侧光纤标识方法要根据光纤接口板的物理位置和应用情况而定,如图 14-4 所示。

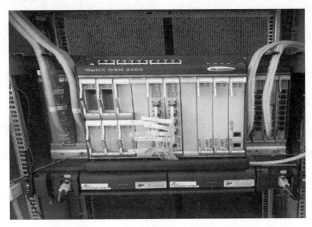

图 14-4　传输设备配线及光纤标识

④光纤防护。通信站采用机架上走线方式,小站采用地沟走线方式,可直接使用塑料波纹管进行防护。如果通信站采用静电地板下走线方式,可考虑采用塑料波纹管防护,或采用沿光纤布放路径加设线槽方式进行防护。光纤槽防护如图 14-5 所示。

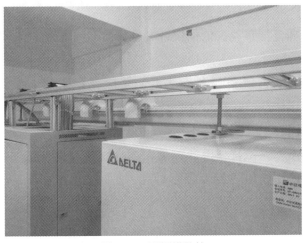

图 14-5　光纤槽防护

(4)同轴电缆的布放、连接及标识。

①同轴头制作完毕后,用万用表检查内、外体,应无短路现象。

②同轴线的布放。同轴电缆的规格、路由等应符合施工设计规定。

③同轴线的标识。同轴电缆标识设备侧和 DDF 侧均应在距同轴头 2.0 cm 处粘贴标识标签,标签一式两份,分别粘到同轴电缆的两头,形成一一对应连接关系。2M 同轴电缆配线及标识如图 14-6 所示。

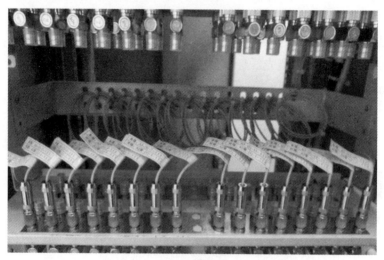

图 14-6　2M 同轴电缆配线及标识

(5)用户电缆的布放、连接及标识。

①用户电缆的布放同同轴电缆的布放。

②用户电缆的连接。配线的色谱顺序和端子板上的端子应固定统一,配线架上的配线端子的分配符合设计要求;数据业务和其他业务根据设计要求也严格按照色序进行配线,依照业务量的需要选择合适线型、规格的配线电缆,并考虑适当的预留。

③架间电缆插接与布线。依据设计文件插接架间电缆,电缆走向及路由应符合规定。

④用户电缆标识。设备侧和配线架侧均应在距用户电缆开剥边沿 1.5~2.0 cm 处粘贴标识标签,标签一式两份。

4. 天馈线安装

天线安装高度和方位符合设计要求,方向性天线用罗盘定向,以确保指向正确。天馈线窗及防雨棚如图 14-7 所示。

图 14-7　天馈线窗及防雨棚

5. 防雷接地施工

设备安装后,设备接地按以下方式进行:直流电源工作地线应从地线排上引入,交、直流配电设备的机壳应从地线排上引入保护地。交、直流配电设备内应有相应的分级防雷及浪涌保护装置。通信设备机壳应接到保护地。

接地装置的焊接应采用搭接焊,搭接长度符合设计要求,搭接处应做防腐处理。接地排采用铜排和螺栓,地线盘端子与室内接地配线连接紧密。接地铜排及地线如图 14-8 所示。

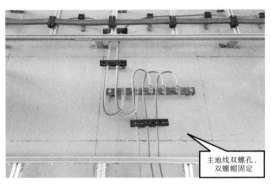

图 14-8　接地铜排及地线

五、综合布线信息系统施工

综合布线信息系统施工流程:现场复测→电缆桥架、槽道、配线管安装→综合配线设备机架安装→线缆布放、综合布线系统调试。信息设备及网线配线工艺如图 14-9 所示。

图 14-9　信息设备及网线配线工艺

第三节　主要材料及施工机具

一、主要材料及设备

通信信息工程施工内容包括过渡工程施工、新设通信信息光电缆线路敷设及通信信息设备安装。所涉及的主要设备及材料见表 14-1。

表 14-1　车站通信楼主要设备及材料

序号	材料名称	规格型号	备注
1	长途光缆	GYTZA53	各种规格
2	对称电缆	HEYFLT23、HEYFQ	各种规格
3	地区电缆	HYAT53、HYA 等	各种规格
4	其他电缆	如 HYPA、HPVV、HJVV、SYV-75-2	各种规格
5	四柱钢管塔	根据设计图纸生产	
6	单管塔	根据设计图纸生产	
7	调度交换机	根据设计文件配置	
8	传输设备	根据设计文件配置	
9	分插复用器（ADM）	根据设计文件配置	
10	ONU 传输接入设备	根据设计文件配置	
11	无线列调设备	450M 含配套设备	
12	光纤直放站设备	按设计技术规范书	
13	电源环境监控远端设备	按设计技术规范书	

续表

序号	材料名称	规格型号	备注
14	列头柜	按设计规格	
15	光电引入综合柜	按设计技术规范书	
16	电化引入综合柜	按设计技术规范书	
17	综合配线柜	按设计技术规范书	
18	ODF光纤配线柜	按设计容量	
19	DDF配线柜	按设计容量	
20	自动电话机	按设计技术规范书	
21	各种调度电话机	按设计技术规范书	
22	光纤收发器	按设计技术规范书	
23	在线式UPS	各种规格	
24	开关电源含电池组	各种配置按设计要求	
25	直流配电柜	按设计要求	
26	交流配电柜	按设计要求	
27	电源防雷箱	按设计要求	
28	各种摄像机	根据设计要求	
29	网络交换机	根据设计要求配置	
30	视频编解码器	按设计技术规范书	
31	GSM-R无线通信设备	按设计技术规范书	
32	路由器(各种)	按设计技术规范书	
33	服务器(各种)	根据各子系统技术规范书配置	
34	存储阵列	根据设计要求配置	
35	程控交换机	容量、功能根据设计要求配置	
36	会议电视设备	根据设计要求配置	
37	应急通信设备	根据设计要求配置	
38	广播设备	根据设计要求配置	
39	旅客服务信息系统设备	根据设计要求配置	
40	公安信息系统	根据设计要求配置	

通信工程施工一般采取分区段平行作业与流水作业相结合的方式展开。首先安排对整个工程起控制作用的光电缆线路、漏缆、铁塔等内容的施工,随后在设备房具备条件后就展开电源设备、传输接入设备、数据设备、GSM-R设备和无线列调设备安装,然后进行其他子系统设备安装。因此,物资采购时,优先考虑现场

首先施工的光电缆和漏缆,其次考虑电源设备、传输接入设备、数据设备、GSM-R设备和无线列调设备,最后考虑其他子系统设备材料的采购。由于设备机房内安装配线的综合考虑,设备机房内的各子系统设备应尽量要求同时到货,独立安装与其他子系统的设备不互相影响的设备,可按项目工程部的供货时间要求组织供货。

二、施工机具及仪器仪表

为提高通信工程施工机械化水平,同时确保工程质量,在施工过程中,应根据施工组织设计合理配置施工机具设备和仪器仪表。所配备的施工机具和仪器仪表的功能和性能应与施工规模、范围、工期相适应。施工机具和仪器仪表的使用应符合国家现行相关标准的规定,仪器仪表应在检定周期内,特种机具和设备的使用、检验、检测和监督检查必须按国家现行《特种设备安全监察条例》的有关要求执行。物资机械管理部门应加强施工机具设备和仪器仪表的管理,做好验收、检验、保养和维修工作,保证施工机具和仪器仪表的性能良好,防止发生施工机具和仪器仪表的事故。施工前,应对施工机具和仪器仪表使用人员进行必要的操作培训和安全教育,特种作业人员按规定持证上岗。所涉及的主要施工机具(设备)和仪器仪表见表14-2。

表14-2 主要施工机具(设备)和仪器仪表

序号	名称	主要规格、技术参数	相关施工内容
1	叉车	载荷能力不小于5 t	装卸、短距离搬运
2	汽车起重机	5 t以上,根据实际需要选用	装卸、吊装等
3	载货汽车	载质量3~5 t	运输
4	轨道车	铁路专用	各种材料运输
5	电锤	功率1~2.5 kW,配标尺	支架安装、设备安装
6	电动钢筋弯曲机	直径6~25 mm	电杆施工
7	电焊机	功率24~50 kW	管道施工
8	电弧焊机	功率24~50 kW	电杆施工
9	顶管机	额定功率2~5 kW	管道施工
10	发电机	功率2.5~5 kW	临时用电
11	风镐	气压0.63 MPa	光缆线路施工
12	管线探测仪	深度测量范围不小于2 m	地面开挖及管道施工
13	光电缆盘支架	适用线盘重量不小于5 t	各种电缆施工
14	夯实机	电机功率1~3 kW	电缆线路、管道、立杆施工

续表

序号	名称	主要规格、技术参数	相关施工内容
15	混凝土搅拌机	搅拌桶容量 50～250 L	管道、基础等施工
16	水泵	额定电压 AC 220 V	电缆线路、管道施工
17	电钻	功率 1～2.5 kW	桥架安装等
18	鼓风机	风压 30～200 kPa	光电缆敷设、光电缆接续
19	切割机	功率 1～2.5 kW	开槽、静电地板切割
20	路面切割机	切割深度不小于 180 mm	光电缆直埋施工
21	数字万用表	电阻量程不小于 1 MΩ	电压、电流、电阻测试场合
22	测距仪	测量范围不小于 1 km	径路复测
23	对号器	线路直流电阻上限不小于 1 kΩ	电缆施工
24	兆欧表	1000 V 和 500 V 两种	电缆单盘或线路测试
25	直流电桥	测量范围 $\geqslant 10^{-4} \sim 10^5$ Ω	电缆单盘检测、线路性能检测
26	耐压测试仪	最大输出电压不小于 15 kV	各种电缆检测
27	杂音测试仪	≥0.02～775 mV	电缆性能测试
28	振荡器	频率 50 Hz～2 MHz，电平测量范围≥+12 dB～－120 dB	电缆线路测试、设备测试
29	电平表	频率范围 50 Hz～3.5 MHz，电平范围＋50 dB～－120 dB	电缆、设备性能测试
30	钳形电流表	测量范围 0～400 mA	电源设备单机调试
31	钳形接地电阻测试仪	0.01～1000 Ω	接地电阻测试
32	光源	发射功率不小于＋5.5 dBm	光缆线路测试
33	光功率计	光功率＋10～－60 dBm	光缆线路测试
34	光时域反射仪	动态范围不小于 40 dB	光缆线路测试
35	光纤熔接机（含专用工具）	接续损耗单模光纤不大于 0.02 dB，多模光纤不大于 0.01 dB	光缆接续
36	光回损测试仪	回波损耗测量范围≥0～45 dB	光缆线路测试
37	偏振膜色散测试仪	≥0.1～75 ps	光缆线路测试
38	GSM-R 基站综合测试仪	功率测试范围≥0～47 dBm	GSM-R 设备单机调试
39	ISDN 分析仪	支持 DSS1 和 UUS 信令	数字调度系统单机调试

续表

序号	名称	主要规格、技术参数	相关施工内容
40	传输分析仪	2048 kbits/s～10 Gbits/s	传输设备测试
41	驻波比测试仪	≥1.00～65.00	漏泄电缆测试
42	图像综合测试仪	电平测量范围≥－20～－80 dB	视频监控系统测试
43	无线综合分析仪	功率范围≥－134～0 dBm 频率≥0.4～1000 MHz	450 MHz 无线列调设备测试
44	网络电缆测试仪	超五/六类电缆	综合布线系统测试
45	经纬仪	测量角度不大于 2″	天线安装调试、铁塔安装
46	角度仪	俯仰角范围≥0°～90°	天线安装调试

第十五章　信号工程

信号工程按工程性质可分为新建工程和既有线改造工程两大类,大修工程也应列在既有线改造工程中。

第一节　信号工程概述

在第一篇我们已经简单介绍了信号工程的组成。信号工程施工如果按施工部位来划分,那么可以简单地划分为室内工程和室外工程两大块,只是有的系统室内外工程都包含,如计算机联锁、列车运行控制系统、区间、动车段(所)控制集中系统、驼峰信号等。有的只有室内部分,或者只有极少量的室外部分,如调度集中。它们的安装都大同小异,只是所实现的功能和试验的内容各不相同。对于信号试验部分,因专业性比较强,不在这里做介绍。

下面我们就按信号系统和信号工程施工这两大块做一简要介绍。

第二节　信号系统

信号系统的大体结构如图 15-1 所示。

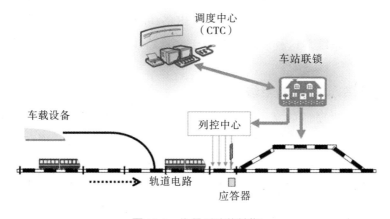

图 15-1　信号系统的结构

一、计算机联锁

联锁就是使道岔、信号、进路遵循一定程序,在符合规定的技术条件后才能动作或建立相互关系的技术。而计算机联锁(CBI)是指主要联锁关系由计算机实现的集中联锁。因为现在新设的联锁设备都采用计算机联锁,所以也往往把车站联锁直接说成是计算机联锁。计算机联锁室内组合架(柜)如图15-2所示。

图 15-2　计算机联锁室内组合架(柜)

二、中国列车运行控制系统

中国列车运行控制系统(CTCS)是为了保证列车安全运行,以分级形式满足不同线路运输需求的列车运行控制系统的总称。可分为以下5个级别。

1. 中国列车运行控制系统 0 级

中国列车运行控制系统 0 级(CTCS-0)是由通用机车信号和列车运行监控记录装置组成的中国列车运行控制系统。CTCS-0 主要用于既有线。

2. 中国列车运行控制系统 1 级

中国列车运行控制系统 1 级(CTCS-1)是由主体机车信号与安全性运行监控记录装置组成,点式信息作为连续信息的补充,可实现点连式超速防护功能的中国列车运行控制系统。这种制式主要用于客货共线铁路,在既有线改造时也多采用这种方式。

3. 中国列车运行控制系统 2 级

中国列车运行控制系统 2 级(CTCS-2)是基于轨道电路和点式应答器传输信息的中国列车运行控制系统。CTCS-2 主要用于客货共线铁路,现在的客运专线铁路和城际铁路也大量采用这种方式。

4. 中国列车运行控制系统 3 级

中国列车运行控制系统 3 级(CTCS-3)是基于无线传输信息并采用轨道电路等方式检查列车占用情况的中国列车运行控制系统。现在运行速度为 350 km/h 的高速铁路将全部采用这种方式。CTCS-3 级列控中心组成示意图如图 15-3所示。

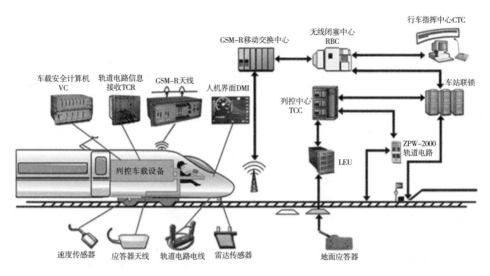

图 15-3 CTCS-3 级列控中心组成示意图

5. 中国列车运行控制系统 4 级

中国列车运行控制系统 4 级（CTCS-4）是完全基于无线传输信息的中国列车运行控制系统。这是以后的发展方向，现在还没有应用。

三、区间闭塞

闭塞就是用信号或凭证，保证列车按照规定的空间间隔控制运行的技术方式。从传统意义上来说，联锁解决的是车站信号问题，而闭塞解决的是区间信号问题。现在常见的闭塞有以下几种类型。

1. 半自动闭塞

半自动闭塞是指人工办理闭塞手续，列车凭信号显示发车后，出站信号机自动关闭的闭塞方式。运输不繁忙的单线区段现在还在采用这一闭塞方式。

2. 自动站间闭塞

自动站间闭塞是指随着办理发车进路自动构成站间闭塞，列车凭出站信号显示进入发车进路后，出站信号机自动关闭，待列车出清区间后自动解除闭塞的行车闭塞方式。

3. 自动闭塞

自动闭塞是指根据列车运行及有关闭塞分区状态，自动变化通过信号显示而司机凭信号行车的闭塞方式。一般新建的双线区段都采用这一闭塞方式。

应注意，半自动闭塞和自动站间闭塞在任何两站间的一条线路上都同时只能有一列列车，而自动闭塞在站与站之间可以同时有超过一列的列车，这是因为自动闭塞把一个站间区间分割成了多个闭塞分区。

4. 移动闭塞

线路上无物理意义固定划分的闭塞分区，列车间的间隔是动态的，通过实时不间断的车地双向通信，确定列车的安全行车间隔，并将先行列车位置、移动授权等相关信息传递给列车，控制列车运行，实现对列车监控的一种闭塞方式，称为移动闭塞。这是以后的一种发展方向，现在由于受到通信等技术的限制，还没有在铁路上实际应用。

四、列车调度指挥系统/调度集中

1. 列车调度指挥系统

列车调度指挥系统(TDCS)是指实时自动采集列车运行及现场信号设备状态信息，完成列车运行实时追踪、无线车次号校核自动报点、阶段计划和自动调整、调度命令及行车计划下达等功能，实现列车调度指挥的系统。TDCS用于客货共线铁路，少量用于城际铁路，有部分支线还没应用 TDCS。

2. 调度集中

调度集中系统(CTC)是指实现列车运行调度的计算机集中控制与指挥系统。CTC 包含了 TDCS 的所有功能，主要用于高速铁路，有些城际铁路或客货共线铁路也用到了 CTC。现在广泛采用的是分散自律式调度集中系统。CTC 系统的机柜如图 15-4 所示。

需要强调的是，在同一条铁路线上，CTC 和 TDCS 只能选择一种。

图 15-4　CTC(右边两个)系统的机柜

五、动车段(所)控制集中系统

动车段(所)控制集中系统主要实现动车段、动车运用所接车、发车、调车作业的综合自动化控制。

六、信号集中监测系统

信号集中监测系统(CSM)是指利用计算机及通信等技术搭建统一的监测平台,集中对信号设备工作状态进行实时监测、辅助故障分析与处理的系统设备。信号集中监测和联锁机柜如图 15-5 所示。

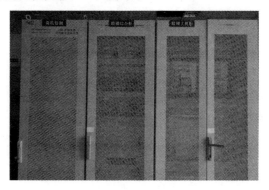

图 15-5　信号集中监测和联锁机柜

七、无线调车机车信号和监控系统

无线调车机车信号和监控(STP)系统是调车安全防护的设备,通过其地面和车载设备将获取的集中联锁车站调车作业相关信号、道岔和轨道电路区段信息进行处理,车地采用无线通信方式,通过列车运行监控装置(LKJ),实现对调车机车信号显示和车列速度监控的系统。

八、驼峰信号

驼峰信号是用于大型枢纽站的编组场快速解体、编组列车的信号设备和信号电路的集成。驼峰信号为了达到快速解体列车的目的,所选取的信号设备与计算机联锁系统有很大的不同。如信号机的显示除了有停止信号、正常推送信号等常规信号外,还有加速推进、减速推进、后退等信号;转换道岔用的转辙机采用的是转换速度较快的快动电动转辙机或者速度更快的电空转辙机;轨道电路为了快速反应钩车位置,也采用了缩短轨道电路长度、使用直流型轨道电路等技术手段;另外,在驼峰上还要用到车辆减速器,测长、测速、测重设备,车辆限界检查器,空气动力系统,压力管道等驼峰专用信号设备。峰顶的驼峰信号机如图 15-6 所示。

图 15-6 驼峰信号机

九、道口信号

道口信号是在铁路和道路平面交叉处设置的为保证交通安全的信号防护技术的总称。道口信号有道口自动通知、道口自动信号、道口自动栏木等道口设备。道口轨道电路是一种专用的高频轨道电路，有开路轨和闭路轨两种类型，分别装在道口列车离开处和列车接近处，两种轨道电路设备不能装错。道口信号机也是一种专用的信号机，因过去的道口信号某些条款与《中华人民共和国道路交通安全法实施条例》不符，所以现在新设的道口信号机的显示与传统的不同。

第三节　信号工程施工

信号工程施工流程如下：先进行施工图纸核查、现场定测、提报材料计划、物资的招标采购等施工准备工作；再进行室内设备安装、室外光电缆线路施工、地面固定信号安装、转辙装置安装、轨道占用检查装置安装及其他室外设备安装等信号设备的安装工作；最后进行室内设备的模拟试验、室外设备单项调试、各子系统调试、系统接口调试及信号专业与其他专业的联调联试。信号工程施工流程如图15-7 所示。

下面就信号工程的光电缆线路、地面固定信号、轨道占用检查装置、道岔转辙装置、道岔融雪装置、应答器、室内设备等主要部分进行介绍。有些小的或不常施工的系统就不再一一介绍。驼峰信号设备因内容较多，限于篇幅，也不在此介绍。

另外，信号工程所用的箱盒、矮型信号机基础、混凝土线槽等混凝土制品现在一般采用外购的方式，如果准备自己加工的话，要留出模板制作、混凝土预制及养护的时间周期。

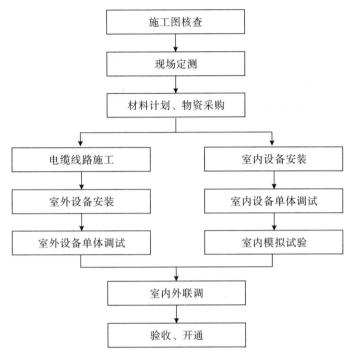

图 15-7　信号工程施工流程图

一、光电缆线路

光电缆线路施工包括径路复测、单盘检测、配盘及运输、电缆敷设、电缆防护、电缆接续、电缆引入、箱盒安装及配线等,如有信号专用的贯通地线施工,也纳入本章中。主要施工工序如图15-8至图15-11所示,光电缆线路工程施工流程如图15-12所示。

图15-8　电缆在槽道内敷设

图15-9　区间轨道电路分割点处箱盒安装

图 15-10　桥梁地段方向电缆盒安装　　　图 15-11　方向电缆盒配线

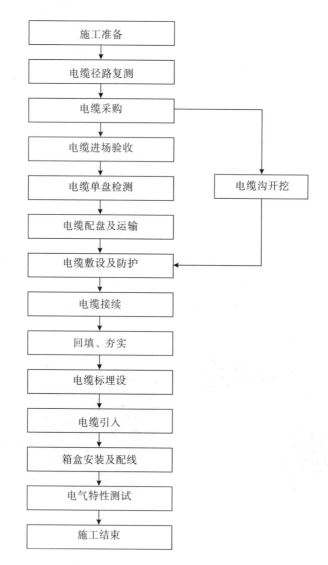

图 15-12　光电缆线路工程施工流程

注：当有电缆槽时，跳过电缆沟开挖及回填、夯实内容。

二、地面固定信号

地面固定信号施工包括高柱色灯信号机、矮型色灯信号机及信号标志牌安装。地面固定信号施工流程如图 15-13 所示，矮型信号机安装如图 15-14 所示，信号机如图 15-15 所示，各种信号标志如图 15-16 所示，信号机用变压器箱内部配线如图 15-17 所示。

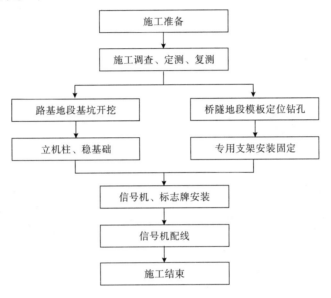

图 15-13　地面固定信号施工流程

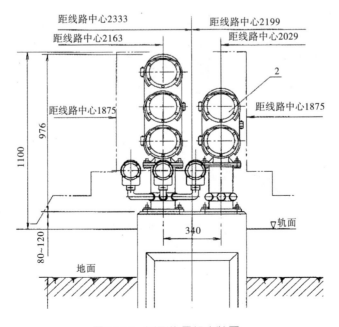

图 15-14　矮型信号机安装图

(a) 矮型

(b) 高柱

图 15-15　信号机

图 15-16　各种信号标志

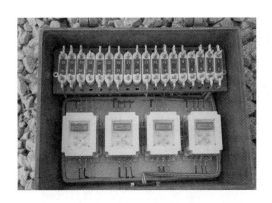

图 15-17　信号机用变压器箱内部配线

三、轨道占用检查装置

轨道占用检查装置施工包括施工准备、轨旁设备安装、补偿电容安装、钢轨钻孔、钢轨连接线安装等内容。轨道占用检查装置施工流程如图 15-18 所示，主要设备如图 15-19 至图 15-22 所示，钢轨引接线安装如图 15-23 所示。

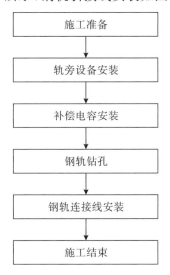

图 15-18　轨道检查装置施工流程

图 15-19　25 Hz 相敏轨道电路设备

图 15-20　ZPW-2000 系列轨道电路设备

图 15-21　钢轨绝缘　　　　　　图 15-22　补偿电容在电容枕内

图 15-23　钢轨引接线安装

四、转辙装置

转辙装置施工流程如图 15-24 所示。转辙装置施工包括安装装置或外锁闭装置(图 15-25)安装、转辙机安装、密贴检查装置(图 15-26)等。

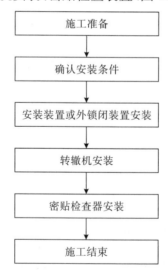

图 15-24　转辙装置施工流程

图 15-25　外锁闭装置　　　　图 15-26　道岔密贴检查装置

五、道岔融雪装置

道岔融雪装置施工包括室外设备(电气控制柜、气象站设备、隔离变压器和电加热元件)安装、室内设备安装等内容。道岔融雪装置施工流程如图 15-27 所示，主要设备如图 15-28、图 15-29 所示。

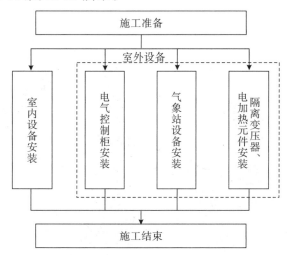

图 15-27　道岔融雪装置施工流程

图 15-28　道岔融雪控制柜　　　　图 15-29　电加热条安装实物图

六、应答器

应答器的施工流程如图 15-30 所示，有源应答器安装如图 15-31 所示。

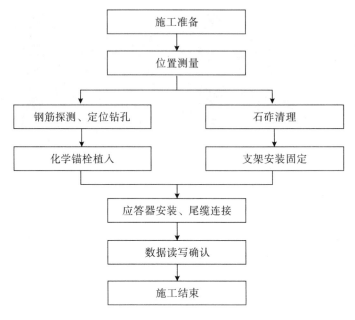

图 15-30 应答器施工流程

图 15-31 有源应答器安装(右上方为无源应答器)

七、室内设备

室内设备施工包括设备安装、室内布线及配线、防雷及接地等内容。室内设备施工流程如图 15-32 所示,机柜(架)底座安装如图 15-33 所示,组合侧面配线如图 15-34 所示。

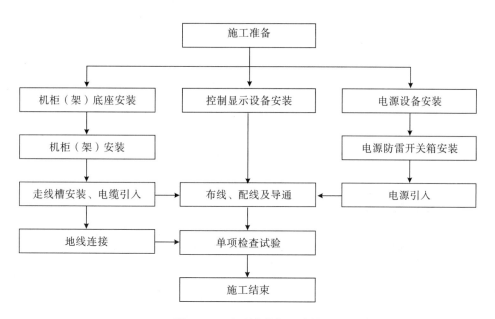

图 15-32 室内设备施工流程

图 15-33 机柜(架)底座安装

图 15-34 组合侧面配线

第四节 主要材料及施工机具

一、主要材料

信号工程涉及的主要材料见表 15-1。

表 15-1 信号工程涉及的主要材料

序号	材料名称	型号	备注
1	信号设备基础	各型	
2	信号电缆槽	各型	
3	铁路信号电缆	各型	

续表

序号	材料名称	型号	备注
4	免维护电缆接续盒	HJD-T/HJD-F	
5	铁路贯通地线	各型	
6	信号箱盒	各型	
7	高柱色灯信号机构	各型	
8	矮型色灯信号机构	各型	
9	高柱进路表示器	一、二、三、四、六灯位	
10	矮型进路表示器	一、二、三、四、六灯位	
11	信号机柱(附梯子)	5.5 m/8.5 m/10 m/11 m	
12	信号标志牌	各型	
13	信号点灯单元	型号根据设计要求	
14	轨道变压器	各型	
15	扼流变压器	各型	
16	调谐匹配变压器	各型	
17	空芯线圈	各型	
18	补偿电容	各型	
19	双体防护盒(含底座)		
20	计轴室外控制单元	各型	
21	车轮传感器	各型	
22	钢轨绝缘	各型	
23	轨道连接线	各型	
24	道岔安装装置	各型	
25	电动转辙机	各型	
26	电液转辙机	各型	
27	电空转辙机	各型	
28	密贴检查器(含安装装置)	各型	
29	道岔缺口监测设备		
30	道岔融雪装置		
31	有源应答器		
32	无源应答器		
33	室外 LEU 设备箱		
34	道口控制盘		

续表

序号	材料名称	型号	备注
35	道口控制箱		
36	开(闭)路式轨道控制器		
37	道口通知音响装置		
38	通用式机车信号设备		
39	机车信号车上记录分析仪		
40	车载信号设备		
41	室内机柜(架)底座		
42	联锁机柜(附显示器及电脑桌椅)		
43	CTC机柜(附显示器及电脑桌椅)		
44	TDCS设备机柜		
45	TCC机柜(附静电地板底座)		
46	LEU机柜(含LEU单元)		
47	微机监测机柜		
48	道岔缺口主机		
49	轨道监测柜		
50	站内组合柜		
51	站内移频柜		
52	区间组合柜		
53	区间移频柜		
54	微机监测组合架		
55	站内电缆网络综合柜		
56	区间电缆网络综合柜		
57	防雷分线柜		
58	联锁接口柜		
59	列控接口柜		
60	高压脉冲柜		
61	25 Hz轨道柜		
62	分线盘(柜)		
63	电源屏		
64	UPS		
65	蓄电池柜		

续表

序号	材料名称	型号	备注
66	信号防雷开关箱		
67	外电网监测箱		
68	计轴设备(室内)		
69	信号安全型继电器	各型	
70	无绝缘轨道电路发送器		
71	无绝缘轨道电路接收器		
72	无绝缘轨道电路衰耗盘		
73	电缆模拟网络盘		
74	高压脉冲发码器		
75	高压脉冲译码器		
76	高压脉冲阻容盒		
77	高压脉冲隔离匹配盒		
78	高压脉冲抑制器		
79	轨道测试盘		
80	微电子相敏轨道电路接收变压器盒(BYQ)(用于双套)		
81	防雷补偿元件 Z		
82	25 Hz 相敏轨道电路防护盒		
83	微电子接收器		
84	25 Hz 相敏轨道电路电源调整变压器		
85	电码化发送匹配防雷单元		
86	电码化室内隔离盒		
87	道岔表示变压器		
88	信号隔离变压器		
89	空气开关		
90	灯丝报警主机		
91	熔丝报警主机		
92	电缆成端	HJD-M-J	
93	铝合金地下爬架		

注:因驼峰信号设备规格型号较为特殊,种类较杂,本表中不列。

二、施工机具和仪器仪表

信号工程涉及的主要施工机具和仪器仪表见表 15-2。

表 15-2　信号工程涉及的主要施工机具和仪器仪表

序号	名称	主要规格、技术参数	相关施工内容
1	钢筋调直机	直径 6～25 mm	混凝土基础、电缆槽预制
2	钢筋弯曲机	直径 6～25 mm	混凝土基础、电缆槽预制
3	机械钢筋切断机	直径 6～25 mm	混凝土基础、电缆槽预制
4	液压钢筋切断机	直径 6～25 mm	混凝土基础、电缆槽预制
5	电弧焊机	功率 4～50 kW，根据施工方法选择	钢筋、电缆钢槽、支架加工
6	混凝土搅拌机	容积 20～200 L	混凝土基础、电缆槽预制、基坑混凝土浇筑
7	插入式电动振捣器	直径 30～50 mm	混凝土基础、电缆槽、基础浇筑、基坑混凝土浇筑捣固
8	钢管切割机	直径 25～150 mm	电缆防护钢管切割
9	钢筋探测仪	探测深度范围 50～100 mm	防护墙、隧道壁、电缆槽道混凝土建筑物钢筋探测
10	闪光对焊机	功率 75～100 kW	钢筋、电缆钢槽、支架加工
11	弯管机	直径 25～150 mm	电缆防护钢管角度调整
12	发电机	功率 2～4 kW	站台面、混凝土面、沥青面、公路面切割；电缆沟夯实、排水；电缆槽加工；钢筋和钢管切割焊接；支架制作；混凝土搅拌；基坑夯实、各种钻孔施工用电
13	管线探测仪	探测深度不小于 2 m	路基面、硬化面开挖的地下管线探测
14	风镐	气压 0.63 MPa	混凝土面、级配碎石道床开挖
15	顶管机	额定功率 2～5 kW	电缆过铁路、公路顶管
16	空压机	气量 5～25 m³/min	混凝土面、级配碎石道床开挖
17	路面切割机(云石机)	功率 2～4 kW，切割深度不小于 180 mm	站台面、混凝土面、沥青面、公路面切割
18	脚手架或升降平台	工作高度不小于 10 m	上桥电缆钢槽安装

续表

序号	名称	主要规格、技术参数	相关施工内容
19	电钻	直径 6~19 mm	电缆槽、支架等金属件安装
20	电动钢轨钻孔机（坚固型）	直径 9.8~31 mm	转辙装置、轨道连接线、补偿电容钢轨钻孔
21	倒角钻	配备 45°钻头	钢轨孔倒角
22	磁座钻	功率 1.8 kW，直径 3~28 mm	转辙装置角钢钻孔
23	手持式角磨机	功率 1 kW	电缆钢槽、支架边打磨
24	水钻	钻孔直径 50~150 mm	防护墙和混凝土面基础支架、防护管钻孔
25	电锤	功率 1.5 kW，根据使用要求，应有限深装置	电缆槽、金属基础在防护墙、隧道、轨道板的化学锚栓钻孔
26	电动扳手	功率≤1.5 kW，直径 M6~20 mm，根据螺栓直径选择具体型号	基础螺栓固定
27	扭矩扳手	扭矩 0~100 N·m	应答器安装
28	吸尘器	功率 2 kW	清洁安装孔内杂物
29	中英文线号机	套管直径 3~10 mm，双行打印，可连电脑	配线
30	液压接线钳	截面积 1.5~70 mm^2，根据配线截面积选择	设备配线、地线连接
31	轨道电路分路器	标准电阻 0.06 Ω/0.5 Ω/0.15 Ω/0.25 Ω	25 Hz 相敏/驼峰直流/道床电阻为 2 Ω·km/3 Ω·km 时 ZPW-2000 型轨道电路调整、试验
32	道岔模拟操纵箱	自制	转辙机单项调试
33	压力表	量程不小于 12.5 MPa	电液转辙机压力检测
34	水泵	额定电压 AC 220 V；排水能力宜为坑（沟）内渗水量的 1.5~2 倍	电缆沟及基坑内排水
35	夯实机	额定功率 1~3 kW	电缆直埋敷设；管道建筑；基坑回填
36	汽车起重机	起重量 1.5~8 t	装卸；短途运输电缆盘、电缆槽、基础、设备
37	载货汽车	载重量 1.5~10 t，根据重量选配	运输电缆、电缆槽、基础、信号机柱、设备

续表

序号	名称	主要规格、技术参数	相关施工内容
38	叉车	起重量 1～2 t	电缆盘、电缆槽、基础、设备等短距离搬运和装卸
39	激光测距仪	测距范围不小于 1 km	径路复测、设备定位；信号显示距离检测
40	直流电桥	测量范围 $\geqslant 10^{-4}$～10^5 Ω	电缆单盘检测、线路性能检测
41	数字兆欧表	额定电压 500 V，量程 0～20 GΩ/200 GΩ	电缆单盘检测
42	电容耦合测试仪	测量范围 800～1000 Hz；0～100 nF	电缆单盘检测
43	电缆故障定位仪	测量电缆开路、短路的长度 0～15 km	电缆故障定位测试
44	数字万用表	电阻测量范围 0～2000 Ω；电压测量范围 200 mV～1000 V，误差 ±0.05％+5	电缆导通叫号；信号机调试；电压测量；轨道电路检测
45	兆欧表	额定电压 500V，量程 0～500 MΩ	线路、设备绝缘性能检测
46	电流表	量程 10 A	信号机调试
47	钳形电流表	量程 2 A	轨道电路调试、检测
48	相位表	相位 0～360°	25 Hz 相敏轨道电路相位检测
49	接地电阻测试仪	量程 0～100 Ω，±3％	地线接地电阻检测
50	移频参数在线测试仪	测量范围：电压不小于 300 V，频率范围 5～5000 Hz	ZPW-2000 系列轨道电路指标检测
51	综合测试记录仪	测量范围：0～9999 m，测量精度 $\leqslant$ 0.04 m；中心载频 1700～2600 Hz；低频误差 ±0.03 Hz+1 d；中心频率误差 ±0.1 Hz+1 d；电流有效值误差 ±0.5％+1 d	轨旁设备定位；轨道电路长度、电气特性检测
52	数据读写器	专用	应答器数据检测

第十六章　铁路电力工程

第一节　铁路电力工程概述

根据前述章节对铁路电力系统的介绍,可知铁路电力工程一般由以下内容组成:高压电源线、高压变(配)电所、站场/区间供电线路、10/0.4 kV 变电所、箱式变电站、杆架式变电台、0.4 kV 低压线路、站场照明、隧道照明及电力远动系统等,其中线路工程按架设方式可分为架空线路和电缆线路。

1. 电源线

电源线是由公共电网接引的线路,为变(配)电所提供电源。

2. 变(配)电所

变(配)电所除向所在站内的用电负荷供电外,还要向相邻区间的自动闭塞电力线、电力贯通线供电。变(配)电所高压室如图 16-1 所示。

图 16-1　变(配)电所高压室

图 16-2　沿铁路架设的电力贯通线

3. 站场/区间供电线路

站场/区间供电线路由变(配)电所引出,分别为站场和区间的各类用电负荷供电,其中区间供电线路分为自动闭塞电力线和电力贯通线(高速铁路分为一级负荷贯通线和综合负荷贯通线)。沿铁路架设的电力贯通线如图 16-2 所示。

4. 10/0.4 kV 变电所

10/0.4 kV 变电所一般是设在站场、站房内的无人值班变电所,为站场、站房的动力及照明负荷供电,其电源引自站场供电线路。10/0.4 kV 变电所低压开关柜如图 16-3 所示。

图 16-3　10/0.4 kV 变电所低压开关柜

5. 箱式变电站

箱式变电站一般用于高等级铁路上，为站场或区间分散的通信、信号等负荷供电，其电源引自站场或区间供电线路。10/0.4 kV 箱式变电站如图 16-4 所示。

图 16-4　10/0.4 kV 箱式变电站

6. 杆架式变电台

杆架式变电台一般用在普速铁路上，为站场或区间分散的负荷提供电源，其电源引自站场/区间供电线路。10/0.4 kV 杆架式变电台如图 16-5 所示。

图 16-5　10/0.4 kV 杆架式变电台

图 16-6　投光灯塔

7. 0.4 kV 低压线路

0.4 kV 低压线路是从变电所、箱式变电站或杆架式变电台低压侧引至电力用户的线路。

8. 站场照明

根据站场的规模和性质，设置灯桥、灯塔（图 16-6）及灯柱为站场提供照明。

9. 隧道照明

根据铁路等级和性质的要求，在隧道内设置的照明称为隧道照明，如图 16-7 所示。

图 16-7　铁路隧道照明

10. 电力远动系统

电力远动系统能够实现对站场和区间各类电力设备的遥控、遥测、遥调和遥信（简称"四遥"），普速铁路远动主站一般设在铁路供电段内，高速铁路远动主站设在铁路局调度中心，如图 16-8 所示。

图 16-8　铁路局调度中心

第二节 铁路电力工程施工

铁路电力工程首先要进行外部电源的联系协调,经地方电力系统、设计单位确定供电方案及径路后组织电源线施工;根据桥隧、路基等线下工程进度,在具备施工条件后进行区间电力施工;依据站场施工进度,安排站场电力施工;结合变(配)电所房建施工进度,及时进行变(配)电所设备安装和调试。总之,电力工程要尽量安排早开工早完工,以便向铁路沿线区间供电,满足通信、信号等专业分阶段调试的需要。

1. 架空线路

架空线路施工流程如图 16-9 所示。

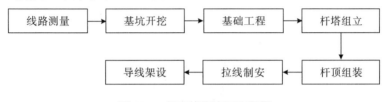

图 16-9 架空线路施工流程图

(1)线路测量。根据设计图纸、设计交底及施工规范进行线路测量,尽量少占良田,保护林区、植被,并考虑线路对通信、信号设备的影响,确保间距符合规范要求。

(2)基坑开挖。做好坑位核对,严格按定位开挖,基坑深度严格按照设计规定执行。

(3)基础工程。线路采用钢筋混凝土电杆时,遇松软土质应设置底盘。线路采用铁塔时,须浇筑基础,做好混凝土配合比及试块并进行强度试验。浇注好的基础应做好混凝土养护工作。

(4)杆塔组立。

①电杆。根据现场情况,可选用倒落式立杆、人字抱杆立杆或三脚架立杆,地形便利时可采用吊车立杆。安装卡盘,回填杆坑并分层夯实。

②铁塔。严格按照铁塔图纸组装铁塔,组装时应减少多层作业,上下施工人员应紧密配合。

(5)杆顶组装。预配横担、杆顶支座等铁配件,并准备好所需电力金具、绝缘子等材料,运送至现场进行安装。

(6)拉线制安。根据测量台账进行拉线预制,然后进行现场安装。拉线与电杆的夹角不小于45°,受地形限制地段不小于30°,使拉线达到最佳受力状态。

(7)导线架设。每基杆塔根据导线规格悬挂铝滑轮,放线的顺序为先上层、后下层。紧线时先同时紧两边线,后紧中间线。弛度调整好后进行耐张杆安装,再选用与导线同金属的单股线(直径不小于2.0 mm)将中间直线杆导线与绝缘子缠绕固定。

2. 电缆线路

电缆线路敷设可分为直埋、穿管、沿支架、沿电缆沟(槽)等方式,其中直埋敷设施工流程如图16-10所示。电缆直埋敷设剖面图如图16-11所示。

图16-10　直埋敷设施工流程图

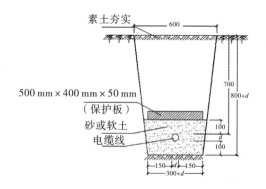

图16-11　电缆直埋敷设剖面图

(1)线路测量。电缆线路测量严格按照设计确定的路径进行。

(2)电缆沟开挖。采用人工或机械方式开挖,电缆沟深度和宽度符合规范要求,沟底铺100 mm厚的细砂或软土作为电缆的垫层。

(3)电缆展放。根据现场情况,选用人工、放线车或机械牵引方式展放电缆。电缆弯曲半径应符合规范要求并有适当的蛇形弯,电缆两端、中间接头等处应有预留量。

(4)回填。电缆上铺100 mm厚的细砂或软土,上盖混凝土盖板或实心砖,然后在电缆沟内填土、分层夯实,并在电缆线路每隔50 m以及两端、转弯处和中间接头处竖立标桩。

(5)电缆头制作。在电缆线路的两端进行终端头制作,在中间接头位置进行中间头制作。电缆头材料根据电压等级、使用场所和设计要求选用干包式、热缩式或冷缩式。

3. 变(配)电所

变(配)电所施工流程如图16-12所示。

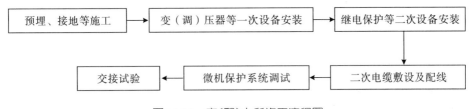

图 16-12　变(配)电所施工流程图

(1)预埋、接地等施工。变(配)电所房屋施工时,及时组织施工人员开挖接地网沟并敷设、焊接接地网,同时进行设备基础型钢预埋。

(2)变(调)压器等一次设备安装。用吊车将变(调)压器从运输车辆上移至室内安装位置(基础型钢)上,必要时放置滑轨并使用倒链、千斤顶等工器具。变(调)压器就位后,进行母线支架、母线、接地线、防护栏杆等的制作和安装。

开关柜、电容柜等一次屏柜开箱时应检查包装的完好情况,清点备品、备件等是否齐全,核对规格、型号、回路布置等是否符合要求。将屏柜逐一移到基础型钢上并做好临时固定,再进行精密调整,为其找平、找正,最后将屏柜与基础型钢以及相邻屏柜间用螺栓连接起来。根据施工图纸安装柜内母线。

(3)继电保护等二次设备安装。继电保护屏、电表屏、直流屏等二次设备安装可参照一次屏柜安装方法。

(4)二次电缆敷设及配线。根据施工图敷设控制电缆,确保电缆排列整齐、美观,并尽量减少交叉。剥除控制电缆外护套,按顺序依次将芯线接在盘柜的端子排上。

(5)微机保护系统调试。调试前技术人员应编制调试方案,并严格按照调试方案和产品技术规定执行。

(6)交接试验。交接试验应由具备资质的单位按《电气装置安装工程电气设备交接试验标准》的相关规定进行。

4. 10/0.4 kV 变电所

10/0.4 kV 变电所施工技术可参照本节"3.变(配)电所"部分。

5. 箱式变电站

箱式变电站施工流程如图 16-13 所示。

图 16-13　箱式变电站施工流程图

(1)基础施工。按照设备厂家提供的基础图施工,同时进行接地网敷设。

(2)就位安装。安装前进行外观检查、备品备件清点、规格型号核对等工作,利用吊车将箱变吊装就位,并将箱变接地端与接地网直接相连。

(3)一、二次接线。箱变一、二次电缆敷设完毕后,先进行电缆头制作,再按照施工图接至相应的位置。

(4)交接试验。交接试验应由具备资质的单位按《电气装置安装工程电气设备交接试验标准》的规定进行。

6.杆架式变电台

杆架式变电台施工流程如图16-14所示。

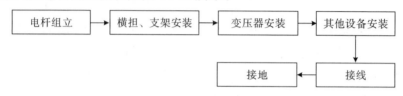

图16-14　杆架式变电台施工流程图

(1)电杆组立。参照本节"1.架空线路"部分。

(2)横担、支架安装。包括熔断器、避雷器、低压配电箱横担和变压器槽钢支架,横担、支架应安装平整,间距符合要求。

(3)变压器安装。变压器安装前应试验合格。利用吊车或导链将变压器置于变压器槽钢支架上,调整好方向和位置后,将变压器与槽钢支架紧固连接。

(4)其他设备安装。包括熔断器、避雷器、低压配电箱等,应确保安装牢固、排列整齐、间距符合要求。

(5)接线。从变电台顶部将导线经熔断器、避雷器连接到变压器高压侧,再用电缆从变压器低压侧引至低压配电箱进线开关上端。

(6)接地。变电台接地装置由埋入土中的接地体和连接用的接地线构成,一般采用镀锌角钢和圆钢;避雷器接地端、变压器中性点、配电箱接地点等应与接地装置引出线直接连接。

7.站场照明

站场照明施工流程如图16-15所示。

图16-15　站场照明施工流程图

(1)基础施工。用经纬仪测出灯杆(塔)基础的位置,按尺寸开挖基坑、浇筑基础。

(2)灯杆(塔)组立。对轻便的灯杆可采用人工组立完成。升降式投光灯塔机械起吊时,吊点、吊装顺序均严格按产品说明书进行。

(3)灯具安装。穿入线缆,安装灯具及附件,确保引入灯具的导线接触良好。

(4)调试。灯具、照明控制系统严格按照设计要求及产品技术说明进行调试。

8. 隧道照明

隧道照明施工流程如图 16-16 所示。

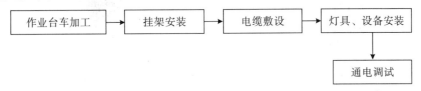

图 16-16　隧道照明施工流程图

(1)作业台车加工。为提高施工效率,宜加工和使用可移动作业台车,作业台车的尺寸根据照明设计和现场情况确定。

(2)挂架安装。按土建单位提供的控制点标高,用激光水平仪放线。放线后在隧道壁上打孔安装挂架。

(3)电缆敷设。根据现场情况,利用轨道车或汽车运缆敷设,作业台车配合作业将电缆放入挂架。

(4)灯具、设备安装。

①灯具安装。利用作业台车即可携带材料,又能滑行移动的特点,完成灯具的安装、接线工作。

②箱体安装。隧道壁为圆弧形时,应加工固定支架,将箱体安装于支架上,确保箱门垂直于地面。

(5)通电调试。安装完后需进行通电调试。正式电源未引入时,采用发电机供电分段调试。

9. 电力远动系统

电力远动系统施工技术可参照本节"3.变(配)电所"部分。

第三节　主要材料、设备及工器具

铁路电力工程施工中,涉及基础施工的相关材料及工器具可参考土建工程相关章节,本节不再赘述。

一、主要材料

1. 线材

用于架空导线的主要有铝绞线(LJ,图 16-17)、钢芯铝绞线(LGJ,图 16-18)、铜绞线(TJ)等,用于地线和拉线的主要是钢绞线(GJ)。线材的标称截面积为 10、16、25、35、50、70、95、120、150、185、240、300、400 mm^2 等。

图 16-17　铝绞线结构

图 16-18　钢芯铝绞线结构

2. 绝缘子

绝缘子是安装在不同电位导体之间或导体与地电位构件之间的器件,能够耐受电压和机械应力的作用。绝缘子根据电压等级分为低压绝缘子和高压绝缘子,根据材质分为瓷绝缘子、玻璃绝缘子和有机材料绝缘子,根据外形分为针式绝缘子、悬式绝缘子、棒式绝缘子、蝶式绝缘子等,如图 16-19 所示。

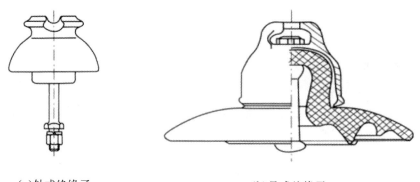

(a)针式绝缘子　　　　(b)悬式绝缘子

图 16-19　绝缘子

3. 金具

电力工程广泛使用的铁制或铝制金属附件,统称为金具。金具按作用及结构可分为线夹类金具、连接金具、接续金具、防护金具、拉线金具等。不同类型的金具如图 16-20 所示。

图 16-20　不同类型的金具

4. 横担

横担用于安装绝缘子及金具,以支撑导线、避雷线,并使之保持一定的安全距离。横担按用途可分为直线横担、转角横担和耐张横担,按材料可分为铁横担、瓷横担和合成绝缘横担。二线铁横担如图 16-21 所示。

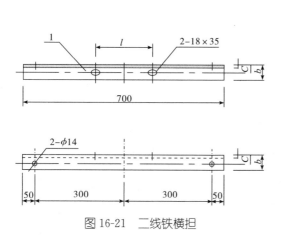

图 16-21 二线铁横担

图 16-22 电力铁塔

5. 杆塔

根据所采用的材料，杆塔可以分为木杆、钢筋混凝土杆和铁塔三种，木杆现已不常用，钢筋混凝土杆有等径杆和锥形杆两种。杆塔采用木杆或钢筋混凝土杆时，需根据设计要求使用防止电杆倾斜的卡盘和防止电杆下沉的底盘。电力铁塔如图 16-22 所示。

6. 绝缘导线

绝缘导线是具有绝缘包层的电线，按导线材质分为铝芯和铜芯，按结构分为单芯、双芯和多芯，按绝缘材料分为塑料绝缘和橡皮绝缘。

7. 电力电缆

电力电缆用于传输和分配电能。按芯数分为单芯、双芯、三芯、四芯和五芯电缆，按电压等级分为低压和高压电缆，按导体材质分为铝芯、铜芯和铝合金电缆，按绝缘材料分为油浸纸绝缘、塑料绝缘、橡皮绝缘和矿物绝缘电缆等。高压电力电缆结构如图 16-23 所示。电缆芯线的标称截面积为 1.5、2.5、4、6、10、16、25、35、50、70、95、120、150、185、240、300、400 mm^2 等。电缆施工中常用的辅助性材料有电缆头（分为终端头和中间头）、标桩、防护盖板、保护管（钢管和塑料管）等。

图 16-23 高压电力电缆结构

8. 控制电缆

控制电缆用于额定电压在 450/750 V 以下的电气控制、继电保护、测量等场所，芯数从 2 芯到 61 芯，单芯标称截面积为 1.0、1.5、2.5、4、6、10 mm² 。

9. 桥架

桥架用于敷设电力电缆和控制电缆，分为槽式、托盘式、梯级式等类型，常用的材质有铝合金、不锈钢和热镀锌钢制等。桥架安装示意图如图 16-24 所示。

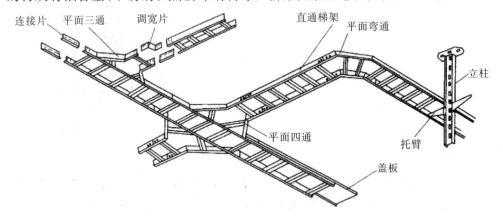

图 16-24　桥架安装示意图

10. 母线

母线主要用于变（配）电所，是汇集和分配电流的导体，有硬母线和软母线两种，材质为铝或铜。

11. 钢材

电力工程常用的钢材主要有角钢、扁钢、圆钢、槽钢、工字钢等，大部分情况下需要进行热镀锌处理。

二、主要设备

1. 变压器

变压器是利用电磁感应原理改变交流电压的装置，由铁芯、线圈、绝缘油及附属配件组成。变压器按冷却方式分为干式变压器和油浸变压器，按相数分为单相变压器和三相变压器，按用途分为电力变压器（图 16-25）、电炉变压器和整流变压器等。

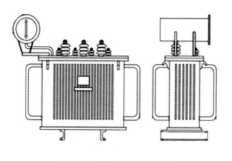
图 16-25　电力变压器

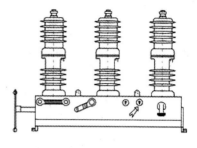
图 16-26　户外真空断路器

2. 断路器

断路器是用于接通和断开负荷电路并能开断故障电流的开关装置。断路器按电压等级分为低压断路器和高压断路器，按使用场所分为户内断路器和户外断路器，按灭弧介质分为油断路器、真空断路器和 SF_6 断路器等。户外真空断路器如图 16-26 所示。

3. 隔离开关

隔离开关是一种在分断时触头间有明显可见绝缘间隙的开关设备，用于改变电路连接或使线路（设备）与电源隔离，如图 16-27 所示。

4. 负荷开关

负荷开关是一种介于断路器和隔离开关之间的开关电器。它具有简单的灭弧装置，能切断额定负荷电流和一定的过载电流，但不能切断短路电流。户内负荷开关如图 16-28 所示。

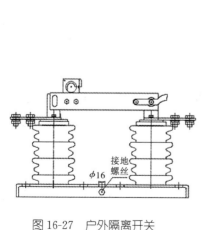
图 16-27　户外隔离开关

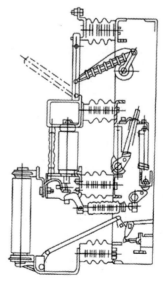
图 16-28　户内负荷开关

5. 互感器

互感器能将高电压变成低电压、大电流变成小电流，用于量测或保护系统，分为电压互感器和电流互感器，如图 16-29 所示。

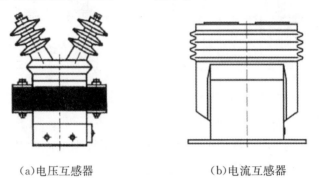

(a) 电压互感器　　　　　(b) 电流互感器

图 16-29　互感器

6. 避雷器

避雷器用于保护电气设备免受雷电过电压和操作过电压的危害，主要类型有管型避雷器、阀型避雷器和氧化锌避雷器等，如图 16-30 所示。

7. 电力电容器

电力电容器主要用于补偿电力系统感性负荷的无功功率，以提高功率因数，改善电压质量，降低线路损耗，如图 16-31 所示。

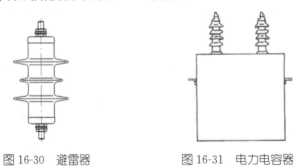

图 16-30　避雷器　　　　　图 16-31　电力电容器

8. 箱式变电站

箱式变电站是一种把高压开关设备、配电变压器、低压开关设备、电能计量设备和无功补偿装置等按一定的接线方案组合在一个或几个箱体内的紧凑型成套配电装置，如图 16-4 所示。

9. 开关柜

开关柜是按一定的接线方案将所需一、二次元件和设备成套组装的配电装置。开关柜按电压等级分为低压开关柜和高压开关柜，按内部结构分为抽出式开关柜和固定式开关柜，按用途分为进线柜、出线柜、计量柜、母联柜、补偿柜等。在一些情况下，高压开关柜已被 GIS（全封闭组合电器）代替，GIS 的绝缘介质为 SF_6

(六氟化硫)气体,具有更强的绝缘性能,能够减小设备体积。高压开关柜外形及内部结构如图 16-32 所示。

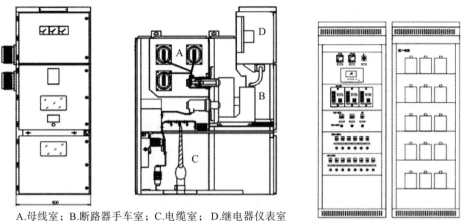

A.母线室; B.断路器手车室; C.电缆室; D.继电器仪表室

图 16-32　高压开关柜外形及内部结构　　图 16-33　直流电源

10. 直流电源

直流电源可为变(配)电所的控制、信号、继电保护、自动装置和事故照明提供电源,由直流屏和蓄电池组组成,如图 16-33 所示。

11. 变(配)电所综合自动化系统

变(配)电所综合自动化系统基于一整套软、硬件产品体系,利用计算机、信号处理、通信等技术,实现全所主要设备和线路的监视、测量、控制、保护、远动等自动化功能,由间隔层、通信层及站级层构成。变(配)电所综合自动化系统结构示意图如图 16-34 所示。

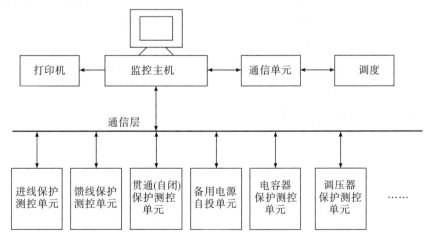

图 16-34　变(配)电所综合自动化系统结构示意图

三、主要工器具

全站仪是集水平角、垂直角、距离和高差测量功能于一体的测量仪器,在电力工程中用于架空线路测量,如图 16-35 所示。

激光测距(测高)仪是用于测量距离(高差)的专门仪器。

水平尺用于检测水平度,一般在设备基础施工找平时使用。

万用表是一种多功能、多量程的测量仪表,一般可测量直流电流、直流电压、交流电流、交流电压、电阻和音频电平等,有指针式和数字式两种,如图 16-36 所示。

钳形电流表由电流互感器和电流表组合而成,可以在不切断电路的情况下测量电流,如图 16-37 所示。

图 16-35 全站仪

图 16-36 万用表　　　图 16-37 钳形电流表

兆欧表,又称绝缘摇表,主要用来测量电气设备或线路对地及相间的绝缘电阻值,常用的有 500 V、1000 V、2500 V 等规格。

接地摇表,又称接地电阻测试仪,用于测量接地体的接地电阻值。

抱杆是一种人工组立电杆的专用工具,材质为木材或铝合金,如图 16-38 所示。

放线架用于支撑线盘(电缆盘),以进行放线(缆)作业,如图 16-39 所示。

图 16-38 抱　杆　　　图 16-39 放线架

放线滑车(滑轮)是用于展放架空线(电缆)的主要工具,能提高施工效率并防止线缆受到损伤,按材质分类主要有尼龙、铝合金等类型。

脚扣(踏板)是用于攀登电杆的工具,使用时需配合使用安全带。

紧线器是架空线路施工中用以收紧导线的专用工具。

压接钳用于连接导线或将导线与接线端子压接在一起,分为手压钳和液压钳(图 16-40)。

弯管机用于钢管的折弯,分为手动、液压和电动等类型,如图 16-41 所示。

图 16-40　液压钳　　　　图 16-41　液压弯管机

液压搬运车是一种具有液压升降功能的短距离人工搬运工具,用于小型变压器、开关柜等设备的搬运就位。

验电器是用于检查线路和设备是否带电的工具,分为低压和高压两种。

令克棒用于闭合或开断高压开关、跌落保险以及电力试验等工作,使用时需配合使用绝缘手套、绝缘靴等安全工具,如图 16-42 所示。

图 16-42　令克棒

接地封线是用于停电作业时有效释放设备或线路残余电荷并形成短路,以保证作业安全的专用工具,如图 16-43 所示。

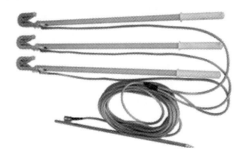

图 16-43　接地封线

四、注意事项

(1)设备质量是影响电力系统运行可靠性的重要因素,必要时应到设备生产厂家进行监造,消除制造过程中的质量隐患。

(2)进入仓库或施工现场的材料设备,应根据其性质和属性,按照不同的要求提供必要的环境,防止损坏和丢失,其中电缆、设备等物资要采取防水、防潮措施。

(3)电瓷、避雷器、变压器等材料设备应由物资部门委托有资质的试验单位进行试验,合格后方可移交施工作业人员。

(4)物资部门应按有关规程规定,对令克棒、绝缘靴、绝缘手套等安全工具定期进行试验,试验不合格的要做好报废处理,防止误用。

第十七章　电力牵引供电工程

我国铁路运输的牵引动力,目前有内燃牵引和电力牵引两种形式。能以电力机车作为牵引动力的铁路称为电气化铁路。

和传统的蒸汽机车或柴油机车牵引列车运行的铁路不同,电气化铁路是指从外部电源和牵引供电系统获得电能,通过电力机车牵引列车运行的铁路。电力机车与蒸汽机车、内燃机车的根本不同点在于它牵引列车时所需的能量不是由机车本身产生的,而是通过接触网(或其他供电装置)供给的,这种机车称为非自给式机车,它具有功率大、速度高、效率高、过载能力强等特点。

第一节　电气化铁路的组成

电气化铁路由电力机车、牵引变电所、接触网和轨道回路四部分组成。其中,接触网和轨道回路也称为牵引网。电力机车通过受电弓从接触网上获得电能,经过变压、整流及控制装置转变为电动机适应的电压,电动机将电能转变成机械能牵引列车运行。电气化铁道供电原理示意图如图17-1所示。

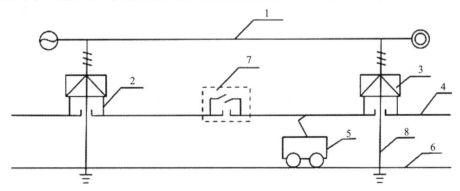

1.高压输电线;2.馈电线;3.牵引变电所;4.接触网;5.电力机车;6.轨道电路;7.分区亭;8.回流线

图17-1　电气化铁道供电原理示意图

一、牵引变电所

牵引变电所的任务是把电力系统的三相高压电变成电力机车所需要的电能。

(一)牵引变电所主要设备

1. 牵引变压器

牵引变压器的作用是将高压 110 kV(或 220 kV)的电能变成 27.5 kV(或 55 kV)的电能。

2. 高压开关设备

高压开关设备包括高压断路器、高压熔断器和隔离开关等。在正常情况下,操作高压开关切断或接通电路;在短路情况下,继电保护装置作用于高压开关自动切除故障。

3. 互感器

利用互感器可以对高电压、大电流进行间接测量并传输给二次保护装置,以实现对一次设备的时时监测和自动控制;当系统设备发生故障时,自动保护装置就会动作。

4. 控制、监视与信号系统(二次回路)

控制、监视与信号系统包括测量仪表、监视装置、信号装置、控制装置、继电保护自动装置和远动装置等,其作用是正确反映一次系统的工作状态,控制一次系统的运行操作。

5. 自用电系统

向牵引变电所内照明供电的系统称为自用电系统,由专门的自用变压器承担。

6. 回流接地和防雷装置

牵引变电所的保护接地和工作接地采用同一个环状接地网。主变压器牵引侧接地端与接地网相连,也与钢轨、回流线相连,从而形成牵引电流的回流通路。为预防雷害,应安装避雷针、避雷器等。

7. 电容补偿装置

电力牵引供电系统的功率因数较低,需进行功率补偿,安装于低压侧的两相之间。目前常用的补偿方式有串联电容器补偿、并联电容器补偿和串并联电容器补偿。

(二)开闭所、分区亭和 AT 所

1. 开闭所

当枢纽内不设牵引变电所时,为缩小事故范围,应设开闭所,开闭所起电分段和扩大馈线数目的作用。

2. 分区亭

在复线电气化线路中,为改善供电臂末端电压水平和减少能耗,采用上、下行并联供电,在两相邻牵引变电所间设置分区亭。

3. AT 所

AT 所仅在 AT 供电方式中设置,其作用是通过自耦变压器改善电压水平和减小牵引电流对通信线路的干扰影响。

二、接触网

接触网是架设在铁路线路上空向电力机车供电的特殊形式的输电线路。接触网额定电压为 25 kV,最低电压不低于 21 kV,当行车速度大于 40 km/h 时,应不低于 23 kV。接触网由支柱与基础、支持装置和接触悬挂组成,详见本书第一篇。

接触网在铁路上空与线路平行架设,具有露天设置、无备用、移动负荷、滑动摩擦等特点。铁路属于一级用电负荷,非特殊情况不允许停电,一旦停电,将会影响运输并给社会造成严重不良影响。

第二节　电气化铁路供电方式

在电气化铁路牵引供电系统中,采用的供电方式主要有直接供电方式、BT 供电方式和 AT 供电方式等。

一、直接供电方式

直接供电方式是指由牵引变电所、接触网、轨道回路构成的牵引供电方式,如图 17-2 所示。直接供电方式具有设备简单、投资小、阻抗小、电能损耗低、施工维修方便等优点。但牵引电流主要由钢轨流回牵引变电所,部分电流通过大地流回牵引变电所形成散流,对邻近的通信线路干扰大,所以我国不采用。

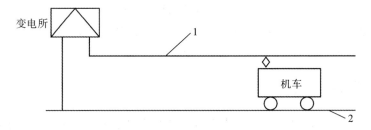

1. 接触网;2. 轨道

图 17-2　直接供电方式

为减小接触网对通信线路的干扰,采用了带回流线的直接供电方式,沿接触网架设一条回流线(NF 线),如图 17-3 所示。由于接触网与回流线的电流方向相反,因此形成了环绕方向相反的磁场并相互抵消,减小了牵引电流对通信线路的干扰。目前这种方式在我国电气化铁路中得到广泛应用。

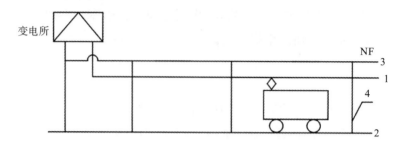

1.接触网;2.轨道;3.回流线;4.吸上线

图17-3 带负馈线的直流供电方式

二、BT供电方式

BT供电方式是在牵引网中增设吸流变压器和回流线的供电方式,如图17-4所示。该供电方式中,沿接触网(通常在支柱外侧)架设了一条回流线,每隔2~4 km设置一台吸流变压器,钢轨与回流线通过吸上线连接。

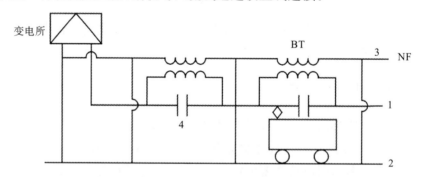

1.接触网;2.轨道;3.回流线;4.电分段设备

图17-4 BT供电方式

BT供电方式增加了吸流变压器,增加了阻抗,增加了能耗,缩短了牵引变电所的供电距离,增加了电分段关节,现较少采用。

三、AT供电方式

AT供电方式是在牵引网中增设自耦变压器和正馈线的供电方式,如图17-5所示。该供电方式中,沿接触网(通常在支柱外侧)架设了一条正馈线(AF线),每隔10 km左右设置一台自耦变压器(其中性点与钢轨连接并与保护线相连)。自耦变压器并联在接触网和正馈线之间。正馈线(也称负馈线)是回流线路,它与接触网上的电流方向总是相反,大小基本相等,所产生的磁场相互抵消,防干扰效果较好,但其结构复杂,造价高。

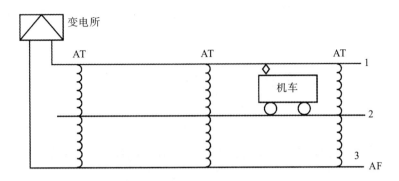

1.接触网;2.轨道;3.正馈线

图17-5　AT供电方式

另外,按接触网从牵引变电所获得电能的方式分为单边供电、双边供电、并联供电和越区供电等方式。

牵引变电所之间的接触网由分区亭分为两个独立的供电分区,每一个供电分区称为供电臂。分区亭通过控制高压开关可实现单边供电、上下行并联供电和越区供电。

供电臂只从一侧变电所取得电能的供电方式称单边供电(通常采用单边供电);供电臂从两侧变电所同时取得电能的供电方式称双边供电。接触网供电原理如图17-6所示。

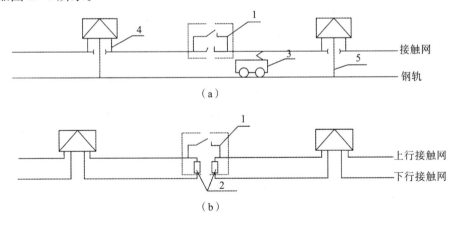

1.隔离开关;2.断路器;3.电力机车;4.供电线;5.回流线

图17-6　接触网供电原理图

双边供电可以实现牵引变电所并联供电,提高供电臂末端电压。但是,分区亭内设备较复杂,电路保护可靠性差,所以我国目前尚未采用这种方式。

为了提高供电臂末端电压,在同一方向的上下行采用同相供电时,可通过分区亭实现并联供电。在单边供电方式中,当一个变电所故障停电时,可通过闭合分区亭联络开关,由相邻变电所向故障变电所的相邻供电臂供电,这一供电方式称越区供电。越区供电是非正常供电,由于供电线路长,难以保证接触网末端电压,故只能作为临时应急的供电方式。

第三节 牵引供电工程施工

牵引供电工程施工工序繁多,在施工过程中,各道工序之间没有过长的时间间隔,施工组织上比较紧凑。要确保整个工程施工质量,必须优化各施工工序,强化过程施工,操作规范化、机械化,施工数据化,计算微机化。在目前比较成熟的接触网施工工艺、工法、标准基础上,严格遵照施工规范要求,建立一套比较完善的接触网施工技术体系,为优质高效地完成施工打下坚实基础。

一、牵引变电工程施工

牵引变电工程施工流程如图 17-7 所示。

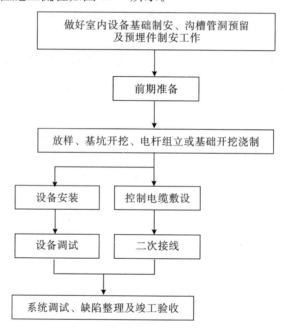

图 17-7 牵引变电工程施工流程图

二、接触网工程施工

根据接触网的组成,我们可将接触网施工按照工序分为下部工程和上部工程,具体的施工流程如图 17-8 所示。

第十七章 电力牵引供电工程

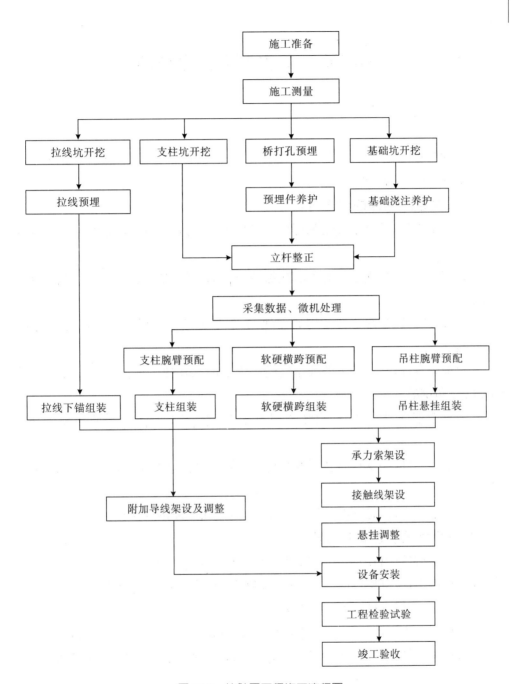

图 17-8 接触网工程施工流程图

第四节　牵引供电工程材料

一、零部件

接触网各导线之间、导线与支持结构之间、支持结构与支柱之间的所有连接器件,统称为接触网零件。

1. 按接触网零件的用途分类

(1)悬吊零件,是悬吊线索和杆件的零件,如钩头鞍子、吊弦线夹、单双横承力索线夹等。

(2)定位零件,是固定承力索和接触线位置的零件,如定位线夹、支持器、定位器等。

(3)连接零件,是起连接作用的零件,如双耳连接器、套管铰环、连接板、接头线夹等。

(4)锚固零件,是各承力的线索终端锚固零件,如楔形线夹、终端锚固线夹、承锚及线锚角钢等。

(5)补偿零件,是下锚补偿张力调节零件,如补偿滑轮、定滑轮装置及坠砣杆等。

(6)支撑零件,是支持装置用的零件,如旋转腕臂底座、旋转腕臂拉杆底座、腕臂等。

(7)电连接零件,是起电气连接作用的零件,如电连接线夹等。

2. 按零件的制造材料分类

(1)铸黄铜件(ZHAC67-2.5),用于铜线中的线夹连接。

(2)可锻铸铁件(KT38-8),用于承力和外形复杂且用量较多的零件。

(3)灰口铸铁件(HT15-33),用于承受压力的垫块及非承力零件。

(4)普通碳素钢件(A3),用于圆钢、角钢、槽钢等型材锻制或焊接的零件。

(5)铝合金件(YL12),用于腕臂、定位管、定位器管、定位管支撑的零件。

二、线索

接触网线索主要有接触线、承力索及附加导线。

1. 接触线

接触线与机车受电弓滑动摩擦,直接给电力机车输送电能。目前多采用铜接触线(图17-9)或铜合金接触线。

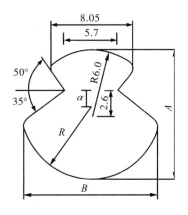

图 17-9 铜接触线横截面图

2. 承力索

承力索的主要功用是通过吊弦将接触线悬吊起来,提高悬挂的稳定性,与接触线并联供电。承力索一般采用单芯多层铰线。目前我国采用的有铜承力索、钢承力索、铝包钢及铜包钢承力索等类型。

三、绝缘子

绝缘子用以保证接触网带电体与接地体之间的电气绝缘,并起机械连接作用。要求绝缘子不但具有良好的绝缘性能,还应具有较高的机械强度。

接触网常用绝缘子按制造材料分为瓷质绝缘子、钢化玻璃绝缘子和复合绝缘子三种;按使用情况分为棒式、悬式、针式(用于回流线)、柱式(用于隔离开关)等类型绝缘子,如图 17-10 至图 17-12 所示;按绝缘形式分为单绝缘和双重绝缘两类。

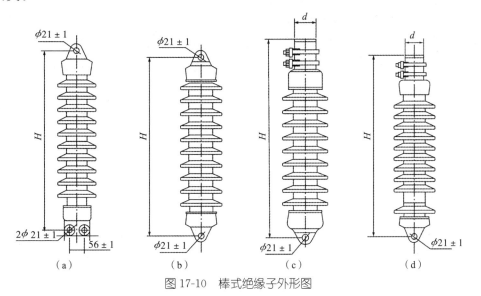

图 17-10 棒式绝缘子外形图

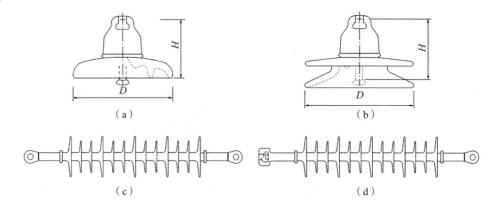

图 17-11　悬式绝缘子外形图

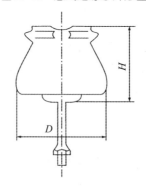

图 17-12　针式绝缘子结构图

第五节　牵引供电设备

牵引供电设备是供电系统的重要组成部分,主要分为牵引变电设备和接触网设备。牵引变电设备主要包括主变压器、高压开关设备、互感器、避雷装置、成套设备等。接触网设备主要包括隔离开关、分段绝缘器、分相绝缘器、吸流变压器、避雷器及电连接等。

牵引供电设备应符合供电系统电流制式、供电特点、工作环境的要求。随着电气化铁路技术的发展,供电设备向着更加安全可靠、操作自动化、体积小、重量轻、安装方便等方向发展。

一、变压器

变压器是牵引变电所的核心设备,是将进线电源电压变为牵引网额定电压,并给牵引网供电的设备,如图 17-13 所示。

(a)

(b)

图 17-13 牵引变压器

二、高压开关设备

高压开关设备包括高压断路器、高压隔离开关和高压负荷开关等。

三、互感器

互感器是电压、电流变换设备。供电系统中的高电压、大电流无法直接测量参数,需要通过互感器将高电压、大电流变成低电压、小电流,以供继电保护和电气测量使用。

互感器分为电流互感器(TA)和电压互感器(TV)。

四、避雷设备

变电所避雷设备分为避雷针和杆上避雷器。避雷针是防止直击雷的有效设备。避雷器用于各类高压设备的保护。所有避雷装置通过引下线与接地装置连接。

五、成套设备

成套设备按照电压等级分为高压成套设备和低压成套设备。按照元器件和用途来分,又分为断路器柜、负荷开关柜、熔断器柜、电压互感器柜、隔离开关柜、避雷器柜等。

全封闭组合电器(GIS)具有很大的优越性。采用全封闭组合电器可缩小各元件间的绝缘距离,从而缩小占地空间,现场施工工作量大幅度减小;还可避免各类恶劣环境影响,减少设备故障可能性,提高设备可靠性。

六、隔离开关

隔离开关是一种有明显可见绝缘间隙的开关设备,与绝缘设备配合实现电的连通与隔离,或作为供电设备投入与退出运行的联络开关。隔离开关一般安装在接触网的电分段、电分相及吸流变压器处。

接触网常用隔离开关,按闸刀的极数分为单极隔离开关和双极隔离开关。按有无接地刀闸分为带接地刀闸和不带接地刀闸的隔离开关,带接地刀闸的隔离开关使用于停车场和货物专用线,订货时应注意接地刀闸的位置与现场位置是否相符。按能否带负荷操作分为隔离负荷开关和隔离开关,可带负荷操作的叫隔离负荷开关,无负荷操作的通常叫隔离开关。另外,按工作状态分为常开隔离开关和常闭隔离开关。GW_4-35D 型隔离开关构造示意图如图 17-14 所示,FW-27.5/1250 型隔离开关构造示意图如图 17-15 所示。

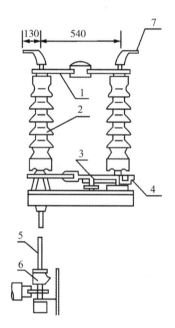

1. 导电刀闸;2. 磁柱;3. 交叉连杆;4. 底座;5. 传动杆;6. 操动机构;7. 铜铝过渡设备线夹

图 17-14 GW_4-35D 型隔离开关构造示意图

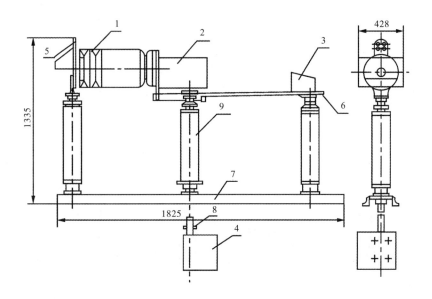

1. 真空灭弧室；2. 开断机构；3. 隔离外断口；4. 操作机构；5. 上出线端；6. 下出线端；7. 底座；8. 中间传动轴；9. 绝缘瓷柱

图 17-15　FW-27.5/1250 型隔离开关构造示意图

七、分段绝缘器

分段绝缘器是同相接触网的电分段设备，用于车站装卸线、机车整备线、库线以及同一站场不同车场的线路上。在链形悬挂中，分段绝缘器连接在接触线中，在分段绝缘器上方的承力索上加设绝缘子，使分段绝缘器两侧的接触悬挂绝缘。分段绝缘器与隔离开关配合，实现接触网电分段。分段绝缘器分段原理如图 17-16 所示。

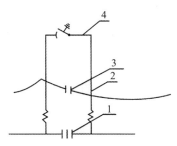

1. 分段绝缘器；2. 电连接；3. 绝缘子；4. 开关

图 17-16　分段绝缘器分段原理图

分段绝缘器按绝缘材料分为玻璃钢分段绝缘器、高铝陶瓷分段绝缘器和硅橡胶分段绝缘器。

硅橡胶分段绝缘器整体结构紧凑，重量轻，便于安装和维护，被广泛采用。目前我国主要采用消弧分段绝缘器。消弧分段绝缘器弥补了菱形分段绝缘器消弧差的不足,消弧率可超过 90%,是目前广泛使用的分段绝缘器。

消弧分段绝缘器种类较多,主要有 XTK 型、TKFHL-1600 型等。消弧分段绝缘器主要由终端底座、长导流板、短导流板、主绝缘体及连接零件构成,其工作过程与菱形分段绝缘器相同。消弧分段绝缘器构造及安装如图 17-17 所示。

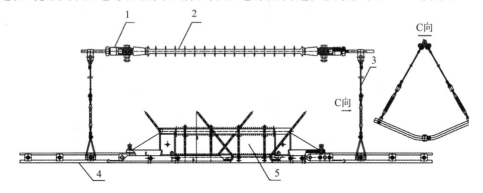

1. 承力索终锚线夹;2. 分段绝缘子;3. 吊弦装置;4. 接触线;5. 消弧分段绝缘器

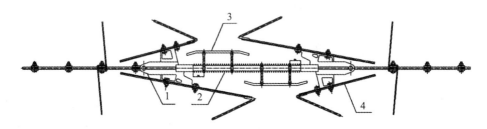

1. 终端底座;2. 主绝缘体;3. 短导流板;4. 长导流板

图 17-17　消弧分段绝缘器构造及安装图

八、电分相及电分相装置

电分相是不同相接触网间的电分段。由于牵引变电所向接触网供电分为两个供电臂,而这两个供电臂是不同相的;变电所的接线也是按次序换相连接的,所以相邻的两个供电臂的接触网是不同相的。因此,在相邻的两供电臂之间要设电分相装置,如分区亭、牵引变电所出口、铁路分界点等处的接触网上均应设置电分相装置。

电分相装置利用绝缘元件或空气绝缘间隙实现接触网的电分相。电分相装置在接触悬挂中形成一定长度的无电区,机车惯性通过分相区。

电分相装置分为器械电分相装置和关节电分相装置两种,施工中通常称为分相绝缘器和分相锚段关节。在常速电气化铁路区段采用器械电分相装置;在高速铁路接触网上采用关节电分相装置。三组式分相绝缘器安装如图 17-18 所示。

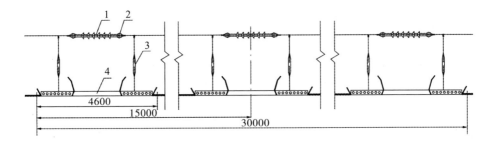

1. 分段绝缘子；2. 承力索终端线夹；3. 吊弦装置；4. 分相绝缘元件

图 17-18　三组式分相绝缘器安装图

电分相绝缘元件由绝缘体、连接板和消弧角构成。绝缘体由环氧树脂或玻璃钢等绝缘材料制成。XKT 型分相绝缘器构造图如图 17-19 所示。

图 17-19　XKT 型分相绝缘器构造图

九、接触网避雷器

避雷器是接触网的过电压保护设备，当过电压侵害到接触网上时，避雷器对地放电，从而保护了接触网设备安全。

接触网过电压主要有大气过电压和操作过电压。大气过电压即雷电过电压，其电压幅值高，能量大，破坏性强，如不进行防护，就会烧毁设备、击穿绝缘，造成重大设备事故。操作过电压是由供电设备切换形成的，如变压器的投入与退出、隔离开关的开合操作等，都可能产生过电压。操作过电压的幅值可能为工作电压的几十倍，有较强的破坏性。

避雷器一般设置在绝缘锚段关节、长大隧道两端、变电所、开闭所、分区亭等处，对接触网线路和供电设备进行过电压保护。

接触网避雷器主要有管型避雷器、阀型避雷器和氧化锌避雷器等。氧化锌避雷器是一种新型避雷器，在目前接触网中广泛应用，如图 17-20 所示。

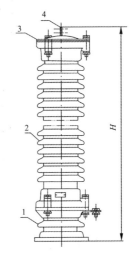

1. 底座；2. 避雷器单元；
3. 顶盖；4. 高压接线端子

图 17-20　氧化锌避雷器外形图

十、电连接

电连接就是用导线将接触悬挂之间、接触网线索之间、接触网分段之间进行良好的连接,其作用是导通电流或实现并联供电。

电连接设备由铜软绞线 TRJ-95、TRJ-120 或 LJ-150 型铝绞线制成。电连接线截面应根据接触悬挂的载流量选择,载流截面不应小于被连接悬挂的额定载流量。

电连接根据安装位置分为横向电连接、股道电连接、锚段关节电连接、线岔电连接、隔离开关电连接、避雷器电连接等。

第六节 常用仪器仪表及工具

一、万用表

万用表是可以测量多种电量的多量程便携式仪表。一般的万用表可以测量直流电流、直流电压、交流电压、直流电阻、音频电平等电量。

万用表主要由表头、测量线路和转换开关组成,如图 17-21 所示。

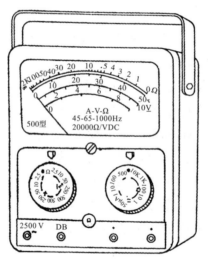

图 17-21　万用表

二、验电器

验电器是检验导线、电器和电气设备是否带电的一种电工常用工具。验电器分为低压验电器和高压验电器两种。

1. 低压验电器

低压验电器又称为测电笔(简称"电笔"),有钢笔式和螺丝刀式两种,如图

17-22所示。

图 17-22 低压验电器

2. 高压验电器

目前常用的高压验电器为音响式高压验电器,主要由指示部分和支持部分构成,如图17-23所示。

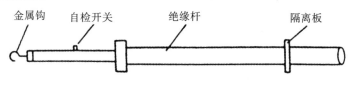

图 17-23 音响式高压验电器

三、接地电阻测量仪

接地电阻测量仪也称接地摇表,用来测试接地极的电阻值,如图 17-24 所示。

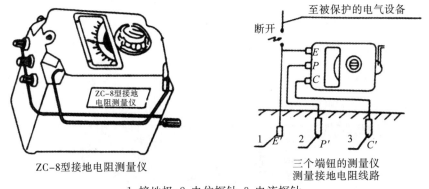

ZC-8型接地电阻测量仪

1.接地极;2.电位探针;3.电流探针

图 17-24 接地电阻测量仪接线示意图

四、摇表

摇表又称兆欧表或高阻计,主要用于测定高、低压电气线路的绝缘电阻值。接触网的绝缘测试采用 2500 V 摇表,其外形如图 17-25 所示。

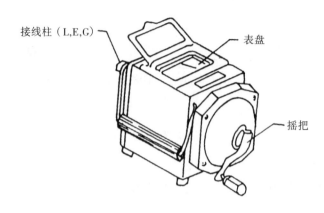

图 17-25 摇 表

五、全站仪

全站仪，全称为全站式电子测距仪，是一种集经纬仪、电子测距仪、外部计算机软件系统为一体的现代光学电子测量仪器。由于它可以在一个站位完成水平角、垂直角、距离和高差的全部测量工作，故得其名。

现代的一些全站仪已达到了可远程控制的自动化程度，这就消除了为仪器操作者配备一名扶持反射棱镜的助手的必要。操作者可以在测量点自己扶持反射物的同时，远程操作仪器。

六、激光测距仪

随着科学技术的发展，激光测量仪在接触网施工、维护中得以普遍使用。DJJ-8 型数字化激光测量仪如图 17-26 所示。

图 17-26 DJJ-8 型数字化激光测量仪

第三篇

建设工程项目管理

第十八章　建设工程项目管理概述

第一节　工程项目

一、工程项目含义

工程项目是指在一定条件约束下,以形成固定资产为目标的一次性事业。它以建筑物或构筑物为目标产出物,需要支付一定的费用、按照一定的程序、在规定的时间内完成,并应符合规定的质量要求。工程项目是项目中最重要、最典型的类型之一,可分解为单项工程、单位工程、分部工程和分项工程。

1. 单项工程

单项工程是指具有独立的设计文件、能单独组织施工,且竣工后能够独立发挥生产能力或效益的工程。如一所学校的教学楼、办公楼、图书馆、食堂等,均为单项工程。一个工程项目可包含多个单项工程,也可仅有一个单项工程,即该单项工程就是工程项目的全部内容。单项工程从施工的角度来说也是一个独立的系统,在工程项目总体施工部署和管理目标指导下,可形成自身的项目管理方案和目标,并按其投资和质量要求,单独组织施工和竣工验收、交付使用。

2. 单位工程

单位工程是单项工程的组成部分,是指具有独立设计文件,能单独组织施工,但竣工后不能单独投入使用的工程。一个单项工程按专业性质及作用不同可分解为若干个单位工程。如教学楼中的土建工程、给水排水工程、电气照明工程等。一个单位工程又可进一步分解为若干个分部工程。

3. 分部工程

分部工程是单位工程的组成部分,是将单位工程按结构部位的变化进一步划分所得,是单位工程的进一步分解细化。如建筑工程中的基础工程、主体工程、楼地面工程、屋面工程、装修工程等。

4. 分项工程

分项工程是分部工程的组成部分,是将分部工程按照材料类型或施工工序的变化进一步划分所得,如基础工程中的模板工程、钢筋工程、混凝土工程等。分项工程是项目划分的最小单位,它既有其作业活动的独立性,又有相互联系、相互制约的整体性。分项工程是建筑施工生产活动的基础,是计量用工、用料和机械台班消耗的基本单元,也是工程质量形成的直接过程。

二、工程项目分类

工程项目种类繁多,根据不同的划分标准,工程项目可分为不同的类型。

(1)按性质分类,可分为新建项目、扩建项目、改建项目、恢复项目和迁建项目。

(2)按专业分类,可分为铁路工程项目、公路工程项目、建筑工程项目、水利工程项目、桥梁工程项目、线路管道安装工程项目、装修工程项目等。

(3)按用途分类,可分为生产性工程项目和非生产性工程项目。

(4)按投资主体分类,可分为政府投资项目、企业投资项目、外商投资项目、私人投资项目和各类投资主体联合投资项目等。

(5)按行业性质和特点分类,可分为竞争性项目、基础性项目和公益性项目。

(6)按工程规模分类,可分为大型项目、中型项目和小型项目;技术改造项目可划分为限额以上项目和限额以下项目。

此外,工程项目还可以按照工程隶属关系、工程建设阶段、工程管理主体等进行分类。

三、工程项目周期

工程项目周期是指一个项目由筹划立项开始,直至竣工投产收回投资,达到预期投资目标的整个过程。按照项目自身的运动规律,工程项目周期包括项目决策期、项目实施期和项目使用期,其中每一时期又分为若干阶段。不同的时期、不同的阶段具有不同的目标和任务,需要投入不同的资源,因此具有不同的管理特性、管理要求和管理内容。

1. 项目决策期

工程项目的决策期是指从投资意向形成到项目决策这一时期,其中心任务是对拟建项目进行科学论证和决策。项目的成立与否、规模大小、资金来源及利用方式、主要技术与设备选择等重大问题,都要在这一时期完成。项目决策期可分为以下四个阶段。

(1)投资机会研究。机会研究的目的是寻找投资领域和方向,进行项目选择。机会研究主要是市场需求研究和资源研究,将投资意向构思成项目概念,并对项目内容进行预见性描述和概括。

(2)项目建议书。项目建议书是投资机会研究的具体化,它是以书面的形式申述项目建设的理由和依据,即立项申请。

(3)可行性研究。可行性研究是从经济、技术、社会等多方面对项目的可行性、合理性、必要性等进行科学的、客观的、详细的研究论证,并提出可行性研究报告,作为项目决策的重要依据。可行性研究是项目决策期的关键环节。

(4)项目决策。在对项目可行性研究报告真实性、可靠性评估的基础上,进行投资决策,确定项目成立与否。

2. 项目实施期

项目实施期是在项目决策后,从项目勘察设计到竣工验收、交付使用这一时期,其主要任务是通过投资建设使项目成为现实,一般都要形成固定资产。项目实施期一般包括以下三个阶段。

(1)项目设计。工程项目一般要下达设计任务书,根据设计任务书进行初步设计和施工图设计。初步设计是项目可行性研究的深化和细化,在此基础上的施工图设计是工程施工的直接依据。

(2)项目施工。项目施工是根据施工图纸进行建筑、安装活动,把项目变成实物的过程。为保证施工的顺利进行和工程质量,在工程开工前要进行施工准备,如招标、征地拆迁、材料与设备采购等工作。

(3)竣工验收。竣工验收是建设工程项目竣工后开发建设单位会同设计、施工、设备供应单位及工程质量监督部门,对项目是否符合规划设计要求以及建筑施工和设备安装质量进行全面检验,取得竣工合格资料、数据和凭证。竣工验收一般是先进行各单项工程竣工验收,然后进行全部工程整体验收。验收合格后办理交付使用手续。

3. 项目使用期

项目交付使用后便进入其使用期或生产运行期,经过使用或生产运行可实现项目的建设目标或达到其生产经营目标,收回投资并产生资金增值。这个时期主要包括以下工作。

(1)项目后评价。项目后评价是经过一段时间的使用或生产运行后,对项目的立项决策、设计、施工等过程进行总结评价,以便总结经验、解决遗留问题。

(2)实现生产经营目标。实现生产经营目标包括尽快生产出合格产品,并达到设计规定的生产能力,按计划实现利润指标。

(3)资金回收与增值。项目建设的根本出发点就是按计划收回投资、归还贷款并达到资金增值的目的。

四、工程项目的外部关联方

工程项目的建设必然涉及建筑市场,包括工程建设市场和建筑生产要素市场的各方主体。它们通过一定的交易方式形成以经济合同,包括工程勘察设计合同、施工承发包合同、工程技术物资采购供应合同等为纽带的各种经济关系或责权利关系,从而构成工程项目及其外部各相关系统的关联关系。

1. 业主方

项目业主,即项目的投资者。它从自身利益出发,根据建设意图和建设条件,对项目投资和建设方案作出既符合自身利益又适应建设法规和政策规定的决策,并在项目实施过程中履行业主应尽的义务和责任,为项目实施创造必要的条件。业主的决策水平和行为规范,对一个项目的建设起着重要的作用。

2. 使用方

按照质量管理的思想,"用户第一"是工程建设的基本方针,使用者对项目使用功能和质量的要求,决定了工程项目的策划、决策、设计及施工。评价工程建设质量的重要依据也来自使用者。

3. 设计方

设计单位是综合考虑业主的建设意图、使用方的使用要求、国家建设法规要求及项目建设条件,进行项目方案创作,编制出用以指导项目实施文件的机构。项目设计联系着项目决策和项目实施两个阶段,设计文件既是决策方案的体现,又是项目施工的依据。因此,设计过程是决定项目投资和质量目标的关键环节。

4. 施工方

施工单位是以承建工程施工任务为主要生产经营活动的建筑产品生产者。在市场经济条件下,施工单位通过工程投标竞争取得工程施工承包合同后,通过制定经济合理的施工方案,组织工程施工作业,并按发包方规定的要求完成施工任务,以取得经济效益。施工方是将工程项目变成实体的项目实施过程的主要参与者。

5. 供货方

供货方包括建筑材料、建筑构配件、工程机械与设备的生产厂家和供应商。他们为项目实施提供各种生产要素,其交易方式、产品价格和质量、服务体系等,直接影响着项目的投资、质量和进度目标。

6. 监理方

我国实行建设工程监理制度,建设工程监理是指具有相应资质的工程监理企业,受建设单位的委托,承担其项目管理工作,并对各承包单位履行相关建设合同的行为所进行的监督和管理工作。工程监理企业是建筑市场的主体之一,其工作包括项目决策阶段的咨询服务和项目实施阶段的目标控制及合同管理、信息管理等工作。

7. 政府主管方

建设工程具有强烈的社会性,政府主管部门代表社会公众利益,通过执行基本建设程序和实施工程质量监督,对建设立项、规划设计、竣工验收等建设行为进行审批,以保证工程建设的规范性及质量标准。

8. 地区与社会

工程项目与所在地区有许多必要系统的衔接配套,如项目内部交通与外部的衔接、水电气的供给、通讯、消防、环卫设施等,都需要地区相关部门的协作配合,才能按其规定的要求和流程与外部相应系统有机衔接,为项目的顺利使用创造条件。

五、工程项目的特点

工程项目从管理的角度而言,具有一些显著特点。

(1)建设任务的明确性。工程项目都有明确的建设任务,如建造一栋教学楼、兴建一座发电厂或修建一条铁路线等。

(2)建设地点的固定性。工程项目的建设地点都是固定在某一确定位置的,建成后也是不可移动的。

(3)建设目标的约束性。工程项目的建设目标有多方面要求,如质量要求,即工程建设要达到预期的使用功能、生产能力、技术水平、产品等级等;时间要求,即工程建设有合理的工期时限;资源要求,即工程建设是在一定的人力、财力和物力投入条件下完成的。这些要求即是工程项目建设目标的约束性,同时成为项目管理的主要目标,即质量目标、进度目标和费用目标。

(4)建设过程的唯一性。工程项目的建设过程不同于一般商品的批量生产,具有唯一性。即使是按照同一设计图纸建造的两栋楼,由于建设地点的不同,也会有所差异。

(5)投资的风险性。工程项目建设是一次性的,其建设周期一般较长,且在建设过程中,存在许多不确定性因素。因此,工程项目投资具有风险性。

(6)管理的复杂性。一个工程项目往往是由多个相互关联的子项目所构成的复杂系统,且项目建设涉及面广,需要多个单位、部门之间的协调与配合,加上外界社会、经济和政治环境的变化、影响,使项目管理的复杂性不断提高。特别是一些大中型项目,由于建设规模大、技术手段复杂,其管理的难度尤为突出。

第二节 工程项目管理

一、工程项目管理的含义

建设工程管理(Professional Management in Construction)涉及工程全过程(全寿命)的管理,它包括决策阶段的管理、实施阶段的管理(即项目管理)、使用阶段(或称运营阶段、运行阶段)的管理(即设施管理),如图 18-1 所示。工程项目管理是建设工程管理中的一个组成部分,仅限于在项目实施期的工作。

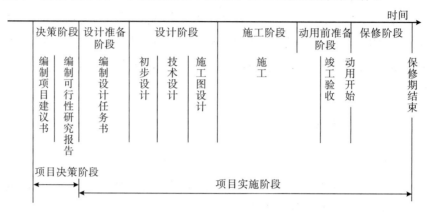

图 18-1 建设工程项目实施阶段的组成

《建设工程项目管理规范》GB/T 50326—2006 对建设工程项目管理作了如下的解释:"运用系统的理论和方法,对建设工程项目进行的计划、组织、指挥、协调和控制等专业化活动,简称为项目管理。"

英国皇家特许建造学会(CIOB)对工程项目管理的含义所作的表述是:"自项目开始至项目完成,通过项目策划和项目控制,以使项目的费用目标、进度目标和质量目标得以实现。"此种表述得到多数国家建造师组织的认可,在工程管理业界具有较高的权威性。

在上述表述中,"自项目开始至项目完成"是指项目的实施期,包括设计准备阶段、设计阶段、施工阶段、使用前准备阶段和保修阶段,由于招投标工作分别在设计准备阶段、设计阶段和施工阶段中都有进行,因此不单独列出招投标阶段;"项目策划"是指项目控制前的一系列筹划和准备工作;"费用目标"对业主而言是投资目标,对施工方而言是成本目标。

二、工程项目管理的特点

工程项目管理是项目经理和工程项目管理组织运用系统工程的理论和方法,对工程项目及其资源进行决策、计划、组织、指挥、控制、协调等一系列工作,以实现项目目标的管理方法体系。工程项目管理具有以下特点。

1. 工程项目管理是复杂的综合管理

工程项目是由多个体系组成的综合系统,建设周期长,影响因素多,项目管理相关者众多,需要综合运用工程技术、经济、法律、社会等多种学科知识,对项目实施全过程、各阶段进行多要素综合管理,特别是一些规模巨大、技术复杂的大中型项目,其管理的复杂性尤为突出。

2. 工程项目管理是约束性强的控制管理

工程项目在实施过程中要受到时间限定、资源消耗、功能要求、质量标准、技术条件、法律法规、环境影响等各种因素的制约,工程项目管理也有着明确的时间、质量、费用目标,这决定了工程项目约束条件的约束强度比其他管理更高,因此,工程项目管理是高约束性控制管理。

3. 工程项目管理具有创造性

由于工程项目具有一次性特点,存在较多未知因素,因而项目管理既要承担风险,又必须发挥创造性,才能正确处理和解决工程实际问题,实现项目目标。工程项目管理就是将现代项目管理理论与经验创造性地运用于工程管理实践,这也是项目管理与一般重复性管理的主要区别。

4. 工程项目管理需要建立专门的组织机构

工程项目建设需要对资金、人员、材料、设备等多种资源进行优化配置,具体实施过程中出现的各种问题,不同职能部门应尽快作出相互配合、相互协调的反应,以适应项目目标的要求。因此,必须建立围绕专一任务开展工作而不受现有组织任何约束的一次性专门化管理组织。

三、工程项目管理的类型和任务

一个工程项目的建设,往往有多个参与方承担不同的工作任务,工程项目管理类型主要是按照工程项目不同参与方的工作性质和组织特征来划分的。各个参与方的工作任务和利益取向都不相同。

1. 业主方的项目管理

由于业主方是工程项目生产过程的总集成者和总组织者,因此对一个工程项目而言,虽然有代表不同利益方的项目管理,但业主方的项目管理才是整个项目管理的核心。投资方、开发方和由咨询公司提供的代表业主方利益的项目管理服务,都属于业主方的项目管理。

业主方项目管理的目标包括投资目标、进度目标和质量目标。其中投资目标是指项目的总投资目标,进度目标是指项目各阶段工作直至交付使用的时间目标,质量目标不仅涉及施工质量,还包括设计质量、材料质量、设备质量和影响项目运行或运营的环境质量,以及业主方特殊的质量要求等。

业主方的项目管理涉及项目投资建设的全过程,主要进行安全管理、投资控制、进度控制、质量控制、合同管理、信息管理和组织协调等工作。

2. 设计方的项目管理

设计方作为项目建设的参与方,其项目管理主要服务于项目的整体利益和设计方自身的利益。其管理目标包括设计的成本目标、进度目标、质量目标及项目的投资目标。项目的投资目标能否实现与设计工作密切相关。

设计方项目管理的任务包括设计成本控制和与设计工作有关的工程造价控制、设计进度控制、设计质量控制、设计合同管理、设计信息管理、与设计工作有关的组织协调工作等。设计方的项目管理工作主要在设计阶段进行，但也涉及设计准备阶段、施工阶段和保修期等。

3. 施工方的项目管理

施工方作为项目建设的参与方，其项目管理主要服务于项目的整体利益和施工方自身的利益。其管理目标包括施工成本目标、施工进度目标和施工质量目标。

施工方项目管理的任务包括施工安全管理、施工成本控制、施工进度控制、施工质量控制、施工合同管理、施工信息管理、与施工有关的组织协调工作等。施工方的项目管理工作主要在施工阶段进行，但也涉及设计准备阶段、设计阶段和保修期等。

4. 供货方的项目管理

供货方作为项目建设的参与方，其项目管理主要服务于项目的整体利益和供货方自身的利益。其管理目标包括供货方的成本目标、进度目标和质量目标。

供货方项目管理的任务包括供货方的成本控制、供货进度控制、供货质量控制、供货合同管理、供货信息管理、与供货有关的组织协调工作等。供货方的项目管理工作主要在施工阶段进行，但也涉及设计准备阶段、设计阶段、动用准备阶段和保修期等。

5. 项目总承包方的项目管理

项目总承包方作为项目建设的参与方，其项目管理主要服务于项目的整体利益和项目总承包方自身的利益。其管理目标包括项目的总投资目标和总承包方的成本目标、项目的进度目标和项目的质量目标。

项目总承包方项目管理的任务包括安全管理、投资控制和总承包方的成本控制、进度控制、质量控制、合同管理、信息管理、与项目承包方有关的组织协调工作等。项目总承包方的项目管理工作涉及项目实施阶段的全过程，即设计准备阶段、设计阶段、施工阶段、动用准备阶段和保修期。

四、现代工程项目管理的特点

1. 项目管理现代化

现代工程项目管理吸收了现代科学技术的最新成果，具体表现在项目管理理论、方法及手段的科学化上。现代工程项目管理的理论体系是在系统论、控制论、组织论、信息论等理论基础上产生和发展起来的，项目管理实质上就是这些理论在项目实施过程中的综合运用。现代管理方法如预测技术、决策技术、数理统计方法、数学分析方法、模糊数学、线性规划、网络技术、价值工程等是解决各种工程项目管理问题的重要工具。现代管理手段主要是信息技术在工程项目管理中的应用,计算机、多媒体、互联网及各种精密仪器等的使用,极大地提高了项目管理的效率。

2. 项目管理社会化和专业化

现代社会对工程项目的要求越来越高,项目规模越来越大,项目管理越来越复杂。传统的业主方自我管理模式已不能适应这种发展和变化,迫切需要职业化的管理机构,为业主和投资者提供全过程的专业化工程管理服务。如今,工程项目管理咨询与服务业(包括工程监理等)已经发展成为一个新兴的产业,且其专业化水平和社会化程度不断提高,极大地提升了工程项目管理的整体效益。

3. 项目管理标准化和规范化

工程项目管理是一项技术性强、内容复杂的工作,为适应社会化生产的要求,工程项目管理必须按照标准化、规范化的要求进行,如规范化的定义和管理工作流程;统一的项目费用(成本)划分;标准化的信息系统;统一的工程量计算方法和结算方法;标准的合同条件及相关文件等。我国于2002年颁布了国家标准《建设工程项目管理规范》(GB/T 50326—2001),2005年又对其进行了修订。

4. 项目管理国际化

随着全球经济一体化,国际合作项目越来越多,工程项目的参与者、资金、设备、材料来源、管理服务等呈现国际化。项目国际化带来的项目管理困难,主要体现在不同文化、制度的差异,加大了项目管理协调的难度,迫切要求项目管理国际化,即按照国际惯例进行项目管理。工程项目管理国际惯例提供的国际通行的管理模式、程序、方法和准则,使项目管理中的协调有一个统一的基础。

第十九章 工程项目管理组织

开展工程项目管理要依托一定的项目组织来进行,科学合理的组织制度和组织机构是搞好工程项目管理的组织保证。

第一节 工程项目管理的组织制度

一、工程项目管理组织的基本制度

工程建设领域实行项目法人责任制、工程监理制、工程招标投标制和合同管理制,这四项制度密切联系,共同构成了我国工程建设管理的基本制度,同时也为我国工程项目管理提供了法律保障。

1. 项目法人责任制

项目法人责任制的核心内容是明确由项目法人承担投资风险,项目法人要对工程项目的建设及建成后的生产经营实行一条龙管理和全面负责。

(1)项目法人的设立。新上项目在项目建议书被批准后,应由项目的投资方派代表组成项目法人筹备组,具体负责项目法人的筹建工作。有关单位在申报项目可行性研究报告时,须同时提出项目法人的组建方案,否则,其可行性研究报告将不予审批。在项目可行性研究报告被批准后,应正式成立项目法人。按有关规定确保资本金按时到位,并及时办理公司设立登记。项目公司可以是有限责任公司(包括国有独资公司),也可以是股份有限公司。由原有企业负责建设的大中型基建项目,需新设立子公司的,要重新设立项目法人;只设分公司或分厂的,原企业法人即为项目法人,原企业法人应向分公司或分厂派遣专职管理人员,并实行专项考核。

(2)项目董事会的职权。建设项目董事会的职权有:负责筹措建设资金;审核、上报项目初步设计和概算文件;审核、上报年度投资计划并落实年度资金;提出项目开工报告;研究解决建设过程中出现的重大问题;负责提出项目竣工验收申请报告;审定偿还债务计划和生产经营方针,并负责按时偿还债务;聘任或解聘项目总经理,并根据总经理的提名,聘任或解聘其他高级管理人员。

(3)项目总经理的职权。项目总经理的职权有:组织编制项目初步设计文件,对项目工艺流程、设备选型、建设标准、总图布置提出意见,提交董事会审查;组织工程设计施工监理、施工队伍和设备材料采购的招标工作,编制和确定招标方案、标底和评标标准,评选和确定投标、中标单位,实行国际招标的项目,按现行规定办理;编制并组织实施项目年度投资计划、用款计划、建设进度计划;编制项目财务预算、决算;编制并组织实施归还贷款和其他债务计划;组织工程建设实施,负责控制工程投资、工期和质量;在项目建设过程中,在批准的概算范围内对单项工程的设计进行局部调整(凡引起生产性质、能力、产品品种和标准变化的设计调整以及概算调整,需经董事会决定并报原审批单位批准);根据董事会授权处理项目实施中的重大紧急事件,并及时向董事会报告;负责生产准备工作和培训有关人员;负责组织项目试生产和单项工程预验收;拟订生产经营计划、企业内部机构设置、劳动定员定额方案及工资福利方案;组织项目后评价,提出项目后评价报告;按时向有关部门报送项目建设、生产信息和统计资料;提请董事会聘任或解聘项目高级管理人员。

2. 工程监理制

工程监理是指具有相应资质的工程监理单位受建设单位的委托,依照法律法规、工程建设标准、勘察设计文件及合同,在施工阶段对建设工程质量、进度、造价进行控制,对合同、信息进行管理,对工程建设相关方的关系进行协调,并履行建设工程安全生产管理法定职责的服务活动。

3. 工程招标投标制

工程招标投标通常是指由工程、货物或服务采购方(招标方)通过发布招标公告或投标邀请向承包商、供应商提供招标采购信息,提出所需采购项目的性质及数量、质量、技术要求,交货期、竣工期或提供服务的时间,以及对承包商、供应商的资格要求等招标采购条件,由有意提供采购所需工程、货物或服务的承包商、供应商作为投标方,通过书面提出报价及其他响应招标要求的条件参与投标竞争,最终经招标方审查比较、择优选定中标者,并与其签订合同的过程。

4. 合同管理制

工程建设是一个极为复杂的社会生产过程,由于现代社会化大生产和专业化分工,许多单位会参与到工程建设之中,而各类合同则是维系各参与单位之间关系的纽带。在工程项目合同体系中,建设单位和施工单位是两个最主要的节点。

(1)建设单位的主要合同关系。为实现工程项目总目标,建设单位可通过签订合同将工程项目有关活动委托给相应的专业承包单位或专业服务机构,相应的合同有:工程承包(总承包、施工承包)合同、工程勘察合同、工程设计合同、设备和材料采购合同、工程咨询(可行性研究、技术咨询、造价咨询)合同、工程监理合同、工程项目管理服务合同、工程保险合同、贷款合同等。

(2)施工单位的主要合同关系。施工单位作为工程承包合同的履行者,也可通过签订合同将工程承包合同中所确定的工程设计、施工、设备材料采购等部分任务委托给其他相关单位来完成,相应的合同有:工程分包合同、设备和材料采购合同、运输合同、加工合同、租赁合同、劳务分包合同、保险合同等。

二、工程项目管理组织结构原则

工程项目的组织结构是按照一定的活动宗旨(任务目标、活动原则、功效要求等),依据项目的组织制度,把项目有关人员根据工作任务的性质划分为若干层次并明确各层次的管理职能,以共同负责项目建设工作的正常运转,确保项目管理取得成功的组织体系。工程项目的实施除业主方外,还有诸多参与方,项目组织结构应充分反映业主方及项目各参与方的相关工作部门之间的关系,以实现各方的有效协调和配合,完成项目管理任务。

工程项目的组织结构是项目管理的骨架,在进行项目组织结构安排时,应遵循以下原则:

(1)任务目标原则。在进行组织机构设计时,以工作任务为中心,因工作建设机构、因工作设置岗位和配备人员。

(2)统一指挥原则。管理组织建立严格的责任制,任何一级组织只能有一个负责人,下级组织只能接受一个上级组织的命令和指挥,下级必须服从上级命令和指挥,不能各自为政、各行其是。

(3)分工协作原则。在组织设计中做到分工合理、协作顺畅,对每个部门、每个人员的工作范围、工作内容、相互关系、协作方式等都应根据工作需要和现实可能进行明确规定,以保证管理效率。

(4)精干高效原则。做到管理中人人有事干,事事有人管,保质保量,负荷饱满。

(5)责权利对应原则。做到有职就有责,有责就有权。

第二节　工程项目管理的组织机构

工程项目管理的组织机构包括项目法人单位(或称建设单位,在合同中称为"甲方")的组织机构和承包单位(如施工企业,在合同中称为"乙方")的组织机构两方面,双方机构密切配合才能完成项目任务。

一、项目甲方组织机构的演变发展

我国工程建设项目甲方组织机构的形式与我国的投资管理体制密切相关。由于在新中国成立后近30年时间里,我国实行的是计划经济管理体制,国家是建设项目的唯一投资主体,即项目业主。因此,对基础设施和基础工业项目,大都是以项目的主管部门为主体,组建多种形式的工程指挥部,负责工程的实施。对一般项目则采取建设单位自组织的方式,或在能力不足时采用交钥匙的方式。随着国家投资管理体制改革的不断深化,工程建设监理制被引入项目的实施和管理中,并取得了良好成效。

1. 工程指挥部制

工程指挥部由政府主管部门、建设单位、设计单位、施工单位以及物资、银行等有关部门的代表组成,实行党委领导下的首长负责制。指挥部统一指挥工程的设计、施工、物资供应等工作,对项目实施统筹管理和协调控制。这种指挥部权力集中,但由于它不是经济实体,因而常采用行政手段开展项目管理工作,并且它只对项目的工期和工程质量负责,而不承担项目的经济责任。

2. 建设单位自组织方式

对于工程内容不复杂的中、小型项目,建设单位常采取自组织的方式进行项目管理。这种方式是由建设单位临时组建项目指挥班子,具体工作一般由基建处及其下设的各职能科室负责。他们在项目实施过程中,实际上主要负责组织、协调和运筹工作,工程的勘察设计、施工管理、设备材料采购等常采取招标发包方式,有的还聘请监理机构代表或协助其进行工程监督。这是大多数企业对中、小型项目实行项目管理的常见方法。

3. 工程建设监理制

工程建设监理制是一种由建设单位与监理机构签订合同,由其全权代表建设单位对项目实施管理,对承建单位的建设行为进行监督的专业化工程管理方式。在这种方式下,建设单位不直接管理项目,而是由其委托的建设市场上专门从事工程管理的经济实体——监理机构对项目进行管理,自己只需对项目制定目标和提出要求,并负责工程的竣工验收。

工程建设监理制是国际上通行的工程管理方式。监理机构是建设市场的主体之一,它具有工程项目管理的专业知识,拥有经验丰富的项目管理专业人才,是独立于业主和承包商之外的第三方法人,具有工程监理和项目管理的双重职能。

4. 代建制

代建制是指政府或政府授权单位通过招标等方式,选择社会专业化项目管理单位(代建单位),负责政府投资项目的投资管理和建设实施工作,项目建成后交付使用单位的制度。代建制是通过专业化的项目管理公司代表投资人(业主)实施建设管理。这种模式是新形势下项目管理组织机构的创新和发展,对于完善我国工程项目管理体制,提高工程项目投资效益,具有十分重要的现实意义。

目前,国际上业主方的项目管理方式主要有三种:一是业主方自行进行的项目管理;二是业主方委托项目管理咨询公司承担全部项目管理任务,即业主方委托项目管理;三是业主方委托项目管理咨询公司与自身共同进行的项目管理,即业主方与项目管理咨询单位合作进行的项目管理。这三种业主项目管理方式基本与我国工程建设项目甲方组织机构的主要形式相吻合。

二、项目乙方组织机构的常见形式

项目乙方是建设市场上承担项目实施工作,为业主服务的经济实体。为完成承包合同所规定的任务,项目乙方必须具备自身的组织机构,并根据项目具体情况适时建立项目的组织机构。划分并明确各层次、各部门及各岗位的职责和权力,并配备适当的人员,以实施项目管理,实现组织目标。

项目组织由企业组建,是企业组织的有机组成部分,项目的组织机构与企业的组织形式密切相关。目前,我国施工企业一般采用直线职能式的组织形式,这种企业组织形式的特点是,公司负责人一方面通过有关职能部门对公司承揽的各工程项目实行纵向直线领导,另一方面通过各职能部门对工程项目实行横向领导。因此,项目管理常用的组织结构模式有职能组织结构、线性组织结构和矩阵组织结构等。它们既可以在企业管理中运用,也可以在项目管理中运用。据此,项目乙方常见的组织机构形式有如下三种。

1. 项目部式

施工企业在承揽工程项目的同时,在企业内部招聘或任命项目的建造师,并由建造师组织职能人员形成各职能部门,成立项目管理机构,即项目部。项目部由建造师领导,负责项目的实施,其独立性较大。项目部与项目实施同寿命,项目结束后随即撤销。

项目部式项目组织机构示意图如图 19-1 所示,它是一种按照对象原则建立的项目管理组织机构,可以独立地实施项目管理工作。这种组织机构形式多适用于大型项目或工期要求较紧且需要多工种多部门密切配合的项目。对于规模较小、专业性较强且不涉及众多部门的项目,也可以按照职能原则把项目直接委托给企业的某一专业部门或施工队,由被委托部门或施工队负责项目的实施,而不打乱企业现行的建制。

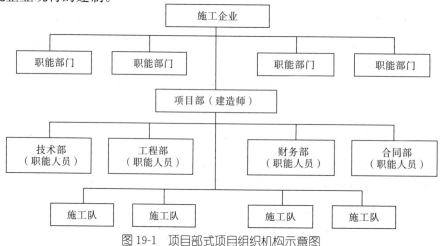

图 19-1 项目部式项目组织机构示意图

2. 矩阵式

项目组织一般是临时性的,而企业的职能部门相对来说是永久性的。矩阵式项目组织机构把职能原则和对象原则结合起来,既充分利用职能部门的纵向管理优势,又充分发挥项目组织的横向联系优势,使企业的长期例行性管理与项目的一次性管理保持一致,以实现同时进行多个项目管理的高效性。显然,这种项目管理组织形式适用于需要同时承担多个项目管理的企业,可以充分利用企业有限的专业技术人才和管理人员对多个项目进行同时管理。矩阵式项目组织机构示意图如图 19-2 所示。

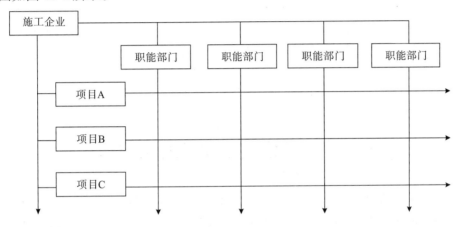

图 19-2　矩阵式项目组织机构示意图

3. 事业部式

当企业向大型化、智能化发展并实行作业层和经营管理层分离时,可成立事业部,以迅速适应市场变化,提高企业应变能力。事业部对企业来说是一个职能部门,对外来说可以是一个具有相对自立经营权的独立单位,并具有相对独立的市场和经济利益。企业通过事业部既可以加强经营战略管理,又可以加强项目管理。事业部可以按地区设置,也可以按工程类型或经营内容设置,下设项目经理部。事业部式项目管理机构适用于大型经营性企业的工程承包,特别是远离公司本部的承包项目,其组织机构如图 19-3 所示。

选择具体的项目组织机构时,应将企业的素质条件、任务情况等同工程项目的性质、规模、任务内容及要求结合起来进行考虑。在同一企业内部还可以根据项目的具体情况同时采用几种组织形式,如将事业部式项目组织与项目部式项目组织结合使用,将事业部式项目组织与矩阵式项目组织结合使用等。

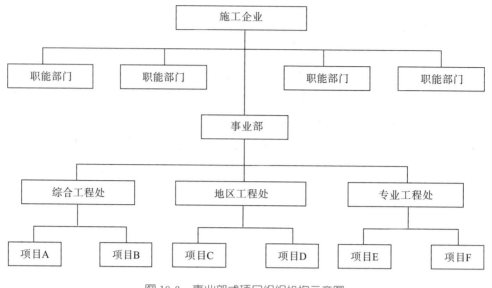

图 19-3 事业部式项目组织机构示意图

第三节 工程项目实施的组织方式

每一个工程项目都是一个涉及多学科、多专业的系统工程,且不同工程项目具有不同的施工条件和施工特点,满足不同的使用要求。因此,在项目实施时,应根据不同项目的特点,选择合适的施工组织方式。

一、平行承发包方式

平行承发包是指项目业主将项目任务按其构成特征划分成若干可独立发包的单元、部位或专业,分别进行招标发包,各中标单位分别与发包方签订承包合同,并独立组织施工作业的方式。各承包商之间是平行关系。

平行承发包方式的特点如下:

(1)平行承发包方式在发包任务分解后,只要具备发包条件的就可以独立进行招标发包,使工程尽早开工。这一方面可以加强项目实施阶段设计与施工的衔接配合,缩短建设周期;另一方面由于合同内容比较单一,合同价值小、风险小,有利于业主在较大范围内择优选择承包商,控制工程质量。

(2)平行承发包方式的各项发包合同是相互独立的,承包方往往有多家企业,且一般不是同步进行。这使得整个招标过程延续时间较长,且项目的总发包价要等到最后一份合同签订时才能确定,不利于项目总投资的早期控制。同时,各承包单位都从自身情况出发安排施工作业,相互之间的协调配合问题比较突出,增加了业主项目管理的工作量和难度。

(3)平行承发包方式相对于总承包方式来说,每项发包任务的工作量较小,可适于较多不具备总承包能力的一般中小型企业承接,而对于那些施工能力强、管理水平高的大型企业,可能会因为不利于发挥自身的技术和管理优势而缺乏积极性。

二、总分包方式

总分包方式是指项目业主将工程项目的施工安装任务全部发包给一家资质条件符合要求的承包单位,由该总承包单位经发包人同意和在法律许可的范围内,根据需要将工程项目按部位或专业进行分解后,再分别发包给一家或多家资质、信誉等条件经业主认可的分包商,并统一协调和监督各分包单位的工作。业主只与总承包单位签订合同,而不与各分包单位签订合同。

1. 总分包方式的合同签订

总分包方式的合同签订过程,一般有下列两种做法。

(1)总承包企业在确定投标意向的同时,即按部位或专业寻找分包合作伙伴,并根据业主方发布的招标文件,委托所联络的分包方提出相关部分的标书及报价,经协商达成合作意向后,再将各分包方的相关报价进行综合汇总,并编制施工总承包投标书参与竞标。若取得总承包合同,总承包方再与各分包方根据事先协商的条件,在总承包合同的指导下签订分包合同。分包方和业主虽然没有合同关系,但它在履行分包合同的过程中,必须体现和服从总包合同的各项要求,如工期、质量责任、安全生产等。这种做法常用于总承包单位以管理、协调为主,自身只承担部分施工任务,而绝大部分施工任务都靠分包单位完成的情况。

(2)总承包企业先自行参与工程投标,在取得总承包合同后,根据合同条件制定施工基本方针和项目管理目标,并编制施工组织计划和施工预算,在确定工程各部分目标成本和预算价值的基础上,将拟分包的工程及其质量、工期、安全等要求作为分包条件委托给联络的分包商,并经过价格、能力、信誉等条件的比较,择优选择分包伙伴并签订分包合同。如果工程施工任务主要靠总承包单位自身完成,只有部分或专项施工任务靠分包单位协作完成时,常采用此种做法。

2. 总分包方式的特点

总分包方式是实践中采用较多的工程施工组织方式,其主要特点是:

(1)对发包方来说,合同关系简单。业主对工程施工的全部要求都反映在总承包合同中,由总承包方对工程质量、工期、安全等项目管理目标全面负责。在整个工程实施过程中,发包方的组织、管理和协调任务比较简单,但对承包单位的依赖性较大。

(2)对承包方特别是总承包方来说,肩负的责任和风险较大,但施工组织与管理的自主性也较强。只要能充分发挥自身的技术和管理优势,承包的效益潜力也较大。

(3)总分包方式有利于以总承包单位为核心,结合工程特点择优选择和组合施工队伍。通常,总包单位选择分包单位的依据是和自己有长期合作关系的伙伴、发包方建议的分包商、技术上有专长的专业施工队伍、信誉较好的企业以及工程所在地的分包商等。

(4)总分包方式有利于发包方控制工程造价。只要在招标及合同签订过程中,发包方将发包条件、工程造价及其支付方式描述清楚,并与承包方充分协商、谈判,双方认定承发包的条件、责任和权益,且在施工过程中不涉及合同以外的工程变更和调整时,承包总价一般是一次定死。在这种情况下,施工过程存在的风险,由承包方承担。

3. 施工总承包管理

施工总承包管理即"管理型承包",是一种项目业主与某个具有丰富施工管理经验的单位或联合体签订施工总承包管理协议,由总承包管理单位负责整个项目的施工组织与管理的模式。一般情况下,施工总承包管理单位不参与具体工程的施工,具体工程的施工需要再进行招标发包,由施工承包单位完成。当然,施工总承包管理单位也可以通过参与工程施工的投标竞争,取得部分工程的施工任务。施工总承包管理模式开展工作的程序与施工总承包模式有所不同,可以在很大程度上缩短建设周期。

施工总承包管理模式的合同关系有两种形式:一是由发包人与施工单位直接签订合同,二是由施工总承包管理单位与施工单位签订合同。

三、联合体承包方式

当一个工程项目由于施工量大、工程类型多或专业配套需要等,且发包方要求施工方具有统一的协调组织,而这时又无施工企业能独立承担工程总承包的情况下,有工程承揽意愿的几家企业可以按照一定的组织方式联合起来,以满足项目实施的需要。施工联合体就是由多家施工企业为承揽某项工程施工任务而成立的一种临时性施工联合组织。

联合体内部的管理,由联合体各方组成的管理委员会负责。联合体各方经过协商确定各自投入联合体的资金份额、机械设备等固定资产数额及人员等,并签署联合体章程,建立联合体组织机构,产生联合体代表,以联合体的名义与发包方签订工程承包合同,在工程任务完成后即进行内部清算而解体。

施工联合体工程承包方式比较受业主欢迎,在国际上应用广泛。它的主要特点是:

(1)联合体可以集中各成员单位在资金、技术、管理等方面的优势,克服单个企业势单力薄、力不能及的困难,增强了抗风险能力,在综合实力上易于取得业主的信任。

(2)联合体承包方式在合同关系上等同于总承包方式。因此,对项目业主而言,合同关系以及施工过程的组织、协调和管理工作都比较简单,并且还可以分散风险,联合体中任何一方倒闭,其他成员必须承担其连带经济责任。

(3)联合体有其组建章程及各方参与联合体的合同,并根据章程产生组织机构和联合体代表。联合体对承建工程实行统一管理并按各方的投入比重取得经济效益及承担风险。

需要注意的是,施工联合体不是注册的企业实体,没有资本金,它只是多家企业为了承建某项工程,共同投入人财物而进行的临时性联合。这样的临时性承包机构要具有承包资质及财务信用,必须有相应的法律法规为其提供具体的操作依据,才能做到合法承包。目前,许多国家都有关于联合体的合同条例。

施工合作体在承包方式和合同结构上与施工联合体相似,但其实质内容有所区别。施工合作体的分配办法相当于内部分别独立承包,按照各自承担的工程内容核算,自负盈亏。若某一家公司倒闭了,其他成员单位不承担其经济责任,而是由业主负责。

第二十章 施工项目招投标与合同管理

招标投标是在市场经济条件下进行大宗货物的买卖、工程项目的发包与承包以及服务项目的采购与提供时采用的一种交易方式。在这种交易方式下,通常是由项目(包括货物购买、工程发包和服务采购)的采购方作为招标人,由有意提供采购所需货物、工程或服务项目的供应商、承包人作为投标人,向招标人书面提出自己的报价及其他响应招标要求的条件,参加投标竞争。经招标人对各投标人报价及其他条件进行审查比较后,从中择优选定中标者,并与其签订采购合同。

招投标的目的是为了签订合同。虽然招标文件对招标项目有详细介绍,但它缺少合同成立的重要条件——价格,在招标时,项目成交的价格是有待于投标者提出的。因而,招标不具备要约的条件,不是要约,它实际上是邀请其他人(投标人)来对其提出要约(报价),是一种要约邀请。而投标则是要约,中标通知书是承诺。

第一节 施工项目招标和投标

一、施工项目招标

建设工程招标的基本程序主要包括落实招标条件、委托招标代理机构、编制招标文件、发布招标公告或投标邀请书、资格审查、开标、评标、中标和签订合同等。

建设工程施工招标应该具备的条件包括以下几项:招标人已经依法成立;初步设计及概算应当履行审批手续的,已经批准;招标范围、招标方式和招标组织形式等应当履行核准手续的,已经核准;有相应资金或资金来源已经落实;有招标所需的设计图纸及技术资料。这些条件和要求,一方面是从法律上保证了项目和项目法人的合法化;另一方面,也从技术和经济上为项目的顺利实施提供了支持和保障。

1. 招标投标项目的确定

从理论上讲,建设工程项目是否采用招标的方式确定承包人,业主有着完全的决定权;采用何种方式进行招标,业主也有着完全的决定权。但是为了保证公共利益,各国的法律都规定了有政府资金投资的公共项目(包括部分投资的项目或全部投资的项目),涉及公共利益的其他资金投资项目,投资额在一定额度之上时,要采用招标的方式进行采购。对此我国也有详细的规定。

按照我国的《招标投标法》,以下项目宜采用招标的方式确定承包人:大型基础设施、公用事业等关系社会公共利益、公众安全的项目;全部或者部分使用国有资金投资或者国家融资的项目;使用国际组织或者外国政府资金的项目。

2. 招标方式的确定

《招标投标法》规定,招标分公开招标和邀请招标两种方式。

(1)公开招标。公开招标亦称无限竞争性招标,招标人在公共媒体上发布招标公告,提出招标项目和要求,符合条件的一切法人或者组织都可以参加投标竞争,都有同等竞争的机会。按规定应该招标的建设工程项目,一般应采用公开招标方式。

(2)邀请招标。邀请招标亦称有限竞争性招标,招标人事先经过考察和筛选,将投标邀请书发给某些特定的法人或者组织,邀请其参加投标。

对于有些特殊项目,采用邀请招标方式确实更加有利。根据我国的有关规定,有下列情形之一的,经批准可以进行邀请招标:项目技术复杂或有特殊要求,只有少量潜在投标人可供选择的;受自然地域环境限制的;涉及国家安全、国家秘密或者抢险救灾,适宜招标但不宜公开招标的;拟公开招标的费用与项目的价值相比,不值得的;法律、法规规定不宜公开招标的。

招标人采用邀请招标方式,应当向三个以上具备承担招标项目的能力、资信良好的特定的法人或者其他组织发出投标邀请书。

3. 自行招标与委托招标

招标人可自行办理招标事宜,也可以委托招标代理机构代为办理招标事宜。招标人自行办理招标事宜,应当具有编制招标文件和组织评标的能力。招标人不具备自行招标能力的,必须委托具备相应资质的招标代理机构代为办理招标事宜。

4. 招标文件及标底编制

招标人应当根据招标项目的特点和需要编制招标文件。招标文件应当包括招标项目的技术要求、对投标人资格审查的标准、投标报价要求和评标标准等所有实质性要求和条件以及拟签订合同的主要条款。《工程建设项目施工招标投标办法》进一步规定,招标文件一般包括下列内容:投标邀请书;投标人须知;合同主要条款;投标文件格式;采用工程量清单招标的,应当提供工程量清单;技术条款;设计图纸;评标标准和方法;投标辅助材料。

目前,编制标底并不是强制性的,招标人可以不设标底,进行无标底招标。但是,在我国工程建设领域,标底在招标投标活动中始终得到较为普遍的应用。《招标投标法》特别规定:"招标人设有标底的,标底必须保密。"为了规范标底的编制,确保标底的科学性、合理性,《工程建设项目施工招标投标办法》进一步规定:招标项目编制标底的,应根据批准的初步设计、概算投资,依据有关计价办法,参照有关工期定额,结合市场供求状况,综合考虑投资、工期和质量等方面的因素合理确定。标底由招标人自行编制或委托中介机构编制,一个工程只能编制一个标底。任何单位和个人不得强制招标人编制或者报审标底,也不得干预其确定标底。招标人设有标底的,标底在评标中应当作为参考,但不得作为评标的唯一依据。

5. 招标信息的发布与修正

(1)招标信息的发布。工程招标要采用公开的方式发布信息。招标人或其委托的招标代理机构应至少在一家指定的媒介发布招标公告。指定报刊在发布招标公告的同时,应将招标公告如实抄送指定网络。在两个以上媒介发布的同一招标项目的招标公告的内容应当相同,以保证信息发布到必要的范围以及发布的及时与准确。

招标公告应该尽可能地发布翔实的项目信息,应当载明招标人的名称和地址、招标项目的性质、数量、实施地点和时间,投标截止日期以及获取招标文件的办法等事项。

招标人应当按招标公告或者投标邀请书规定的时间、地点出售招标文件或资格预审文件。自招标文件或者资格预审文件出售之日起至停止出售之日止,最短不得少于5日。

(2)招标信息的修正。如果招标人在招标文件已经发布之后,发现有问题需要进一步澄清或修改,必须依据以下原则进行:

①时限。招标人对已发出的招标文件进行必要的澄清或者修改,应当在招标文件要求提交投标文件截止时间至少15日前发出。

②形式。所有澄清文件必须以书面形式进行。

③全面。所有澄清文件必须直接通知所有招标文件收受人。

由于修正与澄清文件是对于原招标文件的进一步补充或说明,因此该澄清或者修改的内容应为招标文件的有效组成部分。

6. 资格预审

招标人可以根据招标项目本身的特点和要求,要求投标申请人提供有关资质、业绩和能力等的证明,并对投标申请人进行资格审查。资格审查分为资格预审和资格后审。

资格预审是指招标人在招标开始之前或者开始初期,由招标人对申请参加投标的潜在投标人进行资质条件、业绩、信誉、技术、资金等多方面的情况进行资格审查;经认定合格的潜在投标人,才可以参加投标。

7. 标前会议

标前会议也称为投标预备会或招标文件交底会,是招标人按投标须知规定的时间和地点召开的会议。标前会议上，招标人除了介绍工程概况以外，还可以对招标文件中的某些内容加以修改或补充说明，以及对投标人书面或即席提出的问题给以解答。会后，招标人应将会议纪要用书面通知的形式发给每一个投标人。会议纪要和答复函件形成招标文件的补充文件，都是招标文件的有效组成部分，与招标文件具有同等法律效力，当补充文件与招标文件内容不一致时，应以补充文件为准。

8. 评标

评标分为评标的准备、初步评审、详细评审、编写评标报告等过程。

评标结束后应该推荐中标候选人。评标委员会推荐的中标候选人应当限定在1~3人，并标明排列顺序。

二、施工项目投标

投标单位取得投标资格，获得招标文件之后，应认真研究招标文件，及时开展各项调查研究，仔细复核工程量，科学选择施工方案，根据合同计价形式进行投标计算，正确确定投标策略，完成标书的准备与填报之后，正式提交投标文件。

三、合同的谈判与签约

明确中标人并发出中标通知书后，双方即可就建设工程施工合同的具体内容和有关条款展开谈判，直到最终签订合同。

建设工程施工承包合同谈判的主要内容为：工程内容和范围的确认；技术要求、技术规范和施工技术方案的确认；合同价格条款及价格调整条款的确定（在建设工程实践中，由于各种原因导致费用增加的概率远远大于费用减少的概率，有时最终的合同价格调整金额会很大，远远超过原定的合同总价，因此承包人在投标过程中，尤其是在合同谈判阶段务必对合同的价格调整条款予以充分的重视）；合同款支付方式的确定（建设工程施工合同的付款分四个阶段进行，即预付款、工程进度款、最终付款和退还保留金。关于支付时间、支付方式、支付条件和支付审批程序等，有很多种可能的选择，并且可能对承包人的成本、进度等产生比较大的影响，因此，合同支付方式的有关条款是谈判的重要方面）；工期和维修期的确定；其他特殊条款的完善（主要包括：关于合同图纸；关于违约罚金和工期提前奖金；工程量验收以及衔接工序和隐蔽工程施工的验收程序；关于施工占地；关于向承包人移交施工现场和基础资料；关于工程交付；预付款保函的自动减额条款；等等）。

第二节　建设工程合同管理

一、建设工程合同的主要内容

根据《合同法》的规定,工程项目合同是承包人进行工程建设,发包人支付相应价款的书面契约,又称为工程项目建设合同,或者说建筑安装工程承包合同,是经济合同的一种。

工程建设项目合同的种类很多,这里重点介绍以下常用的一些合同类型。

(1)按合同的"标的"性质分类:勘察设计合同;工程咨询合同;工程建设监理合同;材料供应合同;工程设备加工生产合同;工程施工合同;劳务合同。

(2)按合同所包括的工作范围和承包关系分类,可分为总包合同和分包合同。

①总包合同。总包合同是指业主与总承包商之间就某一工程项目的承包内容签订的合同。总包合同的当事人是业主和总承包商。应注意,建设工程项目总承包与施工承包的最大不同之处在于承包商要负责全部或部分的设计,并负责物资设备的采购。

②分包合同。分包合同是指总承包商将工程项目的某部分或某子项工程分包给某一分包商去完成所签订的合同。施工分包合同又有专业工程分包合同和劳务作业分包合同之分。分包合同的发包人即取得施工总承包合同的承包单位,在分包合同中一般仍沿用施工总承包合同中的名称,即仍称为承包人。而分包合同的承包人一般是专业化的专业工程施工单位或劳务作业单位,在分包合同中一般称为分包人或劳务分包人。在国际工程合同中,业主可以根据施工承包合同的约定,选择某个单位作为指定分包商,指定分包商一般应与承包人签订分包合同,接受承包人的管理和协调。

(3)按承包合同的计价方式,可将合同分为总价合同、单价合同、实际成本加酬金合同和混合合同四种类型。

①总价合同。总价合同又可分为固定总价合同和调值总价合同。固定总价合同是以图纸和工程说明为依据,按照商定的总价进行承包,并一笔包死。调值总价合同是指在招标及签订合同时,以设计图纸、工程量清单及当时的价格计算签订总价合同,但在合同条款中双方商定,若在执行合同过程中由于通货膨胀引起工料成本增加时,合同总价应相应调整,并规定了调整方法。对于固定工程量总价合同,承包商在投标时按单价合同办法分别填报分项工程单价,从而计算出工程总价,据之签订合同。原定工程项目全部完成后,根据合同总价给承包商付款。

②单价合同。单价合同可分为估计工程量单价合同和纯单价合同。估计工程量单价合同要求承包商投标时以工程量表中的估计工程量为基础,填入相应的单价作为报价。纯单价合同是指合同的招标文件只给出各分项工程内的工作项目一览表、工程范围及必要说明,而不提供工程量。

③实际成本加酬金合同。这类合同在实际中又有下列几种不同的做法。实际成本加固定费用合同,这种合同的基本特点是以工程实际成本加上商定的固定费用来确定业主应向承包商支付的款项数目。实际成本加百分率合同,这种合同的基本特点是以工程实际成本加上实际成本的百分数作为付给承包商的酬金。实际成本加奖金合同,这种合同的基本特点是先商定目标成本,另外规定百分数作为酬金。最后结算时,若实际成本超过商定的目标成本,则减少酬金;若实际成本低于商定的目标成本,则增加酬金。

④混合合同。它是指有部分固定价格、部分实际成本加酬金合同和阶段转换式合同。前者对重要的设计内容已具体化的项目较适用,而后者对次要的、设计还未具体化的项目较适用。

二、工程项目合同管理

工程项目的合同管理是指在当事人已经签订合同的基础上,根据双方协商签订的合同条款,正确履行、管理项目,并对合同的变更、解除、终止和纠纷索赔等进行及时处理的一系列活动。

(一)工程项目合同管理特点

(1)工程建设周期较长,合同持续时间长,管理环节多。
(2)工程项目投资量较大,合同金额较高,管理的责任重大。
(3)工程项目不确定因素较多,合同变更频繁,管理的难度高。
(4)工程项目内容复杂,合同技术含量高,管理要求精细化。

(二)工程项目合同管理的作用

(1)能够有效保障工程项目合同的顺利履行。
(2)能够有效控制工程项目的质量与工程造价。
(3)能够有效维护当事人的合法权益。
(4)能够有效按经济规律办事和规范工程建设秩序。

(三)工程项目合同签约与履行

通过招投标,发包人与承包人达成工程项目协议后,就进入了合同签约与履行阶段。该阶段主要包括工程项目合同的谈判、签约、审批和履行等环节,是建设工程项目合同管理的基本内容之一。

1. 工程项目合同的谈判

(1)决标前的谈判,是指项目的建设方(招标人)和施工方(投标人)在进行项目的招投标并开标后,但还没有决定中标者之前就工程项目的内容和合同要求所进行的协商。开标以后,招标人常要和投标人就工程有关技术问题和价格问题逐一进行谈判。招标人组织决标前谈判的目的在于:通过谈判,了解投标人报价的构成,进步审核和压低报价;进一步了解和审核投标人的施工规划和各项技术措施的合理性,及对工程质量和进度的保证程度;根据参加谈判的投标人的建议和要求,也可吸收一些好的建议,可能会对工程建设有一定的影响。

投标人则会利用参加决标前的谈判,达到以下目的:争取中标,即通过谈判,宣传自身的优势,包括技术方案的先进性、报价的合理性,必要时可许诺优惠条件,以争取中标;争取合理价格,既要准备对付招标人的压价,又要准备当招标人拟增加项目、修改设计或提高标准时适当增加报价;争取改善合同条件,包括争取修改过于苛刻的和不合理的条件,澄清模糊的条款和增加有利于保护投标人利益的条款。

(2)决标后的谈判,是指开标后招标人与投标人经过谈判协商和评标机构的评议,初步确定中标者后双方所进行的协商行为。招标人确定中标者并发出中标函后,招标人还要和中标者进行决标后的谈判,即将过去双方达成的初步协议具体化,进入合同条款的实质性谈判,并最后对所有条款和价格加以确认。在决标后谈判中,双方就工程项目合同的具体条款进行逐项谈判,包括合同的标的,工程的质量和数量,工程施工价款或酬金,合同履行的期限、方式和地点,工程竣工验收方法,双方合同违约责任和解决争议的手段等内容。

2. 工程项目合同的签约

(1)工程项目合同签约与形式。对于工程项目合同的签订,相关法律规定承包人必须经资格审查合格,取得相应资质证书后,才可在其资质等级许可的范围内订立工程项目合同。工程项目合同当事人可依法委托代理人订立合同。

经济合同签约的形式,可有书面形式、口头形式和其他形式。法律、行政法规规定采用书面形式的,应当采用书面形式;当事人约定采用书面形式的,应当采用书面形式。根据我国合同法的规定,建设工程项目合同必须用书面形式,也就是说,双方法人代表必须签订工程项目的书面合同。

(2)工程项目合同签约的原则,包括自愿与自主的原则;诚实与守信的原则;合法与合作的原则;平等与互利的原则;遵守国家法律和政策的原则。

(3)工程项目合同签约的步骤,又称为项目合同签约的程序。工程项目合同的签订一般须经过要约邀请、要约、还约和承诺等四个步骤,有的也可简化为要约和承诺两个步骤。

①要约邀请,是指当事人一方邀请对方向自己发出要约的事实行为。要约邀请不具备一经对方承诺便形成合同的效力,要约邀请不完全具备确定的当事人双方之间未来合同的主要条款(一般应具备的条款),要约邀请不具有明确的订约意图。因而,要约邀请没有法律上的约束力。

②要约,又称签订合同的提议,是当事人一方向另一方提出的订立项目合同的建议和要求,一经对方承诺即受约束。要约内容必须具体、确定和完整,应包含未来合同的主要条款(即工程项目合同一般应具备的条款),要约必须送达受要约人,并受到法律的约束。

③还约,即指受约人不同意或不完全同意要约人提出的条件,为了进一步协商,对要约的条件提出修改意见的行为。还约可以采用口头或书面形式表达,但一般应与要约中采用的表达方式相符合。

④承诺,又称对签订合同提议的接受,指受要约人同意要约各项条件的意思表示。承诺有效的条件:承诺必须由受要约人向要约人作出,承诺必须在承诺期限内到达要约人,承诺的内容必须与要约的内容一致(未对要约内容作出实质性改变的情况下),承诺必须表明受要约人决定与要约人订立合同,承诺的方式必须用符合要约的要求(若无具体要求,可采用法律允许的各种方式)来表达。如果受要约人变更要约的部分或全部内容,则不是承诺。用变更了的要约的部分或全部内容回答要约人的,视为新的要约。

3. 工程项目合同的审批

(1)工程项目合同的联审会签。即在工程项目决标谈判结束和合作意向达成后,发包人或业主管理单位(部门)要对当事人双方(或多方)达成的协议或合同草案进行联审会签。换言之,就是事先召集由单位财务、审计、纪检和营建部门联合组成的工作组,采取会议的形式联合对该合作协议或合同草案进行审查,各自从工程预算的执行、经济效益、财经纪律和工程建设等方面展开,如果该协议或合同草案合理合法,能够维护当事人的合法权利,则联合签署同意的审查意见;否则,则签署不同意的审查意见,并说明理由。

(2)工程项目合同的律师把关。工程建设管理单位(部门)可聘请常年法律顾问(有执业资格的律师),在每项工程项目决标结束及合同基本达成后,对该协议或合同草案进行法律审核,即从法律的角度审查其是否符合《合同法》等相关法律法规,各合同条款的内容是否正确、全面地反映了当事人的权利与义务,是否有损害当事人或第三方权益的问题存在,以及是否存在着其他方面相关的法律问题。从而确保工程项目合同的合法性和有效性,也可保障合同的有效履行,以及为将来出现的合同纠纷处理提供预案。

(3)工程项目合同的法人签字。工程项目合同在事先经过建设管理单位(部门)的财务、审计、纪检和营建部门的联合审查,以及法律顾问的审核或咨询后,可将正式合同提交单位领导(法人代表)签字。工程项目合同经当事人各方的法定代理人正式签署后,即具有法律效力,并成为当事人各方履行合同的基本依据。

4. 工程项目合同的履行

履行人是指履行工程项目合同的当事人或者法定代理人。根据相关法律或者合同规定,以及合同的性质,在通常情况下工程项目合同必须由当事人亲自履行。根据《合同法》有关规定,除合同另有规定的以外,承揽方必须以自己的设备、技术和劳力,完成加工、定做、修缮任务的主要部分。在合同中当事人还可以约定,必须由本人亲自履行义务,例如工程项目的勘察设计合同的当事人可以约定,必须由承包方亲自完成项目勘察设计工作,不得转让给他人。

根据《建筑安装工程承包合同条例》规定,承包单位可将承包的工程部分分包给其他单位,签订分包合同。在此项合同履行中,由分包单位履行合同,对于发包单位而言,就是由第三人履行。由第三人履行并不是合同义务的转移,原合同义务人的法律地位不变,如果第三人不履行或履行不当,义务人仍然应承担法律责任。由第三人履行,也不是合同权利的转让,权利人的法律地位不变。当第三人不履行或履行不当,权利人有权请求义务人履行合同。

(四)工程项目合同的变更、解除和终止

1. 工程项目合同的变更

(1)工程项目合同变更的概念。由于工程建设项目情况复杂,在合同履行过程中受不确定性因素的影响较大,因此,有可能发生项目合同变更的情况。工程项目合同变更,通常包含以下三层意思:一是在符合法律规定和实际情况的前提下,合同当事人经过协商,同意变更项目合同;二是由于履行合同的主、客观情况发生变化,双方同意变更原项目合同的内容;三是由于合同内容变化对当事人产生了新的权利义务关系。合同变更是针对合同内容的局部而非全部所进行的调整、修改和补充。

(2)工程项目合同变更的条件和责任。

①工程项目合同变更的条件。当发生下列情况之一者,允许变更经济合同:当事人经协商同意,且不影响国家和社会的利益;当事人方由于关闭、停产、转产而确实无法履行合同的;由于不可抗力因素或外因,导致合同无法履行的;由于一方违约,使合同履行对于另一方成为不必要的。

在工程项目合同履行中,通常会遇到由于工程变更而引起的合同变更现象。

工程变更是指在工程项目合同执行过程中,监理工程师根据工程需要,下达变更指令,对合同文件的内容或原设计文件进行修改,或对经监理工程师批准的施工方案进行改变。由于工程施工情况复杂,不确定性因素较多,经常会发生工程变更事项,如施工条件变化、设计改变、材料替换、施工进度或施工顺序变化、施工技术规程规范变更、工程量的变化等。

②工程项目合同变更的责任。根据我国合同法有关规定,当事人一方要求变更经济合同的同时,应及时通知对方;因变更合同使另一方遭受损失的,除依法可以免除责任的外,应由责任方负责赔偿。

由于项目合同变更的原因比较复杂,因此,责任应根据具体情况加以确定。比如,因不可抗力因素而引起合同变更的,除双方另有约定外,不承担责任;由双方协商同意变更的,其损失应由责任方承担。因工程项目计划变更而变更合同的,其责任应视计划变更的情况确定,如属于客观原因、全局性调整的,合同双方或其上级主管部门都不承担责任;如属于决策失误的,应由计划修改方承担责任。

(3)工程项目合同变更的程序。工程项目合同如确实需要变更,应按照一定的程序进行。

①提出变更项目合同的书面建议。在符合变更合同的条件下,在双方协议的期限或主管部门规定的期限内,当事人一方应及时以书面形式向对方提出工程项目的变更建议。

②协商签订变更项目合同的书面协议(包括文书、电报等)。变更合同的协议与合同具有同等的法律效力。在要求答复期限内未予答复的,应视为接受变更合同的建议,并因此产生权利和义务;在协议未达成之前,原合同继续有效。

2. 工程项目合同的解除

(1)工程项目合同解除的概念。工程项目合同解除是指工程项目合同当事人根据法律规定或合同约定,提前终止合同关系的行为及所达成的协议。如果合同全部履行完毕,就不叫合同解除。法律要求解除合同必须贯彻协商一致的原则,即应征得对方同意并承担相应的责任。

(2)工程项目合同解除的条件和责任。工程项目合同的解除条件主要有:必须经过当事人协商一致;或满足法律规定的合同解除条件;或合同约定的解除条件具备;解除项目合同必须遵守法定的程序和方式;必须清算业已存在的原有合同的债权债务关系。工程项目合同解除的责任与合同变更责任的划分和确认基本相同。

(3)工程项目合同解除的程序。根据我国合同法的相关规定,工程项目合同解除必须遵循法定的程序和方式,具体的合同解除程序与合同变更程序基本相同。

3. 工程项目合同的终止

工程项目合同终止是指工程项目合同关系因客观情况发生而消灭,据此合同不再对当事人双方具有约束力。工程项目合同终止的原因主要有:合同义务履行完毕;合同因抵消而终止;合同因不可抗力因素而终止;当事人双方混同一人而终止;合同因双方当事人协商同意而终止;仲裁机构或者法院判决终止合同等。

(五)解决工程项目合同争议的主要方式

工程项目合同在执行过程中,经常会发生各种争端,即合同纠纷。根据我国合同法的相关规定,工程施工合同争议解决的方式主要有:发包人与承包人在履行合同发生纠纷时,可以当事人双方或多方协商解决;或者要求有关部门调解解决;当事人不愿和解、调解或和解、调解不成的,双方应在专用条款内约定申请仲裁解决;或向有管辖权的人民法院起诉要求诉讼解决等。

三、建设工程索赔

建设工程索赔通常是指在工程合同履行过程中,合同当事人一方因对方不履行或未能正确履行合同或者由于其他非自身因素而受到经济损失或权利损害,通过合同规定的程序向对方提出经济或时间补偿要求的行为。

索赔是一种正当的权利要求,是合同当事人之间一项正常的而且普遍存在的合同管理业务。在国际工程承包市场上,工程索赔是承包人和发包人保护自身正当权益、弥补工程损失的重要而有效的手段。

(一)索赔的起因

(1)合同对方违约,不履行或未能正确履行合同义务与责任。
(2)合同错误,如合同条文不全、错误、矛盾等,设计图纸、技术规范错误等。
(3)合同变更。
(4)工程环境变化,包括法律、物价和自然条件的变化等。
(5)不可抗力因素,如恶劣气候条件、地震、洪水、战争状态等。

(二)索赔成立的条件

1. 构成施工项目索赔条件的事件

索赔事件,又称为干扰事件,是指那些使实际情况与合同规定不符合,最终引起工期和费用变化的各类事件。通常,承包商可以提起索赔的事件有:

(1)发包人违反合同,给承包人造成时间、费用的损失。
(2)因工程变更(含设计变更、发包人提出的工程变更、监理工程师提出的工程变更，以及承包人提出并经监理工程师批准的变更）造成的时间、费用损失。

（3）由于监理工程师对合同文件的歧义解释、技术资料不确切，或由于不可抗力导致施工条件的改变，造成了时间、费用的增加。

（4）发包人提出提前完成项目或缩短工期而造成承包人的费用增加。

（5）发包人延误支付期限造成承包人的损失。

（6）对合同规定以外的项目进行检验，且检验合格，或非承包人的原因导致项目缺陷的修复所发生的损失或费用。

（7）非承包人的原因导致工程暂时停工。

（8）物价上涨，法规变化及其他。

2. 索赔成立的前提条件

索赔的成立，应该同时具备以下三个前提条件：

(1)与合同对照，事件已造成了承包人工程项目成本的额外支出，或直接工期损失。

(2)造成费用增加或工期损失的原因，按合同约定不属于承包人的行为责任或风险责任。

(3)承包人按合同规定的程序和时间提交索赔意向通知和索赔报告。

以上三个条件必须同时具备，缺一不可。

（三）索赔的依据

索赔的依据主要有三个方面：合同文件；法律法规；工程建设惯例。

（四）索赔证据

1. 索赔证据的含义

索赔证据是当事人用来支持其索赔成立或和索赔有关的证明文件和资料。索赔证据作为索赔文件的组成部分，在很大程度上关系到索赔的成功与否。证据不全、不足或没有证据，索赔是很难获得成功的。

2. 常见的工程索赔证据

（1）各种合同文件，包括施工合同协议书及其附件、中标通知书、投标书、标准和技术规范、图纸、工程量清单、工程报价单或者预算书、有关技术资料和要求、施工过程中的补充协议等。

（2）工程各种往来函件、通知、答复等。

（3）各种会谈纪要。

（4）经过发包人或者工程师批准的承包人的施工进度计划、施工方案、施工组织设计和现场实施情况记录。

(5)工程各项会议纪要。

(6)气象报告和资料,如有关温度、风力、雨雪的资料。

(7)施工现场记录,包括有关设计交底、设计变更、施工变更指令,工程材料和机械设备的采购、验收与使用等方面的凭证及材料供应清单、合格证书,工程现场水、电、道路等开通、封闭的记录,停水、停电等各种干扰事件的时间和影响记录等。

(8)工程有关照片和录像等。

(9)施工日记、备忘录等。

(10)发包人或者工程师签认的签证。

(11)发包人或者工程师发布的各种书面指令和确认书,以及承包人的要求、请求、通知书等。

(12)工程中的各种检查验收报告和各种技术鉴定报告。

(13)工地的交接记录,图纸和各种资料交接记录。

(14)建筑材料和设备的采购、订货、运输、进场、使用方面的记录、凭证和报表等。

(15)市场行情资料,包括市场价格、官方的物价指数、工资指数、中央银行的外汇比率等公布材料。

(16)投标前发包人提供的参考资料和现场资料。

(17)工程结算资料、财务报告、财务凭证等。

(18)各种会计核算资料。

(19)国家法律、法令、政策文件。

3. 索赔证据的基本要求

索赔证据应该具有真实性、及时性、全面性、关联性和有效性。

(五)索赔的程序

工程施工中承包人向发包人索赔、发包人向承包人索赔以及分包人向承包人索赔的情况都有可能发生,以下是承包人向发包人索赔的一般程序:发出索赔意向通知;准备索赔资料;提交索赔文件;审核索赔文件;发包人审查;协商、仲裁或诉讼。

(六)索赔目的和要求

(1)工期索赔,一般指承包人向业主或者分包人向承包人要求延长工期。

(2)费用索赔,即要求补偿经济损失,调整合同价格。

第二十一章　施工项目过程管理

第一节　施工成本管理

一、施工成本管理的概念

施工成本是指在建设工程项目的施工过程中所发生的全部生产费用的总和，包括：所消耗的原材料、辅助材料、构配件等费用；周转材料的摊销费或租赁费；施工机械的使用费或租赁费；支付给生产工人的工资、奖金、工资性质的津贴；以及进行施工组织与管理所发生的全部费用支出等。建设工程项目施工成本由直接成本和间接成本所组成。

直接成本是指施工过程中耗费的构成工程实体或有助于工程实体形成的各项费用支出，是可以直接计入工程对象的费用，包括人工费、材料费和施工机具使用费等。

间接成本是指准备施工、组织和管理施工生产的全部费用支出，是非直接用于也无法直接计入工程对象，但为进行工程施工所必须发生的费用，包括管理人员工资、办公费、差旅交通费等。

施工成本管理就是要在保证工期和质量满足要求的情况下，采取相应管理措施，包括组织措施、经济措施、技术措施、合同措施，把成本控制在计划范围内，并进一步寻求最大程度的成本节约。施工成本管理的任务和环节主要包括成本预测、成本计划、成本控制、成本核算、成本分析和成本考核。

建设工程项目施工成本管理应从工程投标报价开始，直至项目保证金返还为止，贯穿于项目实施的全过程。成本作为项目管理的一个关键性目标，包括责任成本目标和计划成本目标，它们的性质和作用不同。前者反映公司对施工成本目标的要求，后者是前者的具体化，两者把施工成本管理在公司层和项目经理部的运行有机地连接起来。

二、施工成本管理的措施

（一）施工成本管理的基础工作

施工成本管理的基础工作是多方面的，其中，成本管理责任体系的建立是最根本、最重要的基础工作,涉及成本管理的一系列组织制度、工作程序、业务标准和责任制度的建立。此外,应从以下各方面为施工成本管理创造良好的基础条件。

(1)统一组织内部工程项目成本计划的内容和格式。

(2)建立企业内部施工定额并保持其适应性、有效性和相对的先进性,为施工成本计划的编制提供支持。

(3)建立生产资料市场价格信息的收集网络和必要的派出询价网点,做好市场行情预测,保证采购价格信息的及时性和准确性。同时,建立企业的分包商、供应商评审注册名录,发展稳定、良好的供方关系,为编制施工成本计划与采购工作提供支持。

(4)建立已完项目的成本资料、报告报表等的归集、整理、保管和使用管理制度。

(5)科学设计施工成本核算账册体系、业务台账、成本报告报表,为施工成本管理的业务操作提供统一的范式。

(二)施工成本管理的措施

为了取得施工成本管理的理想成效,应当从多方面采取措施实施管理,通常可以将这些措施归纳为组织措施、技术措施、经济措施和合同措施。

1. 组织措施

组织措施是从施工成本管理的组织方面采取的措施。施工成本控制是全员的活动,如实行项目经理责任制,落实施工成本管理的组织机构和人员,明确各级施工成本管理人员的任务和职能分工、权力和责任。施工成本管理不仅是专业成本管理人员的工作,各级项目管理人员都负有成本控制责任。

组织措施的另一方面是编制施工成本控制工作计划,确定合理详细的工作流程。要做好施工采购计划,通过生产要素的优化配置、合理使用、动态管理,有效控制实际成本;加强施工定额管理和施工任务单管理,控制活劳动和物化劳动的消耗;加强施工调度,避免因施工计划不周和盲目调度造成窝工损失、机械利用率降低、物料积压等问题。

2. 技术措施

施工过程中降低成本的技术措施包括:进行技术经济分析,确定最佳的施工方案;结合施工方法,进行材料使用的比选,在满足功能要求的前提下,通过代用、改变配合比、使用外加剂等方法降低材料消耗的费用;确定最合适的施工机械、设备使用方案;结合项目的施工组织设计及自然地理条件,降低材料的库存成本和运输成本;应用先进的施工技术,运用新材料,使用先进的机械设备等。

同时,技术措施对纠正施工成本管理目标偏差也有相当重要的作用。运用技术纠偏措施的关键,一是要能提出多个不同的技术方案;二是要对不同的技术方案进行技术经济分析比较,以选择最佳方案。

3. 经济措施

管理人员应编制资金使用计划,确定、分解施工成本管理目标。对施工成本管理目标进行风险分析,并制定防范性对策。对各种支出,应认真做好资金的使用计划,并在施工中严格控制各项开支。及时准确地记录,收集、整理、核算实际支出的费用。对各种变更,应及时做好增减账、落实业主签证并结算工程款。通过偏差分析和未完工工程预测,可发现一些潜在的可能引起未完工程施工成本增加的问题,对这些问题应以主动控制为出发点,及时采取预防措施。

4. 合同措施

采用合同措施控制施工成本,应贯穿整个合同周期,包括从合同谈判开始到合同终结的全过程。对于分包项目,首先是选用合适的合同结构,对各种合同结构模式进行分析、比较,在合同谈判时,要争取选用适合于工程规模、性质和特点的合同结构模式。其次,在合同的条款中应仔细考虑一切影响成本和效益的因素,特别是潜在的风险因素。通过对引起成本变动的风险因素的识别和分析,采取必要的风险对策,并最终将这些策略体现在合同的具体条款中。在合同执行期间,合同管理的措施既要密切注视对方合同执行的情况,以寻求合同索赔的机会;同时也要密切关注自己履行合同的情况,以防被对方索赔。

第二节 工程项目进度管理

一、工程项目进度管理的概念

工程项目进度管理是指对工程项目各个阶段的工作内容、工作程序、持续时间和衔接关系,根据工程项目进度总目标和资源优化配置的原则编制计划,将该计划付诸实施,并在实施过程中不断检查纠偏、调整落实,直到工程项目竣工交付使用。

项目进度管理是保证项目如期完成或合理安排资源供应、节约工程成本的重要措施之一。

二、项目进度控制的目的

进度控制的目的是通过控制以实现工程的进度目标。进度控制的过程是随着项目的进展、进度计划不断调整实施的过程。

三、项目进度的影响因素

按照责任的归属,进度影响因素可分为两大类:

第一类,由承包商自身的原因造成工期的延长,称为工程延误。其一切损失由承包商自己承担,包括承包商在监理工程师同意下所采取加快工程进度的任何措施所增加的各种费用,还要向业主支付误期损失赔偿金。

第二类,由承包商以外的原因造成工期的延长,称为工程延期。经监理工程师批准的工程延期,所延长的时间属于合同工期的一部分,即工程竣工的时间,等于标书规定的时间加上监理工程师批准的工程延期的时间。

四、项目进度控制的任务

(1)业主方进度控制的任务。控制整个项目实施阶段的进度,包括控制设计准备阶段的工作进度、设计工作进度、施工进度、物资采购工作进度,以及项目动用前准备阶段的工作进度。

(2)设计方进度控制的任务。依据设计任务委托合同对设计工作进度的要求控制设计工作进度。设计方应尽可能使设计工作的进度与招标、施工和物资采购等工作进度相协调。出图计划是设计方进度控制的依据,也是业主方控制设计进度的依据。

(3)施工方进度控制的任务。依据施工任务委托合同对施工进度的要求控制施工进度。施工方应视项目的特点和施工进度控制的需要,编制深度不同的控制性、指导性和实施性施工的进度计划,以及按不同计划周期(年度、季度、月度和旬)的施工计划等。

(4)供货方进度控制的任务。依据供货合同对供货的要求控制供货进度。供货进度计划应包括供货的所有环节,如采购、加工制造、运输等。

五、不同类型的建设工程项目进度计划系统

根据项目进度控制不同的需要和不同的用途,业主方和项目各参与方可以构建多个不同的建设工程项目进度计划系统,如:

(1)由不同深度的进度计划构成的计划系统,包括:总进度规划(计划);项目子系统进度规划(计划);项目子系统中的单项工程进度计划等。

(2)由不同功能的进度计划构成的计划系统,包括:控制性进度规划(计划);指导性进度规划(计划);实施性(操作性)进度计划等。

(3)由不同项目参与方的进度计划构成的计划系统,包括:业主方编制的整个项目实施的进度计划;设计进度计划;施工和设备安装进度计划;采购和供货进度

计划等。

(4) 由不同周期的进度计划构成的计划系统,包括:五年建设进度计划;年度、季度、月度和旬计划等。

六、建设工程项目进度计划的主要编制方法和管理措施

1. 横道图进度计划

横道图是一种最简单、运用最广泛的传统的进度计划方法。通常横道图的表头为工作及其简要说明,项目进展表示在时间表格上。按照所表示工作的详细程度,时间单位可以为小时、天、周、月等。这些时间单位经常用日历表示,此时可表示非工作时间,如停工时间、公众假日、假期等。根据此横道图使用者的要求,工作可按照时间先后、责任、项目对象、同类资源等进行排序。

横道图适用于工程规模小、工序简单、工期短的项目,对于大型复杂的工程项目不够适用。

2. 网络图进度计划

网络计划技术是组织和安排工程项目工作活动的一种非常有效的方法。现在即使一个很简单的项目,也需要制定一份项目网络图,因为这将使项目的执行变得更加容易。

项目网络图显示了项目的路径、开始时间和结束时间,有的还注明了每项工作任务的负责人,这对于一些不熟悉项目的人,只要稍加研究项目网络图,就能很快掌握项目计划的整体状况和目前的进展情况。

我国《工程网络计划技术规程》(JGJ/T 121—2015)推荐的常用的工程网络计划类型包括:双代号网络计划;单代号网络计划;双代号时标网络计划;单代号搭接网络计划。

3. 工程项目进度管理措施

工程项目进度管理采用的措施主要有组织措施、技术措施、经济措施、合同措施和信息管理措施。

第三节　施工质量控制

一、质量和质量管理

建设工程项目质量是指通过项目实施形成的工程实体的质量,是反映建筑工程满足相关标准规定或合同约定的要求,包括其在安全、使用功能及其在耐久性能、环境保护等方面所有明显和隐含能力的特性总和。其质量特性主要体现在适

用性、安全性、耐久性、可靠性、经济性及与环境的协调性等六个方面。

工程项目质量管理是指在工程项目实施过程中，指挥和控制项目参与各方关于质量的相互协调的活动，是围绕着使工程项目满足质量要求而开展的策划、组织、计划、实施、检查、监督和审核等所有管理活动的总和。它是工程项目参建各方的共同职责。

二、项目质量的影响因素和风险控制

建设工程项目质量的影响因素，主要是指在项目质量目标策划、决策和实现过程中影响质量形成的各种客观因素和主观因素，包括人的因素、机械因素、材料因素、方法因素和环境因素（简称"人、机、料、法、环"）等。

建设工程项目质量的影响因素中，有可控因素，有不可控因素；这些因素对项目质量的影响存在不确定性，从而形成了建设工程项目的质量风险。在项目实施全过程中，对质量风险进行识别、评估、响应及控制，是项目质量控制的重要内容。

三、建设项目质量控制

我国从20世纪80年代开始引进和推广全面质量管理（TQC），其基本原理就是强调在企业或组织最高管理者的质量方针指引下，实行全面、全过程和全员参与的质量管理。在具体控制管理中，通过长期生产实践和理论研究，形成了建立质量管理体系和进行质量管理的基本方法——PDCA循环法，即：计划P→实施D→检查C→处置A循环法。

建设工程项目的实施涉及业主方、勘察方、设计方、施工方、监理方、供应方等多方质量责任主体的活动，各方主体各自承担不同的质量责任和义务。为有效进行系统、全面的质量控制，必须由项目实施的总负责单位，负责建设工程项目质量控制体系的建立和运行，实施质量目标的控制，并由各承包企业根据项目质量控制体系的要求，建立隶属于总的项目质量控制体系的设计项目、施工项目、采购供应项目等分质量保证体系（质量控制子系统），以具体实施其质量责任范围内的质量管理和目标控制。

项目质量控制体系的建立一般可按以下环节依次展开：确立系统质量控制网络——制定质量控制制度——分析质量控制界面——编制质量控制计划。

项目质量控制体系的运行，实质上就是系统功能的发挥过程，也是质量活动职能和效果的控制过程。质量控制体系的有效运行，依赖于涵盖项目合同结构、质量管理的资源配置、质量管理的组织制度等几方面的运行环境，以及包含动力机制、约束机制、反馈机制和持续改进机制在内的运行机制的完善。

四、工程项目施工质量管控

1. 质量管理体系

建设施工企业实施质量管理,应建立企业质量管理体系,通过第三方质量认证机构的认证,为该企业的工程承包经营和质量管理奠定基础。企业质量管理体系应按照我国 GB/T 19000—2008 质量管理体系族标准进行建立和认证。该标准是我国按照等同原则,采用国际标准化组织颁布的 ISO 9000—2005 质量管理体系族标准制定的。

2. 质量管理计划

按照质量管理体系标准,质量计划是质量管理体系文件的组成内容。在合同环境下,质量计划是企业向顾客表明质量管理方针、目标及其具体实现的方法、手段和措施的文件,体现企业对质量责任的承诺和实施的具体步骤。

在建设工程施工企业的质量管理体系中,以施工项目为对象的质量计划称为施工质量计划。现行的施工质量计划有三种形式:工程项目施工质量计划;工程项目施工组织设计(含施工质量计划);施工项目管理实施规划(含施工质量计划)。施工质量计划的基本内容一般应包括:工程特点及施工条件(合同条件、法规条件和现场条件等)分析;质量总目标及其分解目标;确定施工工艺与操作方法的技术方案和施工组织方案;施工材料、设备等物资的质量管理及控制措施;施工质量检验、检测、试验工作的计划安排及其实施方法与检测标准;施工质量控制点及其跟踪控制的方式与要求;质量记录的要求等。施工单位的项目施工质量计划或施工组织设计文件编成后,应按照工程施工管理程序进行审批,包括施工企业内部的审批和项目监理机构的审查。

3. 施工质量控制

(1)施工生产要素的质量控制。施工生产要素是施工质量形成的物质基础,其质量控制主要包括以下方面:作为劳动主体的施工人员,即直接参与施工的管理者、作业者的素质及其组织效果;作为劳动对象的建筑材料、半成品、工程用品、设备等的质量;作为劳动方法的施工工艺及技术措施的水平;作为劳动手段的施工机械、设备、工具、模具等的技术性能;施工环境,如现场水文、地质、气象等自然环境,通风、照明、安全等作业环境以及协调配合的管理环境。

(2)施工准备的质量控制。施工准备的质量控制主要包括以下方面:

①施工技术准备工作的质量控制。主要在室内进行,如图纸熟悉审核、作业技术指导书编制、技术交底及培训等。

②现场施工准备工作的质量控制。主要有计量控制、测量控制、施工平面图控制等。

③工程质量检查验收的项目划分。即把整个项目逐级划分为若干个子项目,据此进行质量控制和检查验收。项目划分越合理、明细,越有利于分清质量责任,便于质量控制和验收,也有利于质量记录填报归档。

(3)施工过程的质量控制。施工过程的作业质量控制,是在工程项目质量实际形成过程中的事中质量控制。

建设工程项目施工是由一系列相互关联、相互制约的作业过程(工序)构成的,因此,施工质量控制必须对全部作业过程,即各道工序的作业质量持续进行控制。从项目管理的立场看,工序作业质量的控制,首先是质量生产者即作业者的自控,在施工生产要素合格的条件下,作业者能力及其发挥的状况是决定作业质量的关键。其次,来自作业者外部的各种作业质量检查、验收和对质量行为的监督,也是不可缺少的设防和把关的管理措施。归纳起来就是:工序施工质量控制、施工作业质量自控、施工作业质量监控。

(4)施工质量与设计质量的协调。建设工程项目施工是按照工程设计图纸(施工图)进行的,施工质量离不开设计质量,优良的施工质量要靠优良的设计质量和周到的设计现场服务来保证。从项目施工质量控制的角度来说,项目建设单位、施工单位和监理单位都要注重施工与设计的相互协调。这个协调工作主要包括设计联络、设计交底和图纸会审、设计现场服务和技术核定、设计变更。

4. 建设工程项目施工质量验收

建设工程项目的质量验收主要是指工程施工质量的验收。建筑工程的施工质量验收应按照《建筑工程施工质量验收统一标准》GB 50300—2013 进行。该标准是建筑工程各专业工程施工质量验收规范编制的统一准则,各专业工程施工质量验收规范应与该标准配合使用。

所谓"验收",是指建筑工程在施工单位自行质量检查评定的基础上,参与建设活动的有关单位共同对检验批、分项、分部、单位工程的质量进行抽样复验,根据相关标准以书面形式对工程质量达到合格与否作出确认。

正确地进行工程项目质量的检查评定和验收,是施工质量控制的重要环节。施工质量验收包括施工过程的质量验收及工程项目竣工质量验收两个部分。如前所述,工程项目质量验收,应将项目划分为单位工程、分部工程、分项工程和检验批进行验收。施工过程质量验收主要是指检验批和分项、分部工程的质量验收。项目竣工质量验收是施工质量控制的最后一个环节,是对施工过程质量控制成果的全面检验,是从终端把关方面进行质量控制。未经验收或验收不合格的工程,不得交付使用。

5. 政府对工程项目质量监督的内容

我国《建设工程质量管理条例》明确规定,国家实行建设工程质量监督管理制度,由政府行政主管部门设立专门机构对建设工程质量行使监督职能。

政府对工程项目实施质量监督,应当依照下列程序进行:受理建设单位办理质量监督手续;制订工作计划并组织实施;对工程实体质量和工程质量行为进行抽查、抽测;监督工程竣工验收;形成工程质量监督报告;建立工程质量监督档案。

政府对工程质量监督管理主要包括下列内容:执行法律法规和工程建设强制性标准的情况;抽查涉及工程主体结构安全和主要使用功能的工程实体质量;抽查工程质量责任主体和质量检测等单位的工程质量行为;抽查主要建筑材料、建筑构配件的质量;对工程竣工验收进行监督;组织或者参与工程质量事故的调查处理;定期对本地区工程质量状况进行统计分析;依法对违法违规行为实施处罚。

第四节 施工安全管理

一、工程项目安全管理的概念

工程项目安全主要包含两方面含义:一方面是指工程建筑物本身的安全,即质量是否达到了合同要求、能否在设计规定的年限内安全使用;另一方面是指在工程施工过程中人员的安全,特别是合同有关各方在现场工作人员的生命安全。工程项目安全管理就是在工程项目的建设过程中,为预防发生人身伤害、设备毁损、工程项目质量缺陷等事故而采取的各种措施的总称。

二、工程项目安全管理的主体

工程项目安全管理是个系统工程,需要各类主体进行充分协调,合力加强管理,主要包括以下主体:社会宏观管理者——政府;工程的投资方——业主;工程项目建设的主体——施工单位;设计单位;行使监督权力的现场施工管理者——监理单位。

三、工程项目安全管理的原则

工程项目安全管理主要应遵循以下原则:系统化管理原则;制度化管理原则;预防为主的原则;全员参与的原则。

四、工程项目安全管理的主要内容

工程项目安全管理贯穿项目始终,实行全过程管理,主要包括:勘察设计阶段的安全管理;准备阶段的安全管理;施工阶段的安全管理;竣工验收阶段的安全管理。

五、工程项目施工现场安全管理

施工现场管理是工程项目管理的核心,也是确保建筑工程质量和安全文明施工的关键。工程项目的安全管理,必须以工程项目施工现场的安全管理为重点和核心。应重点做好以下方面:加强安全教育,强化安全纪律;健全安全管理制度,落实安全管理职责;加强管理措施的落实,实施责任管理;做好安全事故预防,完善应急预案。

第二十二章 建设工程项目信息管理

第一节 建设工程项目信息管理的目的和任务

一、信息及信息管理的含义

信息是指用口头的方式、书面的方式或电子的方式传输（传达、传递）的知识、新闻，或可靠的或不可靠的情报。声音、文字、数字和图像等都是信息表达的形式。信息是工程项目实施和管理的依据，是决策的基础，是组织要素之间联系的主要内容，是工作过程之间逻辑关系的桥梁。信息管理是指信息传输的合理组织和控制，是对信息的收集、加工、整理、存储、传递与应用等一系列工作的总称。

建设工程项目的信息包括在项目决策过程、实施过程（设计准备、设计、施工和物资采购过程等）和运行过程中产生的信息，以及其他与项目建设有关的信息，主要有项目的组织类信息、管理类信息、经济类信息、技术类信息和法规类信息，包括各种报表、数字、文字和图像。项目的信息管理是通过对各个系统、各项工作和各种数据的管理，使项目的信息能方便和有效地收集、处理、传输、存储、检索、维护和使用。

二、工程项目信息的分类

依据不同标准，可将项目信息划分为不同的类型。

1. 按信息来源划分

（1）项目内部信息。取自工程项目本身，如项目建议书、可行性研究报告、设计文件、施工组织设计、施工方案、合同结构和管理制度等。

（2）项目外部信息。取自工程项目外部环境的信息，如国家有关的政策及法规、国内及国际市场的原材料及设备价格、物价指数和资金市场变化等。

2. 按照工程建设阶段划分

（1）投资决策阶段信息。包括项目相关的市场信息，项目资源相关方面的信息，自然环境相关方面的信息，新技术、新设备、新工艺、新材料、专业配套能力方面的信息，当地法律、法规、政策、教育等方面的信息。

（2）设计阶段信息。包括项目前期相关文件资料，同类工程项目信息，拟建工程所在地相关信息，勘察、测量、设计单位相关信息，工程所在国和地方政策、法律、法规、规范规程、环保政策、政府服务情况和限制等信息。

(3)施工招标阶段信息。包括工程地质、水文地质勘察报告,设计概算、地质勘察、施工图设计及施工图预算、测绘的审批报告等方面的信息;业主建设前期报审文件;工程造价的市场变化规律及其所在地区的材料、构件、设备、劳动力差异等信息;当地施工管理水平、质量保证体系;工程所在地招标代理机构的能力、特点;所在地招投标管理机构及管理程序等相关信息。

(4)施工准备阶段信息。包括施工承包合同;工程项目管理合同;工程咨询合同;工程监理合同;施工单位人员、资质、设备等情况;分包人情况;建筑红线,标高,坐标,水、电、气管道的引入标志;施工图会审和交底记录;施工组织设计、施工技术方案和施工进度计划等相关信息。

(5)施工阶段信息。如业主对工程建设各方的意见、看法、指令等信息;各种报审、报验文件,分包合同等来自施工承包单位的信息;工作日记、月(季、年)报资料、工地会议纪要等来自监理机构、咨询机构的信息;来自其他方面的各种信息。

(6)竣工验收阶段信息。一部分是在整个施工过程中长期积累的信息;另一部分是在竣工验收阶段,根据积累的资料整理分析得到的信息,如竣工验收报告等。

工程项目信息按项目管理职能划分为造价管理信息、进度管理信息、质量管理信息、安全管理信息、合同管理信息和行政管理信息等;还可按信息稳定程度、信息层次来划分。

第二节　工程项目文档管理

工程项目文档资料是工程项目在立项、设计、施工、建立和竣工活动中形成的具有归档保存价值的基建文件、监理文件、施工文件和竣工图的统称,具有分散性和复杂性、全面性和真实性、继承性和时效性、随机性、多专业性和综合性等特点。

工程文件归档按照现行《建设工程文件归档整理规范》执行。

文档管理是指对作为信息载体的资料进行有序的收集、加工、分解、编码、存档,并为项目各参加者提供专用和常用信息的过程。在实际工程中,许多信息由文档系统给出,文档系统是管理信息系统的基础,是管理信息系统有效运行的前提条件。

关于文档系统的建立,主要应做好以下方面工作。

一、建档内容

工程项目中常常要建立的文档内容包括:合同文本及附件;合同分析资料;信

件;会谈纪要;各种原始工程文件,如工程日记、备忘录等;记工单、用料单;各种工程报表,如月报、成本报表、进度报告等;索赔文件;工程的检查验收、技术鉴定报告。

二、资料编码

有效的文档管理是以用户友好和较强表达能力的资料特征(编码)为前提的。在项目实施前,就应专门研究、建立该项目的文档编码体系。一般项目编码体系的要求是:统一性,即对所有资料适用的编码系统;能区分资料的种类和特征;能"随便扩展";对人工处理和计算机处理有同样效果。

通常,项目管理中的资料编码要考虑如下几个部分。

1. 有效范围

说明资料的有效使用范围,如属某子项目、功能或要素。

2. 资料种类

按外部形态不同划分有图纸、书信、备忘录等;按资料的特点划分有技术资料、商务资料、行政资料等。

3. 资料的内容和对象

这是编码的重点。对一般项目,可用项目结构分解的结果作为资料的内容和对象。但有时它并不适用,因为项目结构分解是按功能、要素和活动进行的,与资料说明的对象常常不一致。在这时就要专门设计文档结构。

4. 日期、序号

相同有效范围、相同种类、相同对象的资料可通过日期或序号来表达,如对书信可用日期、序号来标识。

这几个部分对于不同规模的工程要求不一样。如对仅有一个单位工程的小工程,则有效范围可以省略。

三、索引系统

为了资料使用的方便,必须建立资料的索引系统,它类似于图书馆的书刊索引。

项目相关资料的索引一般可采用表格形式,在项目实施前,就应做好专门设计。表中的栏目应能反映资料的各种特征信息。不同类别的资料可以采用不同的索引表,如果需要查询或调用某资料,即可按图索骥。

例如,信件索引可以包括如下栏目:信件编码、来(回)信人、来(回)信日期、主要内容、文档号、备注等。这里要考虑到来信和回信之间的对应关系,收到来信或回信后即可在索引表上登记,并将信件存入对应的文档中。

第三节 计算机辅助管理

随着工程项目管理中信息量的大量增加,为了提高信息管理的现代化水平,必须依靠电子计算机这一现代化工具对工程项目进行辅助管理。

一、计算机在工程项目信息管理中的应用形式

目前,在工程项目信息管理中,计算机的应用形式主要有以下几种:

(1)使用文字处理软件处理工程项目管理中的各类文档。这样一方面可以提高工作效率,另一方面也便于对这些文档进行重复利用。

(2)使用电子表格软件对施工项目管理中的大量数据(如混凝土强度数据、材料台账等)进行计算、统计、分析等工作,并生成直观形象的统计图表,供项目管理人员使用。

(3)使用项目管理软件对项目中的进度、资源、成本、质量等信息进行动态管理,为工程项目的目标控制提供依据。

(4)使用某些专用软件对有关信息进行管理,如工程造价软件、施工现场管理软件、材料管理软件、质量管理软件、合同管理软件、文档管理软件等。

在工程项目信息管理中,应根据项目管理工作的客观需要和实际情况,采用上述的一种或数种形式来应用计算机,以达到全面、及时、准确地为工程项目管理工作提供信息的目的。

二、计算机辅助项目管理的概念

计算机辅助项目管理是投资者、开发商、承包商和工程咨询方等进行工程项目管理的手段,主要是指利用项目管理软件或某些专业软件对工程项目进行辅助管理。

计算机辅助项目管理在国外已运用得很普遍,既有关于项目的进度与计划管理、成本管理、合同管理等方面的软件,也有专门针对工程项目管理的信息系统。

工程项目管理信息系统是一个由人、电子计算机等组成的能处理工程项目信息的集成化系统,它通过收集、存储及分析项目实施过程中的有关数据,辅助项目管理人员和决策者进行规划、决策和检查,其核心是辅助项目管理人员进行项目目标规划和控制。

应用工程项目管理信息系统必须具备的必要条件是:①组织件,即明确的项目管理组织结构、项目管理工作流程和项目信息管理制度。②硬件,即计算机设备。③软件,即运行的操作系统、系统软件等软件环境。目前,有多种国内自主开

发的工程项目管理软件已推向市场，如项目组织仿真软件 ProjectSim、梦龙智能化项目管理软件 PERT 等。④教育件，即要对相关计算机操作人员、项目管理人员和领导进行培训。

第四节　工程项目管理信息化

一、管理信息化

信息化最初是从生产力发展的角度来描述社会形态演变的综合性概念，信息化和工业化一样，是人类社会生产力发展的新标志。

信息化的出现给人类带来新的资源、新的财富和新的社会生产力，形成了以创造型信息劳动者为主体，以电子计算机等新型工具体系为基本劳动手段，以再生性信息为主要劳动对象，以高技术型企业为骨干，以信息产业为主导产业的新一代信息生产力。

1. 工程管理信息化的含义

信息化是指信息资源的开发和利用，以及信息技术的开发和应用。工程管理信息化是指工程管理信息资源的开发和利用，以及信息技术在工程管理中的开发和应用。工程管理信息化属于领域信息化的范畴，它和企业信息化也有联系。

工程管理的信息资源包括：组织类工程信息、管理类工程信息、经济类工程信息、技术类工程信息和法规类信息等。在建设一个新的工程项目时，应重视开发和充分利用国内和国外同类或类似工程项目的有关信息资源。

信息技术在工程管理中的开发和应用，包括在项目决策阶段的开发管理、实施阶段的项目管理和使用阶段的设施管理中开发和应用信息技术。

2. 工程管理信息化的意义

工程管理信息化有利于提高建设工程项目的经济效益和社会效益，以达到为项目建设增值的目的。

(1)工程管理信息资源的开发和信息资源的充分利用，可吸取类似项目的正反两方面的经验和教训，许多有价值的组织信息、管理信息、经济信息、技术信息和法规信息将有助于项目决策期多种可能方案的选择，有利于项目实施期的项目目标控制，也有利于项目建成后的运行。

(2)通过信息技术在工程管理中的开发和应用能实现：信息存储数字化和存储相对集中；信息处理和变换的程序化；信息传输的数字化和电子化；信息获取便捷；信息透明度提高；信息流扁平化。

3. 项目信息门户

项目信息门户是基于互联网技术为建设工程增值的重要管理工具，是当前在建设工程管理领域中信息化的重要标志。但是在工程界,对信息系统(Information System)、项目管理信息系统(Project Management Information System,PMIS)、一般的网页(Home Page)和项目信息门户(Project Information Portal,PIP)的内涵尚有不少误解。应指出,项目管理信息系统是基于数据处理设备的,为项目管理服务的信息系统,主要用于项目的目标控制。由于业主方和承包方项目管理的目标和利益不同,因此它们都必须有各自的项目管理信息系统。

管理信息系统是基于数据处理设备的信息系统,但主要用于企业的人、财、物、产、供、销的管理。项目管理信息系统与管理信息系统服务的对象和功能是不同的。项目信息门户既不同于项目管理信息系统,也不同于管理信息系统。管理信息系统服务于一个企业,项目管理信息系统服务于一个企业的一个项目,项目信息门户服务于一个项目的所有参与单位。

二、项目管理信息系统的功能

1. 建设工程项目管理信息系统的内涵

建设工程项目管理信息系统是基于计算机的项目管理的信息系统,主要用于项目的目标控制。

建设工程项目管理信息系统的应用,主要是用计算机进行项目管理有关数据的收集、记录、存储、过滤和把数据处理的结果提供给项目管理班子的成员。它是项目进展的跟踪和控制系统,也是信息流的跟踪系统。

建设工程项目管理信息系统可以在局域网上或基于互联网的信息平台上运行。

2. 建设工程项目管理信息系统的功能

建设工程项目管理信息系统的功能包括:投资控制(业主方);成本控制(施工方);进度控制;合同管理。

3. 项目管理信息系统的意义

应用建设工程项目管理信息系统的主要意义是:实现项目管理数据的集中存储;有利于项目管理数据的检索和查询;提高项目管理数据处理的效率;确保项目管理数据处理的准确性;可方便地形成各种项目管理需要的报表。

三、BIM技术在项目管理信息系统的应用

BIM是英文术语缩写,即"Building Information Model",可以译为"建筑信息模型",是对一个设施的实体和功能特性的数字化表达方式,是建筑学、工程学及土木工程的新工具。

BIM 技术应用在工程建设领域，往往需要的不仅仅是一个或一类软件，而是诸多不同软件的相互协调，软件数量之多，组成了一系列的 BIM 软件系统。

BIM 以建筑工程项目的各项相关信息数据作为模型的基础，有关各方根据各自职责对模型插入、提取、更新和修改信息，进行建筑模型的建立，通过数字信息仿真模拟建筑物所具有的真实信息，并共享信息资源。它具有可视化、协调性、模拟性、优化性和可出图性五大特点。

BIM 也是一个透明、可重复、可核查、可持续的协同工作环境，在这个环境中，项目参与各方在设施全生命周期中都可以及时联络，共享项目信息，并通过分析信息，作出决策和改善设施的交付过程，使项目得到有效的管理。

BIM 是一种创新型的建筑设计、施工、运营和管理方法，在建设项目各个工作环境运用 BIM 技术，通过基于 BIM 的建筑项目协同工作平台，让信息最大限度重复使用，减少重复工作，提高生产效率，工作过程和成果直观可视，提高了工作质量，可有效控制工程造价，降低项目风险，已经成为主导建筑业进行大变革的推动力。

四、其他相关管理信息系统在工程施工中的应用

1. 施工生产远程视频监控系统

该系统采用当前行业先进的高清技术、智能分析技术，集高清化、智能化、集成化于一体，给传统的视频监控领域带来全新的运作模式。该系统具备的主要功能有实时视频监控、网络对讲、视频抓图、即时回放、紧急录像、录像回放、摄像机云台控制、巡航路径编辑、3D 放大、视频预案、电视墙及日志查询等。现场摄像机分为固定摄像头和球机摄像头，其中球机摄像头可通过云台控制转动、调焦、拉近拉远视频画面等。同时，该系可对企业安全监管系统进行集成，包括项目施工现场视频监控系统、电子地图显示系统（可兼容视频监控画面、项目所在地地图位置、项目基本情况介绍及相关资料等）、盾构机施工管理系统、隧道门禁系统、架桥机安全监控系统、语音调度系统及远程视频会商系统等，通过平台和网络可以对多区域、多层级、多项目进行统一监管，满足集中管理模式的需求。

企业安全生产视频监控指挥中心可通过对高风险、重难点施工项目进行远程实时监控和对现场问题的及时反馈，促使现场安全、质量、进度及文明施工等处于可控状态，同时提高管理效率、减少企业运行成本。

2. 大型设备管理系统

通过集成安全监控系统与大数据平台，建立互联互通，建立大型设备管理系统，实现对架桥机、盾构机、混凝土搅拌站等大型设备使用情况和主要部件受力及几何形变等监测参数进行实时数据传输和视频监控，使后方能准确掌握大型设备

现场文明规范操作、安全作业、启动运行等情况,并及时开展后方专家指导,确保了施工安全。该系统推进了机械管理向高端、信息、智能化发展。

3. 地下工程安全预警系统

地下工程安全预警系统包括地铁盾构施工、矿山施工及地铁车站施工等监控量测模块,具备外业、内业、远程交互平台三个不同的功能模块组合,可分别满足施工现场、项目部及公司等主管部门的不同需要。在远程视频监控平台上,公司主管部门可实现实时、全面的量测远程综合交互及过程管理;可查看所有监测工作的全部原始数据并能够在线查看监测成果,包括监测曲线图及回归预测曲线等;能自动、批量生成日报、周报、月报等;所有报表均可直接在线打印,并作为竣工资料在平台上永久保存。

通过系统模块配置分级预警、报警的触发条件,当现场出现危情或围岩检测工作未按要求正确开展时,将即时向所有授权人员自动推送信息,所有黄色预警和红色报警均需要闭环处置后才会消警。通过地下工程安全预警系统能够实现对现场地下工程监控量测工作全面管控,能够实现量测数据超限的监控、预警、报警及闭环处置等管理功能。

地下工程安全预警系统首先在成贵铁路、杭黄铁路、宝兰铁路等项目得到大力推行使用,实现了测量数据的自动上传、量测数据超限的自动报警,以及手机终端使用及信息推送等管理便捷功能。系统的推行使用,保障了数据真实性、准确性、及时性,提高了现场作业效率,达成了建设施工过程规范管理、安全风险预警管控、数据信息智能共享的目的。

4. 物资过磅影像系统

项目物资过磅影像系统是以中国中铁项目物资管理系统为基础,实现项目部物资管理精细化管控的一套子系统。物资过磅影像系统由过磅影像系统软件和硬件设备组成。过磅影像系统软件包括物资管理系统基础数据和过磅影像管理系统;硬件设备包括地磅设备、计算机及打印设备、监控设备和网络设备。通过物资过磅影像系统的流程化过磅程序,现场的过磅称重数据全部由电脑自动读取并计算;材料验收若不合格,司磅员可通过该系统取消过磅记录;车辆进场称重后,未出场称皮重则无法生成磅单。在使用了物资过磅影像系统后,过磅完成的数据可实时上传至物资管理系统中,为项目部材料员后期做收料单、生成动态报表以及与供应商对账等提供了原始数据和图像,规范了物资验收管理。

5. 特种车辆 GPS 定位和油料监控系统

通过远程特种车辆 GPS 定位和油料监控系统的应用,能够确定车辆运行的轨迹,实现了油料消耗数字化,能够随时掌握现场车辆油耗曲线图,超出限界时会自动报警(可应用于手机端),很好地控制了油量不正常消耗。从实际使用情况来看,现场油耗得到明显控制,同时有效地防止了车辆行驶违反施工纪律的现象。

6. 劳务员工面部识别考勤系统

劳务员工面部识别考勤系统配置了劳务人员"身份证读卡器"和"面部识别考勤机",主要分三步进行应用:一是劳务员工进场时,用考勤机采集劳务员工头像并与其身份证号关联;二是进场后,现场用考勤机对劳务员工进行"照相",考勤机自动生成并固定劳务员工的出勤记录;三是将考勤机自动生成的数据上传到信息系统,实现"后台"管理。

该系统利用技术手段保证了劳务员工识别及考勤数据的真实性,强化了劳务人员实名制管理,为管理层了解掌握项目使用劳务人员情况提供了便利,实现了作业人员动态管控目的,并为企业统筹调配劳务资源提供参考。

第四篇

建设工程相关法规

第二十三章 建设法规概述

第一节 行政管理类

一、法律层面

1.《中华人民共和国建筑法》

《中华人民共和国建筑法》(以下简称《建筑法》)共包括85条,分别从建筑许可、建筑工程发包与承包、建筑工程监理、建筑安全生产管理、建筑工程质量管理等方面作出了规定。

2.《中华人民共和国招标投标法》

《中华人民共和国招标投标法》(以下简称《招标投标法》)是为了规范招标投标活动,保护国家利益、社会公共利益和招标投标活动当事人的合法权益,提高经济效益,保证项目质量而制定的法律。

3.《中华人民共和国环境保护法》

《中华人民共和国环境保护法》(以下简称《环境保护法》)是为了保护和改善环境,防治污染和其他公害,保障公众健康,推进生态文明建设,促进经济社会可持续发展而制定的国家法律。

4.《中华人民共和国土地管理法》

广义的土地管理法是指对国家运用法律和行政的手段对土地财产制度和土地资源的合理利用所进行管理活动予以规范的各种法律规范的总称。

二、行政法规层面

行政法规包括《建设工程质量管理条例》《建设工程安全生产管理条例》《建设工程勘察设计管理条例》《城市房地产开发经营管理条例》《招标投标法实施条例》等。

三、部门规章层面

部门规章包括《住房城乡建设部关于修改〈建筑工程施工许可管理办法〉的决定》《建筑业企业资质管理规定》《工程监理企业资质管理规定》等。

四、行业规范层面

行业规范包括《建筑抗震设计规范》(GB 50011—2001)、《土工试验方法标准》(GB/T 50123—1999)、《建设工程监理规范》(GB/T 50319—2013)等。

第二节 民事合同类

一、法律层面

1.《中华人民共和国民法总则》

《中华人民共和国民法总则》(以下简称《民法总则》)是民法典的总则编,规定了民事活动的基本原则和一般规定,在民法典中起统领性作用。

2.《中华人民共和国合同法》

《中华人民共和国合同法》(以下简称《合同法》)是调整平等主体之间的交易关系的法律,它主要规定合同的订立、合同的效力及合同的履行、变更、解除、保全、违约责任等民事行为。

二、司法解释层面

《最高人民法院关于审理建设工程施工合同纠纷案件适用法律问题的解释》是由最高人民法院发布的法律法规,于2004年9月29日通过,自2005年1月1日起施行。

第三节 刑事类

一、与工程安全相关的刑法

(1)罪名一:重大责任事故罪。

(2)罪名二:强令违章冒险作业罪。

(3)罪名三:重大劳动安全事故罪。

(4)罪名四:大型群众性活动重大安全事故罪。

(5)罪名五:危险物品肇事罪。

(6)罪名六:过失损坏易燃易爆设备罪。

(7)罪名七:不报或者谎报事故罪。

(8)罪名八:工程重大安全事故罪。

(9)罪名九:消防责任事故罪。
(10)罪名十:重大飞行事故罪。
(11)罪名十一:铁路运营安全事故罪。
(12)罪名十二:教育设施重大安全事故罪。
(13)罪名十三:交通肇事罪。

二、与工程质量相关的刑法

按照《中华人民共和国刑法》(以下简称《刑法》)第137条的规定,建设单位、设计单位、施工单位、工程监理单位违反国家规定,降低工程质量标准,造成重大安全事故的,对直接责任人员,处5年以下有期徒刑或者拘役,并处罚金;后果特别严重的,处5年以上10年以下有期徒刑,并处罚金。因此,在工程建设过程中,上述主体的直接责任人员均有可能承担刑事责任。

第二十四章 建设施工许可相关法律制度

第一节 适用范围

我国目前对建设工程开工条件的审批,存在着颁发"施工许可证"和批准"开工报告"两种形式。多数工程是办理施工许可证,部分工程则为批准开工报告。

一、施工许可证的适用范围

2014年6月,住房和城乡建设部经修改后发布的《建筑工程施工许可管理办法》规定,在中华人民共和国境内从事各类房屋建筑及其附属设施的建造、装修装饰和与其配套的线路、管道、设备的安装,以及城镇市政基础设施工程的施工,建设单位在开工前应当依照本办法的规定,向工程所在地的县级以上地方人民政府住房城乡建设主管部门申请领取施工许可证。

二、不需要办理施工许可证的建设工程

(1)限额以下的小型工程;如工程投资额在30万元以下或者建筑面积在300 m² 以下的建筑工程。省、自治区、直辖市人民政府建设行政主管部门可以根据当地实际情况,对限额进行调整,并报国务院建设行政主管部门备案。
(2)抢险救灾等工程、临时性建筑工程、农民自建两层(含两层)住宅工程。
(3)不重复办理施工许可证的建设工程。
(4)另行规定的建设工程。

二、实行开工报告制度的建设工程

按照国务院规定的权限和程序批准开工报告的建筑工程,不再领取施工许可证。

开工报告审查的内容主要包括:资金到位情况;投资项目市场预测;设计图纸是否满足施工要求;现场条件是否具备"三通一平"等的要求。

需要说明的是,国务院规定的开工报告制度,不同于建设监理中的开工报告工作。

第二节 申请主体和批准条件

一、施工许可证的申请主体

《建筑法》规定,建设单位在开工前,应当按照国家有关规定向工程所在地县级以上人民政府建设行政主管部门申请领取施工许可证。

二、施工许可证的法定批准条件

《建筑法》规定,申请领取施工许可证,应当具备下列条件:已经办理该建筑工程用地批准手续;在城市规划区的建筑工程,已经取得建设工程规划许可证;施工场地已经基本具备施工条件,需要拆迁的,其拆迁进度符合施工要求;已经确定建筑施工企业;有满足施工需要的施工图纸及技术资料,施工图设计文件已按规定进行了审查;有保证工程质量和安全的具体措施;按照规定应该委托监理的工程已委托监理;建设资金已经落实;法律、行政法规规定的其他条件。目前,已增加的施工许可证申领条件主要是监理和消防设计审核。

建设单位申请领取施工许可证的工程名称、地点、规模,应当与依法签订的施工承包合同一致。

第三节 施工许可证申办程序

一、申办施工许可证程序

申请办理施工许可证,应当按照下列程序进行。
(1)建设单位向发证机关领取《建筑工程施工许可证申请表》。
(2)建设单位持加盖单位及法定代表人印鉴的《建筑工程施工许可证申请表》,并附规定的证明文件,向发证机关提出申请。
(3)发证机关在收到建设单位报送的《建筑工程施工许可证申请表》和所附证明文件后,对于符合条件的,应当自收到申请之日起15日内颁发施工许可证;对于证明文件不齐全或者失效的,应当限期要求建设单位补正,审批时间可以自证明文件补正齐全后作相应顺延;对于不符合条件的,应当自收到申请之日起15日内书面通知建设单位,并说明理由。

建筑工程在施工过程中,建设单位或者施工单位发生变更的,应当重新申请领取施工许可证。施工许可证不得伪造和涂改,并应当放置在施工现场备查。

二、延期开工、核验和重新办理批准的规定

1. 申请延期的规定

《建筑法》规定,建设单位应当自领取施工许可证之日起3个月内开工。因故不能按期开工的,应当向发证机关申请延期;延期以两次为限,每次不超过3个月。既不开工又不申请延期或者超过延期时限的,施工许可证自行废止。

2. 核验施工许可证的规定

《建筑法》规定,在建的建筑工程因故中止施工的,建设单位应当自中止施工之日起1个月内,向发证机关报告,报告内容包括中止施工的时间、原因、在施部位、维护管理措施等,并按照规定做好建筑工程的维护管理工作。建筑工程恢复施工时,应当向发证机关报告;中止施工满1年的工程恢复施工前,建设单位应当报发证机关核验施工许可证。

3. 重新办理批准手续的规定

对于实行开工报告制度的建设工程,《建筑法》规定,按照国务院有关规定批准开工报告的建筑工程,因故不能按期开工或者中止施工的,应当及时向批准机关报告情况。因故不能按期开工超过6个月的,应当重新办理开工报告的批准手续。

第二十五章　建设工程发包与承包相关法规

建设工程发包,是指建设工程的建设单位(或总承包单位)将建设工程任务通过招标发包或直接发包的方式,交付给具有法定从业资格的单位完成,并按照合同约定支付报酬的行为。建设工程承包,则是指具有从事工程建设活动的法定从业资格的单位,依法通过投标或其他方式承揽建设工程任务,签订合同,确立双方的权利与义务,按照合同约定取得相应报酬,并完成建设工程任务的行为。

第一节　建设工程发包

一、建设工程发包方式

建设工程的发包方式主要有招标发包和直接发包。《建筑法》规定,建筑工程实行招标发包的,发包单位应当将建筑工程发包给依法中标的承包单位。建筑工程实行直接发包的,发包单位应当将建筑工程发包给具有相应资质条件的承包单位。

二、施工企业资质管理的有关规定

承包建筑工程的单位应当持有依法取得的资质证书,并在其资质等级许可的业务范围内承揽工程。禁止建筑施工企业超越本企业资质等级许可的业务范围或者以任何形式用其他建筑施工企业的名义承揽工程。禁止建筑施工企业以任何形式允许其他单位或者个人使用本企业的资质证书、营业执照,以本企业的名义承揽工程。

第二节　建设工程承包

《建筑法》第 24 条第 1 款规定,"提倡对建筑工程实行总承包"。《建筑法》第 24 条第 2 款规定,"建筑工程的发包单位可以将建筑工程的勘察、设计、施工、设备采购一并发包给一个工程总承包单位,也可以将建筑工程勘察、设计、施工、设备采购的一项或者多项发包给一个工程总承包单位"。

建设工程承包制度包括总承包、共同承包、分包等。

一、建设工程总承包的规定

总承包通常分为工程总承包和施工总承包两大类。

工程总承包是指从事工程总承包的企业受建设单位的委托,按照工程总承包合同的约定,对工程项目的勘察、设计、采购、施工、试运行(竣工验收)等实行全过程或若干阶段的承包。

施工总承包是指发包人将全部施工任务发包给具有施工总承包资质的建筑业企业,由施工总承包企业按照合同的约定向建设单位负责,承包完成施工任务。

我国对工程总承包不设立专门的资质。凡具有工程勘察、设计或施工总承包资质的企业,均可依法从事资质许可范围内相应等级的建设工程总承包业务。但是,承接施工总承包业务的,必须是取得施工总承包资质的企业。

按照《建筑法》的规定,建筑工程的发包单位可以将建筑工程的勘察、设计、施工、设备采购一并发包给一个工程总承包单位,也可以将建筑工程勘察、设计、施工、设备采购的一项或者多项发包给一个工程总承包单位。但是,施工总承包的,建筑工程主体结构的施工必须由总承包单位自行完成。

《建筑法》规定,建筑工程总承包单位按照总承包合同的约定对建设单位负责;分包单位按照分包合同的约定对总承包单位负责。总承包单位和分包单位就分包工程对建设单位承担连带责任。

二、建设工程共同承包的规定

共同承包是指由两个以上具备承包资格的单位共同组成非法人的联合体,以共同的名义对工程进行承包的行为。

两个以上不同资质等级的单位实行联合共同承包的,应当按照资质等级低的单位的业务许可范围承揽工程。

共同承包的各方对承包合同的履行承担连带责任。

三、建设工程分包的规定

《建筑法》规定,建筑工程总承包单位可以将承包工程中的部分工程发包给具有相应资质条件的分包单位。建设工程施工分包可分为专业工程分包与劳务作业分包。专业工程分包是指施工总承包企业将其所承包工程中的专业工程发包给具有相应资质的其他建筑业企业完成的活动;劳务作业分包是指施工总承包企业或者专业承包企业将其承包工程中的劳务作业发包给劳务分包企业完成的活动。

《招标投标法》也规定,中标人按照合同约定或者经招标人同意,可以将中标项目的部分非主体、非关键性工作分包给他人完成。中标人不得向他人转让中标项目,也不得将中标项目肢解后分别向他人转让。禁止承包单位将其承包的全部建筑工程转包给他人,禁止承包单位将其承包的全部建筑工程肢解以后以分包的名义分别转包给他人。

此外,总承包单位如果将承包的工程再分包给他人,应当依法告知建设单位并取得认可。这种认可可通过两种方式:在总承包合同中规定分包的内容;总承包合同中没有规定分包内容的,应事先征得建设单位的同意。至于劳务作业分包,则由劳务作业的发包人与承包人通过劳务合同约定,不必经建设单位认可。

《建筑法》还规定,禁止分包单位将其承包的工程再分包。《招标投标法》也规定,接受分包的人不得再次分包。这主要是防止层层分包,以规范市场秩序,保证工程质量。《房屋建筑和市政基础设施工程施工分包管理办法》规定,除专业承包企业可以将其承包工程中的劳务作业发包给劳务分包企业外,专业分包工程承包人和劳务作业承包人都必须自行完成所承包的任务。

《房屋建筑和市政基础设施工程施工分包管理办法》规定,分包工程发包人应当设立项目管理机构,组织管理所承包工程的施工活动。项目管理机构应当具有与承包工程的规模、技术复杂程度相适应的技术、经济管理人员。其中,项目负责人、技术负责人、项目核算负责人、质量管理人员、安全管理人员必须是本单位的人员(即与本单位有合法的人事或者劳动合同、工资以及社会保险关系的人员)。分包工程发包人将工程分包后,未在施工现场设立项目管理机构和派驻相应人员,并未对该工程的施工活动进行组织管理的,视同转包行为。

第二十六章 建设工程质量安全管理相关法规

第一节 工程技术标准

一、工程建设标准的分类

根据《中华人民共和国标准化法》(以下简称《标准化法》)的规定,我国现行标准体系分为国家标准、行业标准、地方标准和企业标准四个级别。

1. 国家标准

《标准化法》第6条规定,对需要在全国范围内统一的技术要求,应当制定国家标准。《工程建设国家标准管理办法》规定了应当制定国家标准的种类。

2. 行业标准

《标准化法》第6条规定,对没有国家标准而又需要在全国某个行业范围内统一的技术要求,可以制定行业标准。《工程建设行业标准管理办法》规定了可以制定行业标准的种类。

3. 地方标准

《标准化法》第6条规定,对没有国家标准和行业标准而又需要在省、自治区、直辖市范围内统一的工业产品的安全、卫生要求,可以制定地方标准。

4. 企业标准

《标准化法实施条例》第17条规定,企业生产的产品没有国家标准、行业标准和地方标准的,应当制定相应的企业标准,作为组织生产的依据。

二、工程建设强制性标准和推荐性标准

根据《标准化法》第7条的规定,国家标准、行业标准分为强制性标准和推荐性标准。保障人体健康,人身、财产安全的标准和法律、行政法规规定强制执行的标准是强制性标准,其他标准是推荐性标准。省、自治区、直辖市标准化行政主管部门制定的工业产品的安全、卫生要求的地方标准,在本行政区域内是强制性标准。与上述规定相对应,工程建设标准也分为强制性标准和推荐性标准。

根据《工程建设国家标准管理办法》第3条的规定,下列工程建设国家标准属于强制性标准:工程建设勘察、规划、设计、施工(包括安装)及验收等通用的综合标准和重要的通用的质量标准;工程建设通用的有关安全、卫生和环境保护的标

准；工程建设通用的术语、符号、代号、量与单位、建筑模数和制图方法标准；工程建设重要的通用的试验、检验和评定方法等标准；工程建设重要的通用的信息技术标准；国家需要控制的其他工程建设通用的标准。

根据《工程建设行业标准管理办法》第3条的规定，下列工程建设行业标准属于强制性标准：工程建设勘察、规划、设计、施工（包括安装）及验收等行业专用的综合性标准和重要的行业专用的质量标准；工程建设行业专用的有关安全、卫生和环境保护的标准；工程建设重要的行业专用的术语、符号、代号、量与单位和制图方法等标准；工程建设重要的行业专用的试验、检验和评定方法等标准；工程建设重要的行业专用的信息技术标准；行业需要控制的其他工程建设标准。

为了更加明确必须严格执行的工程建设强制性标准，《实施工程建设强制性标准监督规定》进一步规定，工程建设强制性标准是指直接涉及工程质量、安全、卫生及环境保护等方面的工程建设标准强制性条文。国家工程建设标准强制性条文由国务院建设行政主管部门会同国务院有关行政主管部门确定。据此，自2000年起，国家建设行政主管部门对工程建设强制性标准进行了全面的改革，严格按照《标准化法》的规定，把现行工程建设强制性国家标准、行业标准中必须严格执行并且直接涉及工程安全、人体健康、环境保护和公众利益的技术规定摘编出来，以工程项目类别为对象，编制完成了包括城乡规划、城市建设、房屋建筑、工业建筑、水利工程、电力工程、信息工程、水运工程、公路工程、铁道工程、石油和化工建设工程、矿业工程、人防工程、广播电影电视工程和民航机场工程在内的《工程建设标准强制性条文》（以下简称《强制性条文》）。同时，对于新批准发布的，除明确其必须执行的强制性条文外，已经不再确定标准本身的强制性或推荐性。

三、工程建设强制性标准实施的规定

《标准化法》规定，强制性标准，必须执行。《建筑法》规定，建筑活动应当确保建筑工程质量和安全，符合国家的建设工程安全标准。

（一）工程建设各方主体实施强制性标准的法律规定

《建筑法》规定，建设单位不得以任何理由，要求建筑设计单位或者建筑施工企业在工程设计或者施工作业中，违反法律、行政法规和建筑工程质量、安全标准，降低工程质量。建设单位不得明示或者暗示设计单位或者施工单位违反工程建设强制性标准，降低建设工程质量。

勘察、设计单位必须按照工程建设强制性标准进行勘察、设计，并对其勘察、设计的质量负责。建筑工程设计应当符合按照国家规定制定的建筑安全规程和技术规范，保证工程的安全性能。

施工单位必须按照工程设计图纸和施工技术标准施工，不得擅自修改工程设计，不得偷工减料。施工单位必须按照工程设计要求、施工技术标准和合同约定，对建筑材料、建筑构配件、设备和商品混凝土进行检验，检验应当有书面记录和专人签字；未经检验或者检验不合格的，不得使用。

建筑工程监理应当依照法律、行政法规及有关的技术标准、设计文件和建筑工程承包合同，对承包单位在施工质量、建设工期和建设资金使用等方面，代表建设单位实施监督。工程监理人员认为工程施工不符合工程设计要求、施工技术标准和合同约定的，有权要求建筑施工企业改正。工程监理人员发现工程设计不符合建筑工程质量标准或者合同约定的质量要求的，应当报告建设单位要求设计单位改正。

(二)工程建设标准强制性条文的实施

在工程建设标准的条文中，使用"必须""严禁""应""不应""不得"等属于强制性标准的用词，而使用"宜""不宜""可"等一般不是强制性标准的规定。但在工作实践中，强制性标准与推荐性标准的划分仍然存在一些困难。

(三)工程建设强制性标准实施的特殊情况

工程建设中拟采用的新技术、新工艺、新材料，不符合现行强制性标准规定的，应当由拟采用单位提请建设单位组织专题技术论证，报批准标准的建设行政主管部门或者国务院有关主管部门审定。

工程建设中采用国际标准或者国外标准，现行强制性标准未作规定的，建设单位应当向国务院建设行政主管部门或者国务院有关行政主管部门备案。

(四)实施工程建设强制性标准的监督管理

在工程建设活动中，要强化各方自觉执行《强制性条文》的意识，保证《强制性条文》在工程建设的规划、勘察设计、施工和竣工验收的各个环节得以有效实施，同时要通过多种渠道，加强社会舆论监督。

1. 监督机构

《实施工程建设强制性标准监督规定》规定了实施工程建设强制性标准的监督机构，包括：

(1)建设项目规划审查机关应当对工程建设规划阶段执行强制性标准的情况实施监督。

(2)施工图设计审查单位应当对工程建设勘察、设计阶段执行强制性标准的情况实施监督。

(3)建筑安全监督管理机构应当对工程建设施工阶段执行施工安全强制性标准的情况实施监督。

(4)工程质量监督机构应当对工程建设施工、监理、验收等阶段执行强制性标准的情况实施监督。

(5)工程建设标准批准部门应当对工程项目执行强制性标准情况进行监督检查。监督检查可以采取重点检查、抽查和专项检查的方式。

2. 监督检查的方式

工程建设标准批准部门应当定期对建设项目规划审查机关、施工图设计文件审查单位、建筑安全监督管理机构、工程质量监督机构实施强制性标准的监督进行检查,对监督不力的单位和个人,给予通报批评,建议有关部门处理。

工程建设标准批准部门应当对工程项目执行强制性标准情况进行监督检查。监督检查可以采取重点检查、抽查和专项检查的方式。

工程建设标准批准部门应当将强制性标准监督检查结果在一定范围内公告。

3. 监督检查的内容

根据《实施工程建设强制性标准监督规定》第 10 条的规定,强制性标准监督检查的内容包括:

(1)有关工程技术人员是否熟悉、掌握强制性标准。

(2)工程项目的规划、勘察、设计、施工、验收等是否符合强制性标准的规定。

(3)工程项目采用的材料、设备是否符合强制性标准的规定。

(4)工程项目的安全、质量是否符合强制性标准的规定。

(5)工程中采用的导则、指南、手册、计算机软件的内容是否符合强制性标准的规定。

第二节　建设工程质量相关法规

一、施工单位的质量责任和义务

1. 施工单位的质量责任

《建筑法》规定,建筑施工企业对工程的施工质量负责。《建设工程质量管理条例》进一步规定,施工单位对建设工程的施工质量负责。施工单位应当建立质量责任制,确定工程项目的项目经理、技术负责人和施工管理负责人。

《建筑法》规定,建筑工程实行总承包的,全部建设工程质量由工程总承包单位负责;建设工程勘察、设计、施工、设备采购的一项或者多项实行总承包的,总承包单位应对其承包的建设工程或者采购的设备的质量负责。总承包单位依法将建设工程分包给其他单位的,应当对分包工程的质量与分包单位承担连带责任。分包单位应当接受总承包单位的质量管理。

2. 按照工程设计图纸和施工技术标准施工

《建筑法》规定,建筑施工企业必须按照工程设计图纸和施工技术标准施工,不得偷工减料。工程设计的修改由原设计单位负责,建筑施工企业不得擅自修改工程设计。

《建设工程质量管理条例》进一步规定,施工单位必须按照工程设计图纸和施工技术标准施工,不得擅自修改工程设计,不得偷工减料。施工单位在施工过程中发现设计文件和图纸有差错的,应当及时提出意见和建议,防止设计文件和图纸出现差错。

3. 对建筑材料、设备等进行检验检测

《建筑法》规定,建筑施工企业必须按照工程设计要求、施工技术标准和合同的约定,对建筑材料、建筑构配件和设备进行检验,不合格的不得使用。《建设工程质量管理条例》进一步规定,施工单位必须按照工程设计要求、施工技术标准和合同约定,对建筑材料、建筑构配件、设备和商品混凝土进行检验,检验应当有书面记录和专人签字;未经检验或者检验不合格的,不得使用。

施工单位对进入施工现场的建筑材料、建筑构配件、设备和商品混凝土实行检验制度,是施工单位质量保证体系的重要组成部分,也是保证施工质量的重要前提。施工单位应当严把两道关:谨慎选择生产供应厂商;实行进场二次检验。

《建设工程质量管理条例》规定,施工人员对涉及结构安全的试块、试件以及有关材料,应当在建设单位或者工程监理单位监督下现场取样,并送具有相应资质等级的质量检测单位进行检测。据此,施工检测应当实行见证取样和送检制度,并由具有相应资质等级的质量检测单位进行检测。检测机构完成检测业务后,应当及时出具有效的检测报告。检测报告经建设单位或者工程监理单位确认后,由施工单位归档。

4. 施工质量检验和返修

《建设工程质量管理条例》规定,施工单位必须建立、健全施工质量的检验制度,严格工序管理,做好隐蔽工程的质量检查和记录。隐蔽工程在隐蔽前,施工单位应当通知建设单位和建设工程质量监督机构。

《建设工程施工合同文本》中规定,工程具备隐蔽条件或达到专用条款约定的中间验收部位,施工单位应进行自检,并在隐蔽或中间验收前 48 小时以书面形式通知监理工程师验收。验收不合格的,施工单位在监理工程师限定的时间内修改并重新验收。如果工程质量符合标准规范和设计图纸等要求,验收 24 小时后,监理工程师不在验收记录上签字的,视为已经批准,施工单位可继续进行隐蔽或施工。

《建筑法》规定,对已发现的质量缺陷,建筑施工企业应当修复。《建设工程质量管理条例》进一步规定,施工单位对施工中出现质量问题的建设工程或者竣工验收不合格的建设工程,应当负责返修。《合同法》也规定,因施工人的原因致使建设工程质量不符合约定的,发包人有权要求施工人在合理期限内无偿修理或者返工、改建。

不论是施工过程中出现质量问题的建设工程,还是竣工验收时发现质量问题的建设工程,施工单位都要负责返修。对于非施工单位原因造成的质量问题,施工单位也应当负责返修,但因此而造成的损失及返修费用由责任方负责。

5. 建设工程竣工验收

《建筑法》规定,交付竣工验收的建筑工程,必须符合规定的建筑工程质量标准,有完整的工程技术经济资料和经签署的工程保修书,并具备国家规定的其他竣工条件。建筑工程竣工经验收合格后,方可交付使用;未经验收或者验收不合格的,不得交付使用。

《建设工程质量管理条例》进一步规定,建设工程竣工验收应当具备下列条件:完成建设工程设计和合同约定的各项内容;有完整的技术档案和施工管理资料;有工程使用的主要建筑材料、建筑构配件和设备的进场试验报告;有勘察、设计、施工、工程监理等单位分别签署的质量合格文件;有施工单位签署的工程保修书。

建设单位收到建设工程竣工报告后,应当组织设计、施工、工程监理等有关单位进行竣工验收。建设单位应当自建设工程竣工验收合格之日起 15 日内,将建设工程竣工验收报告和规划、公安消防、环保等部门出具的认可文件或者准许使用文件报建设行政主管部门或者其他有关部门备案。

《中华人民共和国城乡规划法》规定,县级以上地方人民政府城乡规划主管部门按照国务院规定对建设工程是否符合规划条件予以核实。未经核实或者经核实不符合规划条件的,建设单位不得组织竣工、验收。建设单位应当在竣工验收后 6 个月内向城乡规划主管部门报送有关竣工验收资料。建设单位未在建设工程竣工验收后 6 个月内向城乡规划主管部门报送有关竣工验收资料的,由所在地城市、县人民政府城乡规划主管部门责令限期补报;逾期不补报的,处 1 万元以上 5 万元以下罚款。

《中华人民共和国消防法》(以下简称《消防法》)规定,按照国家工程建设消防技术标准需要进行消防设计的建设工程竣工,依照下列规定进行消防验收、备案:国务院公安部门规定的大型的人员密集场所和其他特殊建设工程,建设单位应当向公安机关消防机构申请消防验收;其他建设工程,建设单位在验收后应当报公安机关消防机构备案，公安机关消防机构应当进行抽查。依法应当进行消防验收的建设工程，未经消防验收或者消防验收不合格的，禁止投入使用；其他建设工程经依法抽查不合格的，应当停止使用。

公安机关消防机构对申报消防验收的建设工程，应当依照建设工程消防验收评定标准对已经消防设计审核合格的内容组织消防验收。对综合评定结论为合格的建设工程，公安机关消防机构应当出具消防验收合格意见；对综合评定结论为不合格的，应当出具消防验收不合格意见，并说明理由。对于依法应当进行消防验收的建设工程，未经消防验收或者消防验收不合格，擅自投入使用的，《消防法》规定，由公安机关消防机构责令停止施工、停止使用或者停产停业，并处3万元以上30万元以下罚款。

《建设项目环境保护管理条例》规定，建设项目竣工后，建设单位应当向审批该建设项目环境影响报告书、环境影响报告表或者环境影响登记表的环境保护行政主管部门，申请该建设项目需要配套建设的环境保护设施竣工验收。

建设项目投入试生产超过3个月，建设单位未申请环境保护设施竣工验收的，由审批该建设项目环境影响报告书、环境影响报告表或者环境影响登记表的环境保护行政主管部门责令限期办理环境保护设施竣工验收手续；逾期未办理的，责令停止试生产，可以处5万元以下的罚款。建设项目需要配套建设的环境保护设施未建成、未经验收或者经验收不合格，主体工程正式投入生产或者使用的，由审批该建设项目环境影响报告书、环境影响报告表或者环境影响登记表的环境保护行政主管部门责令停止生产或者使用，可以处10万元以下的罚款。

《中华人民共和国节约能源法》(以下简称《节约能源法》)规定，不符合建筑节能标准的建筑工程，建设主管部门不得批准开工建设；已经开工建设的，应当责令停止施工、限期改正；已经建成的，不得销售或者使用。《民用建筑节能条例》进一步规定，建设单位组织竣工验收，应当对民用建筑是否符合民用建筑节能强制性标准进行查验；对不符合民用建筑节能强制性标准的，不得出具竣工验收合格报告。

建筑节能工程施工质量的验收，主要应按照国家标准《建筑节能工程施工质量验收规范》(GB 50411—2007)以及《建筑工程施工质量验收统一标准》(GB 50300—2013)、各专业工程施工质量验收规范等执行。单位工程竣工验收应在建筑节能分部工程验收合格后进行。

《建筑法》《合同法》《建设工程质量管理条例》均规定，建设工程竣工经验收合格后，方可交付使用；未经验收或验收不合格的，不得交付使用。如果建设单位未经验收即擅自使用建设工程的，《最高人民法院关于审理建设施工合同纠纷案件适用法律问题的解释》第13条规定，建设工程未经竣工验收，发包人擅自使用后，又以使用部分质量不符合约定为由主张权利的,不予支持;但是承包人应当在建设工程的合理使用寿命内对地基基础工程和主体结构质量承担民事责任。

6. 建设工程竣工结算

《合同法》规定,建设工程竣工后,发包人应当根据施工图纸及说明书、国家颁发的施工验收规范和质量检验标准及时进行验收。验收合格的,发包人应当按照约定支付价款,并接收该建设工程。《建筑法》也规定,发包单位应当按照合同的约定,及时拨付工程款项。

财政部、建设部制定的《建设工程价款结算暂行办法》规定,工程完工后,双方应按照约定的合同价款及合同价款调整内容以及索赔事项,进行工程竣工结算。工程竣工结算分为单位工程竣工结算、单项工程竣工结算和建设项目竣工总结算。

工程竣工后,发、承包双方应及时办清工程竣工结算。否则,工程不得交付使用,有关部门不予办理权属登记。

7. 建设工程质量保修

《建筑法》《建设工程质量管理条例》均规定,建设工程实行质量保修制度。

建设工程承包单位在向建设单位提交工程竣工验收报告时,应向建设单位出具质量保修书。质量保修书中应当明确建设工程的保修范围、保修期限和保修责任等。

施工单位在建设工程质量保修书中,应当对建设单位合理使用建设工程有所提示。如果是因建设单位或用户使用不当或擅自改动结构、设备位置以及不当装修等造成质量问题的,施工单位不承担保修责任,由此而造成的质量受损或其他用户损失,应当由责任人承担相应的责任。

8. 建设工程质量责任的损失赔偿

《建设工程质量管理条例》规定,建设工程在保修范围和保修期限内发生质量问题的,施工单位应当履行保修义务,并对造成的损失承担赔偿责任。

建设工程保修的质量问题是指在保修范围和保修期限内的质量问题。对于保修义务和维修的经济责任应按照下述原则处理:

(1)施工单位未按照国家有关标准规范和设计要求施工所造成的质量缺陷,由施工单位负责返修并承担经济责任。

(2)由于设计问题造成的质量缺陷,先由施工单位负责维修,其经济责任按有关规定通过建设单位向设计单位索赔。

(3)因建筑材料、构配件和设备质量不合格引起的质量缺陷,先由施工单位负责维修,其经济责任属于施工单位采购或经其验收同意的,由施工单位承担经济责任;属于建设单位采购的,由建设单位承担经济责任。

(4)因建设单位(含监理单位)错误管理而造成的质量缺陷,先由施工单位负责维修,其经济责任由建设单位承担;如属监理单位责任,则由建设单位向监理单位索赔。

(5)因使用单位使用不当造成的损坏问题,先由施工单位负责维修,其经济责任由使用单位自行负责。

(6)因地震、台风、洪水等自然灾害或其他不可抗拒因素造成的损坏问题,先由施工单位负责维修,再根据国家具体政策由建设参与各方分担经济责任。

《建设工程质量管理条例》进一步规定,施工单位不履行保修义务或者拖延履行保修义务的责令改正,处10万元以上20万元以下的罚款,并对在保修期内因质量缺陷造成的损失承担赔偿责任。

住房和城乡建设部、财政部制定的《建设工程质量保证金管理办法》还规定,缺陷责任期内,由承包人原因造成的缺陷,承包人应负责维修,并承担鉴定及维修费用。如承包人不维修也不承担费用,发包人可按合同约定扣除保证金,并由承包人承担违约责任。承包人维修并承担相应费用后,不免除对工程的一般损失赔偿责任。

二、建设单位及相关单位的质量责任和义务

建设工程质量责任制涵盖了多方主体的质量责任制,除施工单位外,还有建设单位,勘察、设计单位,工程监理单位的质量责任制。

1. 建设单位相关的质量责任和义务

建设单位作为建设工程的投资人,是建设工程的重要责任主体。建设单位有权选择承包单位,有权对建设过程进行检查、控制,对建设工程进行验收,并要按时支付工程款和费用等,在整个建设活动中居于主导地位。

(1)依法发包工程。

(2)依法向有关单位提供原始资料。

(3)限制不合理的干预行为。

(4)依法报审施工图设计文件。

(5)依法实行工程监理。

(6)依法办理工程质量监督手续。

(7)依法保证建筑材料等符合要求。

(8)依法进行装修工程。

(9)建设单位质量违法行为应承担的法律责任。

2. 勘察、设计单位相关的质量责任和义务

《建筑法》规定,建筑工程的勘察、设计单位必须对其勘察、设计的质量负责。

勘察、设计文件应当符合有关法律、行政法规的规定和建筑工程质量、安全标准、建筑工程勘察、设计技术规范以及合同的约定。

(1)依法承揽工程的勘察、设计业务。

(2)勘察、设计必须执行强制性标准。

(3)勘察单位提供的勘察成果必须真实、准确。

(4)设计依据和设计深度符合勘察成果文件和国家规定要求。

(5)依法规范设计对建筑材料等的选用。

(6)依法对设计文件进行技术交底。

(7)依法参与建设工程质量事故分析。

(8)勘察、设计单位质量违法行为应承担的法律责任。

3. 工程监理单位相关的质量责任和义务

工程监理单位接受建设单位的委托,代表建设单位,对建设工程进行管理。因此,工程监理单位也是建设工程质量的责任主体之一。

(1)依法承担工程监理业务。

(2)对有隶属关系或其他利害关系的回避。

(3)监理工作的依据和监理责任。

(4)工程监理的职责和权限。

(5)工程监理的形式。

(6)工程监理单位质量违法行为应承担的法律责任。

4. 政府主管部门工程质量监督管理的相关规定

为了确保建设工程质量,保障公共安全和人民生命财产安全,政府必须加强对建设工程质量的监督管理。因此,《建设工程质量管理条例》规定,国家实行建设工程质量监督管理制度。

《建设工程质量管理条例》规定,国务院建设行政主管部门对全国的建设工程质量实施统一监督管理。国务院铁路、交通、水利等有关部门按照国务院规定的职责分工,负责对全国的有关专业建设工程质量的监督管理。

县级以上人民政府建设行政主管部门和其他有关部门履行监督检查职责时,有权采取下列措施:要求被检查的单位提供有关工程质量的文件和资料;进入被检查单位的施工现场进行检查;发现有影响工程质量的问题时,责令改正。

第三节 建设工程安全生产管理相关法规

一、建设工程安全生产管理基本制度

建设工程安全生产管理基本制度主要有:建筑施工企业安全生产许可证制

度;安全生产责任制;安全教育管理制度;班前教育制度;安全检查与评分制度;安全目标管理制度;安全考核与奖惩制度;安全施工方案编审制度;安全技术交底制度;"三类人员"考核任职制度;安全事故报告制度;消防安全责任制度;其他制度。

二、安全生产许可证

《安全生产许可证条例》规定,国家对建筑施工企业实施安全生产许可制度。其目的是严格规范安全生产条件,进一步加强安全生产监督管理,防止和减少生产安全事故。

国务院建设主管部门负责中央管理的建筑施工企业安全生产许可证的颁发和管理;其他企业由省、自治区、直辖市人民政府建设主管部门进行颁发和管理,并接受国务院建设主管部门的指导和监督。

安全生产许可证的有效期为3年。安全生产许可证有效期满需要延期的,企业应当于期满前3个月向原安全生产许可证颁发管理机关办理延期手续。

企业在安全生产许可证有效期内,严格遵守有关安全生产的法律法规,未发生死亡事故的,安全生产许可证有效期届满时,经原安全生产许可证颁发管理机关同意,不再审查,安全生产许可证有效期延期3年。

企业不得转让、冒用安全生产许可证或者使用伪造的安全生产许可证。

建设部2004年7月发布施行的《建筑施工企业安全生产许可证管理规定》中,明确建筑施工企业取得安全生产许可证应当具备的安全生产条件为:

(1)建立、健全安全生产责任制,制定完备的安全生产规章制度和操作规程。

(2)保证本单位安全生产条件所需资金的投入。

(3)设置安全生产管理机构,按照国家有关规定配备专职安全生产管理人员。

(4)主要负责人、项目负责人、专职安全生产管理人员经建设主管部门或者其他有关部门考核合格。

(5)特种作业人员经有关业务主管部门考核合格,取得特种作业操作资格证书。

(6)管理人员和作业人员每年至少进行1次安全生产教育培训并考核合格。

(7)依法参加工伤保险,依法为施工现场从事危险作业的人员办理意外伤害保险,为从业人员交纳保险费。

(8)施工现场的办公、生活区及作业场所和安全防护用具、机械设备、施工机具及配件符合有关安全生产法律、法规、标准和规程的要求。

(9)有职业危害防治措施,并为作业人员配备符合国家标准或者行业标准的安全防护用具和安全防护服装。

(10)有对危险性较大的分部分项工程及施工现场易发生重大事故的部位、环节的预防、监控措施和应急预案。

（11）有生产安全事故应急救援预案、应急救援组织或者应急救援人员，配备必要的应急救援器材、设备。

（12）法律、法规规定的其他条件。

三、施工单位的安全生产责任制度

《建筑法》规定，建筑施工企业必须依法加强对建筑安全生产的管理，执行安全生产责任制度，采取有效措施，防止伤亡和其他安全生产事故的发生。

《建筑法》规定，建筑施工企业的法定代表人对本企业的安全生产负责。《建设工程安全生产管理条例》也规定，施工单位主要负责人依法对本单位的安全生产工作全面负责。

《建设工程安全生产管理条例》规定，施工单位应当设立安全生产管理机构，配备专职安全生产管理人员。专职安全生产管理人员负责对安全生产进行现场监督检查。

《建设工程安全生产管理条例》规定，施工单位对列入建设工程概算的安全作业环境及安全施工措施所需费用，应当用于施工安全防护用具及设施的采购和更新、安全施工措施的落实、安全生产条件的改善，不得挪作他用。

《建设工程安全生产管理条例》规定，施工单位的项目负责人应当由取得相应执业资格的人员担任，对建设工程项目的安全施工负责，落实安全生产责任制度、安全生产规章制度和操作规程，确保安全生产费用的有效使用，并根据工程的特点组织制定安全施工措施，消除安全事故隐患，及时、如实报告生产安全事故。建设工程施工前，施工单位负责项目管理的技术人员应当对有关安全施工的技术要求向施工作业班组、作业人员作出详细说明，并由双方签字确认。

《建筑法》规定，施工现场安全由建筑施工企业负责。实行施工总承包的，由总承包单位负责。分包单位向总承包单位负责，服从总承包单位对施工现场的安全生产管理。《建设工程安全生产管理条例》进一步规定，总承包单位依法将建设工程分包给其他单位的，分包合同中应当明确各自的安全生产方面的权利、义务。实行施工总承包的，由总承包单位统一组织编制建设工程生产安全事故应急救援预案，工程总承包单位和分包单位按照应急救援预案，各自建立应急救援组织或者配备应急救援人员，配备救援器材、设备，并定期组织演练。实行施工总承包的建设工程，由总承包单位负责上报事故。总承包单位和分包单位对分包工程的安全生产承担连带责任。分包单位应当服从总承包单位的安全生产管理。

《建筑法》规定，建筑施工企业和作业人员在施工过程中，应当遵守有关安全生产的法律、法规和建筑行业安全规章、规程，不得违背指挥或者违章作业。作业人员有权对影响人身健康的作业程序和作业条件提出改进意见,有权获得安全生产所需的防护用品。

四、施工管理人员、作业人员的安全生产教育培训

《建筑法》规定,建筑施工企业应当建立健全劳动安全生产教育培训制度,加强对职工安全生产的教育培训,未经安全生产教育培训的人员,不得上岗作业。

《建设工程安全生产管理条例》进一步规定,施工单位的主要负责人、项目负责人、专职安全生产管理人员应当经建设行政主管部门或者其他部门考核合格后方可任职。

施工单位应当对管理人员和作业人员每年至少进行一次安全生产教育培训。作业人员进入新的岗位或者新的施工现场前,应当接受安全生产教育培训。施工单位在采用新技术、新工艺、新设备、新材料时,应当对作业人员进行相应的安全生产教育培训。

垂直运输机械作业人员、安装拆卸工、爆破作业人员、起重信号工、登高架设作业人员等特种作业人员,必须按照国家有关规定经过专门的安全作业培训,并取得特种作业操作资格证书后,方可上岗作业。

《社会消防安全教育培训规定》中规定,在建工程的施工单位应当开展下列消防安全教育工作:建设工程施工前应当对施工人员进行消防安全教育;在建设工地醒目位置、施工人员集中住宿场所设置消防安全宣传栏,悬挂消防安全挂图和消防安全警示标识;对明火作业人员进行经常性的消防安全教育;组织灭火和应急疏散演练。

五、编制安全技术措施、专项施工方案和安全技术交底

建设施工企业在编制施工组织设计时,应当根据建设工程的特点制定相应的安全技术措施;对专业性较强的工程项目,应当编制专项安全施工组织设计,并采取安全技术措施。施工单位应当在施工组织设计中编制安全技术措施和施工现场临时用电方案。

《建设工程安全生产管理条例》还规定,对下列达到一定规模的危险性较大的分部分项工程编制专项施工方案,并附具安全验算结果,经施工单位技术负责人、总监理工程师签字后实施,由专职安全生产管理人员进行现场监督:基坑支护与降水工程;土方开挖工程;模板工程;起重吊装工程;脚手架工程;拆除、爆破工程;国务院建设行政主管部门或者其他有关部门规定的其他危险性较大的工程。对以上所列工程中涉及深基坑、地下暗挖工程、高大模板工程的专项施工方案,施工单位还应当组织专家进行论证、审查。

建设工程施工前,施工单位负责项目管理的技术人员应当对有关安全施工的技术要求向施工作业班组、作业人员作出详细说明,并由双方签字确认。

六、施工现场的安全防护

《建筑法》规定,建筑施工企业应当在施工现场采取维护安全、防范危险、预防火灾等措施;有条件的,应当对施工现场实行封闭管理。施工现场对毗邻的建筑物、构筑物和特殊作业环境可能造成损害的,建筑施工企业应当采取安全防护措施。

施工单位应当在施工现场危险部位,设置明显的安全警示标志。安全警示标志必须符合国家标准。应当根据不同施工阶段和周围环境及季节、气候的变化,在施工现场采取相应的安全施工措施。施工现场暂时停止施工的,施工单位应当做好现场防护,所需费用由责任方承担,或者按照合同约定执行。

施工单位应当将施工现场的办公、生活区与作业区分开设置,并保持安全距离;办公、生活区的选址应当符合安全性要求。职工的膳食、饮水、休息场所等应当符合卫生标准。施工单位不得在尚未竣工的建筑物内设置员工集体宿舍。施工现场临时搭建的建筑物应当符合安全使用要求。施工现场使用的装配式活动房屋应当具有产品合格证。

施工单位采购、租赁的安全防护用具、机械设备、施工机具及配件,应当具有生产(制造)许可证、产品合格证,并在进入施工现场前进行查验。施工现场的安全防护用具、机械设备、施工机具及配件必须由专人管理,定期进行检查、维修和保养,建立相应的资料档案,并按照国家有关规定及时报废。

施工单位在使用施工起重机械和整体提升脚手架、模板等自升式架设设施前,应当组织有关单位进行验收,也可以委托具有相应资质的检验检测机构进行验收;使用承租的机械设备和施工机具及配件的,由施工总承包单位、分包单位、出租单位和安装单位共同进行验收。验收合格的方可使用。

《中华人民共和国安全生产法》(以下简称《安全生产法》)还规定,生产经营单位进行爆破、吊装等危险作业,应当安排专门人员进行现场安全管理,确保操作规程的遵守和安全措施的落实。

七、施工现场的消防安全

《消防法》规定,机关、团体、企业、事业等单位应当履行下列消防安全职责:落实消防安全责任制,制定本单位的消防安全制度、消防安全操作规程,制定灭火和应急疏散预案;按照国家标准、行业标准配置消防设施、器材,设置消防安全标志,并定期组织检验、维修,确保完好有效;对建筑消防设施每年至少进行一次全面检测,确保完好有效,检测记录应当完整准确,存档备查;保障疏散通道、安全出口、消防车通道畅通,保证防火防烟分区、防火间距符合消防技术标准;组织防火检查,及时清除火灾隐患;组织进行有针对性的消防演练;法律、法规规定的其他消防安全职责。单位的主要负责人是本单位的消防安全责任人。

《建设工程安全生产管理条例》进一步规定,施工单位应当在施工现场建立消防安全责任制度,确定消防安全责任人,制定用火、用电、使用易燃易爆材料等各项消防安全管理制度和操作规程,设置消防通道、消防水源,配备消防设施和灭火器材,并在施工现场入口处设置明显标志。

施工单位的主要负责人是本单位的消防安全责任人;项目负责人则是本项目施工现场的消防安全责任人。同时,要在施工现场实行和落实逐级防火责任制、岗位防火责任制。各部门、各班组负责人以及每个岗位人员都应当对自己管辖工作范围内的消防安全负责,切实做到"谁主管,谁负责;谁在岗,谁负责"。

重点工程的施工现场多定为消防安全重点单位,按照《消防法》的规定,除应当履行所有单位都应当履行的职责外,还应当履行下列消防安全职责:确定消防安全管理人,组织实施本单位的消防安全管理工作;建立消防档案,确定消防安全重点部位,设置防火标志,实行严格管理;实行每日防火巡查,并建立巡查记录;对职工进行岗前消防安全培训,定期组织消防安全培训和消防演练。

消防安全标志应当按照《消防安全标志设置要求》(GB 15630)、《消防安全标志》(GB 13495)设置。

八、参加工伤保险与办理意外伤害保险

《建筑法》规定,建筑施工企业应当依法为职工参加工伤保险缴纳工伤保险费。

《建设工程安全生产管理条例》规定,施工单位应当为施工现场从事危险作业的人员办理意外伤害保险。意外伤害保险费由施工单位支付。实行施工总承包的,由总承包单位支付意外伤害保险费。意外伤害保险期限自建设工程开工之日起至竣工验收合格止。

工伤保险与意外伤害保险有所不同。前者属强制性的社会保险,面向企业全体员工;后者属非强制性的商业保险,是针对施工现场从事危险作业的特殊人群的。

施工现场一旦发生生产安全事故,应当立即实施抢险救援,特别是抢救遇险人员,迅速控制事态,防止伤亡事故进一步扩大,并依法向有关部门报告事故。

九、施工生产安全事故应急救援预案

《安全生产法》规定,生产经营单位的主要负责人具有组织制定并实施本单位

的生产安全事故应急救援预案的职责。《建设工程安全生产管理条例》进一步规定,施工单位应当制定本单位生产安全事故应急救援预案,建立应急救援组织或者配备应急救援人员,配备必要的应急救援器材、设备,并定期组织演练。

《建设工程安全生产管理条例》规定,实行施工总承包的,由总承包单位统一组织编制建设工程生产安全事故应急救援预案,工程总承包单位和分包单位按照应急救援预案,各自建立应急救援组织或者配备应急救援人员,配备救援器材、设备,并定期组织演练。施工单位应当根据建设工程施工的特点、范围,对施工现场易发生重大事故的部位、环节进行监控,制定施工现场生产安全事故应急救援预案和应急预案演练计划。

《中华人民共和国突发事件应对法》(以下简称《突发事件应对法》)还规定,建筑施工单位应当制定具体应急预案,并对生产经营场所、有危险物品的建筑物、构筑物及周边环境开展隐患排查,及时采取措施消除隐患,防止发生突发事件。

应急预案应当根据本法和其他有关法律、法规的规定,针对突发事件的性质、特点和可能造成的社会危害,具体规定突发事件应急管理工作的组织指挥体系与职责和突发事件的预防与预警机制、处置程序、应急保障措施以及事后恢复与重建措施等内容。

建筑施工单位应当组织专家对本单位编制的应急预案进行评审。评审应当形成书面纪要并附有专家名单。应急预案的评审应当注重应急预案的实用性、基本要素的完整性、预防措施的针对性、组织体系的科学性、响应程序的操作性、应急保障措施的可行性、应急预案的衔接性等内容。施工单位的应急预案经评审后,由施工单位主要负责人签署公布。

十、生产安全事故调查处理

1. 生产安全事故的等级划分标准

《生产安全事故报告和调查处理条例》规定,根据生产安全事故(以下简称"事故")造成的人员伤亡或者直接经济损失,事故一般分为以下等级:

(1)特别重大事故,是指造成30人以上死亡,或者100人以上重伤(包括急性工业中毒,下同),或者1亿元以上直接经济损失的事故。

(2)重大事故,是指造成10人以上30人以下死亡,或者50人以上100人以下重伤,或者5000万元以上1亿元以下直接经济损失的事故。

(3)较大事故,是指造成3人以上10人以下死亡,或者10人以上50人以下重伤,或者1000万元以上5000万元以下直接经济损失的事故。

(4)一般事故,是指造成3人以下死亡,或者10人以下重伤,或者1000万元以下直接经济损失的事故。上述所称的"以上"包括本数,所称的"以下"不包括本数。

《生产安全事故报告和调查处理条例》还规定,国务院安全生产监督管理部门可以会同国务院有关部门,制定事故等级划分的补充性规定。

2. 施工生产安全事故报告及采取相应措施的规定

《建筑法》规定,施工中发生事故时,建筑施工企业应当采取紧急措施减少人员伤亡和事故损失,并按照国家有关规定及时向有关部门报告。《建设工程安全生产管理条例》进一步规定,施工单位发生生产安全事故,应当按照国家有关伤亡事故报告和调查处理的规定,及时、如实地向负责安全生产监督管理的部门、建设行政主管部门或者其他有关部门报告;特种设备发生事故的,还应当同时向特种设备安全监督管理部门报告。实行施工总承包的建设工程,由总承包单位负责上报事故。

《生产安全事故报告和调查处理条例》还规定,事故发生后,事故现场有关人员应当立即向本单位负责人报告;单位负责人接到报告后,应当于1小时内向事故发生地县级以上人民政府安全生产监督管理部门和负有安全生产监督管理职责的有关部门报告。情况紧急时,事故现场有关人员可以直接向事故发生地县级以上人民政府安全生产监督管理部门和负有安全生产监督管理职责的有关部门报告。

报告事故应当包括下列内容:事故发生单位概况;事故发生的时间、地点以及事故现场情况;事故的简要经过;事故已经造成或者可能造成的伤亡人数(包括下落不明的人数)和初步估计的直接经济损失;已经采取的措施;其他应当报告的情况。

《建设工程安全生产管理条例》规定,发生生产安全事故后,施工单位应当采取措施防止事故扩大,保护事故现场。需要移动现场物品时,应当作出标记和书面记录,妥善保管有关证物。《生产安全事故报告和调查处理条例》规定,事故发生单位负责人接到事故报告后,应当立即启动事故相应应急预案,或者采取有效措施,组织抢救,防止事故扩大,减少人员伤亡和财产损失。

事故发生单位应当认真吸取事故教训,落实防范和整改措施,防止事故再次发生。防范和整改措施的落实情况应当接受工会和职工的监督。

第二十七章　其他相关法律制度

第一节　劳动法律制度

一、劳动合同

1. 订立劳动合同应当遵守的原则

《中华人民共和国劳动合同法》(以下简称《劳动合同法》)规定,订立劳动合同,应当遵循合法、公平、平等自愿、协商一致、诚实信用的原则。

2. 劳动合同的种类

《劳动合同法》规定,劳动合同分为固定期限劳动合同、无固定期限劳动合同和以完成一定工作任务为期限的劳动合同。

3. 劳动合同的基本条款

用人单位的名称、住所和法定代表人或者主要负责人;劳动者的姓名、住址和居民身份证或者其他有效身份证件号码;劳动合同期限;工作内容和工作地点;工作时间和休息休假;劳动报酬;社会保险;劳动保护、劳动条件和职业危害防护;法律、法规规定应当纳入劳动合同的其他事项。

劳动合同除具有上述规定的必备条款外,用人单位与劳动者可以约定试用期、培训、保守秘密、补充保险和福利待遇等其他事项。

4. 订立劳动合同应当注意的事项

注意事项包括:建立劳动关系即应订立劳动合同;劳动报酬和试用期;劳动合同的生效与无效。

5. 集体合同

企业职工一方与用人单位通过平等协商,可以就劳动报酬、工作时间、休息休假、劳动安全卫生、保险福利等事项订立集体合同。还可订立劳动安全卫生、女职工权益保护、工资调整机制等专项集体合同。

集体合同订立后,应当报送劳动行政部门,劳动行政部门自收到集体合同文本之日起15日内未提出异议的,集体合同即行生效。

6. 劳动合同的履行和变更

劳动合同一经依法订立便具有法律效力。用人单位与劳动者应当按照劳动合同的约定,全面履行各自的义务。当事人双方既不能只履行部分义务,也不能擅自变更合同,更不能任意不履行合同或者解除合同,否则将承担相应的法律责任。

用人单位如果变更名称、法定代表人、主要负责人或者投资人等事项,不影响劳动合同的履行。用人单位发生合并或者分立等情况,原劳动合同继续有效,劳动合同由承继其权利和义务的用人单位继续履行。

用人单位与劳动者协商一致,可以变更劳动合同约定的内容。变更劳动合同,应当采用书面形式。变更后的劳动合同文本由用人单位和劳动者各执一份。

7. 劳动合同的解除和终止

劳动合同的解除,是指当事人双方提前终止劳动合同、解除双方权利义务关系的法律行为,可分为协商解除、法定解除和约定解除三种情况。劳动合同的终止,是指劳动合同期满或者出现法定情形以及当事人约定的情形而导致劳动合同的效力消灭,劳动合同即行终止。

劳动者提前30日以书面形式通知用人单位,或劳动者在试用期内提前3日通知用人单位,可以解除劳动合同。此外,当其中一方出现《劳动合同法》规定的情形时,另一方可以解除劳动合同。

但是,《劳动合同法》第42条规定,劳动者有下列情形之一的,用人单位不得依照该法第40条、第41条的规定解除劳动合同:从事接触职业病危害作业的劳动者未进行离岗前职业健康检查,或者疑似职业病病人在诊断或者医学观察期间的;在本单位患职业病或者因工负伤并被确认丧失或者部分丧失劳动能力的;患病或者非因工负伤,在规定的医疗期内的;女职工在孕期、产期、哺乳期的;在本单位连续工作满15年,且距法定退休年龄不足5年的;法律、行政法规规定的其他情形。

用人单位违反《劳动合同法》规定解除或者终止劳动合同,劳动者要求继续履行劳动合同的,用人单位应当继续履行;劳动者不要求继续履行劳动合同或者劳动合同已经不能继续履行的,用人单位应当依法向劳动者支付赔偿金。赔偿金标准为经济补偿标准的2倍。

二、劳务派遣和劳务分包企业

劳务派遣(又称劳动力派遣、劳动派遣或人才租赁),是指依法设立的劳务派遣单位与劳动者订立劳动合同,依据与接受劳务派遣单位(即实际用工单位)订立的劳务派遣协议,将劳动者派遣到实际用工单位工作,由派遣单位向劳动者支付工资、福利及社会保险费用,实际用工单位提供劳动条件并按照劳务派遣协议支付用工费用的新型用工方式。

《劳动合同法》规定,劳务派遣单位应当依照《公司法》的有关规定设立,注册资本不得少于 50 万元。劳务派遣一般在临时性、辅助性或者替代性的工作岗位上实施。

用工单位不得将被派遣劳动者再派遣到其他用人单位。

建设部印发的《关于建立和完善劳务分包制度发展建筑劳务企业的意见》中提出,承包企业进行劳务作业分包必须使用有相关资质的企业,并应当按照合同约定或劳务分包企业完成的工作量及时支付劳务费用。承包企业应对劳务分包企业的用工情况和工资支付进行监督,并对本工程发生的劳务纠纷承担连带责任。劳务企业要依法与农民工签订劳动合同。

施工总承包、专业承包企业直接雇用农民工,必须签订劳动合同并办理工伤、医疗或综合保险等社会保险。对施工总承包、专业承包企业直接雇用农民工,不签订劳动合同,或只签订劳动合同不办理社会保险,或只与"包工头"签订劳务合同等行为,均视为违法分包进行处理。对用工企业拖欠农民工工资的,责令限期改正,可依法对其市场准入、招投标资格等进行限制,并予以相应处罚。

三、劳动者的社会保险

《中华人民共和国社会保险法》规定,国家建立基本养老保险、基本医疗保险、工伤保险、失业保险、生育保险等社会保险制度,保障公民在年老、疾病、工伤、失业、生育等情况下依法从国家和社会获得物质帮助的权利。

第二节 环境保护法律制度

一、建设工程项目的环境影响评价制度

环境影响评价是指对规划和建设项目实施后可能造成的环境影响进行分析、预测和评估,提出预防或者减轻不良环境影响的对策和措施,进行跟踪监测的方法与制度。

1. 建设项目环境影响评价的分类管理

我国根据建设项目对环境的影响程度,对建设项目的环境影响评价实行分类管理,建设单位应当依法组织编制相应的环境影响评价文件。

(1)可能造成重大环境影响的,应当编制环境影响报告书,对产生的环境影响进行全面评价。

(2)可能造成轻度环境影响的,应当编制环境影响报告表,对产生的环境影响进行分析或者专项评价。

(3)对环境影响很小、不需要进行环境影响评价的,应当填报环境影响

登记表。

2. 建设项目环境影响评价文件的审批管理

根据《中华人民共和国环境影响评价法》的规定,建设项目的环境影响评价文件,由建设单位按照国务院的规定报有审批权的环境保护行政主管部门审批;建设项目有行业主管部门的,其环境影响报告书或者环境影响报告表应当经行业主管部门预审后,报有审批权的环境保护行政主管部门审批。建设项目的环境影响评价文件未经法律规定的审批部门审查或者审查后未予批准的,该项目审批部门不得批准其建设,建设单位不得开工建设。

3. 环境影响的后评价和跟踪管理

在项目建设、运行过程中产生不符合经审批的环境影响评价文件的情形的,建设单位应当组织环境影响的后评价,采取改进措施,并报原环境影响评价文件审批部门和建设项目审批部门备案;原环境影响评价文件审批部门也可以责成建设单位进行环境影响的后评价,采取改进措施。

环境保护行政主管部门应当对建设项目投入生产或者使用后所产生的环境影响进行跟踪检查,对造成严重环境污染或者生态破坏的,应当查清原因、查明责任。

二、环境保护"三同时"制度

所谓环境保护"三同时"制度,是指建设项目需要配套建设的环境保护设施,必须与主体工程同时设计、同时施工、同时投产使用。

三、施工现场环境保护的有关规定

《建筑法》规定,建筑施工企业应当遵守有关环境保护和安全生产的法律、法规的规定,采取控制和处理施工现场的各种粉尘、废气、废水、固体废物以及噪声、振动对环境的污染和危害的措施。

《建设工程安全生产管理条例》进一步规定,施工单位应当遵守有关环境保护法律、法规的规定,在施工现场采取措施,防止或者减少粉尘、废气、废水、固体废物、噪声、振动和施工照明对人和环境的危害和污染。

1. 施工噪声污染防治

施工现场环境噪声污染是指产生的环境噪声超过国家规定的环境噪声排放标准,并干扰他人正常生活、工作和学习的现象。

《中华人民共和国环境噪声污染防治法》(以下简称《环境噪声污染防治法》)规定,在城市市区范围内向周围生活环境排放建筑施工噪声的,应当符合国家规定的建筑施工场界环境噪声排放标准。按照《建筑施工场界噪声限值》(GB

12523)的规定,城市建筑施工期间施工场地不同施工阶段产生的作业噪声限值为:土石方施工阶段(主要噪声源为推土机、挖掘机、装载机等),噪声限值是昼间 75 dB(A),夜间 55 dB(A);打桩施工阶段(主要噪声源为各种打桩机等),噪声限值是昼间 85 dB(A),夜间禁止施工;结构施工阶段(主要噪声源为混凝土、振捣棒、电锯等),噪声限值是昼间 70 dB(A),夜间 55 dB(A);装修施工阶段(主要噪声源为吊车、升降机等),噪声限值是昼间 65 dB(A),夜间 55 dB(A)。所谓"夜间",是指晚 22 点至晨 6 点之间的期间。

在城市市区范围内,建筑施工过程中使用机械设备,可能产生环境噪声污染的,施工单位必须在工程开工 15 日以前向工程所在地县级以上地方人民政府环境保护行政主管部门申报该工程的项目名称、施工场所和期限、可能产生的环境噪声值以及所采取的环境噪声污染防治措施的情况。

在城市市区噪声敏感建筑物集中区域内,禁止夜间进行产生环境噪声污染的建筑施工作业,但抢修、抢险作业和因生产工艺上要求或者特殊需要必须连续作业的除外。因特殊需要必须连续作业的,必须有县级以上人民政府或者其有关主管部门的证明。以上规定的夜间作业,必须公告附近居民。所谓"噪声敏感建筑物集中区域",是指医疗区、文教科研区和以机关或者居民住宅为主的区域;噪声敏感建筑物,是指医院、学校、机关、科研单位、住宅等需要保持安静的建筑物。

此外,在城市市区范围内行驶的机动车辆的消声器和喇叭必须符合国家规定的要求。机动车辆必须加强维修和保养,保持技术性能良好,防治环境噪声污染。工程抢险车等机动车辆安装、使用警报器,必须符合国务院公安部门的规定;在执行非紧急任务时,禁止使用警报器。

对于施工现场噪声污染防治的违法行为,《环境噪声污染防治法》规定,建筑施工单位违反规定,在城市市区噪声敏感建筑物集中区域内,夜间进行禁止进行的产生环境噪声污染的建筑施工作业的,由工程所在地县级以上地方人民政府环境保护行政主管部门责令改正,可以并处罚款。

机动车辆不按照规定更用声响装置的,由当地公安机关根据不同情节给予警告或者处以罚款。

2. 大气污染防治

《中华人民共和国大气污染防治法》规定,在城市市区进行建设施工或者从事其他产生扬尘污染活动的单位,必须按照当地环境保护的规定,采取防治扬尘污染的措施。运输、装卸、贮存能够散发有毒有害气体或者粉尘物质的,必须采取密闭措施或者其他防护措施。

在人口集中地区存放煤炭、煤矸石、煤渣、煤灰、砂石、灰土等物料,必须采取防燃、防尘措施,防止污染大气。严格限制向大气排放含有毒物质的废气和粉尘;

确要排放的,必须经过净化处理,不超过规定的排放标准。

向大气排放污染物的,其污染物排放浓度不得超过国家和地方规定的排放标准。在人口集中地区和其他依法需要特殊保护的区域内,禁止焚烧沥青、油毡、橡胶、塑料、皮革、垃圾以及其他产生有毒有害烟尘和恶臭气体的物质。

建设部发布的《绿色施工导则》规定:

(1)运送土方、垃圾、设备及建筑材料等,不污损场外道路。运输容易散落、飞扬、流漏的物料的车辆,必须采取措施封闭严密,保证车辆清洁。施工现场出口应设置洗车槽。

(2)土方作业阶段,采取洒水、覆盖等措施,作业区目测扬尘高度小于1.5 m,不扩散到场区外。

(3)结构施工、安装装饰装修阶段,作业区目测扬尘高度小于0.5 m。对易产生扬尘的堆放材料应采取覆盖措施;对粉末状材料应封闭存放;场区内可能引起扬尘的材料及建筑垃圾搬运应有降尘措施,如覆盖、洒水;浇筑混凝土前清理灰尘和垃圾时尽量使用吸尘器,避免使用吹风器等易产生扬尘的设备;机械剔凿作业时可用局部遮挡、掩盖、水淋等防护措施;高层或多层建筑清理垃圾应搭设封闭性临时专用道或采用容器吊运。

(4)施工现场非作业区达到目测无扬尘的要求。对现场易飞扬物质采取有效措施,如洒水、地面硬化、围挡、密网覆盖、封闭等,防止扬尘产生。

(5)构筑物机械拆除前,做好扬尘控制计划。可采取清理积尘、拆除体洒水、设置隔挡等措施。

(6)构筑物爆破拆除前,做好扬尘控制计划。可采用清理积尘、淋湿地面、预湿墙体、屋面敷水袋、楼面蓄水、建筑外设高压喷雾状水系统、搭设防尘排栅和直升机投水弹等综合降尘。选择风力小的天气进行爆破作业。

(7)在场界四周隔挡高度位置测得的大气总悬浮颗粒物(TSP)月平均浓度与城市背景值的差值不大于0.08 mg/m^2。

3. 水污染防治

《中华人民共和国水污染防治法》规定,排放水污染物,不得超过国家或者地方规定的水污染物排放标准和重点水污染物排放总量控制指标。

禁止向水体排放油类、酸液、碱液或者剧毒废液。禁止在水体清洗装贮过油类或者有毒污染物的车辆和容器。禁止向水体排放、倾倒放射性固体废物或者含有高放射性和中放射性物质的废水。向水体排放含低放射性物质的废水,应当符合国家有关放射性污染防治的规定和标准。

禁止向水体排放、倾倒工业废渣、城镇垃圾和其他废弃物。禁止将含有汞、镉、砷、铬、铅、氰化物、黄磷等的可溶性剧毒废渣向水体排放、倾倒或者直接埋入地下。存放可溶性剧毒废渣的场所，应当采取防水、防渗漏、防流失的措施。禁止在江河、湖泊、运河、渠道、水库最高水位线以下的滩地和岸坡堆放、存贮固体废弃物和其他污染物。

在饮用水水源保护区内，禁止设置排污口。在风景名胜区水体、重要渔业水体和其他具有特殊经济文化价值的水体的保护区内，不得新建排污口。在保护区附近新建排污口，应当保证保护区水体不受污染。

禁止利用渗井、渗坑、裂隙和溶洞排放、倾倒含有毒污染物的废水、含病原体的污水和其他废弃物。禁止利用无防渗漏措施的沟渠、坑塘等输送或者存贮含有毒污染物的废水、含病原体的污水和其他废弃物。

兴建地下工程设施或者进行地下勘探、采矿等活动，应当采取防护性措施，防止地下水污染。人工回灌补给地下水，不得恶化地下水质。

《绿色施工导则》进一步规定：施工现场污水排放应达到国家标准《污水综合排放标准》（GB 8978）的要求；在施工现场应针对不同的污水，设置相应的处理设施，如沉淀池、隔油池、化粪池等；污水排放应委托有资质的单位进行废水水质检测，提供相应的污水检测报告；保护地下水环境，采用隔水性能好的边坡支护技术，在缺水地区或地下水位持续下降的地区，基坑降水尽可能少地抽取地下水，当基坑开挖抽水量大于 50 万立方米时，应进行地下水回灌，并避免地下水被污染；对于化学品等有毒材料、油料的储地，应有严格的隔水层设计，做好渗漏液收集和处理。

4. 固体废物污染防治

施工现场的固体废物主要是建筑垃圾和生活垃圾。固体废物又分为一般固体废物和危险废物。所谓"危险废物"，是指列入国家危险废物名录或者根据国家规定的危险废物鉴别标准和鉴别方法认定的具有危险特性的固体废物。《中华人民共和国固体废物污染环境防治法》规定，产生固体废物的单位和个人，应当采取措施，防止或者减少固体废物对环境的污染。

收集、贮存、运输、利用、处置固体废物的单位和个人，必须采取防扬散、防流失、防渗漏或者其他防止污染环境的措施；不得擅自倾倒、堆放、丢弃、遗撒固体废物。禁止任何单位或者个人向江河、湖泊、运河、渠道、水库及其最高水位线以下的滩地和岸坡等法律、法规规定禁止倾倒、堆放废弃物的地点倾倒、堆放固体废物。工程施工单位应当及时清运工程施工过程中产生的固体废物，并按照环境卫生行政主管部门的规定进行利用或者处置。

对危险废物的容器和包装物以及收集、贮存、运输、处置危险废物的设施、场所，必须设置危险废物识别标志。以填埋方式处置危险废物不符合国务院环境保护行政主管部门规定的，应当缴纳危险废物排污费。危险废物排污费用于污染环境的防治，不得挪作他用。

禁止将危险废物提供或者委托给无经营许可证的单位从事收集、贮存、利用、处置的经营活动。运输危险废物，必须采取防止污染环境的措施，并遵守国家有关危险货物运输管理的规定。禁止将危险废物与旅客在同一运输工具上载运。

产生、收集、贮存、运输、利用、处置危险废物的单位，应当制定意外事故的防范措施和应急预案，并向所在地县级以上地方人民政府环境保护行政主管部门备案。因发生事故或者其他突发性事件，造成危险废物严重污染环境的单位，必须立即采取措施消除或者减轻对环境的污染危害，及时通报可能受到污染危害的单位和居民，并向所在地县级以上地方人民政府环境保护行政主管部门和有关部门报告，接受调查处理。

四、施工节约能源的有关规定

节约资源是我国的基本国策。节约能源是指采取技术上可行、经济上合理以及环境和社会可以承受的措施，加强用能管理，从能源生产到消费的各个环节，降低消耗、减少损失和污染物排放、制止浪费，有效、合理地利用能源。

《节约能源法》规定，国家对落后的耗能过高的用能产品、设备和生产工艺实行淘汰制度。禁止使用国家明令淘汰的用能设备、生产工艺。国家鼓励企业制定严于国家标准、行业标准的企业节能标准。

用能单位应当按照合理用能的原则，加强节能管理，制定并实施节能计划和节能技术措施，降低能源消耗。用能单位应当建立节能目标责任制，对节能工作取得成绩的集体、个人给予奖励；应当定期开展节能教育和岗位节能培训；应当加强能源计量管理，按照规定配备和使用经依法检定合格的能源计量器具；应当建立能源消费统计和能源利用状况分析制度，对各类能源的消费实行分类计量和统计，并确保能源消费统计数据真实、完整。任何单位不得对能源消费实行包费制。

《民用建筑节能条例》进一步规定，建设单位、设计单位、施工单位不得在建筑活动中使用列入禁止使用目录的技术、工艺、材料和设备。设计单位、施工单位、工程监理单位及其注册执业人员，应当按照民用建筑节能强制性标准进行设计、施工、监理。

《中华人民共和国循环经济促进法》规定，建筑设计、建设、施工等单位应当按照国家有关规定和标准，对其设计、建设、施工的建筑物及构筑物采用节能、节水、节地、节材的技术工艺和小型、轻型、再生产品。有条件的地区，应当充分利用太阳能、地热能、风能等可再生能源。

国家鼓励利用无毒无害的固体废物生产建筑材料，鼓励使用散装水泥，推广使用预拌混凝土和预拌砂浆。禁止损毁耕地烧砖。在国务院或者省、自治区、直辖市人民政府规定的期限和区域内,禁止生产、销售和使用黏土砖。国家鼓励和支持使用再生水。企业应当发展串联用水系统和循环用水系统,提高水的重复利用率。企业应当采用先进技术、工艺和设备,对生产过程中产生的废水进行再生利用。

《绿色施工导则》分别就结构材料、围护材料、装饰装修材料、周转材料和提高用水效率等作出了规定。例如,结构材料节材与材料资源利用的技术要点是:推广使用预拌混凝土和商品砂浆,准确计算采购数量、供应频率、施工速度等,在施工过程中动态控制,结构工程使用散装水泥;推广使用高强钢筋和高性能混凝土,减少资源消耗;推广钢筋专业化加工和配送;优化钢筋配料和钢构件下料方案。钢筋及钢结构制作前应对下料单及样品进行复核,无误后方可批量下料;优化钢结构制作和安装方法,大型钢结构宜采用工厂制作,现场拼装;宜采用分段吊装、整体提升、滑移、顶升等安装方法,减少方案的措施用材量;采取数字化技术,对大体积混凝土、大跨度结构等专项施工方案进行优化。

参考文献

[1] 国家发展和改革委员会. 中长期铁路网规划(2008年调整)[R]. 2008.10.

[2] 国家发展和改革委员会,交通运输部,国家铁路局,中国铁路总公司. 铁路"十三五"发展规划[R]. 2017-11-20.

[3] 佟立本. 铁道概论[M]. 7版. 北京:中国铁道出版社,2016.

[4] 佟立本. 高速铁路概论[M]. 4版. 北京:中国铁道出版社,2010.

[5] 交通部. 国家公路网规划(2013年—2030年)[R]. 2012.

[6] 高红宾,舒国明. 公路概论[M]. 2版. 北京:人民交通出版社,2006.

[7] 俞家欢,于群. 土木工程概论[M]. 北京:清华大学出版社,2016.

[8] 田士豪,陈新元. 水利水电工程概论[M]. 北京:中国电力出版社,2006.

[9] 谭复兴,高伟君. 城市轨道交通系统概论[M]. 北京:中国水利水电出版社,2012.

[10] 张立. 城市轨道交通概论[M]. 北京:人民交通出版社,2011.

[11] 住房和城乡建设部. 建筑业10项新技术(2017版)[M]. 北京:中国建筑工业出版社,2017.

[12] 全国一级建造师执业资格考试用书编写委员会. 建设工程项目管理[M]. 北京:中国建筑工业出版社,2017.

[13] 全国一级建造师执业资格考试用书编写委员会. 机电工程管理与实务[M]. 北京:中国建筑工业出版社,2018.

[14] 全国一级建造师执业资格考试用书编写委员会. 港口与航道工程管理与实务[M]. 北京:中国建筑工业出版社,2017.

[15] 全国一级建造师执业资格考试用书编写委员会. 通信与广电工程管理与实务[M]. 北京:中国建筑工业出版社,2017.

[16] 全国一级建造师执业资格考试用书编写委员会. 水利水电工程管理与实务[M]. 北京:中国建筑工业出版社,2017.

[17] 全国一级建造师执业资格考试用书编写委员会. 公路工程管理与实务[M]. 北京:中国建筑工业出版社,2014.

[18] 全国一级建造师执业资格考试用书编写委员会. 市政公用工程管理与实务[M]. 北京:中国建筑工业出版社,2014.

[19] 全国一级建造师执业资格考试用书编写委员会. 建筑工程管理与实务[M]. 北京:中国建筑工业出版社,2014.

[20] 全国一级建造师执业资格考试用书编写委员会. 铁路工程管理与实务[M]. 北京:中国建筑工业出版社,2014.

[21] 全国一级建造师执业资格考试用书编写委员会. 民航机场工程管理与实务[M]. 北京:中国建筑工业出版社,2014.

[22] 全国一级建造师执业资格考试用书编写委员会. 建设工程法规及相关知识[M]. 北京:中国建筑工业出版社,2017.

[23] 注册建造师继续教育必修课教材编写委员会. 综合科目[M]. 北京:中国建筑工业出版社,2012.

[24] 于景臣,张冰,夏芳. 城市轨道交通工程施工[M]. 北京:中国铁道出版社,2009.

[25] 李海霞. 建设工程法规[M]. 南京:南京大学出版社,2017.

[26] 余帆,赵梦梅. 市政公用工程管理实务[M]. 北京:中国建筑工业出版社,2018.

[27] 李仲奎,马吉明. 水利水电工程[M]. 北京:科学出版社,2004.

[28] 张福生. 牵引供电系统[M]. 北京:北京交通大学出版社,2013.

[29] 卿三惠. 高速铁路施工技术(桥梁工程分册)[M]. 北京:中国铁道出版社,2013.

[30] 卿三惠. 高速铁路施工技术(路基工程分册)[M]. 北京:中国铁道出版社,2013.

[31] 伍军,何贤军. 高速铁路路基工程施工技术[M]. 北京:中国铁道出版社,2013.

[32] 黄晓明. 路基路面工程[M]. 北京:人民交通出版社,2014.

[33] 姚玲森. 桥梁工程[M]. 北京:人民交通出版社,2008.

[34] 王毅才. 隧道工程[M]. 北京:人民交通出版社,2006.

[35] 盛可鉴. 公路工程施工技术[M]. 北京:人民交通出版社,2013.

[36] 钟汉华. 建筑工程施工技术[M]. 北京:北京大学出版社,2016.

[37] 彭余华,廖志高. 机场道面施工与维护[M]. 北京:人民交通出版社,2015.

[38] 施仲衡. 地下铁道设计与施工[M]. 西安:陕西科学技术出版社,1997.

[39] 战启芳,杨石柱. 地铁车站施工[M]. 北京:人民交通出版社,2011.

[40] 铁道部人才服务中心. 接触网工[M]. 北京:铁道出版社,2010.

[41] 罗远洲,周晟. 工程项目管理[M]. 北京:中国建筑工业出版社,2016.

[42] 王春旺. 建设工程项目管理[M]. 北京:石油工业出版社,2013.

[43] 陈雪梅. 建筑工程项目管理[M]. 北京:北京出版社,2014.

[44]苗胜军.土木工程项目管理[M].北京:清华大学出版社,2015.

[45]BIM技术人才培养项目辅导教材编委会.BIM应用与项目管理[M].北京:中国建筑工业出版社,2018.

[46]白会人.土建项目经理工作手册[M].北京:化学工业出版社,2014.

[47]王利文.土木工程施工组织与管理[M].北京:中国建筑工业出版社,2014.